U0837945

无公害果品生产技术

（修订版）

编著者
冯建国　陶　训　于　毅
张安盛　冯明祥　冯　虹

本书曾荣获第四届
全国优秀科普作品三等奖

金盾出版社

内 容 提 要

本书由山东省农业科学院植保研究所等单位的专家编著。内容包括：无公害食品发展概况，果园的污染及其治理，无公害果品质量标准及其保证体系，无公害果品生产技术，果树害虫天敌及其保护利用，果园农药的使用和主要品种，果树主要病虫害及其防治，无公害果品病虫防治实例等8章。本书曾荣获第四届全国优秀科普作品三等奖。修订版在第一版的基础上进行了增订，总结了近年来国内外无公害果品生产的新技术、新经验，内容更加丰富、实用。本书可供广大果农和果品生产技术人员学习应用，也可供农业院校相关专业师生阅读参考。

图书在版编目(CIP)数据

无公害果品生产技术/冯建国等编著．—修订版．—北京：金盾出版社，2008.6
ISBN 978-7-5082-5130-1

Ⅰ.无… Ⅱ.冯… Ⅲ.果树园艺-无污染技术 Ⅳ.S66

中国版本图书馆 CIP 数据核字(2008)第 070779 号

金盾出版社出版、总发行
北京太平路5号(地铁万寿路站往南)
邮政编码：100036 电话：68214039 83219215
传真：68276683 网址：www.jdcbs.cn
封面印刷：北京精美彩色印刷有限公司
正文印刷：北京兴华印刷厂
装订：双峰装订厂
各地新华书店经销
开本：850×1168 1/32 印张：14.125 字数：350千字
2008年6月修订版第5次印刷
印数：32001—42000册 定价：24.00元

目 录

第一章　无公害食品发展概况

世界农业向持续农业、有机农业、环保农业、生态农业发展，减少污染、净化环境、保护地球、保护人类的呼声越来越高。环境是人类赖以生存和发展的物质基础，环境如果出现问题，将会影响人类的生存繁衍和兴衰。农药、化肥、激素等人工合成物对农业生产虽具有贡献，但它的负面效应正引起各方关注。世界发达国家对农产品及加工食品中农药等有害物质的污染尤为重视，很多国家开始限制化学合成的农药、肥料、激素等的使用范围和期限，并采取各种举措，大力推进天然食品、生态食品、有机食品、绿色食品等无公害食品的发展。

我国随着市场经济的进一步发展，生活水平的提高，人们的消费和饮食观念都在发生变化。重视环保，崇尚自然，追求健康正成为当今社会的新潮流，优质、营养、安全的无公害食品日益受到消费者的欢迎。果品具有营养、保健功效，已逐步成为人们日常生活的必需品，市场需求量很大。为此，必须重视果品的无公害生产，确保果品安全，才能抢占市场，特别是在各地推行市场准入制度的形势下尤显重要。

一、无公害食品的概念及其分类

(一)无公害食品的概念

无公害食品是相对于普通食品而言，它是指在无污染或已消除污染的区域内，充分利用自然资源，最大限度地限制外源污染物质进入农业生产系统，生产出无污染的食品，同时在其加工过程中亦不允许有任何污染。食品产地的环境质量(大气、土壤、灌溉

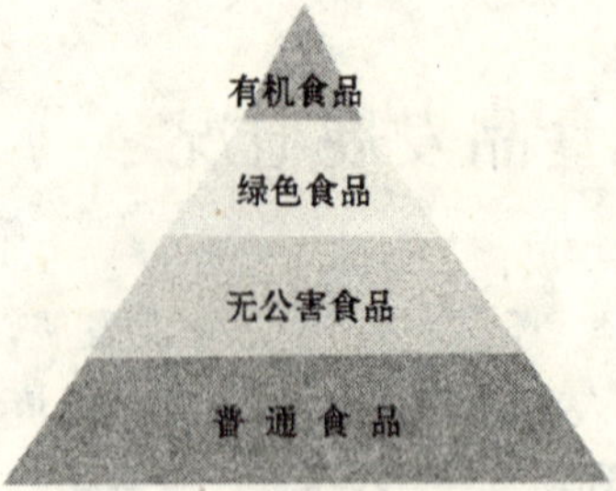

图 1 食品分类金字塔

水)、生产过程(农事操作)和产品安全质量(如食品中的农药、重金属等有害物质残留)均符合国家标准和规范,经主管部门检测合格,取得认证证书,并允许使用标志的农产品或食品。我国无公害食品是个统称,根据各自标准和认证单位的不同,分为有机食品、绿色食品和无公害农产品 3 类(图 1)。它们的共同特点都是以环保、安全、营养、优质为指标的食品,代表着今后食品的发展方向。但是它们之间亦有区别。

(二)无公害食品的分类

1. 有机食品 强调回归自然,保护生态,在其生产操作和加工的全过程中不允许使用人工合成物(如化肥和化学农药等),这类食品要求极为严格,不允许有任何污染。有机食品由企业进行申报,中国有机食品发展中心进行认证和管理。其标志(图 2)为绿色双圆形图案,内圆表示太阳,其中的图案既像白菜、又像绵羊,即泛指有机的动、植物食品,外圆表示充满生命力的地球。整个图案象征着有机食品是真正无污染、优质、健康、纯天然的食品。该类食品由于各方面要求极为严格,产量有限,在食品中所占份额很小,主要是供出口。

图 2 有机食品标志

2. 绿色食品 绿色食品分为 A 级和 AA 级两种。A 级绿色食品除强调有良好的环境质量以外，允许在农事操作中可以有限度地使用人工合成物，但有害物质不得超标。AA级绿色食品的标准要求和有机食品基本相似。绿色食品由企业申报，中国绿色食品发展中心进行认证和管理。其标志(图3)为绿色圆形图案，上方扁圆形表示太阳，下方V形表示叶片，中间直立半纺锤形表示蓓蕾，整个图案显示在阳光照射下，绿色食品出自纯净、良好、无污染生态环境。该类食品近几年来发展很快，尤其是包括果品在内的名特优农产品和畜禽产品获得绿色食品标志的很多，在市场上占有一定的份额，并有部分产品出口外销。

图3 绿色食品标志

3. 无公害农产品 其标准要求稍低于A级绿色食品。由政府组织申报，农业部农产品质量安全中心和各省农业厅进行认证和管理。其标志(图4)由麦穗、对勾和无公害农产品字样组成，麦穗代表农产品，对勾表示合格，金色寓意成熟和丰收，绿色象征环保和安全。该类食品在我国发展很快，在一些较好的区域已能大面积生产，产品在市场上随处可见，所占份额相对较大。

图4 无公害农产品标志

二、世界无公害食品发展历程

农业的发展经历了原始农业、传统农业和现代农业3个发展阶段。原始农业比较单纯，没有什么污染物质投入，产量亦低。传统农业比原始农业有了较大发展，前期污染较轻，肥料主要是有机肥，农药则以植物源和矿物源为主，极少造成污染。但传统农业到了中、后期，化学农药、化学肥料开始有了较大的发展和应用，污染开始加重。现代农业由于工矿、交通事业的飞速发展，“三废”（废水、废气、废渣）的排放及化学农药、化学肥料、激素等人工合成物的大量投入，造成农业污染的日益加重。

为了使农业生产能够持续发展，1972年联合国在斯德哥尔摩召开了《人类与环境》大会，会上首次提出“生态农业”概念。随后生态农业（即有机农业）在许多国家兴起，提倡在食品原料生产、加工等各个环节中树立“食品安全”的思想。属于这类农业的，英国叫有机农业（食品），芬兰、瑞典等叫生态农业（食品），德国叫生物农业（食品），日本叫自然农业（食品），中国叫无公害农业（食品）或叫绿色食品，这些都是以安全、优质、营养为特色的食品生产的新型农业。

为了促进有机农业（食品）的发展，1972年由多个国家有机农业组织发起，在法国成立了“有机农业运动国际联盟”（IFOAM）并相继成立该组织的欧洲、亚洲、非洲、拉丁美洲区域协调联络机构。其业务范围包括信息交流、标准制定、委托授权、培训以及召开科技会议、贸易会议、博览会等。目前该组织已成为世界最大和最有影响的有机农业运动民间机构，亦是世界有机农业的推广中心和信息中心，并拥有100多个国家和地区的600多个会员。1993年，中国绿色食品发展中心已加盟成为该组织成员。进入20世纪80年代以来，德国、美国、日本、丹麦、澳大利亚等国均设立政府管理有机农业的机构，制定了有关生产、加工标准、管理条例，或进行立法。欧盟也于1991年制定了“有机农业条例”，联合国食品法典委员会(CAC)制定出“有机农产品生产、加工、销售指南”。形成了由政府协调各协会、认证机构，并通过政府制定标准条例、法规，将有机农业和有机食品的认证、管理纳入政府管理渠道，使有机农业得以迅猛发展，并形成全球性运动。

近年来，欧美发达国家除了大力发展有机农业(食品)以外，为了减少污染，降低食品中有害物质残留，纷纷制定了有关政策和法规，限令减少化学农药、化学肥料和激素的用量和使用范围，采用包括生物防治、农业防治在内的有害生物综合治理，提倡使用有机肥和复合肥，对生产环境和农药、化肥实行严格控制和监测，严禁有害物质含量超标的食品上市。如日本推出环保型农业，制定具体的农业技术措施防止环境污染和农产品污染；澳大利亚提出农林渔可持续发展战略，制定出“洁净食品计划”；瑞典2000年已将10%的耕地转为生态耕种，以推动生态农业和生态食品；荷兰等国均以法规形式制定了减少果园、菜地化学农药50%的计划，挪威、加拿大亦在启动类似项目，取得了显著成效。

由于全球污染的加重，国际社会对食品安全高度重视，世界卫生组织(WHO)和联合国粮食与农业组织(FAO)以及世界各国均加强了食品安全工作，设置专门机构，强化或调整政策法规，加强监督管理和科技投入。美国1997年就增拨1亿美元年度经费，实施总统食品安全启动计划，1998年成立了多部门参加的总统食品安全委员会。随着反恐战略的实施，其控制食品安全的力度不断加强。欧盟于2000年发布了“食品安全白皮书”，重新设计了新的食品安全监管框架，其内容包括农、畜产品，饲料监管，消费者健康保护，生产者和供应商保证食品安全的职责等，并在欧盟成员国建立食品网络与预警系统。2001年世界卫生组织召开第53届世界卫生大会，首次通过了《食品安全决议》，将食品安全列入世界卫生组织(WHO)工作重点和最优先解决的领域,要求成员国制定相应的行动计划。为此各国政府纷纷采取措施,建立和完善管理机构体系和法规制度,以减少食源性污染对公众健康的威胁。美国、欧洲等发达国家不仅对食品原料、加工品有较为完善的标准与检测体系,而且对农产品及食品生产的环境都有相应的标准、检测体系及有关法规、法律。

为了保证食品安全,很多国家还制定了相应的法律、法规,既有综合性的,又有非常具体的。这些法律、法规涵盖了所有食品,为食品安全生产制定了非常具体的标准以及监管程序。美国农业部专门设有食品安全检查署,负责食品的检验工作。如果食品不符合安全标准,就不允许上市销售,消费者发现问题,可以随时打电话举报。美国从事食品(农产品)生产、加工与销售的都是大企业(公司、农场等),对于竞争激烈的企业来说,信誉就是生命,一旦丧失信誉,即会破产。

三、我国无公害食品发展现状

我国对环境污染和无公害食品生产极为重视,1979～1993 年党中央和国务院在 3 个有关文件中提出:“农业部门要加强对农业环境的保护和管理,控制农药、化肥、农膜对环境的污染,推广病虫害的综合治理”“积极推广生物防治”“加强绿色食品的生产”。并将绿色食品作为优先项目列入《中国 21 世纪议程》白皮书,农业部专门下发了“关于加强农药残留监控工作的通知”。为了加强对“绿色食品”“有机食品”生产的管理和监督,国家专门成立了中国绿色食品发展中心和中国有机食品发展中心,各省、直辖市亦建立了相应机构。分别制定了技术标准、管理程序以及统一标志,同时建立了环境质量和食品质量技术监督网络。农业部建立了农产品安全检测防护体系,研究制定了与国际接轨的农药残留标准。我国开展无公害食品的研究和开发的时间虽然较短，但发展很快。据统计，2003 年全国经认证的绿色食品总数已达 4 030 个品种，生产绿色食品的农业和食品加工企业有 2 047 家，生产总量达 3 260 万吨，产品国内销售额达 723 亿元，出口创汇 10.8 亿美元。绿色食品整体水平达到欧美发达国家食品质量安全标准，其中 AA 级绿色食品标准已与国际有机农产品标准接轨，出口贸易额一直保持 40%以上的速度增长。

食品是人类赖以生存和发展的物质基础，食品是否安全是关系到人民健康和国计民生的重大问题。中国加入 WTO 以后工农业生产以及经济发展等各个方面都要与国际接轨，特别是食品(农产品)的安全问题尤显重要。我国政府对食品安全问题历来十分重视，2000 年 5 月农业部启动了《无公害农产品行动计划》，相继出台了《无公害农产品管理办法》，制定了《无公害农产品标准》，并按作物种类制定了《无公害×××生产技术规程》，在全国建立了 100 多个无公害农产品生产基地，推出以“菜篮子”产品为突破口，以市场准入为切入点，从产地和市场两个环节着手，通过对农产品实行从“农田到餐桌”全过程质量安全控制，用 8～10 年的时间，基本上实现主要农产品无公害。农业部《关于加快绿色食品发展的意见》中，要求“十五”期间绿色食品开发总量在现有基础上增加 2 倍，2005 年达到 4 500 万吨，绿色食品技术标准、质量检测、质量认证和市场服务体系更加完善，我国还将建设一批大规模的产品和原料基地，培育一批产业化龙头企业，建立市场营销网络，在有条件的地区，逐步建立农业、食品加工和其他相关产业协调发展机制，以加快绿色食品和无公害农产品的发展。

国家科技部已将食品安全研究列入国家重大科技项目，研究制定食品从种植、加工、贮藏运输直至商品流通过程中有害物质残留限量标准，制定食品从“农田到餐桌”全过程质量控制技术体系，研究开发出快速检测食品和农产品有害物质污染的技术和方法，建立执法技术保障体系和安全监测网络等，努力赶超国际先进水平。

全国各省、直辖市相继开展了行动，山东、吉林等10个省启动了生态省建设项目，将生态农业、循环经济、清洁生产和污染防治列为重点。山东省加大开发力度，争取建成全国规模最大的绿色食品和无公害农产品生产和供应基地，并通过建立健全农产品安全监督监测体系来保证质量达标。

四、无公害食品的发展策略

我国农业是走可持续发展的生态农业路子，其产品要达到无公害标准，但我国对无公害食品的研究尚处于初级阶段，一些高新技术尚缺乏研究，如高抗病虫品种的选育和应用，天敌工厂化生产及其应用技术，高效生物农药的研制与应用，农药残留的速测和降解技术，配套的有机食品病虫防治和施肥技术等，均需进一步加大科技投入，组织多学科人员开展研究。

我国无公害食品的发展应分层次进行。首先，要全面推广无公害农产品生产，特别是用药量比较大，污染比较重的果品和蔬菜，其标准并不高，除了推行先进的农业栽培技术以外，主要是控制污染，严格禁用高毒、高残留农药和劣质化肥，有限制地使用中等毒性农药和化肥，积极推广生物农药和低毒化学农药以及有机肥、复合肥、生物肥。第二，在生态环境良好，生产基础较好，并有一定技术力量的区域大面积建立绿色食品（A级）或无公害农产品生产基地，严格按规定标准和操作规程进行生产，并扩大市场份额。第三，有机食品和AA级绿色食品，我国尚处在起步阶段，特别是果品和蔬菜生产尚无成熟经验，为此，应选择生态环境比较好的地域，建立小规模的试验田，按其标准要求，选用优良品种，探索其生产技术，尤其是病虫防治和施肥技术，待取得经验后逐步扩大面积和产量。在一些生态环境特别好，病虫发生轻，喷药比较少或基本不用喷药防治的作物，可以较大面积的开发一些有机食品或AA级绿色食品，以供出口的需求。

发展无公害食品要以果品、蔬菜和名特优稀农产品、出口创汇农产品为重点，建设一批绿色食品和无公害农产品生产基地，抓住农药、肥料等农业生产资料的管理为突破口，围绕基地环境和农产品质量标准进行全过程控制，通过广泛宣传、培训，大力推广无公害生产技术，用产品质量培育市场，用市场需要促进生产，逐步形成以无公害农产品和绿色食品为龙头的农业环保产业，促进农村经济发展和农产品出口创汇，推动农业和农村经济的可持续发展。

五、无公害食品市场前景与开发

在全球可持续发展的战略指导下，农业生产必须走生态农业的道路。生态农业是在生态保护和建设的基础上，运用循环经济的理念，采用清洁生产方式和无污染农业综合技术，生产出优质、营养、安全的无公害农产品、绿色食品和有机食品，供应国内外市场。目前世界上已有包括我国在内的80多个国家和地区研究和生产无污染、高营养、品质优的有机食品。有机农业种植面积不断扩大，1986～1996年欧盟国家有机农业面积增长高达30%，位于美洲的阿根廷1999年有机农业的面积比1992年增加70倍。有机食品的销售额逐年增加，据测算今后几年有机食品销售额占食品销售总额的比率将从1%～3%提高到10%左右。日本、新加坡有机食品年增长率高达20%。美国、日本和欧洲是有机食品的最大市场，其市场销售额达200亿美元，其中50%以上的有机食品依赖进口。有机食品的价格与普通食品相比，一般高20%～30%，有的高达50%以上。有机食品的国际贸易比较活跃，符合标准的有机食品供不应求。

除了有机食品以外，绿色食品和无公害农产品国内外市场需求量亦很大。随着人们生活水平的提高和环境污染的加重，人们关心食品安全的意识越来越强，消费者迫切需要安全、优质、营养的无公害食品供应市场，注重营养和健康正成为时尚，因而绿色食品和无公害农产品备受欢迎，特别是国际市场潜力很大，符合国际标准或出口国标准的食品或农产品比较畅销，利润可观。

为加快绿色食品和无公害农产品的开发，要以国内市场为主，并逐步开发国际市场。按农业产业化的要求，逐步向“龙头企业带基地，基地带农户”的方式发展，推行规模化种植，专业化生产，达到产品商品化、服务系列化、产销一体化的目标。有机食品主要用于出口创汇，要打开国际市场，以优良的品质和质量与国外相同产品竞争，打破绿色壁垒对我国食品的限制。无公害食品的开发首先要搞好市场体系建设，提高绿色食品和无公害农产品营销的承载能力。可采取以下几种办法。

(一)开办无公害食品专营商场或在超市内设专柜

采用商家和基地联合在大、中城市开办大型商场，销售绿色食品、有机食品和无公害农产品，因无中间环节，价格适中，销量会很好。另外，亦可在大型超市内设专柜进行销售。

(二)发展业务代理

在大、中城市发展几个市场信誉好的商业公司或超市作为业务代理，使无公害食品直接进入主要商业网点和大型超市。

(三)建立绿色食品和无公害农产品配送中心

配送中心的建立可采取多种形式，如可以和大、中城市配送中心合作，由生产基地直接供货，亦可成立专业的绿色食品和无公害农产品配送中心，逐步在省内外形成网络。

(四)兴办绿色食品和无公害农产品批发市场

在集中产区选择交通发达的地方建立大型批发市场，进行销售。为了更好地了解市场动态，可在大、中城市市场设立信息员，及时掌握市场供需信息和价格，引导农民生产适销对路的产品，提高市场竞争力。

（五）培育绿色食品和无公害农产品营销龙头企业

政府引导，由农户和企业成立绿色食品或无公害农产品生产经营联合体，直接参与市场营销；或发展一批有经济实力的绿色食品或无公害农产品生产企业，并给予一定的政策扶持，自主进入市场营销，并打入国际市场。

第二章 果园的污染及其治理

随着工业、交通事业的发展以及农田中农药、化肥的大量投入，环境污染亦在逐渐加重，一些有害物质通过各种途径进入农田和果园，从而对大气、土壤、灌溉水及农产品造成了程度不同的污染。据资料统计，我国遭受不同程度污染的农田面积达 1 000 万公顷，82%的江河湖泊受到了污染。山东省 1995 年统计，全省有 15 个市(地)发生废气和污水污染农业的事故 114 起，污染农田 1 300 多公顷，污染水面 213 公顷，直接经济损失达 1 140 万元。环境恶化对人类生存带来严重威胁，已成为全球公害，必须加以控制，才能发展可持续农业。

一、果品的污染状况

果树是多年生木本植物，病虫危害重，农药用量大，为了探明果品的污染状况，笔者等于 1996～1997 年在山东省苹果主产区的 8 个市 45 处果园进行了取样测定，共在全省采集 146 份苹果样品，测定了 12 种农药、6 种重金属和砷化物、氟化物在苹果中的残留情况。结果如下。

(一)农药对果品的污染状况

据笔者对山东省果园常用的 12 种农药在苹果中残留含量测试表明(表 2-1)，除甲基对硫磷、倍硫磷、甲基托布津未检出外，其余 9 种农药均有检出，其检出率顺次为：辛硫磷、溴氰菊酯(100%)＞六六六(87.1%)＞滴滴涕(67.57%)＞杀螟硫磷(60%)＞马拉硫磷(54.55%)＞对硫磷(23.33%)＞乐果、敌敌畏(9.38%)。在以上检出的农药中，超标的仅有滴滴涕和对硫磷 2 种，超标率分别为

10.81%和3.33%。最高超标2.9倍和2.5倍。滴滴涕超标主要是喷洒三氯杀螨醇所致,对硫磷超标与喷药次数、时间有关。六六六、滴滴涕的检出,主要是20世纪80年代初期以前的老果园,而近期发展的果园则未检出。苹果中农药残留量以果皮最多,占95%左右(表2-2)。

表2-1 苹果中农药残留测定

测试项目	样本数	残留量(毫克/千克)		检出率(%)	超标率(%)	最高超标倍数
		范 围	均 值			
溴氰菊酯	4	0.001	—	100	0	—
辛硫磷	6	0.001	—	100	0	—
六六六	36	未检出~0.043	—	87.1	0	—
滴滴涕	37	未检出~0.39	0.0338	67.57	10.81	2.9
杀螟硫磷	10	未检出~0.001	—	60	0	—
马拉硫磷	11	未检出~0.001	—	54.55	0	—
对硫磷	30	未检出~0.88	0.0294	23.33	3.33	2.5
乐 果	64	未检出~0.001	—	9.38	0	—
敌敌畏	64	未检出~0.001	—	9.38	0	—
甲基对硫磷	5	未检出	—	0	0	—
倍硫磷	9	未检出	—	0	0	—
甲基托布津	4	未检出	—	0	0	—

表2-2 苹果果皮、果肉中农药残留测定

药剂种类	测定项目	残留量(毫升/千克)	果皮比果肉残留高(%)	备 注
50%甲基对硫磷	果 皮	1.20	95.83	试验为不套袋苹果,空白对照未测出农药残留量
1000倍液	果 肉	0.05	—	
50%甲胺磷	果 皮	0.92	94.57	
1000倍液	果 肉	0.05	—	

(二)重金属等对果品的污染状况

笔者等对山东省45处苹果园检测结果表明(表2-3),苹果中普遍存有重金属,铜、锌、汞、铅、镉和砷的检出率达93.55%~100%,但超标的仅有铅、镉、汞3种,其超标率顺次为铅(11.29%)>镉(8.06%)>汞(1.47%),最高残留量超标2.3倍(铅)、1.3倍(镉)和0.25倍(汞)。氟化物虽有检出,但不超标。

表2-3　苹果中重金属等残留量测定

测试项目	样本数	残留量(毫克/千克)		检出率(%)	超标率(%)	最高超标倍数
		范　围	均　值			
铜	49	0.133～2.039	0.861	100	0	—
锌	59	0.17～4.363	0.728	100	0	—
铬	64	0.003～0.161	0.046	100	0	—
汞	68	0.0003～0.0125	0.0024	100	1.47	0.25
铅	62	未检出～0.99	0.167	98.39	11.29	2.30
镉	62	未检出～0.99	0.007	93.55	8.06	1.30
砷	68	未检出～0.336	0.055	95.59	0	—
氟化物	57	0.02～0.36	0.12	100	0	—

二、果园的污染源及其危害

(一)有害气体的污染及其危害

我国对农田大气污染状况的研究不多,但是随着工业、矿业和交通事业的快速发展,大气污染日益加重,尤以靠近工矿企业、车站、码头、公路(特别是高速公路)的果园和农林作物受害更重。大气污染既破坏了人类赖以生存的空间环境,导致疾病的发生和加重,妨碍了果树等农林作物的正常生长,同时又严重影响生物圈内生物之间的自然平衡，干扰植物、害虫及其天敌3个营养层之间的平衡关系，致使害虫种群发生了变化。

据资料分析，我国废气中污染物排放主要来自于工业，2000年统计，全国一年二氧化硫排放量达1995万吨，烟尘排放量1165万吨，其中80%左右来自工业，工业粉尘排放量亦达1092万吨。大气污染物主要包括二氧化硫、氟化物、臭氧、氮氧化物、氯气、碳氢化合物以及粉尘、烟尘、烟雾、雾气等气体、固体和液体粒子。另外，果园、农田施肥亦会产生氨气、亚硝酸气体等有害气体。这些污染物既能直接伤害果树，影响植物体的光合作用，破坏叶绿素，致使花、叶片和果实褐变和脱落，又会在植物体内外进行积累，人们食用就会引起急、慢性中毒。

1. 二氧化硫 二氧化硫是我国最主要的大气污染物，它是由人为燃烧含硫的煤、石油和焦油时产生的气体，在大气中普遍存在。硫是植物必需元素，空气中少量二氧化硫，经植物吸收后可进入植物的硫代谢中。如果二氧化硫浓度超过极限值(伤害阈值)就会对植物造成伤害。植物遭受二氧化硫伤害的典型症状是：叶片、叶脉间呈现不规则的点状、条状或块状灰白色或黄褐色坏死斑。在果树上二氧化硫由叶片上的气孔侵入叶片组织，破坏叶绿素，造成组织脱水，在叶脉间出现黄色或褐色斑块，极易脱落。果树开花期对二氧化硫最为敏感，可使花期开放不整齐，花冠边缘出现褐色枯斑，花药变色、干瘪，柱头萎缩，花朵提早脱落，坐果率很低。果实受害则表现为龟裂、发育受阻，无商品价值。另外，二氧化硫遇水则变为亚硫酸，若果树上喷过波尔多液，则会将其中的铜离子游离出来，从而造成药害。在自然条件下，大气中的二氧化硫很易被进一步氧化为三氧化硫，三氧化硫极易和水相溶变为硫酸，当遇到潮湿天气时，即和雨、雾、露、霜等融为一体，形成pH值低于5.6的酸雨。酸雨对果树及农作物危害很大，可使叶片上的叶脉间出现因硫酸漂白而造成的失绿现象，并逐渐变为棕色坏死枯斑。

过量的二氧化硫对植物造成伤害的机制是:植物吸收二氧化硫后形成亚硫酸盐的速度超过了植物细胞将二氧化硫氧化成硫酸盐的速度,因此就会产生抑制植物光合作用和氨基酸蛋白质的代谢,干扰光合磷酸化的生理代谢过程,影响酶的活性,破坏细胞结构,严重时会使细胞内叶绿素被破坏,细胞皱缩、扭曲、解离,直至原生质凝集成黄褐色团块,因而在外观上出现明显的急性受害症状。二氧化硫对果树生长发育影响极大,如山东省某电厂排放的二氧化硫,使相距10千米以内种植的苹果树和农作物遭受严重损害。山东省某地一处果园,在盛花期遭受二氧化硫等工业废气侵害,其花朵坐果率仅为2.8%～5.5%,较正常坐果率减少34%～66%。

2. 氟化物 氟在自然界分布很广,空气、水、土壤、岩石、煤和动、植物体中都含有数量不等的含氟化合物。在我国氟化物是仅次于二氧化硫的大气污染物,主要包括氟化氢、氟化硅、氟化钙及氟气等,其组成和比例与污染源类型有关,对人及动、植物均有较大危害。氟化物主要来自于磷肥、冶金、玻璃、搪瓷、塑料、砖瓦等生产工厂以及以煤为主要能源的工厂排放出的废气。在氟化物中以氟化氢的毒性最强。氟化氢是一种无色且具臭味的剧毒气体,其对植物的毒性比二氧化硫大20～100倍,当空气中含量达1×10^{-7}毫升/升时,即可使敏感植物受害。另外,氟化物的比重较小,可随大气扩散到很远的距离,使多种植物中毒。

氟化物对植物伤害的典型症状是:受害的植物多在叶尖或叶缘处出现黄褐色或深褐色坏死斑,受害组织和正常组织交界处有一条红色或深褐色分界线,受害组织很快枯死,严重时坏死斑由叶缘向叶脉发展,并向叶基部延伸,有时只经几小时,叶片即由绿色变为黄褐色,凋萎死亡。氟化物对植物的危害,主要是通过叶片气孔进入体内,但它不伤害气孔周围组织细胞,而是溶入植物体液,通过细胞间隙进入输导组织,并随体内水分运输流向叶片尖端和边缘,当积累到一定浓度时即出现病症。同时,氟化物还能显著抑制植物体内的葡萄糖酶、磷酸果糖酶等多种酶。当酶的活性下降时,叶绿素则难以形成,阻碍了光合作用,从而造成植物组织失绿。另外,氟化物还能导致植物钙营养失调,会使细胞液外溢,造成植物生长点、嫩叶、顶端发生溃烂、枯死。氟化物对果树的影响,主要表现为破坏果树的营养生长,幼叶、嫩叶最易被害,造成树梢、顶端枯死现象或造成叶片狭小、失绿,以至早期落叶,严重影响春梢或秋梢生长。同时氟化物还能抑制花粉发芽和花粉管的伸长,因而造成花朵受精率降低,不易坐果,果实不能正常膨大,果皮硬化等症状。氟化物污染还会使桃、杏等果实在沿缝合线处的果肉过早成熟、软化、影响果实质量。人体摄入过多的氟,轻者造成氟斑牙,重者导致慢性氟中毒,形成氟骨症。

3. 氮氧化物　氮氧化物是各种含氮氧化物衍生物的总称,主要包括一氧化氮、二氧化氮、硝酸雾等,其中对植物毒害较大的是二氧化氮,它是一种棕红色有刺激性的气体,其污染源主要来自于汽车尾气、锅炉废气以及硝酸、氮肥、炸药、制药、火力发电等工厂烟筒排放的气体。另外,在塑料大棚中,当氮肥使用过多时,土壤中会发生脱氮反应,从而使大棚中产生高浓度的二氧化氮,造成对大棚作物的直接毒害。二氧化氮对植物毒害症状近似于二氧化硫,但危害性明显低于二氧化硫。

4. 氯气　氯气是一种黄绿色的有毒气体,植物被害的典型症状是叶缘和叶脉间组织出现白色、浅黄色的不规则伤斑,然后叶片全部变为漂白色,枯干死亡。对果树及农作物的危害极大。污染源主要来自于食盐电解工业以及生产农药、漂白粉、消毒剂、塑料、合成纤维等工厂排放的废气。氯气对植物的危害比二氧化硫重,它可以破坏细胞结构,阻碍水分和养分的吸收,使植株矮小,分枝少;叶片褪绿或起小水泡,严重时焦枯;根系不发达,直至根系脱水萎蔫而死亡。

5. 降尘和飘尘 空气中飘浮的固体或液体的微细颗粒被称为粉尘。工矿企业以煤炭为主要能源所排放的烟尘,是我国污染农作物及果林最重要的空气粉尘。烟尘的主要成分包括未燃尽的炭黑颗粒、煤粒和飞尘。根据其颗粒物直径大小分为降尘和飘尘。颗粒粒径大于10微米,易降落,故叫降尘。这些烟尘降落到果树的叶片上,特别是嫩叶上就会产生污斑,影响果树正常的光合、蒸腾和呼吸代谢等生理作用。花期污染,影响授粉和坐果;结果期污染,除形成污斑外还会使果实表皮粗糙、木栓化,对其产量和品质有很大影响,严重时果品失去商品价值。

有的工厂还会向大气中排放出大量的极细小的金属微粒,如铅、镉、锌、砷、汞、镍、锰等,这些微粒能较长时间在大气中飘浮,故称"飘尘"。飘尘中的颗粒粒径小于10微米,因其体积微小可随气流传播飘移至远处,飘尘在空气中因相互碰撞而吸附成为较大的粒子,降落地面后造成对土壤、灌溉水、果树的严重污染。同时它还会降低大气的透明度和透光率,影响果树的光合作用和正常生长,导致产量降低。如某炼锌厂周围500米内的农田,经该厂废气中排出镉尘污染6个月以后,每千克土壤含镉量由原来的0.7毫克上升到6.2毫克,增加了近9倍。飘尘中因含有多种重金属和致癌物质,果树被污染后不仅影响果品外观和商品价值,而且飘尘中的有害重金属还会被果树吸收,使果品中重金属残留超标,而影响人体健康。

6. 其他污染 机动车排放的废气,工厂排放的二氧化硫、氮氧化物和碳氢化合物,在特殊气候下发生化学反应,形成臭氧和过氧化硝酸乙酰酯,亦会对果树等造成污染。化工厂、化肥厂排放出的氨气和尿素粉尘,由于含氮量过高,可使果树营养元素比例失调,容易诱发生理落果。臭氧对叶片伤害的典型症状是:叶面出现密集细小的斑点,伤及植物栅栏组织,有的会使叶面变为褐、黑、红或紫色,有的会出现失绿斑块和褪色。臭氧主要伤害中龄叶,老叶和幼叶则有较强的抗性。

大气的严重污染还会促进害虫的繁衍。国内外研究表明，大气污染除对作物造成危害以外，还会促进某些害虫种群的繁衍，表现在刺激害虫取食，促进害虫生长发育，提高害虫的生殖力；同时还会导致植物防御能力的下降，改变植物体内的生理过程；杀伤天敌，破坏害虫和天敌的自然平衡。例如，墨西哥瓢虫、舞毒蛾、蔷薇长管蚜、粉纹夜蛾，特别喜欢取食被二氧化硫、臭氧、氟化氢、汽车尾气污染的寄主植物；粉纹夜蛾幼虫取食被氟化氢污染的寄主植物后，发育明显加快，5 龄幼虫体重增加 24%；桃蚜取食被二氧化硫污染的寄主植物后，种群指数提高 39.2%～91%；高速公路周边山楂树上苹果蚜的生殖力增强 6 倍等。由于瓢虫、寄生蜂、食蚜蝇等天敌受到大气污染物不同程度的杀伤，从而促进了蚜虫的繁衍。

(二)重金属的污染及其危害

1. 重金属等对果园的污染状况

(1)土壤污染　据笔者等对山东省 45 处苹果园测试表明(表 2-4)，重金属镉、铅、汞、铬和类金属砷在土壤中均有检出，检出率达 100%，但超标率不高，其顺序为镉(11.11%)＞铅(8.89)＞铬和汞(均为 6.67%)＞砷(2.22%)。

表 2-4　苹果园土壤中有害重金属残留量测定

测试项目	含量范围(毫克/千克)	标准值(毫克/千克)	检出率(%)	超标率(%)	超标果园含量(毫克/千克)		最高超标倍数
					范围	均值	
镉	0.014～0.609	0.233	100	11.11	0.242～0.609	0.37	1.61
铅	6.2～48.5	37.7	100	8.89	39.2～48.5	42.55	0.29
铬	34.4～146.4	98.1	100	6.67	110～146.4	129.2	0.49
汞	0.017～0.1738	0.151	100	6.67	0.163～0.1738	0.1692	0.15
砷	6.2～16.8	15.8	100	2.22	16.8	16.8	0.06

（2）灌溉水污染　据笔者等测试（表2-5），在调查45处苹果园灌溉水中重金属铅、镉、铬、汞和砷的检出率均达100%，汞的超标率为2.22%，镉和汞残留量超标0.24倍和0.5倍。铬的超标率虽不高，仅为4.44%，但其残留均值高达1.909毫克/千克，最高达3.703毫克/千克，分别超标16.1倍和36倍，主要原因与果园周围村办电镀厂污染有关。灌溉水中的氯化物、氟化物和氰化物检出率均达100%，其中超标率最高的为氯化物（17.78%），其次为氟化物（6.67%），最高超标0.29倍和0.06倍，氰化物不超标。

表2-5　苹果园灌溉水有害物质残留测定

测试项目	含量范围（毫克/千克）	标准值（毫克/千克）	检出率（%）	超标率（%）	超标果园含量（毫克/千克）范围	超标果园含量（毫克/千克）均值	最高超标倍数
铬	0.004～3.703	0.1	100	4.44	0.115～3.703	1.909	36
镉	0.0001～0.0062	0.005	100	4.44	0.0056～0.0062	0.0059	0.24
汞	0.00005～0.0015	0.001	100	2.22	0.015	0.015	0.5
铅	0.0001～0.017	0.1	100	0	—	—	—
砷	0.007～0.034	0.05	100	0	—	—	—
氯化物	3～323.1	250	100	17.78	250.6～323.1	279.73	0.29
氟化物	0.38～3.18	3	100	6.67	3.14～3.18	3.15	0.06
氰化物	0.004～0.09	0.5	100	0	—	—	—

2. 重金属的污染源及其危害

（1）镉　镉在自然界中的含量很大，与锌、铬、铜等金属共存于矿石中，其污染源主要来自于金属矿山、金属冶炼厂和以镉为原料的电镀、电机、化工等工厂，这些厂矿排放的“三废”中都含有大量的镉。镉是一种毒性很强的金属，已被列为世界八大公害之一，它对人和生物的毒害很大，而且可在人体内长期积累，生物半衰期长达20～40年，从而引起急、慢性中毒。1955年著名的日本公害病

“痛痛病”就是由镉在人体内积累造成的。另外，有的报道认为，它还有致癌、致畸作用。急性中毒主要损害人的肺、肾等重要器官，慢性中毒主要是镉在人体内积累一定数量时造成的，潜伏期为2～8年，主要损伤人的神经和关节。

（2）砷 自然界中砷大量存在于铅、铜、银、锌、铁等金属矿石中，由于自然风化作用，所以砷的分布相当广泛。砷污染主要来自于造纸、皮革、硫酸、冶炼、农药、化肥等工厂排出的废水和废气。煤炭中含有一定数量的砷，据测算，每消耗1吨煤即能挥发出2.5克砷进入大气，因此以煤为能源的工业和民间燃煤也是一个重要污染途径。另外，还有含砷化学农药如福美胂、砷酸钙等也会造成一定的污染。砷是土壤中的主要污染源，土壤中砷含量背景值一般为10～13毫克/千克，世界上砷污染最重的地方，土壤含砷量高达550毫克/千克，农作物已不能生长，成为撂荒地。砷对植物的危害主要是阻碍水分和养分的吸收，无机砷影响营养生长，有机砷影响生殖生长。砷对人的毒害更大，砷可与空气中的氧结合形成三氧化二砷（砒霜），砒霜与人体内的蛋白酶结合，可使酶失去活性，导致细胞死亡。二氧化二砷的中毒量为0.01～0.025克，致死量为0.06～0.2克。人的急性砷中毒表现为胃肠炎症状，如腹痛、呕吐甚至失水虚脱而死亡。慢性砷中毒主要引起浑身酸痛，腹泻、恶心，呕吐，肝肿大，并能引起多发性神经炎。同时，砷还是肺癌、肝癌、膀胱癌、皮肤癌的致病因素之一。

（3）汞 汞在自然界中广泛存在，它可以分为金属汞、无机汞盐和有机汞化合物。污染源主要来自于矿山、汞冶炼厂、化工、印染、涂料等工厂排出的“三废”以及农业上的有机汞、无机汞农药的使用。汞在浓度较大时会使植物的叶、花、茎变为棕色或黑色。汞可从植物根部和叶片两条途径进入植物体内：一是土壤中汞化物为甲基汞（由有机汞转化）或金属汞，被植物根系吸收；二是由叶片直接吸收进入植物体内。进入植物体内的汞，多以甲基汞与蛋白质中的硫基结合的形式运转到植物体的各个部位。汞对人体的毒性极大，金属汞的毒性小于无机汞和有机汞，职业性中毒和生活性中毒大多是由金属汞和无机汞引起的。有机汞在人体内具有积累性，很难排出，生物半衰期为70天左右，因此中毒后的发病时间长，病情缓慢。汞主要侵犯人的神经系统，使手足麻痹，全身瘫痪，神经失常，严重时可痉挛死亡。轰动世界的日本公害病"水俣病"就是因食用汞污染食品引起的。我国规定，农田灌溉水中汞的含量不得超过0.001毫克/升。

(4)铅　铅是重要的工业原料，同时又是一种既有用又有毒的元素。铅的污染源主要来自用汽油作燃料机动车的尾气，因此公路特别是高速公路两旁的空气、土壤、水和植物中的含铅量均高于其他地区(高100倍左右)。另外，有色金属冶炼，煤的燃烧，以及油漆、涂料、蓄电池等生产企业都是铅污染的主要来源。铅除通过大气被动、植物吸收外，还能污染土壤和水源。铅主要被植物根部吸收和积累，并抑制植物的光合作用和蒸腾作用，影响其正常生长。铅通过大气、食物、饮水等途径进入人体后，大部分沉淀在骨髓，溶化到血液中，损害骨髓造血系统、大脑神经系统、泌尿系统及生殖器官等，会引发多种疾病。另外，动脉硬化、消化道溃疡和眼底出血等也与铅污染有关。铅对儿童的毒害更大，会引发智力低下、行为异常等，严重者还会造成终身残废。因此，果园要远离公路，特别是高速公路，避免汽车尾气造成的铅污染。

(5)铬　铬和它的化合物污染源主要是冶金、机械、金属加工、汽车、制革、化工、医药等制造业排放的"三废"，例如金属加工厂的废水中每升含铬量可达10～5 000毫克，制革厂除排放含铬废水外，还排放有毒的铬酸气。铬化合物有二价、三价和六价3种形态，二价铬和铬本身的毒性很小；六价铬对生物和人体的毒性最强，主要存在于水体中；三价铬的毒性次之，主要富集在生物体内。铬虽是动、植物和人体需要的微量元素，但过量的铬亦会使植物受害，能抑制生长发育，并可与植物体内细胞原生质的蛋白质结合，使细胞死亡。土壤被铬污染后会抑制微生物活动，降低土壤微生物的硝化作用。植物在污染的土壤中生长，体内铬的含量可比正常情况下高出100多倍。铬对人体的毒害可导致全身中毒，引起皮炎、鼻炎和变态反应。六价铬对人体是一种强致癌物质，可诱发肺癌和鼻咽癌。我国规定农田灌溉水中六价铬含量不得超过0.1毫克/升，世界卫生组织和联合国粮农组织规定，每人每周的耐受量，铬的摄取量定为0.006 7～0.008 3毫克/千克（体重）。

（三）农业生产资料的污染及其危害

农药、化肥、农用塑料薄膜等是果树生产中不可缺少的农业生产资料，但是使用不当，亦会对大气、土壤、灌溉水以及果品造成严重污染，危害人体健康，应高度重视。

1. 农药的污染及其危害　农药是防治果树病虫害的主要手段，在生产中发挥了重要作用。但是农药特别是化学农药对环境造成的污染以及农药残留对人体的毒害也相当严重。

（1）农药对土壤的污染　笔者等1996～1997年对山东省8个市（地）45处苹果园的土壤进行了普查，测试结果（表2-1）表明，苹果园中有机氯农药六六六、滴滴涕的残留仍较为普遍。在调查的45处果园中，有11处果园残留量超标，其中7处果园六六六、滴滴涕同时超标，4处果园分别有1项超标，占调查果园的24.44%。超标果园土壤中六六六、滴滴涕残留平均值很高，分别达0.431 7毫克/千克和0.442 8毫克/千克，超标3.3倍和3.4倍，最高残留量达1.579 9毫克/千克和1.078 8毫克/千克，超标14.8倍和9.8倍（表2-6）。而不超标的34处果园中六六六、滴滴涕残留平均值极低，仅为0.023 3毫克/千克。

表 2-6 苹果园土壤中农药残留的测定

测试项目	含量范围（毫克/千克）	标准值（毫克/千克）	检出率（%）	超标率（%）	超标果园含量（毫克/千克）		最高超标倍数
					范围	均值	
DDT	0.0001～1.0788	0.1	100	20.00	0.1402～1.0788	0.4428	9.8
六六六	0.0028～1.5799	0.1	100	20.00	0.1034～1.5799	0.4317	14.8

土壤是农药在环境中的"贮藏库"与"集散地"，研究表明，果树和农作物上喷施农药，有 80%～90%的药量最终进入土壤，因而农药对土壤污染较重。土壤污染的轻重与农药的理化性质、施药历史、土壤质地、有机质含量、微生物种类以及气候条件（光照、降水）等诸多因素有关，其中最主要的是与农药在土壤中的降解速率有关，如含有铅、砷、铜、汞等的无机类农药和六六六、滴滴涕等有机氯农药，其理化性质稳定，在土壤中难以分解，持续时间长；同时有机氯农药还具有水溶性低、脂溶性高的特点，其残留量难以降解。我国自 20 世纪 50 年代开始施用，至 80 年代初期（1983 年）停用，施药时间长达 30 余年，而且施药量大。据资料分析，全国累计施用六六六 490 多万吨，滴滴涕 40 多万吨，因而造成土壤污染比较严重。虽然其残留正逐步降解，但在土壤中仍继续存在。笔者等于 1996～1997 年在山东省 45 处苹果园测定，其检出率仍达 100%，超标率达 20%，最高超标 9.8 倍和 14.8 倍，由此可见农药对土壤污染的顽固性。

我国耕地土壤农药污染状况不容乐观，其现状是土壤中有机氯污染与替代农药品种污染并存，据估计目前我国有 86 万～107 万公顷的农田土壤受到农药污染。农药进入土壤以后的状态是：①被土壤胶粒及有机质吸附；②被植物吸收；③向大气中挥发扩散；④被土壤微生物降解；⑤农药随水分向四周移动，称为径流，或向土壤深处垂直移动，称为淋溶。径流会使农药从土壤中转移到沟、塘、河流等地表水中，淋溶会使农药进入地下水中。

(2)农药对水体的污染　农药对水体的污染规律是地表水重于地下水。据报道，目前地球的地表水域如江、河、湖、库中基本上已找不到一块干净的未受农药污染的水体，其区别仅是污染程度不同而已。地表水的污染源主要来自于：①果园、农田施用农药随雨水或灌溉水流向水体；②农药生产、加工企业废水的排放；③大气中的残留农药随雨水进入水体；④农药使用过程中，雾滴或粉尘微粒随气流飘移沉降进入水体，或因清洗施药器械进入水体。地下水也普遍受到了农药的污染，如美国在地下水中已发现130多种农药或降解产物有残留检出，我国河北、江苏等省的地下水中已发现有六六六、杀虫双、乙草胺等农药残留。但是地下水，尤其是深层地下水，经过自然净化或土壤吸附作用，其农药残留量极低，污染轻微。

地表水体中的残留农药，可通过水解、光解、向大气层中挥发，底泥吸附，被水生生物吸收、富集、代谢等一系列转化过程而逐渐消失。但地下水中的农药残留消失速率比地表水缓慢得多，因地下水在土壤深层，水温低、微生物少，活性弱，又无阳光直接照射，因此地下水中的农药很难降解消失。如高毒农药涕灭威，在自然地表水中其降解半衰期一般仅2个月左右，而在地下水中其降解半衰期可达数年。

(3)农药对果品的污染　果树生长周期长，树体又大，病虫种类复杂，用药次数多，药量大，一般每667平方米果树上喷施药液量为300～400千克，是农田喷施药液量的6～7倍，而且全年用药达10余次之多，因此污染程度要重于农田。笔者等测试12种农药在苹果中的残留，其中有9种农药检出，2种农药超标，超标率为20%。近几年来果树推行果实套袋，农药残留有所减少，据笔者测试，套袋苹果中的农药残留比不套袋降低45%～87.8%。苹果中的农药残留95%左右集中在果皮上，因此果品套袋和削皮是防止污染的很好办法。

我国对食品安全虽然很重视，在《食品卫生法》中规定了104种农药在45种食品中允许残留量，共有291个指标。但是该标准与国际标准相差甚远，而在国际食品法中则规定176种农药在375种食品中规定2 439个最高残留标准。从果品来看，我国虽然是水果生产大国，但出口量每年仅有16万吨左右，仅占世界水果出口量的3%，其中一个重要原因就是农药残留超标，不符合进口国规定的标准。

(4)农药对生态环境的影响

①农药用量增加，病虫危害加重　据资料分析，世界农药消费量逐年加大，1980年为60亿美元，1990年增加到140亿美元，2000年前后达250亿美元。目前全世界每年农药生产总量为200多万吨(以有效成分计)，其中除草剂、杀虫剂、杀菌剂的通常比例为4∶4∶2，有的国家为5∶3∶2，而我国农药中的杀虫剂却占到70%左右，而高毒农药有机磷杀虫剂仍占有较大比例，其结构不合理。我国农药生产发展很快，1949年仅产0.2万吨(以有效成分计，下同)，20世纪80年代的平均年产量达27.6万吨，90年代上升到35万吨。目前稳定在40余万吨，其产量居世界第二位。农药的生产和使用量增加很快，但是病虫危害和损失并未明显减轻，有的反而加重。例如美国自1945年以来，杀虫剂用量增加10倍，害虫危害损失却由7%上升到13%，经济损失达500亿美元。我国亦是如此，病虫发生面积与20世纪50年代相比，60年代增加30%，70年代增加1倍，80年代增加2.8倍，90年代以来估计增加了3倍以上。

②抗药性增强，病虫害难以防治　病虫害的抗药性发展十分惊人。据报道，全球抗药性害虫种类，1948年仅14种，1957年76种，1963年157种，1971年225种，1980年432种，1981年589种。从1948～1981年的33年中抗药性害虫种类增长了42倍。

其中果树上约有 50 余种害虫产生了抗药性。我国已有 27 种主要害虫和蝇类对 16 种农药产生了程度不同的抗药性。例如，苹果树上的绣线菊蚜对氧化乐果的抗药性增加 15.88 倍至 64.58 倍，对氰戊菊酯的抗药性增加 25 倍至 291.56 倍。苹果斑点落叶病、梨黑星病等病害对多菌灵，葡萄灰霉病对速克灵均产生了明显的抗药性。

③天敌数量锐减，加快了害虫繁衍　随着农药使用量的增加，大量的有益生物被杀死，生物多样性指数下降，生态失去平衡，更加促进了害虫的繁衍。果园是多种天敌的资源库，天敌对抑制害虫种群数量起着重要作用，但由于过量的使用化学农药，天敌数量已大幅度下降，有的甚至找不到天敌。例如金纹细蛾在 20 世纪 70～80 年代是果园的一种次要害虫，仅金纹细蛾多胚跳小蜂 1 种天敌的寄生率就达 30％以上，一般不需防治。而到 90 年代该虫就成为苹果园的主要害虫，跳小蜂的寄生率最高仅有 9％。果园内瓢虫等捕食性天敌的数量比 20 世纪 70～80 年代减少 80％以上。再如绣线菊蚜原不是苹果上的主要害虫，但是近 20 余年来又成为必须防治的害虫了。

(5)农药对人体的危害　随着人类社会的发展，科技水平的提高，人们对化学品的依赖越来越大，可以说人们已生活在化学的世界。虽然化学品给人类生产和生活带来很多好处，而且效益很高，如农药投资 1 美元可获得 4 美元的回报。但它的副作用对环境和人类生存质量的影响亦很大，特别是某些化学品与“致癌、致畸、致突变”的相关性，更加引起人们的广泛关注。农药是一种有毒的化学物质，但是它又是农业生产不可缺少的资料，对保证农业丰收发挥了重要作用。但是化学农药，特别是一些毒性大、难以降解的化学农药对人体的毒害非常大。农药通过口(食物、饮料)、呼吸(肺)和皮肤(接触)3 个途径进入人体后会引起急性中毒和慢性中毒。急性中毒是指人直接接触到农药或误食农药及其被污染的食品后，很快就会出现中毒症状，如头痛、头昏、恶心、腹痛等，重者出现痉挛、呼吸困难、昏迷、大小便失禁等症状，甚至很快死亡。慢性中毒是指人们长期从环境或食品中摄入微量的残留农药，在人体内积累到一定数量后表现的中毒，慢性中毒因时间较长才表现症状，易被人们忽视。例如有机氯、有机汞农药主要损伤人的神经系统和肝、肾；有机砷农药引起神经炎、脱皮、肝肿大；有机磷和氨基甲酸酯类农药引起血液中乙酰胆碱酯酶活性下降，引发头痛、记忆力减退等症状。慢性中毒虽不能使人直接死亡，但对人体健康伤害较大。有的还会引起癌症和使男性精液中精子数量减少。

农药中毒是工农业生产中经常出现的一个突出问题，尤其是夏季农药生产和使用，气温又高，再加上不注意防护，更易发生中毒。据卫生部劳动卫生与职业病研究所 1992～1996 年对全国 26 个省、直辖市、自治区的不完全统计，报道农药中毒 243 749 例，死亡24 612 例，其中生产性中毒 61 102 例，死亡 392 例，占总中毒人数的 24.7%。引起中毒的农药品种，主要是杀虫剂，占 86%左右，其中有机磷杀虫剂占 87.6%。据卫生部统计，1999 年全国发生近百起食物中毒事件，有 5 000 余人中毒，100 多人死亡，其中以农药引起的食物中毒死亡人数最为突出。中国卫生年鉴(1993)统计，1992 年我国农药中毒 70 068 例，死亡 8 562 例，死亡率为 12.22%。

2. 化肥的污染及其危害

(1)化肥对农业生态环境的影响　近 20 年来，我国化肥的生产和使用量有了飞跃的发展，已成为世界上使用化肥最多的国家之一。据统计，我国化肥使用量从 20 世纪 70 年代的每公顷平均不足 150 千克(纯养分，下同)，上升到现在的 414 千克。山东省化肥施用量更大，1999 年就达 579 千克，比 1980 年增加 3.1 倍。化肥使用量虽成倍增加，但利用率却在下降，例如氮肥的利用率由 37%下降到 30%以下。大量施用化肥特别是氮肥，除少数被农作物、果树吸收外，大多数通过土壤微生物的硝化、反硝化作用变成二氧化氮挥发到大气中。二氧化氮是一种有害气体，对人和动物都会有不同程度的伤害。

化肥还会通过降雨、灌溉等方式流入水井、水库以及湖泊中，从而造成水体富集营养化，促进藻类大量繁殖，使水体变质。同时还会使地下水中硝酸盐含量增高。据资料分析，山东省有30%地下水硝酸盐含量超标，有的甚至超过国家标准的6～10倍。磷肥使用过多，特别是劣质磷肥，不仅含有大量有害重金属和放射性物质（铀、镭），而且三氯乙醛含量很高，土壤中的三氯乙醛在微生物的作用下迅速转化为毒性更大的三氯乙酸，它会使植物根系萎缩，枝叶生长不良，导致减产。

长期使用氮肥，还会使土壤中碳氮比失调，致使土壤微生物向腐殖质中寻求碳源和其他营养，使其分解，从而造成土壤板结，理化性质变劣。硫铵、氯铵等生理酸性肥料使用过量，会改变土壤理化性质，土壤中微生物区系亦随之改变，分解植物纤维的细菌大量减少，则会使土壤有机物难以分解腐烂。同时过量的氮肥还会促使土壤中病原菌数量增多，生活力增强。果树、蔬菜等作物上大量施用氮肥会使蚜虫为害加重。化肥大量投入，还会使果树、农作物中微量元素缺乏，引起生理性病害，如果树缺钙、缺锌、缺硼、缺铁引起的苦痘病、小叶病、黄叶病等。同时还会造成畸形果、裂果数量增加，严重影响品质。近20年来，由于化肥施用量大，土壤有机质含量逐渐减少，例如我国东北地区的黑土壤中有机质含量由3%～4%下降到1%左右。综上所述，化肥虽对提高产量起到重要作用，但过量施用，对生态环境带来的负面效应亦很大，应加以高度重视和解决。

（2）主要化肥的污染及其危害

①氮肥的污染　氮素化肥在土壤中以硝态氮和铵态氮两种形式出现，包括果树在内的大多数植物主要吸收硝态氮，硝酸根离子

被植物体迅速同化利用，所以一般不会对人、畜造成危害。但氮肥施用过多，促使土壤中硝酸盐浓度增高，在土壤微生物的作用下，硝酸盐转化为亚硝酸盐，亚硝酸盐可与各种胺类化合物反应生成强致癌物质亚硝胺，造成严重污染，对人体危害极大。虽然水果中硝酸盐、亚硝酸盐污染程度远远低于蔬菜，但亦应引起重视。

②磷肥的污染　磷是植物生长的必需元素，在土壤中普遍缺磷的情况下，增施磷肥其增产效果还是明显的。但是磷肥中含有镉、氟、砷、稀土元素和三氯乙醛，过多施用会影响植物对锌、铁元素的吸收。特别是一些劣质磷肥，不仅含有大量的有害重金属，而且三氯乙醛的含量亦很高，三氯乙醛在土壤微生物的作用下迅速转变为三氯乙酸，其毒性大于三氯乙醛，对植物的毒害作用很大，并会引起根系萎缩，枝叶生长不良，导致严重减产。磷肥亦是土壤中有害重金属的一个重要污染源，钙镁磷肥中含铬量较高，过磷酸钙中含有大量的镉、砷、铅。另外，磷矿石中还有放射性污染，其中主要是铀和镭。因此，磷肥所造成的污染不容忽视。

③钾肥的污染　过量施用氯化钾会使土壤板结，并会降低土壤的 pH 值，使之逐渐变酸，从而影响植物生长。另外，氯化钾中氯离子对果实及其他农作物的产量和品质均有不良影响。

3. 农用塑料薄膜的污染及其危害　塑料污染源主要来自于工业废弃物、城市生活垃圾和农用塑料薄膜。随着塑料工业的发展和塑料在农业上的广泛应用，一些有毒塑料又成了一种新的污染源。废旧塑料一旦进入土壤的耕作层很难分解，会严重阻碍植物根系的生长发育和土壤中水、肥的移动。同时在农用塑料中一般都加入 40%以上的增塑剂，增塑剂中主要是用以苯酐为原料的邻苯二甲酸酯类，例如辛酯、二异辛酯、二丁酯和二异丁酯等。据研究，塑料增塑剂中的邻苯二甲酸酯类能通过各种途径进入环境，污染食品，并有明显的富集作用，进入了食物链，对人有较强的毒性，具有致癌、致畸、致突变作用，同时还会污染土壤，影响果树生长。

三、防止果园污染的技术措施

我国党和政府对环境保护工作十分重视，并将其列为基本国策，在国家宪法中增加了保护环境的条款，颁布了环境保护法以及有关的法律、法规。制定了农田灌溉水质量标准和农药安全使用标准以及绿色食品、有机食品和无公害农产品生产标准等。但是随着工矿企业和交通的发展，“三废”的污染日益加重，再加上农药、化肥、农膜的大量使用，致使果园、菜地和农田普遍受到了污染，因此我国环境污染仍未得到有效地控制，农业环境形势依然严峻。但是以上问题不是短期内能迅速解决的，我们不能坐等环境污染问题解决以后才搞无公害农业，生产无公害食品，而是应该积极创造一切可能条件，选择环境质量较好的果园为基地，通过人为措施尽量减少污染，生产出优质果品，供应市场。

(一)加强果园生态建设

搞好果园生态建设是保证无公害果品生产的基础。可采用在果园周边种植一些树木，果园内种一些蜜源植物，行间种牧草，以增加植被，促进生物多样化，既能净化环境，调节气温，保持湿度，还能增加对有害物质的吸附能力和招引保护天敌。要少施化肥，多施充分腐熟的有机肥，以改良土壤和促进有益微生物的繁殖，并可加快土壤中农药和重金属的降解。果园内要做到洁净生产，保护好土壤、水源不被污染，园内不得堆放杂物，禁用污水灌溉，禁止施用未经处理的城市垃圾、劣质肥料和成分不明的矿渣作肥料。及时清除果园内的农用薄膜，不让其进入土壤。修剪下来的枝条要及时处理，不能长期堆放在园内。

(二)因地制宜制定规范化生产技术规程

果园要根据绿色食品、有机食品和无公害农产品对果品生产的不同要求，因地制宜地制定科学实用的规范化生产技术操作规程，其内容主要包括土壤、肥料、灌溉水的管理，整形修剪，花期和结果期的管理，病虫防治和农药使用以及果品采收、包装、贮藏等技术，其中最为关键的是病虫防治和农药的使用，其次是化肥的合理使用。从果品生产的各个操作环节着手，以减少人为造成的污染，做到洁净生产，才能产出安全无毒的优质果品。同时要确保果品在运输和营销过程中不被污染。

（三）强化病虫害的综合治理

果树病虫害的种类多，危害重，必须加以防治。为了及时而有效地开展防治，应全面贯彻"预防为主，综合防治"的植保方针，用现代经济学、生态学和环境科学的观点对病虫害实施全面管理，要以改善生态环境，加强栽培管理为基础，优先选用农业措施和生物制剂，最大限度地减少农药用量，改进施药技术，减少污染和残留，将病虫害控制在经济阈值以下。采用的措施主要如下。

1. 要重视农业防治　农业防治是一项传统防治技术，既经济实用，又能收到事半功倍的效果。在强调保护环境、回归自然的今天，更应受到重视。果园主要采用搞好田园卫生，彻底清扫地面落叶、落果和杂草，并进行深翻土壤。剪除病虫枝条，摘除病虫果，刮刷树皮和枝干，实行冬灌等措施，均能有效地消灭越冬病虫。

2. 采用形式多样的物理防治　果园大面积采用电子杀虫灯、黄板诱蚜、果实套袋、树干涂白等措施，杀灭害虫的效果均很好，可减少果园用药。

3. 保护利用和释放天敌　我国果园内天敌资源极为丰富。据山东、山西、辽宁 3 省不完全统计，仅苹果园的害虫天敌就达 208 种，分属于昆虫纲的 6 目，37 科，180 种和蛛形纲的 3 目，10 科，28 种。对于如此众多的天敌应加以保护利用。例如在靠近果园的麦田，应少打农药或不打农药，必须打农药时应选择对天敌影响较小的品种，如辟蚜雾等，以保护天敌，促使麦收后大量的瓢虫、草蛉、食蚜蝇、蚜茧蜂等天敌迁移到果园，对蚜虫、叶螨等有明显的抑制作用。据笔者等1998年在山东省沂源县一处果园调查，邻近果园的麦田蚜虫未喷药，麦收后5天，苹果园的捕食性天敌数量比麦收前增加71.94%，而害虫绣线菊蚜却比麦收前减少78.43%，麦收后7天，蚜虫减少97.95%。在果园种植蜜源植物和牧草，可改善天敌的生存环境，增加食料来源，可提高天敌的种群密度，达到以益控害的目的。还可人工繁殖释放赤眼蜂、捕食螨等天敌，可取得相当于或稍好于喷施化学农药的效果。另外，悬挂昆虫性诱剂诱杀成虫的效果亦很好。

4. 积极使用生物和矿物农药　近几年来生物农药发展迅速，品种很多，农抗类农药有浏阳霉素、甲氨基阿维菌素、多氧霉素、中生菌素、农抗120等。昆虫生长调节剂有灭幼脲、除虫脲、杀铃脲、卡死克、抑太保等。病原微生物杀虫剂有苏云金杆菌(Bt)、白僵菌、绿僵菌、昆虫病毒、病原线虫等。植物性杀虫剂有苦参碱、烟碱、印楝素等。矿物农药有敌死虫乳油、机油乳剂、硫悬浮剂、石硫合剂、波尔多液等，这些农药对果树病虫害均有较高的防治效果，同时还能保护环境和天敌，应大力提倡。

5. 正确使用化学农药　A级绿色食品和无公害农产品允许使用化学农药，最为重要的是要注意农药的正确选择和交替使用。严禁使用高毒、高残留农药(如甲胺磷、甲拌磷、久效磷、对硫磷、呋喃丹、三氯杀螨醇、福美胂等)，限制使用中等毒性农药(如乐斯本、杀螟硫磷、灭扫利、功夫等)，尽量选用低毒、低残留农药(如吡虫啉、莫比朗、阿克泰、螨死净、三唑锡、喷克、大生、新万生、代森锰锌、菌毒清等)。另外，在农药使用中不能随意增加浓度和剂量，并要严格按农药安全间隔期施药，才能有效地控制农药的污染。有机食品和AA级绿色食品均禁用化学农药。

(四)科学合理地施用肥料

肥料是保证植物营养的重要来源。施肥原则是，无论施用何种肥料，均不能造成对环境和果品的污染，不使果品中的有害物质残留影响人体健康，同时要有足量的有机质返回到土壤中，以保证和增加土壤有机质的含量及生物活性，这样才能生产出安全、优质、营养的无公害果品。采用的措施主要如下。

1. 多施有机肥和复合肥 有机肥是指动植物残体、畜禽粪尿、生物废料、绿肥、作物秸秆等与一定数量的泥土和水拌和堆积沤制而成，也称农家肥。无论选用何种原料配制的有机肥，均需经高温(50℃以上)发酵7天以上，以消灭病菌、虫卵、杂草种子，去除有害的有机酸和有害气体，使之达到无害化标准。如用沼气发酵，密封贮存期应在30天以上。有机肥可提供果树的全面营养，并能有效地提高果品质量。另外，有机复合肥、多元复合肥、微生物肥料(如根瘤菌、固氮菌、磷细菌、硝酸盐细菌、复合菌)等亦是较好的肥料。微生物肥料中有效活菌的数量必须符合国家农业部发布的微生物肥料质量标准，并不得含有任何有害杂菌。

2. 合理使用化肥 应根据果树的树种、品种、类型(幼树、结果树、旺树、弱树、有大小年的结果树)、发育阶段、土壤肥力等的不同，确定科学合理的氮、磷、钾的比例，要严格控制氮肥的施用量，特别是硝态氮肥，以防止对果品的污染。磷肥的质量差异较大，劣质磷肥中含有较多的有害重金属和三氯乙醛，会造成土壤的严重污染，不可施用。化肥要与有机肥配合使用，有机氮和无机氮之比以1∶1为宜。有机食品和AA级绿色食品不准施用化肥。

3. 禁用或限制使用城市垃圾肥料 城市垃圾的成分极为复杂，不仅含有金属、橡胶、塑料、砖瓦、石块、瓷片等杂物，而且含有重金属和有害毒物等。因此城市垃圾必须经过无害化处理，其质量达到国家标准方可使用。用量也应有所限制，一般每年每667平方米用量不得超过2 000千克(沙土地)或3 000千克(黏土地)。有机食品和AA级绿色食品不准使用城市垃圾肥料。

第三章　无公害果品质量标准及其保证体系

无公害果品是指果树的生长环境、生产过程以及包装、贮存、运输中未被有害物质污染，或虽有轻微污染，但符合国家标准的果品。无公害果品包括有机食品、绿色食品和无公害农产品3种，它们有各自的标准和标志，其标准主要包括产地环境质量标准、生产技术标准和产品质量检验标准，经考察、测试和评定，凡符合标准并经各自主管部门批准后发给证书，并准许使用其标志的才能叫有机食品、绿色食品和无公害农产品。生产无公害果品还要和优质、高产结合起来，使其达到安全、优质、营养的要求。以下主要介绍绿色食品和无公害农产品的质量标准。

一、果园环境质量标准

无公害果品生产一定要选择好基地，周围不能有工矿企业，并远离城市、公路、机场、车站、码头等交通要道，以避免有害物质的污染，要对果园的大气、土壤、灌溉水进行监测，符合标准的才能确定为基地，这是生产无公害果品的基础条件。

（一）大气环境质量标准

无公害果园大气环境质量主要包括总悬浮物（毫克/米^3）、二氧化硫（毫克/米^3）、氮氧化物（毫克/米^3）和氟化物（微克/米^3）4项指标。除总悬浮物只有日平均外，其余3项指标均规定日平均和1小时平均两种浓度限值。绿色食品A级、AA级和无公害农产品各自规定的指标有所不同。详见表3-1。

表 3-1　大气中各项污染物的浓度限值*

项目	总悬浮物(TSP) mg/m³		二氧化硫(SO_2) mg/m³		氮氧化物(NO_x) mg/m³		氟化物(F) μg/m³	
	日平均	1h平均	日平均	1h平均	日平均	1h平均	日平均	1h平均
无公害农产品	0.30	—	0.15	0.50	0.12 (NO_2)	0.24 (NO_2)	7 *1.8μg/dm²·d	20
A级绿色食品	0.30	—	0.15	0.15	0.10	0.15	7 *1.8μg/dm²·d	20
AA级绿色食品	0.12	—	0.15	0.15	0.10	0.15	7 *1.8μg/dm²·d	20

*注:①日平均指任何1日的平均浓度;②1h(小时)平均指任何1小时的平均浓度;③连续采样3天,一日3次,早、中、傍晚各1次;④氟化物采样采用动力采样滤膜法或用石灰滤纸挂片法,分别按各自标准执行,石灰滤纸挂片法挂置7天;⑤*指挂片法,单位为μg/dm²·d(微克/分平方米·天),其他均为mg/m³(毫克/米³)

(二)灌溉水标准

果园灌溉水标准指标主要包括水的酸碱度(pH值)、重金属(总汞、总镉、总砷、总铅、六价铬)的含量(毫克/升)、氟化物(F)含量(毫克/升)等。绿色食品A级、AA级和无公害农产品3类食品对以上各项指标要求有的完全相同,如pH值均为5.5～8.5,总汞含量均为0.001毫克/升,总镉含量0.005毫克/升(mg/L)。其他项目指标各不相同。详见表3-2。

表 3-2　灌溉水中各项污染物平均限值　(单位:毫克/升)

项　目	无公害农产品	A级绿色食品	AA级绿色食品
pH值	5.5～8.5	5.5～8.5	5.5～8.5
总　汞	0.001	0.001	0.001
总　镉	0.005	0.005	0.005

续表 3-2

项　目	无公害农产品	A级绿色食品	AA级绿色食品
总　砷	0.10	0.05	0.05
总　铅	0.10	0.10	0.05
六价铬	0.10	0.10	0.05
氟化物	3.0	2.0	2.0

(三)土壤环境质量标准

土壤环境质量标准主要根据土壤 pH 值的大小测定有害重金属(镉、汞、砷、铅、铬、铜)的含量(毫克/千克),热带水果还需测定土壤中六六六、滴滴涕的含量。详见表 3-3。

表 3-3　土壤各项污染物平均限值　(单位:毫克/千克)

pH值	项　目	镉	汞	砷	铅	铬	铜
<6.5	无公害农产品	0.30	0.30	40	250	150	150
	A级绿色食品	0.30	0.25	25	50	120	50
	AA级绿色食品	0.25	0.20	25	50	120	50
6.5～7.5	无公害农产品	0.30	0.50	30	300	200	200
	A级绿色食品	0.30	0.30	20	50	120	60
	AA级绿色食品	0.25	0.20	20	50	120	60
>7.5	无公害农产品	0.60	1.0	25	350	250	200
	A级绿色食品	0.40	0.35	20	50	120	60
	AA级绿色食品	0.30	0.25	20	50	120	60

二、农业生产资料使用标准

(一)农药使用标准

1. 农药使用原则　不同类别的食品对农药使用标准有较大

的差别，有机食品和AA级绿色食品对农药的规定较为严格，均禁止使用有机合成农药以及与生物农药复配制剂，AA级绿色食品还规定经专门机构批准，允许有限度的使用微生物农药和部分农用抗生素农药，允许使用中等毒性以下的植物源农药及矿物源农药中的硫制剂、铜制剂和矿物油制剂，允许使用昆虫天敌、昆虫信息素、植物源引诱剂。

A级绿色食品则可有限度地使用部分有机合成农药，其原则是禁止使用高毒、高残留或具有“三致”(致癌、致畸、致突变)毒性农药，有限制地使用中等毒性农药，允许使用低毒农药，但其食品或农产品中的农药残留不得超标。其他同AA级绿色食品。无公害农产品农药使用标准大体同A级绿色食品，但标准更宽松一些，如农用抗生素农药阿维菌素(原药高毒、制剂低毒)A级绿色食品禁用，而无公害农产品则允许使用。

为了减少农药的污染，除了注意选用农药品种以外，还要严格控制农药的施用量，应在有效浓度范围内，尽量用低浓度进行防治，喷药次数要根据药剂的残效期和病虫害发生程度来定。不能随意提高用药剂量、浓度和次数，应从改进施药方法和喷药质量方面来提高药剂的防治效果。另外，在采收前20天应停止喷洒农药，以保证农产品中无残留，或虽有少量农药残留但不超标。

2. 果园禁止使用的主要农药品种 A级绿色食品和无公害农产品规定在果园禁止使用的农药品种主要有：有机砷类杀菌剂福美胂(高残留)，有机氯类杀虫剂六六六、滴滴涕(均属高残留)、三氯杀螨醇(含滴滴涕)，有机磷类杀虫剂甲拌磷、乙拌磷、久效磷、对硫磷、甲基对硫磷、甲胺磷、甲基异柳磷、水胺硫磷、内吸磷、磷胺、氧化乐果等(均属高毒)，氨基甲酸酯类杀虫剂克百威、涕灭威、灭多威等(均属高毒)，二甲基甲脒类杀虫杀螨剂杀虫脒(慢性毒性、致癌)，阿维菌素(原药高毒，绿色食品禁用)、克螨特(慢性毒性，绿色食品禁用)以及除草醚(慢性毒性)等。A级绿色食品还规定禁用有机合成的植物生长调节剂和除草剂。

3. 允许使用的农药品种　A级绿色食品和无公害农产品允许使用植物源农药：烟碱、苦参碱、印楝素、除虫菊、银泰等；微生物源农药：Bt、白僵菌、昆虫病毒、病原线虫等；农抗类农药：浏阳霉素、阿维菌素（A级绿色食品禁用，无公害农产品可用）、中生菌素（克菌康）、农抗120、多氧霉素、多抗霉素等；昆虫生长调节剂：灭幼脲、杀铃脲、氟幼脲、卡死克、扑虱灵等；矿物源农药：石硫合剂、波尔多液、硫悬浮剂、硫酸铜、机油乳剂、柴油乳剂、腐必清以及由硫酸铜、硫磺等复配制剂等；低毒、低残留化学农药：吡虫啉、莫比朗、阿克泰、辛硫磷、尼索朗、螨死净、双甲脒、代森锰锌、大生M-45、喷克、多菌灵、甲基托布津、扑海因、粉锈灵、新星、百菌清等。

4. 限制使用的农药品种　A级绿色食品和无公害农产品虽然可以使用中等毒性的农药，但要限制使用次数和用量，主要品种有乐斯本、抗蚜威、敌敌畏、乐果、杀螟硫磷、灭扫利、功夫、杀灭菊酯、氰戊菊酯、高效氯氰菊酯等。

（二）肥料使用标准

1. 肥料使用原则　有机食品和AA级绿色食品禁止使用任何化学合成肥料和城市垃圾肥料、医院粪便垃圾以及任何含有害物质（如毒气、病原微生物、重金属等垃圾）的肥料，禁止使用未腐熟的人粪尿和饼肥。允许使用腐熟的有机肥、饼肥、人粪尿以及符合标准的微生物肥料和矿物质肥料。

A级绿色食品则允许使用化学肥料，禁止使用硝态氮肥，但化肥需要和有机肥、复合肥配合使用，有机氮与无机氮之比不超过1∶1。城市垃圾肥一定要经无害化处理，质量达标的方可使用，其他同AA级绿色食品。无公害农产品肥料使用原则同A级绿色食品。

2. 允许使用的肥料种类　生产无公害果品要依据果树的树种、品种的需肥规律和土壤肥力状况以及肥料性质，并参考绿色食品和无公害农产品制定的《肥料使用准则》，因地制宜地进行操作。允许使用的肥料品种主要有：①有机肥料如堆肥、厩肥、沤肥、沼气肥、饼肥、绿肥、作物秸秆等有机肥；②腐殖酸类肥料如泥炭等；③微生物肥料如根瘤菌、固氮菌、磷细菌、硅酸盐细菌、复合菌等；④有机复合肥；⑤无机（矿质）肥料如矿物钾肥、硫酸钾、矿物磷肥（磷矿粉）、钙镁磷肥、石灰石（酸性土壤使用）、粉状磷肥（碱性土壤使用）；⑥叶面肥料如微量元素肥料，植物生长辅助物质肥料等；⑦其他有机肥料。凡是堆肥，均需经50℃以上高温发酵5～7天，以杀灭病菌、虫卵和杂草种子，去除有害气体和有机酸，并充分腐熟后方可施用。

3. 限制使用化学肥料 A级绿色食品和无公害农产品都允许使用化学肥料，但要限制使用。化学肥料在我国果品生产中占有重要地位，但一些果园片面地追求高产，过量施用化学肥料，再加上方法不当，配比不合理，不仅造成严重污染，而且还会降低果品风味和质量。例如，氮肥施用过多会使果实中的亚硝酸盐积累并转化为强致癌物质亚硝铵，同时还会使果肉松散，易患苦痘病、水心病，果实中含氮量过高还会促进果实腐烂。生产无公害果品（有机食品和AA级绿色食品除外）不是绝对不用化学肥料（硝态氮肥要禁用），而是在大量施用有机肥料的基础上，根据果树的需肥规律，科学合理地使用化肥，并要限量使用。原则上化学肥料要与有机肥料、微生物肥料配合使用，可作基肥或追肥，有机氮与无机氮之比以1∶1为宜（大约掌握厩肥1000千克加尿素20千克的比例），用化肥作追肥应在采果前30天停用。

4. 慎用城市垃圾肥料 城市垃圾成分极为复杂，必须清除金属、橡胶、塑料及砖瓦、石块等杂物，并不得含重金属和有害毒物，经无害化处理达到国家标准后方可使用。每年每公顷果园用量：黏土地不得超过4.5万千克，沙土地不得超过3万千克。有机食品和绿色食品AA级不允许使用城市垃圾肥料。

5. 合格肥料才可使用　商品肥料和新型肥料必须是经国家有关部门批准登记和生产的品种才能使用。

三、果品质量检验标准

果品质量主要包括卫生指标和感官指标，另外有的果品还有理化指标，但主要是前两项。果品的种类较多，有机食品、绿色食品和无公害农产品对每种果品质量标准又各不相同。

(一)果品的卫生指标

果品的卫生指标主要指果品中农药、有害重金属和氟化物等有害物质的允许残留量(毫克/千克)。有机食品、绿色食品和无公害农产品对不同果品的卫生指标，都有具体规定。现以无公害农产品规定的苹果卫生指标为例，列表(表3-4)如下。

表3-4　无公害农产品苹果的卫生指标　(单位:毫克/千克)

项　目	指　标	项　目	指　标	项　目	指　标
滴滴涕	≤0.1	抗蚜威	≤0.5	毒死蜱	≤1
六六六	≤0.2	溴氰菊酯	≤0.1	双甲脒	≤0.5
杀螟硫磷	≤0.5	氰戊菊酯	≤0.2	砷(以As计)	≤0.5
敌敌畏	≤0.2	三唑酮	≤1	铅(以Pb计)	≤0.2
乐　果	≤1	克菌丹	≤5	镉(以Cd计)	≤0.03
马拉硫磷	不得检出	敌百虫	≤0.1	汞(以Hg计)	≤0.01
辛硫磷	≤0.05	除虫脲	≤1	铜(以Cu计)	≤10
多菌灵	≤0.5	氯氟氰菊酯	≤0.2	氟(以F计)	≤0.5
氯氰菊酯	≤2	三唑锡	≤2		

(二)果品的商品性指标

无公害果品属于高档果品，因此对果品的感官要求很高，才能体现其商品价值，其指标主要包括果品的风味、成熟度、果形、色泽、果梗以及果实横径等。不同的果品其商品性指标有不同的规定，现以规定的苹果商品性指标（即感官要求）为例，列表（表3-5）如下。

表3-5 果品的商品性指标

项目	指标	
风味	具有本品种的特有风味，无异常气味	
成熟度	充分发育，达到市场或贮存要求的成熟度	
果形	果形端正	
色泽	具有本品种成熟时应有的色泽	
果梗	完整或统一剪除	
果实横径（毫米）	大型果	≥70
	中型果	≥65
	小型果	≥55

（三）果品的理化指标

有的果品还要有理化指标，例如苹果的理化指标主要测定果实硬度、可溶性固形物和总酸量3项指标。果实硬度是指果实胴部单位面积去皮后所承受的试验压力，检测时应用果实硬度计测试。可溶性固形物是指果实汁液中所含能溶于水的糖类、有机酸、维生素、可溶性蛋白、色素和矿物质等，用手持糖量计（手持屈折仪）检测，以百分率表示测试值。总酸量指一定量原果汁中有机酸的含量，以百分率表示测试值。苹果理化指标见表3-6。

表 3-6　苹果质量理化指标

品　种	果实硬度 N/cm² (kgf/cm²)不低于	可溶性固形物(%) 不低于	总酸量(%) 不高于
富　士	78.4(8.0)	13	0.4
乔纳金	53.9(5.5)	14	0.4
元帅系*	63.7(6.5)	11	0.3
金　冠	68.6(7.0)	12.5	0.4
秦　冠	58.8(6.0)	13	0.4
国　光	78.4(8.0)	13	0.6
印　度	78.4(8.0)	14	0.3
津　轻	53.9(5.5)	13	0.4
王　林	68.6(7.0)	14	0.3
鸡　冠	78.4(8.0)	11	0.6
青香蕉	78.4(8.0)	11	0.4
红　玉	68.6(7.0)	12	0.6
倭　锦	68.6(7.0)	11	0.6
祝　光	58.8(6.0)	11	0.5
伏花皮	58.8(6.0)	11	0.6

注：① * 元帅系包括红星、红冠和其他品系的同类苹果；②表中数据 kgf/cm² 换算成 N/cm² 需乘以 9.8

四、无公害果品生产质量保证体系

无公害果品开发是一项复杂的系统工程，在目前一家一户分散经营、各自为政的情况下，果品质量难以保证，为此必须建立一套健全的质量保证体系，才能保证果品质量达标。经我们多年的研究与实践，认为绿色食品(A 级)和无公害农产品中的果品生产应抓住以下几条。

（一）建立规范化无公害果品生产基地，严格管理

要选择生态环境较好，周围无污染源，栽培管理基础条件较好的果园作为绿色食品或无公害农产品的果品生产基地，基地内要按统一制定的生产技术操作规程进行操作，禁止使用高毒、高残留农药及劣质肥料，禁用污水灌溉。同时要加强基地管理，基地内要建立《果品信息管理档案》，其内容包括分户记录栽培品种、种植面积和坐落位置，购置农药、化肥的品种和数量及使用情况。并由乡、镇政府与基地每个农户签订合同协议书，确定双方的义务和责任，将农户经营行为纳入合同管理范畴，增强管理的可操作性。同时要实行“联保监督制度”。加强相互监督，对相邻的农户实行联保，有一户产品不合格，周边农户的果品都不准进入绿色食品或无公害农产品专业市场。通过以上措施，把分散的农户密切联系起来，形成“监督互保、责任共担、分散经营、集中管理”的生产管理模式。

（二）对农业生产资料实行专供制度，并搞好技术服务

实行绿色食品或无公害农产品果品生产资料专供制度。依托基地所在乡、镇农技站，根据国家、省农业主管部门认定的绿色食品或无公害农产品生产资料，设立专供点，基地种植户持乡、镇政府核发的“绿色食品或无公害农产品生产资料供应证”到专供点购买生产资料，专供点工作人员如实登记种植户购买无公害生产资料情况，并在生产资料供应证上签字盖章，以后作为发放销售许可证的依据。同时要搞好技术服务，举办培训班，发放技术资料，随时进行技术指导。

（三）强化执法体系建设

为保证无公害果品质量达标，必须加强农业执法体系建设。成立以农业局为主体，联合工商局、技术监督局成立专门的执法队伍，加大绿色食品和无公害农产品执法力度。其主要任务：一是实施生产资料准入制度。对进入基地的生产资料进行登记备案，禁止高毒、高残留农药和硝态氮肥等生产资料进入基地农资市场。二是加强生产环节的监督管理。县、乡联合成立稽查大队，对不按生产技术操作规程进行生产的农户，依据农业法规和合同协议书中的规定进行处罚，对其生产的果品不准使用绿色食品或无公害农产品标志。三是规范绿色食品和无公害农产品标志和包装管理。对绿色食品或无公害农产品标志、包装市场进行定期检查，对冒用、乱用、盗用绿色食品和无公害农产品标志图案、字样的违法行为进行查处，维护绿色食品和无公害农产品的生产秩序。同时，采取公开招标的办法，确定几个包装生产企业作为绿色食品和无公害农产品外包装的定点生产单位，按照统一设计标准规范生产，树立绿色食品和无公害农产品良好的市场形象。

（四）建立健全农产品质量检测体系，确保果品质量

根据绿色食品和无公害农产品开发布局，建立健全各级农产品质量检测中心和速测点，重点建设一批区域性监测中心，并配合专门的检测人员，进行定期检测和不定期抽检，对在生产环节中检查不合格的果品限期整改，在上市前要对基地产品进行一次全面的抽检，抽查合格并达到绿色食品和无公害农产品规定的果品质量标准的发给“产品质量检测合格证”，农户凭“绿色食品和无公害农产品生产资料供应证”“市场销售许可证”“产品质量检测合格证”领取绿色食品和无公害农产品专用包装和标志，进入绿色食品或无公害农产品交易市场进行交易。未经检测或检测不合格的果品，不准进入专业批发市场。

五、无公害果品申报认证程序

绿色食品、有机食品和无公害农产品的标准不同，并有各自的管理审批部门，申报人应按照不同食品类别规定的程序，填写有关材料进行申报。

(一)绿色食品申报、认证程序

1. 申报人向所在省(直辖市、自治区)绿色食品管理部门提交正式的书面申请,并填写《绿色食品标志使用申请书》(一式两份)、《企业生产情况调查表》。

2. 省(自治区、直辖市、计划单列市,下同)绿色食品管理部门将依据企业的申请,委托至少两名专职管理人员赴申请企业进行实地考察。如考察合格,省绿色食品管理部门将委托授权的环境监测机构对申报产品或产品原料产地的大气、土壤和灌溉水进行环境监测和评价。

3. 省绿色食品管理部门根据考察情况、环境监测和评价的结果对申请材料进行初审,并将初审合格的材料上报中国绿色食品发展中心。

4. 中国绿色食品发展中心对上述申报材料进行审核,并将审核结果通知申报企业和省绿色食品管理部门。合格者,由省绿色食品管理部门对申报产品进行抽样,并委托授权的食品监测机构依据绿色食品标准进行检测。不合格者,当年不再受理其申请。

5. 中国绿色食品发展中心对检测合格的产品进行终审。

6. 终审合格的申请企业与中国绿色食品发展中心签订绿色食品标志使用合同。不合格者,当年不再受理其申请。

7. 中国绿色食品发展中心对上述合格产品进行编号,并颁发绿色食品标志使用证书。

8. 申报企业对环境监测结果或产品检测结果有异议,可向中国绿色食品发展中心提出仲裁检测申请。中国绿色食品发展中心委托两家或两家以上的委托授权监测机构对其重新检测,并依据有关规定做出裁决。

9. 绿色食品标志使用证书有效期 3 年。在此期间,绿色食品生产企业必须接受中国绿色食品发展中心委托的监测机构对其产品进行抽检,并履行“绿色食品标志使用协议”,有效期满后若欲继续使用绿色食品标志，必须于有效期满前半年办理新申请手续。

（二）有机食品申报、认证程序

1. 申请者向国家环境保护总局有机食品发展中心（简称中心或是 OFDC）索取申请表。

2. 申请人将填好的申请表传回中心，中心根据申请表所反映的情况决定是否受理。若同意受理，则书面通知申请人。申请人向中心交纳申请费后，中心将全套调查表及有关资料寄给申请人。

3. 申请人将填好的调查表寄回中心，中心将对返回的调查表进行审查，若未发现有明显违反有机食品颁证标准的行为，将与申请人签订审查协议。一旦协议生效，中心将派出检查员，对申请人的生产基地、加工厂及贸易情况等进行现场审查（包括采集样品）。

4. 检查员将现场检查情况写成正式报告报送 OFDC 颁证委员会。

5. 颁证委员会定期召开会议，对检查员提交的检查报告及相关材料依照有关程序和规范进行评审，并写出评审意见，通常有以下几种不同的颁证结果。

（1）同意颁证　申请者的产品若全部符合有机食品认证要求，可以分别发给“OFDC 有机（生态）食品原料生产证书”或“OFDC 有机（生态）食品加工证书”以及“OFDC 有机食品贸易证书”（以上统称有机食品认证证书）。在此情况下，申请者申请认证的产品可以作为有机食品销售。

（2）有条件颁证　在此情况下，申请者的某些生产条件或管理措施需要改进，只有在申请者的这些生产条件或管理措施满足认证要求，并经 OFDC 确认后，才能获得颁证。

（3）不能获得颁证　生产者某些生产环节、管理措施不符合有机食品生产标准，不能通过 OFDC 认证。在此情况下，颁证委员会将书面通知申请人说明不能颁证的原因。

（4）颁发“有机转换基地证书”　如果申请人的生产基地是因

为在前一年使用了禁用物质或生产管理措施尚未完全建立等原因而不能获得颁证，其他方面基本符合要求，并且打算以后完全按照有机农业方式进行生产和管理，则可颁发“有机转换基地证书”，从该基地收获的产品也可作为有机转换产品销售。

6. 给通过认证的有机食品生产、加工和贸易者颁发销售证书，并签定 OFDC 标志使用协议。

7. 有机食品认证证书有效期 2 年。有机食品生产经营单位或个人在有机食品认证证书有效期届满后需要继续使用证书的，必须在期满前 1 个月内向原有机食品认证机构重新提出申请，其经营的有机食品未获得重新认证的单位或个人，不得继续使用有机食品认证证书。

(三)无公害农产品申报、认证程序

1. 无公害农产品管理工作由政府推动，并实行产地认定和产品认证的工作模式 省级农业行政主管部门负责本辖区内无公害农产品产地的认定工作。无公害农产品的认证机构，由国家认证认可监督管理委员会审批。

2. 无公害农产品的产地认定

(1)申请人应当向县级农业行政部门提交书面申请，该部门收到申请之日起，需在 10 个工作日内完成申请材料的初审工作。初审不符合要求的，应当书面通知申请人。申请材料初审符合要求的，县级农业主管部门应当逐级将推荐意见和有关材料上报省级农业行政主管部门。

(2)省级农业行政主管部门自收到推荐意见和有关材料之日起，需在 10 个工作日内完成对有关材料的审核工作，符合要求的，组织有关人员对产地环境、区域范围、生产规模、质量控制措施、生产计划等进行现场检查。现场检查不符合要求的，应当书面通知申请人。现场检查符合要求的，应当通知申请人委托具有资质资格的检测机构，对产地环境进行检测。承担产地环境检测任务的机构，根据检测结果出具产地环境检测报告。

(3)省级农业行政主管部门，对材料审核、现场检查和产地环境检测结果符合要求的，应当自收到检查报告和产地环境检测报告之日起，30个工作日内颁发无公害农产品产地认定证书，并报告农业部和国家认证认可监督管理委员会备案。不符合要求的，应当书面通知申请人。

(4)无公害农产品产地认定证书有效期3年。期满需要继续使用的，应当在有效期满90日前按程序重新办理。

3. 无公害农产品认证

(1)申请人向认证机构提交书面申请，认证机构自收到申请之日起，应在15个工作日完成对申请材料的审核。材料审核不符合要求的，应当书面通知申请人。材料符合要求的，认证机构可以根据需要派员对产地环境、生产规模、质量控制措施、生产计划、标准和规范的执行情况等进行现场检查。现场检查不符合要求的，应当书面通知申请人。材料审核符合要求的，或者材料审核和现场检查均符合要求的，认证机构应当通知申请人委托具有资质资格的检测机构对产品进行检测。检测机构根据检测结果出具产品检测报告。

(2)认证机构对材料审核、现场检查和产品检测结果符合要求的，应当自收到现场检查报告和产品检验报告之日起，30个工作日内颁发无公害农产品认证证书。不符合要求的，应当书面通知。

(3)认证机构应自颁发无公害农产品认证证书后30个工作日内，将其颁发的认证证书副本同时报农业部和国家认证认可监督管理委员会备案。由农业部和国家认证认可监督管理委员会公告。

(4)无公害农产品认证证书有效期3年。期满需要继续使用的，应当在有效期满90日前按程序重新办理。获得认证证书后，可在产品、包装、标签、广告、说明书上使用无公害农产品标志。

第四章　无公害果品生产技术

果品的污染源主要来自于环境污染和生产污染2个方面。对于环境污染，情况比较复杂，牵涉政策、资金、技术等诸多问题，我们一时尚难以进行全面治理，只能是逐步改善。但是我们亦不能等环境问题解决了，才搞无公害生产。我国地域辽阔，环境污染有轻有重，差别极大，因此我们可以选择污染极轻的地方作为生产基地。而生产性污染主要是由人为农事操作造成的，只要在果品生产的各个环节中采取先进的科学措施，因地制宜地制定优质果品生产管理技术规范，特别是严格限制农药和化肥的使用，就可控制污染，生产出优质无公害果品。

生产无公害果品，首先，要选好生产基地。果园要有良好的生态环境，周围无工业或矿山的直接污染源（"三废"的排放）和间接污染源（上风口和上游水域的污染），要远离城市、村庄和交通要道，距离公路至少要100米以外。该地域的大气、土壤、灌溉水经检测符合国家标准。第二，果园栽培管理要有较好基础。土壤质地适合果树生长，有灌溉条件，有机肥料来源充足，品种优良，树势健壮，栽培管理比较先进。第三，有懂技术的管理人员。果树生产是一项技术性较强的工作，管理人员要具有一定的文化水平，特别是场长和技术员要钻研业务，有丰富的生产实践经验，并有一定的经济实力。

一、无公害果品生产管理技术

无公害果品以食用安全、品质优良、营养丰富、外观娇美为特色，在国内外市场备受欢迎。无公害果品的生产要全面采用栽培管理、肥料使用、病虫防治等方面的先进技术，并要制定一套科学实用的生产技术规范或操作规程，并付诸实施。在制定规范或规程中应注意以下两个问题。

一是要因地制宜采用最先进技术，可操作性强。根据不同树种，品种的特性和本地域果园自然条件，将外地的先进技术和当地的丰富经验有机结合起来融为一体，充实到规范或规程中，使之农事操作规范化。但不能生搬硬套，搞形式主义，要有可操作性。其内容包括土、肥、水的管理，树形和枝量的管理，花期和结果期管理，病虫害管理，采果后的管理以及果品包装、贮藏和运输管理等。

二是各项技术措施要符合无公害生产要求。特别是喷洒农药、施肥和浇水等关键技术，必须符合有关标准或准则，国家明文禁用的和成分不明的以及未经国家批准生产的农药、肥料、植物生长调节剂均不能使用。

(一)苹果生产管理技术

1. 土壤改良

(1) 深翻改土　对不同土质的果园要进行分类管理，瘠薄山地、丘陵要扩穴深翻，沙地果园要抽沙换土，黏土地要客土压沙，以利于根系发育。深翻要在晚秋苹果树落叶后至早春发芽前结合施有机肥和秸秆还田时进行。采用全园深翻法是将栽植穴外的土壤全部深翻，深度 30～40 厘米，挖出的土要分层堆放，回填时将表土放在底层，底土放在表层。扩穴深翻法是在树冠下挖放射状沟(宽 80 厘米，深 60 厘米)，沟中可施入有机肥或土杂肥。

(2) 中耕　清耕果园、生长季节降雨或灌水后要及时中耕松土(深度 5～10 厘米)，保持土壤疏松，调温保墒，消灭杂草。

(3) 覆草和埋草　果园覆草应在春季施肥、灌水后进行，可用麦秸、麦糠、玉米秸、干草等覆盖于树冠下，厚度为 15～20 厘米，上面压少量土，麦收后再加压 1 次，并补充草量。连覆 3～4 年后浅翻 1 次，亦可开大沟埋草，提高土壤肥力和蓄水能力。

(4)果园生草　因地制宜采取全园生草法或行(株)间生草法，草种可选用白三叶草、紫花苜蓿等豆科牧草，每667平方米用草种1～1.5千克，自春季至秋季均可播种，播种深度1～1.5厘米。春季播种应在播前15天左右浇1次水，诱发杂草种子萌发以利于出土拔除；秋季播种可减少剔除杂草的繁重劳动。生草园要加强肥水管理，尤其幼苗期要及时浇水和清除杂草。当草已成坪并长至30厘米左右时应及时刈割，一年刈割2～4次，果园生草4～5年后草已老化，应及时更新。

2. 施肥

(1)施肥原则　果园施肥要以有机肥为主，适当施用化肥，以保持和增加土壤肥力，改善土壤结构和微生物活性。施用的肥料不能对果园环境和果品造成不良影响。

(2)基肥　秋季苹果采收后应及时施足基肥，基肥要以经高温发酵或沤制过的有机肥为主，并配少量的氮素化肥。施肥要按每生产1千克苹果施1.5～2千克有机肥计算，每667平方米施4 000～5 000千克有机肥，高产果园可增加到7 500千克以上，肥源缺乏的果园亦应达到斤果斤肥。施肥方法可采用沟施或撒施，沟施可采用挖放射状沟或环状沟或条沟进行施肥，沟深40～80厘米。撒施则将肥料均匀撒在树冠下，并翻土20厘米，土、肥混匀，整平。

(3)土壤追肥　追肥应以速效肥为主，一般每年追肥3次，第一次在苹果树萌芽前后，以氮肥为主，以满足花期所需养分，提高坐果率，促进新梢生长。第二次在花后追肥，以氮、磷肥为主，以减少生理落果，促进枝叶生长。第三次在果实膨大期追肥，以钾肥或复合肥为主，以增加树体养分积累，促进果实着色和成熟，提高树体抗寒能力。施肥量要根据果园土壤肥力、树龄、树势确定，一般每667平方米追肥量为：氮肥(尿素)10千克，磷肥(磷酸二铵)20千克，钾肥(硫酸钾)40千克，追肥方法为在树冠下开沟(方法同基肥，沟深15～20厘米），放入肥料，盖土封严。土壤墒情差的，追肥后要及时灌水，末次追肥要在采果前30天进行。

(4)根外追肥　将肥料溶液喷洒在苹果树叶片上，通过枝叶吸收利用，生长期喷5～8次，每次间隔10天左右，喷肥时间宜在早晨或傍晚进行，喷洒部位以叶背为主。生长前期(从展叶开始)以氮肥为主，喷2～3次。生长中、后期(果实膨大期)以磷、钾肥为主，喷3～5次。常用肥料种类和浓度：①尿素，前期用0.2%～0.3%，中、后期用0.3%～0.5%；②磷酸二氢钾，前期用0.2%，中、后期用0.3%～0.4%。

3. 灌溉与排水　果园灌溉水的质量应符合农田灌溉水质要求。果园灌水，一般情况下应在苹果发芽前后至新梢生长期、幼果膨大期和果实采收后至土壤封冻前3个时期分别灌水1次。灌水量要以浸透根系分布层(40～60厘米)为准。旱地果园可采用穴贮肥水法，即早春在树冠下的不同方位挖4～5个穴(深50厘米)，中间插1草把(高15厘米，粗15厘米)，施入适量的化肥填平，灌水15～20升，并盖上地膜，外高里低，干旱时每15天左右浇1次水。夏季果园积水要及时排出，以防内涝造成果树根系缺氧死亡。

4. 整形修剪　要因树修剪，随枝整形，有形不死，无形不乱。重点抓好树体结构调整，使大小枝组搭配合理，分布均匀，势力平衡，以充分利用光能，达到优质丰产目的。冬季修剪要剪除病虫枝条和僵果。生长期修剪要剪除树冠内直立旺枝、密生枝以及剪锯口处的萌蘖枝等，增加树冠内的通风透光度。

5. 花果管理

(1)人工或壁蜂授粉　人工授粉先准备好花粉(用氯化钙为干燥剂密封)贮存在低温(0℃～4℃)处备用，待苹果开花时用毛笔点授中心花，每蘸1次花粉可授5～10朵花。亦可在花期释放授粉昆虫——壁蜂，每667平方米放80～100头，可取代人工或蜜蜂授粉。

（2）花期喷肥　开花前后喷0.3%～0.4%尿素溶液，花蕾期或花期喷0.1%～0.2%硼砂溶液，均能提高坐果率。

（3）疏花疏果　疏花疏果宜早不宜迟，主要抓好三疏，即疏花芽、疏花朵、疏果，疏花应从花序分离后7天开始；疏果于开花后10天开始，1月内完成。可采用：①以花定果，在花序分离期按20～25厘米留1个壮花序（留中心花和1朵边花）；②以叶定果，按30片叶留1个果；③以间距定果，按20～25厘米距离留1个果。红富士苹果每667平方米产量在1 500～2 500千克时，留果量控制在1万～1.3万个。

（4）套袋与摘袋　红富士苹果较难着色，宜用双层袋，于谢花后35～40天开始套袋。套袋前要根据当地病虫发生情况喷药防治，待药剂晾干后再套袋。苹果采果前30天左右开始摘袋，方法是：先摘外袋，经3～5个晴天（阴雨天除外）再摘内袋。摘袋时间以上午10时至下午4时为好，上午摘袋，摘除树冠东部和北部的果袋，下午摘除树冠西部和南部的果袋，这样可减少光照变化而引起的果实日灼现象。摘除内袋的时间宜在中午进行，因此时果皮温度与大气温度相当或略高于大气温度，温差不大，可避免日灼。若遇连阴雨天气，则摘除内袋时间应推迟。若用单层袋，摘袋前先将袋底撕开通风，或将纸袋撕成长条，3～5天后摘除。

（5）摘叶转果　摘袋后3～5天要及时摘叶，红富士苹果可将靠近果实的叶摘除，以利于果实接触阳光，摘叶数量可占全树总叶量的20%～30%。果实阳面基本着色后，要及时将果实背阴面转向阳面，并用透明胶带牵引固定，使果实全面着色。

（6）铺反光膜　于果实着色期（采收前30～40天）在树行两侧各铺一长条反光膜，可提高树冠内部光照强度，促进果实着色，提高果实含糖量。铺反光膜不要拉得太紧，以免破裂影响效果，并要及时清除膜上的落叶等杂物。采果前收起，洗净后翌年再用。

6. 病虫防治

(1)防治原则　以改善果园生态环境、加强栽培管理为基础，优先选用农业和生态措施，加强天敌保护利用和释放，充分发挥天敌对害虫的调控作用。当病虫害必须进行农药防治时，应选用高效生物制剂、矿物源农药或低毒化学农药，如确实需要可适当选用中等毒性化学农药，但要限制使用。注意轮换用药，改进施药技术，最大限度减少农药用量，以减少污染和残留，将病虫害控制在经济阈值以下，确保苹果质量符合国家标准。

(2)防治方法　采用农业、物理、生物以及化学防治方法对病虫害实行综合治理。

①农业防治　采用清洁果园，剪除病虫枝和僵果，清除枯枝落叶，刮除粗、翘裂皮，深翻等措施以消灭越冬病虫。生长季节及时清理落地病虫果，集中深埋。

②物理防治　采用频振式电子杀虫灯、糖醋盆、黄板诱蚜、性诱剂等方法诱杀害虫。推行果实套袋，减少病虫果率，降低农药残留。

③生物防治　释放松毛虫赤眼蜂防治棉褐带卷蛾、梨小食心虫，用白僵菌处理土壤防治桃蛀果蛾，保护麦田天敌控制果园蚜虫、叶螨等。果园行间种植紫花苜蓿等牧草，保护和繁育瓢虫、小花蝽等自然天敌，以控制多种害虫。

④化学防治　根据苹果树每个发育阶段病虫发生特点，确定重点防治对象，在病虫发生初期开展药剂防治。农药使用原则是：允许使用生物源农药、矿物源农药和低毒化学农药，有限制地使用中等毒性农药，禁止使用高毒、高残留或具有三致(致癌、致畸、致突变)毒性的农药。按照农药安全间隔期施药。

(3)主要病虫害的防治

①苹果腐烂病　腐烂病在早春(3～4月份)和晚秋(10～11月份)有2个发病高峰，应及早进行刮治病疤，并在刮治后的病疤上

抹药防治。药剂可选用4%农抗120(双抗)水剂或5%菌毒清水剂或植物源杀菌剂20%银泰乳油30～50倍液,一般应在病疤上涂抹2次,每次间隔10天左右。如病害较重,再用5波美度石硫合剂,或4%农抗120水剂或20%银泰乳油300～400倍液全树喷1次药。

②苹果斑点落叶病、轮纹病、炭疽病　这3种病害的病程较长,发病时间亦大致相同,因此应进行协调防治,采用多种药剂交替使用,可同时防治3种病害。应在谢花后10天左右开始喷药,每10～15天喷1次,直至采果前20天停用。生物杀菌剂可选用:3%中生菌素(克菌康)可湿性粉剂、4%农抗120水剂600～800倍液,或10%多氧霉素可湿性粉剂、10%宝丽安可湿性粉剂1 000～1 500倍液。化学杀菌剂可选用:40%福星乳油6 000～8 000倍液,或80%大生M-45(或喷克)可湿性粉剂800倍液,或70%代森锰锌可湿性粉剂、50%多菌灵胶悬剂600～800倍液,或68.75%易保水分散粒剂1 200～1 500倍液,或倍量式波尔多液200倍液。枝干上的苹果轮纹病病瘤,应在晚秋或早春及早刮除,发芽前全树喷药,药剂可选用:4%农抗120水剂、3%中生菌素(克菌康)水剂300倍液,或5%菌毒清水剂100倍液,或3～5波美度石硫合剂,消灭越冬菌源。

③苹果霉心病　该病主要是花期侵染,可在苹果花期喷洒3%中生菌素(克菌康)可湿性粉剂800～1 000倍液(该药对花安全,无药害)。亦可在花前或落花后各喷1次70%代森锰锌可湿性粉剂或80%大生M-45(或喷克)可湿性粉剂800倍液,但在苹果开花期不能喷,否则会发生药害。

④苹果苦痘病　该病是因树体缺钙引发的一种生理病害,尤其是套袋苹果更易发病,应给予补钙治病。可在苹果谢花后30天开始,每隔15～20天喷1次氨基酸钙500倍液,或喷70%氯化钙、硝酸钙150倍液,直至采果前20天。但高温天气不能喷,否则

叶片上易发生药害。

⑤绣线菊蚜、苹果瘤蚜、苹果绵蚜　5～6月份是这3种蚜虫猖獗为害期，亦是防治关键期。苹果绵蚜在9～10月份还有一个为害高峰期，均需及时防治。防治绣线菊蚜、苹果瘤蚜可选用：0.3%苦参碱水剂、0.3%印楝素乳油800～1 000倍液，或10%吡虫啉可湿性粉剂4 000～5 000倍液，或3%莫比朗乳油2 000倍液，或99.1%敌死虫乳油、95%机油乳剂150～200倍液喷雾。防治苹果绵蚜可选用：99.1%敌死虫乳油、95%机油乳剂150～200倍液，或40%蚜灭多、40%毒死蜱乳油1 000～1 500倍液喷雾。

⑥山楂叶螨、苹果叶螨、二斑叶螨　防治山楂叶螨、苹果全爪螨应抓住苹果开花前、开花后和麦收前后3个关键期进行防治。防治二斑叶螨应在7～8月份进行防治。药剂可选用：10%浏阳霉素乳油1 000倍液，或99.1%敌死虫乳油、95%机油乳剂150～200倍液，或0.3%苦参碱水剂、0.3%印楝素乳油800～1 000倍液，或15%扫螨净乳油2 000～3 000倍液，或1.8%阿维菌素乳油4 000～5 000倍液。

⑦金纹细蛾　防治关键期应在苹果发芽期和落花后进行防治，压低前期虫量，以后应在各代成虫盛发期防治。药剂可选用：25%灭幼脲3号悬浮剂、30%辛脲乳油1 500～2 000倍液，或5%氟铃脲乳油2 000倍液，或20%杀铃脲乳油8 000倍液。

⑧桃蛀果蛾　在越冬代和第一代幼虫出土始盛期，采用白僵菌处理地面，每667平方米用菌剂2千克+40%毒死蜱乳油0.15千克，对水75升喷洒树盘，喷后覆草。亦可单用50%辛硫磷乳油或48%毒死蜱乳油300倍液进行树盘地面喷雾。6～8月份树上喷药可选用：20%杀铃脲乳油8 000倍液，或25%灭幼脲3号悬浮剂1 000～1 500倍液，或50%辛硫磷乳油1 000倍液，或2.5%功夫、20%灭扫利乳油3 000倍液喷雾，并可兼治棉铃虫。

⑨棉褐带卷蛾　在越冬代幼虫出蛰期和第一代幼虫孵化盛期

是药剂防治重点，以后各代可结合防治其他害虫时兼治。药剂防治可选用：25%灭幼脲3号悬浮剂1 000～1 500倍液，5%氟铃脲乳油1 500～2 000倍液，2.5%功夫乳油3 000倍液。另外可在卵期释放松毛虫赤眼蜂，每4～5天放1次，连放4次，667平方米每次放2万头。

⑩介壳虫　若桑白蚧、梨圆蚧、朝鲜球坚蚧等发生时，应在介壳虫活动期喷药防治。药剂可选用：99.1%敌死虫乳油或95%机油乳剂150～200倍液，0.3波美度石硫合剂，48%毒死蜱乳油1 000倍液，2.5%功夫乳油3 000倍液。

⑪康氏粉蚧　套袋苹果在套袋前可喷1次50%辛硫磷乳油或40%毒死蜱乳油1 000～1 500倍液。亦可在苹果萌芽前喷洒99.1%敌死虫乳油、95%机油乳剂150～200倍液，或3～5波美度石硫合剂。

7. 收获　苹果应适时采收，采收过早影响着色、品质、风味，采收太晚易受冻害。应按苹果生长期（落花至成熟）确定采收时间，红富士苹果生长期为170～180天，乔纳金为155～165天，红星为140～150天，国光为160～165天。采果时要按先采外围，后采内膛，先采下层，后采上层的顺序进行。采果时要轻拿轻放，防止挤压、碰撞、刺伤，尽量减少转筐、倒筐次数。

8. 果品的包装、贮藏和运输

(1)分级包装　果实贮藏或销售前要严格按标准分级，分级后的苹果要用蜡纸或塑料网套包装。包装材料（纸箱、隔板、网套或包装纸等）要清洁、无毒、无异味，箱体两侧留4～6个气孔，气孔直径15毫米左右。箱体上要注明商标、品种、产地、重量，并要印上绿色食品或无公害农产品标志。

(2)贮藏　果品贮藏期不许使用化学药品保鲜，应放在果品专用的气调库、恒温库内贮藏。库内要通风，保持清洁卫生，无异味。箱装苹果不要直接着地和靠墙，不得堆放过高，垛间要留有通道，并注意防鼠，防潮。

(3)运输　运输果品的工具要清洁卫生，不能与有毒、有害、有异味的物品混装，在存放和运输期间，要防止日晒、雨淋，并要防冻、防热，装卸时要轻装、轻放。

(二)梨树生产管理技术

1. 土壤改良

(1) 深翻改土　通过深翻扩穴结合施有机肥，可改善土壤结构和理化性质，一般应在晚秋或早春进行。可采用全园深翻法，深度以 30 厘米左右为宜，回填时一定要将表土放在底层，底土放在表层。或采用扩穴深翻法，在树冠下挖放射状沟(宽 80 厘米，深 50～60 厘米)，沟中施有机肥或土杂肥。

(2)中耕　果园中耕与除草结合进行，每年 4～6 次，可在春季杂草萌芽期、麦收前、雨季来临之前或灌水和降雨后进行，深度5～10 厘米。中耕可保持土壤疏松，调温保墒，清除杂草。

(3) 覆草和埋草　梨园覆草应在春季进行，可用麦秸、麦糠、玉米秸、稻草、干草等覆盖，厚度 20 厘米左右，草上可压少量土，连覆 3～4 年后浅翻 1 次，亦可开大沟埋草，以提高土壤肥力和蓄水能力。

(4) 果园生草　可于春、秋两季在果园行间种植紫花苜蓿、白三叶草等豆科牧草，加强肥水管理，及时拔除杂草。待草长至20～30 厘米高时要进行刈割，每年刈割 2～3 次，割下的草可覆盖在树盘上或制作有机肥。梨园生草可增加土壤有机质含量，改善土壤结构，调节温、湿度，并能保护利用天敌。

2. 施肥

(1) 基肥　施基肥应在晚秋进行，要以有机肥为主，混入适量的氮、磷、钾肥或生物菌肥，在树冠外缘挖深、宽各 50 厘米的条状或放射状沟，每年在行间或株间挖沟施入。亦可采用穴施，深度 50～60 厘米。施肥量：成年大树初果期按结果量的 1∶1.5～2 的比例掌握,即每产1千克梨果,施1.5～2千克的有机肥。盛果期每667平方米施4 000～5 000千克有机肥。

(2)土壤追肥　追肥应以速效肥为主,方法同基肥,但施肥深度要浅一些,一般掌握在20厘米左右,每年追肥3～4次。第一次在萌芽后、开花前进行,肥料以氮肥为主,以满足花期营养需要。追肥数量:初结果树每株施尿素0.5千克,盛果期大树株施1～1.5千克。第二次追肥在花后进行,以氮、磷肥为主,可促进枝叶生长,减少生理落果。追肥数量:初果期每株施0.5千克磷酸二铵,盛果期大树每株施1千克。第三次在梨果膨大期追肥,可促进根系发育,增强叶片同化功能,减少后期落果。追肥以钾肥或复合肥为主,施肥量:复合肥每株施1～1.5千克,若用果树专用肥每株施1.5～2千克。如有必要亦可在梨果采摘后追施第四次肥,可增加叶片光合作用,延迟叶片衰老落叶,增加树体营养贮备,增强抗寒能力。氮、磷、钾肥要配合使用,亦可结合施基肥一并进行。

(3)根外追肥　在生长季节将速效肥料加水溶解成液剂,直接喷洒在梨树枝叶上让其吸收利用,生长期可喷5～6次,喷肥时间宜在上午10时前和下午4时后进行,生长前期(展叶开始)以氮肥为主,生长中、后期(膨大期)以磷、钾肥为主,花前可用0.2%～0.3%尿素液,生理落果至采收前喷0.3%～0.5%磷酸二氢钾。

3. 灌溉与排水　梨树需水量较大,应根据不同生长周期的需水规律及时补充水分。一般应在萌芽前、谢花后、膨大期和越冬前4个时期进行灌溉,并尽量与施肥结合进行,灌水量以浸透根系分布层为准。一般果园采用沟灌法,旱地果园采用穴灌法,有条件的果园用微灌法。夏季要注意梨园排水,特别是地下水位高或排水不畅的果园,要及时挖沟排水。

4. 整形、修剪　要根据梨树不同品种的形态结构进行整形修剪,调整好梨树个体结构,使树冠骨架合理,主枝和侧枝、临时枝和永久枝、结果枝和生长枝位置适当,比例合理,提高光能利用率。

调整好梨园群体结构，充分利用空间，有利于通风透光。同时通过整形修剪及时剪除病虫枝条，还可减少病虫为害，达到丰产增收的目的。修剪时间：可进行冬剪和夏剪。修剪方法：①对当年生枝根据其发展空间适当短截，刺激主芽萌发，促发旺枝，促进结果。②对多年生枝短截（回缩），减少母枝总生长量，促进后部枝条生长和潜伏芽萌发。对结果枝及时回缩，防止结果部位外移。③生长季节疏除徒长枝和过密枝。

5. 花果管理

(1)人工或昆虫授粉　梨树大多数品种自花不亲和，需栽植授粉树或进行人工授粉。人工授粉要先在授粉树上采集花粉，用小瓶或蜡纸包装好，短期贮藏在5℃左右的冰箱内，保持干燥、备用。人工授粉应选择初花期至盛花期的晴天进行，以当天或翌日开花授粉效果最好。纯花粉可与填充剂（淀粉、滑石粉、石松子粉等）按1∶4比例混合，用剪去笔尖的毛笔作工具，蘸1次花粉可点授10几朵花，亦可采用电动采粉授粉器进行授粉。在授粉树占20%以上，配置均匀的梨园，可在花期释放壁蜂或蜜蜂授粉。用壁蜂授粉，每667平方米放80～100头，用蜜蜂授粉，需放300～400头。

(2)疏花疏果　疏花应在花序分离期至初花期进行，包括疏花序和疏花果，每隔20～25厘米留1个花序，每个花序保留1～3朵边花。疏果从谢花后10天开始，30天内完成，疏果标准要根据品种、树龄、树势来定。如按枝果比标准，一般树为3～4∶1，旺树旺枝为2～2.5∶1，弱树弱枝为3.5～4∶1。如按叶果比标准，鸭梨为15～20∶1，雪花梨为20～30∶1，沙梨系统为25～30∶1，西洋梨因叶片较小，为50∶1。具体操作中要因树、因枝而定，壮树、壮枝适当多留，弱树、弱枝要少留。同时还要考虑到留果的部位，枝端尖端和侧生背下果少留，树冠中后部多留。疏果时要疏除病虫果、伤残果、畸形果、小果。

(3)套袋　套袋应在疏果后15天内完成，对易发生果锈的品种，应提早在落花后15天左右完成。套袋前应喷1次农药，以杀灭果面上的病菌和害虫，杀虫剂可用99.1%敌死虫乳油、95%机油乳剂200倍液，或48%毒死蜱乳油1 000～1 500倍液，杀菌剂可用3%克菌康600～800倍液，或40%新星乳油8 000～10 000倍液。纸袋要选用优质梨果专用双层纸袋，可有效防止病虫危害和减少农药残留，并可改善果实外观品质。套袋时要撑开袋体，使袋底两角的通气放水孔张开，幼果要悬空在纸袋中央，袋口扎得松紧适当。梨果采收前不要摘袋，采收时连同纸袋一同摘下，分级时除去纸袋。

6. 病虫防治

(1)防治原则　以农业防治为基础，以生物防治为核心，配合物理防治，科学使用化学农药，采用综合措施将病虫危害控制在经济阈值之下，确保果品农药残留符合国家标准。

(2)防治方法

①农业防治　清洁梨园，清扫枯枝落叶，刮除树干老翘裂皮，翻耕树盘，剪除病虫枝果。

②物理防治　采用电子杀虫灯、糖醋液诱蛾、树干束草、果实套袋、黄板诱蚜和树干涂白等方法。

③生物防治　梨园生草及种植蜜源植物以保护利用天敌，释放松毛虫赤眼蜂防治梨小食心虫、棉褐带卷蛾，地面喷洒白僵菌防治桃蛀果蛾，利用性诱剂诱杀成虫，喷洒生物农药等。

④化学防治　严禁使用高毒、高残留农药，有限制地使用中等毒性农药，科学使用低毒农药，控制使用量和次数，按国家规定的安全间隔期用药。

(3)主要病虫害的防治

①梨黑星病　花前、花后各喷1次药，保护花序、嫩梢和新叶。生长期可在5月中旬病梢初现时，开始第一次喷药，以后视病情决定喷药次数，一般每15～20天喷1次药，直到收获前20天停止喷

药。药剂可选用:40%新星乳油8 000～10 000倍液,或10%世高水分散粒剂5 000倍液,或80%喷克、大生M-45可湿性粉剂800倍液,或倍量式波尔多液200倍液。以上药剂应交替使用。

②梨轮纹病　5～8月份结合防治其他病虫一并喷药防治,药剂可选用:3%克菌康可湿性粉剂600～800倍液,或50%多菌灵可湿性粉剂800～1 000倍液,或68.75%易保水散粒剂1 000～1 500倍液。

③梨锈病　梨树开花前后各喷1次药,药剂可选用:20%粉锈宁乳油1 500～2 000倍液,或4%农抗120水剂800～1 000倍液,或70%代森锰锌可湿性粉剂600～800倍液。

④梨树腐烂病　3～4月份发现病斑后立即刮治,随后抹药杀菌。药剂可用:腐必清乳液2～3倍液,或5%菌毒清、4%农抗120水剂30～50倍液。10～15天后再抹药1次。

⑤梨木虱　在越冬代成虫出蛰盛期和落花后第一代若虫初盛期进行防治最为关键,以后视虫情在各代若虫孵化期进行防治。药剂可选用:10%吡虫啉可湿性粉剂、1.8%阿维菌素乳油4 000～5 000倍液,或99.1%敌死虫乳油、95%机油乳剂200倍液,或5%高效氯氰菊酯乳油1 500～2 000倍液。

⑥梨小食心虫　当田间卵果率达0.5%～1%时,或成虫发生盛期进行喷药防治。药剂可选用:20%氟铃脲悬浮剂8 000～10 000倍液,或25%灭幼脲3号悬浮剂1 000～1 500倍液,或2.5%功夫、20%灭扫利乳油2 500～3 000倍液。

⑦黄粉蚜、梨二叉蚜　抓住4～5月份和7～8月份进行药剂防治,药剂可选用:10%吡虫啉可湿性粉剂、25%阿克泰水分散粒剂4 000～5 000倍液,或2.5%扑虱蚜可湿性粉剂1 500～2 000倍液,或0.3%苦参碱水剂、0.3%印楝素乳油800～1 000倍液。

⑧梨大食心虫　在越冬幼虫转芽为害期,春季转果为害期进行防治,药剂同梨小食心虫。

7. 收获 梨的采收期应根据品种而定，早熟品种以八成熟时采收，晚熟品种以充分成熟时采收。鸭梨宜适当早采，西洋梨可适当晚采。采收时要轻拿轻放。按分级标准进行分级，装上网套放入专用纸箱，然后送入保鲜冷库或气调库内贮存。长距离运输需用冷藏车，防止碰伤、压伤。

（三）桃树生产管理技术

1. 土壤改良

（1）深翻改土 秋季果实采收后，结合土壤施肥进行深翻改土，可采用全园深翻法，即将栽植穴以外的土壤全部深翻一遍，深度30～40厘米，并施入有机肥，拌匀。亦可采用挖环状沟或平行沟的办法深翻，沟宽50厘米左右，深30～40厘米，回填土时施入有机肥料。

（2）中耕 在春季杂草萌芽期、灌溉后以及夏季降雨后均应中耕松土，清除杂草，中耕深度为5～10厘米。

（3）覆草和埋草 覆草时间可在夏、秋季进行，可充分利用作物秸秆资源，麦秸、麦糠、铡碎的玉米秸秆、稻草皆可。覆草前应浇水，平整园地，整修树盘，覆草厚度15～20厘米，可在草上撒上少量泥土，连续覆草3～4年后应在秋、冬翻地1次，将地表烂草翻入土中，以改善土壤结构，增加肥力，然后再重新覆草。覆草后有些害虫会潜入草中，可喷杀虫剂消灭害虫，秋季应清理落叶、枝条。黏土地或低洼地果园不宜覆草。

（4）果园生草 可采用全园生草或行（株）间生草模式，应根据果园立地条件而定。土层厚且肥沃，根系分布深的果园宜全园生草；丘陵旱地宜行间或株间生草，降雨量少且无灌溉条件的果园不宜生草。春、秋两季均可播种，草种可用白三叶草、紫花苜蓿等豆科牧草，牧草长至20～30厘米高时要进行刈割，每年刈割2～3次，割下的草可覆盖树盘或作饲料，亦可开沟挖穴埋入果园，培肥地力。

2. 施肥

(1) 基肥　秋后施基肥，以有机肥为主，适量加入化肥和微量元素肥料，每667平方米施入4 000～5 000千克。施肥方式可采用环状沟施、放射状沟施或条施法。若采用全园撒施法施肥，要结合深翻进行。桃树根系较浅，大多分布在20～50厘米深，沟施深度不宜过深，一般掌握30～40厘米即可。开沟施肥时要注意不要伤及大根，并要经常改换开沟部位，以便使肥力均匀分布。

(2)土壤追肥　追肥是根据桃树不同生育期对肥料的需求状况而采取的措施，追肥时期第一次在萌芽前后进行，以氮、磷肥为主。第二次在桃果硬核期，以磷、钾肥为主，早熟品种氮、磷肥可以不施。中晚熟品种钾肥占全年施肥量的40%，磷肥占20%～30%，氮肥占20%左右。树势较旺的桃树可以不施或少施氮肥。第三次在果实膨大期进行，在采果前20天左右追肥，可促进果实膨大，提高果实质量和花芽分化，以钾肥为主，配合氮肥。每株成龄树一般追肥量为0.5～2千克，视树体大小和树势强弱而定。

(3)根外追肥　该法简单易行，用肥量少，肥效发挥快，有利于缺素症的治疗。发芽前喷1%～2%硼砂，开花后喷0.2%～0.5%硼砂，可防止缺硼症，提高坐果率。发芽前喷1%～3%硫酸锌防止小叶病，生长期喷0.1%～0.4%硫酸亚铁防止缺铁黄化症。亦可喷0.3%～0.4%尿素和0.2%～0.4%硫酸二氢钾，或0.3%～0.5%果树多元微肥或0.1%稀土微肥，均有利于提高产量和品质。根外追肥施用浓度与生育期和气候条件有密切关系，幼叶期宜用低浓度，成龄叶可用高浓度，降雨多时浓度可高些，干旱天气则应降低浓度。另外，有的桃树品种对肥料和微量元素比较敏感，应先做小型试验，在确保不产生肥害时再大面积使用。

3. 灌溉与排水　桃树虽耐旱怕涝，但仍需有充足的水分供应才能满足生长发育的需要，土壤含水量保持在40%～60%的范围内有利于枝条生长和果实发育，当土壤含水量降到10%～15%

时，枝叶就会出现萎蔫现象。桃树灌水主要在萌芽期、幼果期、膨果期和冬前4个时期，可采用地面灌溉、喷灌、滴灌等方法。但要注意避免前期干旱缺水，后期大水漫灌，否则会造成裂果。另外，还应及时排水，桃园一旦积水，常会毒害根系，致使桃树死亡。

4. 整形修剪 桃树的整形修剪要根据品种特性、树龄和生长势来定，既要考虑整体合理的树形，有利于高产和优质，又要按单株树上的枝条位置、角度和数量，依照具体情况灵活掌握，要做到因树修剪，随枝做形。桃树有早熟芽，易发生副梢，会导致枝量过大，郁闭。为此，除进行冬剪外，在生长季节还要进行多次修剪。同时，保持主枝延长枝的生长优势，主枝的高度要比侧枝小，生长势比侧枝强，要抑强扶弱使骨干枝均衡生长。桃树可以密植，但要做到密株不密枝，枝枝见光，在密植的桃园中，要适当减少骨干枝的数量。为了保证有充足的光照，树形以开心树形为好，夏季要适当疏枝，骨干枝培养时，要控制其下部竞争枝的长势，保证延长枝头的健壮生长。当主枝角度较大时，背上会长出徒长枝，要及时疏除或控制。修剪时伤口要小而平滑，及时涂抹保护剂（铅油、油漆、涂蜡等）以利于伤口愈合。夏季修剪的重点是抹芽、摘心、拉枝和疏枝。

5. 花果管理

(1)人工或昆虫授粉　在授粉树上取含苞待放的花蕾，除去花瓣，取出花药，置于干燥、通风的室内，待花粉散出后集中装瓶冷藏备用。当主栽品种进入初花至盛花期时进行人工授粉，可用剪去笔尖的毛笔或用橡皮头蘸花粉点花授粉，也可用内装花粉的纱布袋进行授粉，只需在花上抖动2～3次即可。壁蜂授粉每667平方米放80～100头成蜂，蜜蜂放300～400头，可满足授粉需要。

(2)疏花疏果　疏花可在大蕾期进行，对易受冻害的品种，或易受晚霜、阴雨、风沙等不良气候影响的桃园，不要进行疏花。疏果从落花后15天至硬核期均可进行，其步骤是先里后外，先上后下。疏果要先疏小果、双果、畸形果、病虫果，后疏朝天果、无叶果。早熟品种、坐果高的品种、成年树和大年等均要早疏；而晚熟品种、坐果少的品种、幼年树和小年等则应晚疏。可按30～50片叶留1个果，或根据果枝决定留果数量，长果枝留3～4个果，短果枝留1个果，花束状果枝一般不留。外围、上部应多留果，内膛和下部少留果，长果枝留中部果，中短果枝宜留先端果。在花后30～45天进行第二次疏果，确定留果数量。

(3)套袋　极早熟和早熟品种不套袋，中、晚熟品种，特别是晚熟品种和易裂果的品种必须套袋。在生理落果之后，蛀果害虫入果前进行套袋，套袋前要喷1次杀虫、杀菌剂，并要将影响套袋的叶片摘除，叶片不能套入袋内，套袋按先上后下，由里到外顺序进行。一般品种可在采果前3～5天摘袋，不易着色的品种如中华寿桃可在采果前15天左右摘袋，以利于着色。摘袋时间宜在傍晚或阴天时进行，以防止日灼。单层袋摘袋前先撕开纸袋底部，逐渐将袋摘除，双层袋要先摘外袋，后摘内袋。摘袋前要疏除背上枝、内膛徒长枝，摘袋后要及时摘叶，可增加光照强度，促进着色。如地面铺反光膜，果面着色效果会更好。

6. 病虫防治

(1)防治原则　以加强栽培管理为基础，优先选用农业措施和生物制剂，注意天敌的保护利用，充分发挥天敌的自然控制作用，并采用杀虫灯、性诱剂、果实套袋等新技术。选用高效、低毒、低残留的农药品种，改进施药技术，最大限度的减少农药用量，以降低残留，将病虫控制在经济阈值以下，确保果品中农药残留符合国家标准。

(2)防治措施

①农业防治　冬、春季刨树盘、刮树皮，剪除病虫枝条，清洁果园，扫除枯枝落叶(果)，集中烧毁或深埋。

②物理防治　采用电子杀虫灯、黄板诱蚜、设置糖醋液诱杀盆

和果实套袋等技术。

③生物防治　种植牧草保护利用天敌，释放松毛虫赤眼蜂防治梨小食心虫、棉褐带卷蛾，用白僵菌处理地面防治桃蛀果蛾，采用性诱剂诱捕梨小食心虫、棉褐带卷蛾、桃蛀果蛾，选用生物制剂等。

④化学防治　禁用高毒农药，有限制地选用中等毒性农药，科学使用低毒农药，改进施药方式，严格按农药安全间隔期用药。

(3)主要病虫害的防治

①桃穿孔病　5月中旬以后陆续进入发病盛期，尤以细菌性穿孔病发生最重。早春萌芽期喷等量式波尔多液100倍液或2～5波美度石硫合剂，杀灭越冬菌源。展叶后至发病前喷3%克菌康(中生菌素)可湿性粉剂600～800倍液，每15天左右喷1次，连喷3～4次，可兼治桃疮痂病。对真菌引起的穿孔病可用70%甲基托布津或50%多菌灵可湿性粉剂800～1 000倍液防治。

②桃流胶病　对真菌引起的流胶病，可在5月中下旬开始喷药，每15天左右喷1次70%甲基托布津或75%百菌清或50%克菌丹可湿性粉剂800～1 000倍液，连喷2～3次。对生理原因引起的流胶病，主要加强栽培管理，增强树势，防日灼，防止出现伤口。

③桃褐腐病　在采果前30天喷药防治，药剂可选用：50%扑海因、75%百菌清可湿性粉剂1 000倍液，或70%代森锰锌可湿性粉剂、50%多菌灵胶悬剂600～800倍液，每10～15天喷1次，连喷2～3次。

④桃炭疽病　用药重点保护幼果，药剂可选用：70%甲基托布津、50%多菌灵可湿性粉剂800～1 000倍液，或75%百菌清可湿性粉剂800倍液。

⑤蚜虫　主要有桃蚜、桃粉蚜和桃瘤蚜3种，麦收前为害最重，应及时喷药防治，药剂可选用：10%吡虫啉可湿性粉剂4 000

倍液，或25%扑虱灵可湿性粉剂1 500倍液，或3%莫比朗乳油2 000倍液。

⑥叶螨 主要有山楂叶螨、苹果全爪螨和二斑叶螨。山楂叶螨、苹果全爪螨，应在麦收前后进行防治；二斑叶螨应在7～8月份防治。药剂可选用：10%浏阳霉素乳油1 000～1 500倍液，或1.8%阿维菌素乳油4 000倍液（绿色食品禁用），或0.3%苦参碱水剂、0.3%印楝素乳油800～1 000倍液，或15%哒螨灵乳油3 000倍液。

⑦桃潜叶蛾 应在各代成虫发生期进行防治，药剂可选用：25%灭幼脲3号悬浮剂1 500～2 000倍液，或20%氟幼脲悬浮剂8 000倍液。

⑧叶蝉 大青叶蝉、小绿叶蝉对桃树枝叶为害较大，应在桃树发芽后、成虫向桃树迁飞时以及各代若虫孵化盛期喷药防治。药剂可选用：25%扑虱灵可湿性粉剂1 000～1 500倍液，并能兼治介壳虫。

⑨介壳虫 桃树上的介壳虫主要是朝鲜球坚蚧、桑白蚧等，若虫孵化盛期是防治关键。药剂可选用：99.1%敌死虫乳油、95%机油乳剂150～200倍液，或25%扑虱灵可湿性粉剂1 000～1 500倍液。

7. 收获 桃果应在成熟期采收，因为桃果大小、品质、风味和色泽都是在树上形成的，无后熟作用，采收过早风味和色泽都较差，而且产量低。采收过晚，果实柔软，易腐烂和受机械伤害。若近距离销售可在八九成熟时采收，长途运输则应在七八成熟时采收。采收和分级时均应轻拿轻放，装箱时要用塑料网套隔离，运输中要防止相互挤压或摩擦。

（四）葡萄生产管理技术

1. 土壤管理 秋季葡萄落叶以后结合施肥进行深耕，行间耕深30～35厘米，靠近树干处应稍浅，耕深10厘米即可。若春季深耕应在土壤化冻后进行，但深耕深度要浅一些。葡萄园大多实行清耕制，因此生长季节要在株（行）间进行多次中耕除草（深度10～15 厘米），保持土壤疏松，无杂草。

2. 施肥

（1）基肥　主要在秋季施入基肥，从葡萄采收后直到土壤封冻前均可进行。基肥用量应随着树龄增加、树冠扩大和产量提高而不断增加。肥料要以有机肥为主，并加入一些化肥，如尿素、过磷酸钙、硫酸钾等。全年肥料施用的比例，基肥应占 80%～90%，追肥占 10%～20%。一般每 667 平方米施有机肥 7 500～10 000 千克，磷肥 200 千克，棉籽饼 200 千克。结果树按结果数量计算基肥用量，每结果 100 千克，有机肥为 200 千克，饼肥 5～10 千克，过磷酸钙 3～5 千克，硫酸钾 0.2～0.3 千克。施肥方法可采用树盘撒施和沟施 2 种。撒施法可先将树盘表土取出 15～30 厘米深，靠近植株处取出 10 厘米左右深表土，然后将肥料均匀撒入，再回填整平。沟施法则先挖环状沟或放射状沟，沟距根（基）处 50～100 厘米，沟深、宽各 30～40 厘米，然后将肥料和表土混匀填入沟内整平。

（2）土壤追肥　生长期一般可追肥 3 次，第一次追肥在花前进行，以氮肥为主，配合磷、钾肥。施肥方法是在距植株 30～40 厘米处挖一半环状沟（长 50～60 厘米，深 10 厘米），每株施尿素 100 克，过磷酸钙 50 克，硫酸钾 20 克，将肥料与表土混合后施入沟内，然后填土浇水。幼果期进行第二次追肥，以氮肥为主，配合磷、钾肥，促进幼果膨大，施肥方法同前。每株施尿素 125 克，过磷酸钙 25 克，硫酸钾 25 克，然后将肥料与表土混合施入沟内，覆土、浇水。浆果着色期第三次追肥，以磷、钾肥为主，少施或不施氮肥，促进果实和枝蔓成熟。施肥方法同前，每株施硫酸钾 50 克，磷酸二铵 100 克，施肥后立即覆土浇水。

（3）根外追肥　又叫叶面施肥。可促使叶面增厚，叶色加深，增强抗逆能力，提高产量和品质。可在新梢生长期喷1次0.2%～0.3%尿素溶液，或0.3%～0.4%硝酸铵溶液，可促进新梢生长。开花前喷0.2%～0.3%硼砂溶液能提高坐果率，在浆果成熟前喷2～3次0.5%～1%磷酸二氢钾或1%～3%过磷酸钙溶液或3%草木灰浸出液，可显著提高葡萄品质和促进新梢成长。

3. 灌溉和排水　葡萄较耐干旱，一般需灌水3～4次，第一次在萌芽前灌水，可结合施肥进行，促进萌芽整齐。第二次在花序出现至开花前灌水，可促进新梢、叶片生长和花序进一步分化增大。但巨峰葡萄此期不宜灌水，否则会使枝叶徒长，营养过旺，造成落花、落果。第三次在葡萄膨大期灌水，可促使果实膨大，提高产量。第四次在葡萄落叶后、埋土前灌1次封冻水，以利葡萄安全越冬。采收前20天左右要严格控制灌水，以提高果实中的糖分。夏季特别是在葡萄浆果成熟期，雨水过多会引起裂果，要特别注意排涝。

4. 整形修剪　葡萄整形是为了枝蔓在空间更好地合理分布，使植株保持旺盛生长和提高结实能力。整形方式主要有篱架整形（多主蔓自然扇形和多主蔓规则扇形）和棚架整形（多主蔓扇形和龙干形）两大类。具体要根据品种特性、当地自然条件和栽培管理方式进行整形。

葡萄修剪可保持树势健壮，配置合理，充分利用空间，为优质、高产创造条件。修剪可在冬季和夏季进行。冬季修剪的时间可在落叶后20天左右至春季伤流前20～30天时进行，修剪过早影响养分回流，过晚则会出现伤流现象，不利于生长和结果。修剪长度要根据品种特性、长势、结果枝和花芽着生部位等特性灵活掌握，一般分为长梢修剪（留8个以上的芽），中梢修剪（留4～6个芽）和短梢修剪（留2～3个芽）3种。对长势旺、结果枝率较低，花芽着生部位较高的品种多采用长、中梢修剪。而长势中等，结果枝率较高，花芽着生部位较低的品种，多采用短梢修剪。结果母枝的剪留数量，应根据品种、栽培管理水平、预计单位面积产量等因素来确定，一般丰产园每667平方米留枝量在1 000枝左右为宜，实际剪留的母枝数应比计划留枝数多10%～15%为好。为防止结果部位外移和枝条下部光秃，每年冬季要对结果母枝进行更新修剪。一是对结果母枝和枝组的更新（单枝更新、双枝更新）；二是对多年生大枝更新（全部更新、局部更新）。夏季修剪，要进行抹芽定梢、新梢摘心、副梢处理、绑蔓和去卷须等操作，要根据品种、树势、栽培管理情况灵活掌握。

5. 花果管理

（1）疏花序　每个结果新梢保留1～2个果穗，叶穗比掌握在20∶1左右，保留的花穗掐去全长的1/4～1/5，同时要除去过大的副穗，使果穗紧凑，果粒整齐一致。每平方米架面上留6～7个果穗，预备蔓上不留果穗。

（2）保花保果　为防止落花、落果，在花期要控制施用氮肥，花前对结果新梢进行摘心。新梢展叶6～8片时，喷0.1%～0.3%比久溶液，或浸蘸花穗，但应注意喷完比久后5～7天内不能喷波尔多液，否则会发生药害。亦可在初花期在花穗上喷0.2%多效唑溶液，均可有效地提高坐果率。

（3）果穗套袋　果袋规格要根据葡萄品种和穗型大小来定，纸质透气性要好，且能防水。套袋时间宜早不宜晚，一般在坐果稳定，整穗及疏粒后开始套袋，雨季来临前套袋结束。套袋前要喷1次农药，重点保护果穗，不受病虫为害，待药液晾干后开始套袋。套袋时，先用手将纸袋撑开，使纸袋整个鼓起，然后由上往下将整个果穗套入袋内，再将袋口收缩到穗柄上，用一侧的封口丝紧紧扎住，铁丝以上要留1～1.5厘米的纸袋。套袋葡萄可以不摘袋，带袋采收，亦可在采收前10～15天摘袋。红色品种可在采收前10天左右摘袋，以促进着色，如纸袋透光度较好，能满足着色需要，也可不摘袋。巨峰葡萄不需要摘袋。葡萄摘袋不要一次性摘除，应先将袋底打开，让果袋套在果穗上部，以防鸟害和日灼，摘袋应在晴天上午10时前和下午4时后进行，阴天可全天进行。

6. 病虫防治

(1) 防治原则 认真贯彻“预防为主，综合防治”的植保方针，采用农业、物理、生物和化学防治措施，对病虫进行综合治理，将病虫危害控制在经济阈值以下，并保证果品中农药残留符合国家标准。

(2)防治方法 葡萄病虫害发生特点是病害重于虫害，因此防治的重点是病害，其次是害虫。主要采用农业措施如清洁田园，清除杂草、落叶和果粒，及时剪除病虫枝蔓和果穗(粒)，并对果穗实行套袋。科学进行药剂防治，选用高效生物制剂和低毒化学农药，禁用高毒农药，按农药安全间隔期喷药，尽量减少农药使用次数和用量。如透翅蛾发生较多时，可采用性诱剂诱杀。

(3)主要病虫害的防治

①葡萄白腐病、黑痘病、炭疽病、房枯病 以上病害主要危害果实，大多在6月上旬开始发病，7～8月份进入发病盛期，应在发病前或初期开始喷药，先喷保护剂，后喷内吸治疗剂，每15天左右喷1次药，并要注意药剂的交替。药剂可选用：10%世高水分散粒剂2 000～2 500倍液，或40%福星乳油8 000～10 000倍液，或80%大生M-45、喷克可湿性粉剂600～800倍液，或50%多菌灵可湿性粉剂800倍液，或半量式波尔多液200倍液。

②葡萄霜霉病 开花前后各喷1次半量式波尔多液200倍液，可延迟发病时间，保护前期生长的叶片。6月中旬发病初期开始喷药，每7～10天喷1次，连喷3～4次。药剂可选用：58%甲霜灵·锰锌、80%喷克可湿性粉剂600～800倍液，或64%杀毒矾可湿性粉剂500倍液，或68.75%易保水分散粒剂1 200倍液。

③葡萄白粉病 发芽前喷3～5波美度石硫合剂、45%晶体石硫合剂400～600倍液。生长期可选用：15%粉锈宁可湿性粉剂1 500～2 000倍液，或70%甲基托布津可湿性粉剂800～1 000倍

液，或80%大生M-45可湿性粉剂600～800倍液。

④葡萄穗轴褐腐病　幼芽萌动前喷3～5波美度石硫合剂，或50%硫悬浮剂400～600倍液，开花前后各喷1次50%多菌灵、80%大生M-45、70%甲基托布津可湿性粉剂800～1 000倍液。

⑤葡萄二星叶蝉　若虫发生期喷药防治。药剂可选用：25%扑虱灵可湿性粉剂1 000～1 500倍液，或20%杀灭菊酯乳油2 000～3 000倍液，每7～10天喷1次，连喷2次。

⑥葡萄透翅蛾　花后3～4天喷1次20%杀灭菊酯乳油3 000倍液，5～7月份发现被害枝及早摘除，杀死幼虫。如已蛀入较粗的枝蔓，上面有果穗时，可用铁丝从蛀孔插入，刺死幼虫，或用少许棉花蘸上80%敌敌畏乳油100倍液塞入虫孔，熏杀幼虫。

⑦葡萄瘿螨、葡萄短须螨　发芽前喷50%硫悬浮剂400～600倍液，或3～5波美度石硫合剂。生长季节可选用10%浏阳霉素乳油1 000～1 500倍液，或15%哒螨灵乳油3 000倍液，或1.8%阿维菌素乳油4 000～5 000倍液。

7. 收获　鲜食外运葡萄采收期应适当提早，以免运输过程中温度升高而脱粒，酿造或制汁葡萄要待果实充分成熟后采收，可增加糖度和风味。采收时间应在上午10时前和下午4时后进行，中午前后温度较高不要采收，若采收时温度较高，应将采下的葡萄放在阴凉通风处进行降温后再装箱贮藏。

二、无公害果品肥料使用技术

果树在整个生命活动中均需不断地从土壤中吸收所需的营养元素，但土壤中营养资源贮量是有限的，当被果树大量吸收消耗后，土壤中的营养元素就会贫乏，如不及时进行人工补充，必然会使果品产量减少、品质下降。为了满足果树生长需要，就应及时进行科学合理的施肥。为了适应市场的需求，生产者应按照绿色食品和无公害农产品制定的肥料使用准则进行规范化施肥。

(一)果园施肥基本原则

1. 使用的肥料要符合国家标准　果园施肥应以有机肥为主，化肥为辅，要将较多的有机物质返回土壤中，以增加土壤肥力和活性。施入的有机或无机（矿质）肥料，特别是氮素肥料，不能对环境造成污染，对果品的营养、风味和品质亦不能有任何不良影响。利用各种动、植物材料及人粪尿沤制的有机肥，要经高温发酵后方能使用。禁止使用未经无害化处理的城市垃圾，包括含有金属、橡胶和有毒物质的垃圾、污泥以及医院的粪便、垃圾和工业垃圾。禁止使用未经国家有关部门批准登记的商品肥料，或不符合国家质量标准的肥料。有机食品和 AA 级绿色食品规定，禁止使用任何化学合成肥料。

2. 有机肥料要和化学肥料配合施用　A 级绿色食品和无公害农产品允许有机肥和化肥配合使用，有机肥养分齐全，它含有多种果树必需的营养元素，能活化土壤养分，刺激果树根系发育，并能改善土壤结构，提高土壤蓄水保肥和供水供肥能力，其综合肥力显著优于其他肥料。但有机肥中的营养元素大多呈有机状态，需要逐步分解转化，才能被果树根系吸收，因此肥效发挥得比较慢。化肥则相反，不仅氮、磷、钾的含量高，而且肥效迅速。果树在生长发育阶段需肥量比较大，特别是花前、花后和膨果期急需补充营养，此时用化肥进行追肥，效果极为明显。因此，在强调以有机肥为主的前提下，适当施用化肥是非常必要的。

3. 要因地制宜进行配方施肥　我国果园土壤类型多，理化性质和营养元素含量差别较大，因此，应根据果园土壤养分丰缺情况，进行配方施肥，以满足果树营养需要，维持土壤养分平衡。同时，还要根据土壤质地、肥沃情况，决定施肥种类和用量。

4. 施肥要与培肥地力相结合　果树系深根作物，对土壤厚度有一定要求，一般为 60～100 厘米，只有深厚的土层才能满足其根系发育。同时，土壤质地对根系分布以及产量和品质都有很大影响。因此，果树的优质、高产需要一个含有较高营养成分的土壤作基础，否则施肥效力也会降低。培肥地力可采取深翻熟化土壤、客土掺沙、合理间作、行间生草等措施，在此基础上结合施入有机肥，其肥效才能充分发挥。

(二)果园施肥时期

1. 果树的需肥时期 果树的施肥时期与树龄及不同生长发育阶段关系比较密切。幼树主要处于营养生长阶段，树冠扩展，根系发育、新梢迅速生长，应保证营养供给，以满足树体和新梢生长对养分的需要。一般果树需全年施肥 4 次，可于 10～11 月份施 1 次基肥，3 月份、5 月份和 7 月份各追肥 1 次。基肥要以有机肥为主，配合少量氮肥，生长前期追肥要以氮肥为主，结果期追肥要控制氮肥，增施磷、钾肥。

果树成龄期开始结果或进入盛果期，其营养生长和生殖生长并重，对营养需求有所不同。从萌芽抽梢、开花到幼果初期，对氮素营养需要量大，施肥种类应以速效氮为主，配合少量磷肥。而从生理落果到果实膨大期是果树消耗养分最大的时期，此时施肥要注意氮、磷、钾的相互配合，应控制氮肥用量，要根据树势强弱决定氮肥用量，多施磷、钾肥，这对保果、壮果、提高果实品质都有很好的作用。秋季施肥亦很重要，早、中熟品种应在采果后施肥，晚熟品种在采果前施肥，施肥要以速效氮、钾肥为主，可防止叶片早衰。落叶前或休眠期施基肥，以有机肥为主，施肥量应占全年施肥量的60%以上，基肥要早施，有利于增强树势和提高树体贮存营养的能力。

2. 果树施肥时期

(1)基肥 春季和秋季均可施基肥，但以秋季施基肥为好，秋季施肥时果树根系生长旺盛，因施肥造成的伤根容易愈合，切断的小根可促发新根。此时地上部分已经停止生长，果树所吸收的养分可以贮备积累,有利于翌年果树萌芽、开花和新梢生长。树体营养好还能保证花芽质量,提高坐果率。另外,秋季施基肥还可提高地温,防止根系遭受冻害。一般果树基肥用量可根据产量来定,产量和施基肥的比例为1∶1～2,即每生产100千克果品需施100～200千克基肥。

(2)追肥 果树生长的重要时期消耗养分多,需肥量增大,秋季施入的基肥转化的有效养分一时难以满足果树生长的需要,就必须及时进行追肥。追肥时期、次数与树种、品种、树龄和土质等因素有关,一般成年结果树每年追肥3～4次,依据果树类型、土壤肥力、树势等具体情况酌情增减。

①花前肥 一般在春季果树萌芽前后追肥,可促进萌芽、开花整齐,提高坐果率。弱树、老树和结果量比较大的树应加大追肥量;若基肥充足、树势强的果园亦可推迟到花后再追肥。春季干旱的果园,追肥要结合浇水进行,才能充分发挥肥效。

②花后肥 花后亦是坐果期,幼果和新梢迅速生长,急需较多的氮素营养,此时追肥可促进新梢生长,叶面积增大,提高光合效能,减少生理落果。若花前追肥量大,树势好,花后亦可不再追肥,或减少追肥数量。

③催果肥 在果实膨大和花芽分化期追肥,可促进果实膨大、花芽分化,增产效果明显。此期追肥要注意氮、磷、钾肥的合理配合,尤其是要控制氮肥用量,增加磷、钾肥。

④熟前肥 在果实生长后期追肥,主要是补充供给果树大量结果造成树体营养的消耗和花芽分化的营养需求。此时要多追一些氮肥,配合适量的磷、钾肥,可提高果实品质,增加着色效果,特别是盛果期大树更显重要,这次追肥亦可和秋季施基肥结合一起进行。未结果的幼树,秋季9～10月间不宜追氮肥,以防促发晚秋梢。

(三)果园施肥方法

1. 土壤施肥　土壤施肥又叫根际施肥。它要求将肥料施在果树根系生长分布的范围内，便于根系吸收和生长，充分发挥肥料效能。植物的根系都有趋肥性，将有机肥和迟效化肥作为基肥施入根际周围稍深处和稍远处，可诱导根系向深处、广处发展，以扩大根系范围，增强树势。但施肥的深度和广度还要根据树种、树龄和肥料种类等因素而有变化。苹果、梨树属深根系，分布广，施肥就应深一些，范围要广一些。桃树的根系较浅，施肥就要浅，范围要小。再就是成龄树和大树宜深施，幼龄树和小树要浅施。果树休眠期施基肥宜深施，生长期追肥要浅施，以免伤根影响植株生长。

各种肥料元素在土壤中的活性亦不相同，施肥深度也要有所变化。速效氮肥在土壤中移动性强，可浅施，根系也能吸收。钾肥的移动性弱，磷肥更不易移动，为此，就应将磷、钾肥直接施在根系分布层及外围。磷肥还易被土壤及其微生物固定，减弱肥效，因此磷肥最好和有机肥混合施用。在干旱情况下施肥要与灌水结合一并进行，肥效才能发挥。

土壤施肥的形式主要有以下几种。

(1)环状沟施肥　在树冠外围 20～30 厘米处挖一宽 40～50 厘米、深 50 厘米的环状沟，在沟内施入有机肥。此法操作简便，但施肥范围小，挖沟易伤水平根，一般多用于幼树。

(2)放射状沟施肥　以树干基部为中心，在树冠边缘部位等距离挖 6～8 条放射状沟。沟长视树冠大小而定，可一半在树冠内，一半在树冠外。沟深内端 30 厘米，外端 50～60 厘米，施肥后覆土。隔年或隔次更换挖沟位置，扩大施肥范围。

(3)条状沟施肥　在果园行间、株间或隔行挖沟，沟深 50 厘米、宽 40 厘米，施入肥料，也可结合深翻进行。

(4)全园撒施　将肥料均匀撒在树盘周围表土上，再浅翻(深

20厘米)入土。该法施肥较浅,常会导致根系上翻,降低果树抗逆性。全园撒施和放射沟施肥隔年交替使用,可互补不足。

(5)灌溉施肥 采用漫灌或喷灌、滴灌、渗灌设施灌溉,将化肥混入灌溉水中,随水施肥,密植园和根系分布稠密的果园可采用此法。

2. 根外施肥 主要是叶面施肥,是将易溶于水的肥料或微量元素配成适宜浓度水溶液,在果树生长期将配好的水溶液均匀喷布在树冠叶面上。此法用量少,吸收速度快,可满足养分急需。一般喷后2小时内即可被叶片吸收,喷后10～15天叶片反应最为明显,以后逐步降低,25～30天基本消失。根外追肥可明显提高叶片光合强度、呼吸效能和酶的活性,改善根系营养状况,促进根系发育。

常量元素和微量元素以及复合肥均可用来叶面喷施。为防止出现肥害,应先做小型试验,确认无害后再大面积喷施。常用浓度为:尿素0.2%～0.5%,硫酸钾0.3%～0.4%,磷酸二氢钾0.2%～0.3%,硫酸锌0.3%,磷酸铵0.5%～0.8%,硫酸亚铁0.3%,硼砂0.1%～0.5%,氯化锌0.2%,硫酸锰0.2%～0.3%等。

(四)果园施肥应注意的几个问题

1. 有机肥可和化肥混施 施基肥时可将有机肥和化肥、微量元素混合施用,以增加肥效。施肥深度要合适,不能伤及大根,影响树势。施肥时少用地面撒施法,减少肥效流失。

2. 叶面施肥要及时 果树缺硼时应在花前喷洒,可提高坐果率。缺铁时要在果树生长前期喷,能显著改善叶片的营养状况。缺锰时在坐果期和果实生长期喷,以增加果实中的糖量和产量。中午天气炎热不要进行叶面喷肥。

3. 叶面肥要根据不同营养元素特性进行配制 过磷酸钙浸泡时间要长些,一般要浸泡16～18小时才能将有效成分溶解出来，喷施效果才好。硼砂要先用沸水溶解，配制高锰酸钾要用清洁的井水、河水等配制，若用不洁水配制会影响效果。配制硫酸亚铁要用偏酸性水，可在清洁水中加入少量食醋或有机酸，其配比为：100 升水中加入食醋 100～200 毫升，或有机酸 10 毫升。

三、无公害果品病虫害综合防治技术

(一)防治策略和方法

1. 防治策略 果树病虫害的防治必须做到既要控制危害，又要尽量减少农药污染，做到果品中农药残留不超标。因此，必须全面贯彻“预防为主、综合防治”的植保方针，对病虫害实施综合治理。其策略是要以改善果园生态环境，加强栽培管理为基础，优先选用农业和生态调控措施，加强天敌的保护利用，有针对性地释放天敌，充分发挥天敌的自然控制作用。广泛采用果实套袋、电子杀虫灯、性诱剂、黄板诱蚜和果园种草等非化学防治手段。在必须进行农药防治时，应优先选用生物制剂、矿物农药和低毒化学农药，有限制地使用中等毒性农药，严禁使用高毒、高残留农药。只有采取这样的防治策略，才能保证果品安全。

2. 防治方法

(1)重视农业防治 农业防治是一种传统的防治技术，既经济实用，又能收到事半功倍的效果，在强调保护环境、回归自然的今天，更应受到重视。主要方法如下。

①清洁果园 晚秋树叶脱落以后，要彻底清除落叶、病(僵)果和杂草，集中深埋或烧毁，以消灭在其中越冬的病虫。例如苹果斑点落叶病，苹果(梨、葡萄)褐斑病，苹果(梨)灰斑病，梨白粉病、黑斑病，葡萄锈病、叶斑病，桃穿孔病以及金纹细蛾、梨网蝽、桃潜叶蛾、中国梨木虱等病虫均可在落叶中越冬。苹果(梨、桃)褐腐病、炭疽病、霉心病，葡萄灰霉病、黑腐病、房枯病，桃实腐病等病菌则

会在病、僵果中越冬。结合冬剪，剪除树上病枝（腐烂病、轮纹病、干腐病及其他原因致死的枯枝）和虫枝（着生绣线菊蚜、苹果瘤蚜、苹果全爪螨、顶梢卷叶蛾等害虫的枝条）。生长季节落地的病（虫）果（如轮纹病、炭疽病、桃蛀果蛾、梨小食心虫、梨大食心虫等）亦要及时集中深埋或销毁。

②刮（刷）树皮和枝干　树皮上的粗皮、翘皮及裂缝处会藏有许多越冬害虫，如绣线菊蚜、苹果绵蚜、梨二叉蚜、梨黄粉蚜、桃蚜、山楂叶螨、二斑叶螨、梨小食心虫、棉褐带卷蛾、梨网蝽、康氏粉蚧、中国梨木虱、东方盔蚧、梨星毛虫和桃蛀螟等。枝干上亦会有越冬的桑白蚧、朝鲜球坚蚧等介壳虫。树干和枝干上还会有苹果（梨、桃）树腐烂病，苹果（梨、桃）轮纹病、干腐病，苹果枝溃疡病，梨白粉病、黑斑病，葡萄黑痘病、蔓枯病、毛毡病等多种病害的越冬菌源。应在冬季或早春彻底刮（刷）除在树皮和枝干上越冬的病虫。刮除时要在树下放一块塑料布，将刮下的皮屑集中带出园外烧毁。但在刮树皮的同时要注意保护天敌，不少天敌在粗皮、翘皮内越冬，特别是靠近地面主干上的翘皮内天敌数量要多于其他部位，因此可采用上刮下不刮的办法，或者改冬天刮为早春刮，将刮下来的树皮放在粗纱网内，待天敌出蛰后再将树皮烧掉。

③刨（翻）树盘　封冻前将树冠下土壤深翻20～30厘米，既可熟化土壤，又可消灭在土壤中越冬的害虫，如桃蛀果蛾、梨小食心虫、梨实蜂、梨冠网蝽、山楂叶螨、二斑叶螨、棉铃虫以及金龟甲等。深翻时一定要将下层土翻至上层，经风吹、日晒、低温促其死亡，或被鸟类啄食。

④树干绑草　有些害虫喜在主干的粗翘皮和草丛、落叶中越冬，为此利用这一转移习性，于采果后在主干分枝以下处松散地束3～5圈草绳（用稻草、谷草、麦秸、棉秆皮等拧成）诱集害虫在此处越冬，早春害虫出蛰前，将草绳解下，带出园外烧毁。

⑤树干涂白　冬季在树干涂白，可防止日灼、冻害并能阻止天

牛、木蠹蛾等害虫产卵为害，还可延迟果树萌芽和开花期。涂白时间以两次为好，第一次在落叶后至封冻前，第二次在早春，主要保护主干、主枝及较大的辅养枝和侧枝。其配方是：生石灰 12 千克，食盐 2～2.5 千克，大豆汁 0.5 升，水 36 升。配制方法：先用水将生石灰化开，滤去残渣，倒入大豆汁和已化开的食盐，搅拌成浓糊状即可。

(2)采用形式多样的物理防治　果园大面积应用频振式电子杀虫灯杀灭害虫，糖醋液诱杀害虫，黄板诱杀蚜虫，果实套袋防治病虫危害等，这些物理措施具有效果好、成本低、无污染等特点，应大力推广应用。例如频振式电子杀虫灯，每 2～3 公顷土地装一盏灯，利用害虫有较强的趋光、波、色、味的特性，将光波设在特定的范围内，近距离用光，远距离用波、色、味引诱成虫扑灯，灯外配以频振式高压电网触杀，可杀灭多种鳞翅目、鞘翅目等害虫，并能显著减少田间落卵量，压低虫口密度。

(3)加强生物防治　生物防治是利用天敌、昆虫激素、病原微生物及其代谢产物来控制病虫的危害，具有不污染环境、对人畜安全、无残留等特点，是生产无公害果品必须采用的措施。果园生物防治常用的方法如下。

①采用农业栽培措施保护利用天敌　如在果园及其周边种植蜜源植物招引天敌，行间种植牧草(紫花苜蓿、白三叶等)保护和繁殖天敌。保护好果园周边的麦田天敌(瓢虫、草蛉、食蚜蝇、蚜茧蜂、小花蝽等)，充分利用麦收时转移的天敌来控制果树上的蚜虫、叶螨等害虫。

②人工释放天敌及病原微生物　在果园人工释放松毛虫赤眼蜂防治棉褐带卷蛾、梨小食心虫，卵寄生率可达 90%以上。释放胡瓜钝绥螨防治叶螨。在果园地面喷洒白僵菌和利用昆虫病原线虫防治桃蛀果蛾幼虫。

③利用昆虫性外激素诱捕害虫　在果园悬挂桃蛀果蛾、金纹

细蛾、梨小食心虫、棉褐带卷蛾、梨大食心虫、桃潜蛾等性诱剂（诱芯）诱捕雄蛾，每一果园内挂5～10个诱芯，可作害虫发生期预报。诱芯密度加大时，可大量捕杀雄蛾，或采用迷向法干扰雌、雄交尾，使雌蛾产下大量未受精卵，从而不能孵化为幼虫，减少为害。

④喷洒生物和矿物农药　适合果园使用的生物农药种类很多，如植物源杀虫剂苦参碱、印楝素、绿帝、银泰、烟碱等；昆虫生长调节剂灭幼脲、氟铃脲、扑虱灵等；农抗类杀虫剂阿维菌素（绿色食品禁用）、浏阳霉素、华光霉素、多杀霉素；农抗类杀菌剂多氧霉素（宝丽安）、中生菌素（克菌康）、农抗120（双抗）、阿密西达、农用链霉素等。矿物源农药有敌死虫乳油、机油乳剂、波尔多液和硫悬浮剂、石硫合剂等。

(4)科学使用化学农药　果园使用化学农药的原则是严禁使用高毒、高残留农药（如氧化乐果、久效磷、对硫磷、甲胺磷、灭多威、杀虫脒、呋喃丹、福美胂等），有限制地使用中等毒性农药（如毒死蜱、啶虫脒、抗蚜威、灭扫利、功夫、杀灭菊酯、高效氯氰菊酯等），中等毒性的农药虽然可以用，但不要使用次数太多。优先选用低毒化学农药（如吡虫啉、阿克泰、辛硫磷、马拉硫磷、敌百虫、尼索朗、克螨特、螨死净、代森锰锌、多菌灵、甲基托布津、粉锈宁等）。并要注意适时用药，交替用约，提高喷药质量，尽量减少农药的污染和残留。

(二)苹果病虫害周年防治历

1. 病虫害主要种类　据记载，我国危害苹果的病害有90多种，虫害350多种，但发生普遍，危害严重且需要防治的病虫害并不多。常见的病虫害主要有：苹果树腐烂病、苹果轮纹病、苹果斑点落叶病、苹果霉心病、苹果炭疽病、绣线菊蚜、苹果瘤蚜、山楂叶螨、苹果全爪螨、二斑叶螨、金纹细蛾、桃蛀果蛾、棉铃虫、苹果绵蚜、棉褐带卷蛾和康氏粉蚧等。但上述病虫在每个果园发生轻重不一，可因地制宜进行防治。

2. 防治技术

(1)休眠期(11 月至翌年 2 月份)防治

①病虫发生特点　进入 11 月份以后苹果树逐渐进入休眠期，病菌和害虫进入越冬状态，便于集中防治，同时树体抗药性增强，因此抓住休眠期进行越冬防治可收到事半功倍的效果。防治重点是苹果树腐烂病、苹果枝干轮纹病、金纹细蛾、蚜虫、叶螨等病虫。

②防治方法

清洁果园：待树上叶片脱落以后，彻底清扫落叶、病果和杂草，摘除僵果，集中烧毁或深埋，以消灭在落叶中越冬的苹果斑点落叶病、苹果褐斑病、苹果灰斑病、金纹细蛾等和在病僵果中越冬的苹果褐腐病、苹果炭疽病、苹果霉心病等病虫。结合冬剪，剪除树上病枝(苹果树腐烂病、苹果轮纹病、苹果干腐病及其他原因致死的枯枝)和虫枝(着生绣线菊蚜、苹果瘤蚜、苹果全爪螨、顶梢卷叶蛾等害虫的枝条)。

刮树皮：山楂叶螨、二斑叶螨、梨小食心虫、卷叶蛾等害虫大多在粗皮、翘皮及裂缝处越冬，若能细致周到的刮净粗皮、翘皮，可杀死 50%～90%的越冬害虫。但在刮皮的同时要注意保护天敌，不少天敌也在粗、翘皮内越冬，特别是靠近地面主干上的翘皮内，天敌数量要多于其他部位，因此可采取上刮下不刮的办法。或者改冬天刮为早春刮，将刮下的树皮放在粗纱网内，待天敌出蛰后，再将树皮烧掉。

树干涂白：涂白可减少日灼和冻害，延迟萌芽和开花期，并可兼治树干病虫害。涂白时间以两次为好，第一次在落叶后至封冻前，第二次在早春，主要保护主干、主枝及较大的辅养枝和侧枝。

深翻树盘：封冻前将树冠下土壤深翻 20～30 厘米，既可熟化土壤，又可消灭在土壤中越冬的害虫，如桃蛀果蛾、山楂叶螨、二斑叶螨等。深翻时一定要将下层土翻至上层，效果才好。

药剂防治：防治苹果树腐烂病、苹果枝干轮纹病，应在初冬或早春刮除病斑、病瘤，随后抹药消毒，药剂可选用：4%农抗120、5%菌毒清水剂30～50倍液，或腐必清乳液2～3倍液。如病害较重，再用3～5波美度（发芽前）、0.3～0.5波美度（发芽后）石硫合剂，或5%菌毒清水剂100倍液加腐必清乳液100倍液，或4%农抗120水剂200倍液，全树喷1次药。

防治蚜虫、叶螨、介壳虫等害虫，可在早春花芽萌动前，喷洒3～5波美度石硫合剂，或99.1%敌死虫乳油、95%机油乳剂150～200倍液。

（2）花期前后（3～4月份）防治

①病虫发生特点　气温逐渐回升，病菌、害虫开始活动，此时防治对压低全年病虫基数有显著作用。防治重点是苹果树腐烂病、苹果枝干轮纹病、苹果霉心病、苹果炭疽病、蚜虫、叶螨、金龟甲、金纹细蛾和康氏粉蚧等病虫。

②防治方法

病害防治：继续刮治苹果树腐烂病、苹果枝干轮纹病，方法同前。如发现苹果烂根病，可扒土晒根后灌药，药剂可选用：5%菌毒清200倍液，或50%多菌灵、70%甲基托布津可湿性粉剂800～1 000倍液。防治苹果霉心病，发芽前全树喷1次3～5波美度石硫合剂，或50%硫悬浮剂200倍液，并可兼治白粉病。苹果花期是霉心病菌侵入的重要时期，可采用对苹果花期无影响的生物制剂3%克菌康（中生菌素）可湿性粉剂，盛花期用1 000倍液，盛花末期用800倍液进行防治，效果较好。亦可在开花前、后各喷1次药，可选用：3%克菌康可湿性粉剂800～1 000倍液，或10%多氧霉素可湿性粉剂、68.75%易保水分散粒剂1 000～1 500倍液，或40%福星乳油8 000倍液，或70%代森锰锌可湿性粉剂800倍液，但不如花期喷药效果好。除克菌康以外，其他药剂均不可在苹果花期喷药。

害虫防治：防治绣线菊蚜、苹果瘤蚜，药剂可选用：10%吡虫啉可湿性粉剂、25%阿克泰水分散粒剂4 000～5 000倍液，或0.2%苦参碱水剂800～1 000倍液，或3%啶虫脒乳油2 000倍液喷雾。单治苹果绵蚜可用：48%乐斯本乳油1 000倍液，或99.1%敌死虫乳油、95%机油乳剂150～200倍液喷雾。若花期有金龟甲为害可用人工捕捉，或灯光、糖醋液诱杀。若往年康氏粉蚧发生较重，可在苹果萌芽前喷99.1%敌死虫乳油、95%机油乳剂150～200倍液，或3～5波美度石硫合剂。

(3)幼果期(5～6月份)防治

①病虫发生特点　幼果期是苹果叶部和果实病害的初侵染期和发病期，苹果斑点落叶病、苹果轮纹病、苹果炭疽病等病害进入重点危害期。绣线菊蚜、苹果绵蚜、山楂叶螨、金纹细蛾、棉褐带卷蛾等害虫亦进入猖獗为害期，桃蛀果蛾陆续出土，结茧羽化。病害以苹果斑点落叶病、苹果轮纹病为防治重点，兼治其他病害。虫害以山楂叶螨或苹果全爪螨、绣线菊蚜、金纹细蛾为重点，兼治其他害虫。

②防治方法

病害防治：苹果树谢花后7～10天开始喷药，以后每15天左右喷1次药，直至苹果收获前15～20天。主治苹果斑点落叶病、苹果轮纹病，兼治苹果霉心病、苹果炭疽病等，用药时要用多种高效杀菌剂交替使用，避免病菌产生抗性。药剂可选用：3%克菌康可湿性粉剂600～800倍液，或40%福星乳油6 000～8 000倍液，或10%多氧霉素(或宝丽安)可湿性粉剂1 000～1 500倍液，或4%农抗120水剂、50%多菌灵可湿性粉剂600～800倍液，或70%甲基托布津可湿性粉剂800～1 000倍液，或70%代森锰锌(或80%喷克、80%大生M-45)可湿性粉剂600～800倍液，或68.75%易保水分散粒剂1 000～1 500倍液，或倍量式、多量式波尔多液200倍液(金帅、乔纳金品种易发生药害，改用其他药剂)，套袋苹果在套袋后、摘袋前使用。若往年苹果苦痘病发生较重，可在谢花后30天开始，每隔15～20天喷1次氨基酸钙500倍液，或70%氯化钙、硝酸钙150倍液，直至采果前15～20天，但高温天气不能喷，否则叶片上会发生药害。

害虫防治：

叶螨：苹果谢花后7天和10～15天是山楂叶螨、苹果全爪螨的产卵盛期，花后30天是两种叶螨的为害高峰期，因此应抓住这两个关键期进行防治。药剂可选用：1.8%阿维菌素乳油4 000～5 000倍液（绿色食品禁用，可改用0.2%甲胺基阿维菌素苯甲酸盐乳油1 000倍液），或10%浏阳霉素乳油1 000倍液，或20%螨死净悬浮剂2 500倍液，或20%扫螨净可湿性粉剂3 000倍液，或0.3%苦参碱水剂、0.3%印楝素乳油600～800倍液。

蚜虫：5～6月份是绣线菊蚜、苹果瘤蚜严重危害期，麦收前是防治关键期，麦收后防治应根据虫情和天敌决定是否防治。药剂可选用：10%吡虫啉可湿性粉剂4 000～5 000倍液，或3%莫比朗乳油、50%抗蚜威可湿性粉剂2 000倍液，或25%阿克泰水分散粒剂5 000倍液，或0.3%苦参碱水剂800倍液。防治苹果绵蚜可选用：48%乐斯本乳油1 000倍液，95%机油乳剂、99.1%敌死虫乳油150～200倍液。

金纹细蛾：5月下旬至6月上旬是第一代成虫发生盛期，产卵盛期在6月上中旬，应抓住成虫盛末期进行防治。药剂可选用：25%灭幼脲3号悬浮剂1 500倍液，或20%杀铃脲悬浮剂6 000～8 000倍液，或5%氟铃脲乳油1 500～2 000倍液。

桃蛀果蛾：5月下旬至6月中旬是越冬代幼虫出土始盛期和盛期，可用白僵菌处理地面，每667平方米用白僵菌菌剂2千克加48%乐斯本乳油0.15千克，对水75升喷树盘及其周围。也可用50%辛硫磷乳油或48%乐斯本乳油每667平方米0.5千克，对水75升喷洒树盘，消灭越冬幼虫。树上喷药可用：20%杀铃脲悬浮剂8 000倍液，或5%氟铃脲乳油1 500～2 000倍液，或2.5%功夫、20%灭扫利、10%歼灭乳油2 500～3 000倍液喷雾。

棉褐带卷蛾：5月底、6月初为越冬代成虫产卵期，可释放松毛虫赤眼蜂进行防治，每667平方米放蜂4次，总蜂量10万头左右，寄生率可达90%以上。6月中下旬为第一代幼虫低龄期，应喷药防治，药剂可选用：25%灭幼脲3号悬浮剂1 000～1 500倍液，或20%杀铃脲悬浮剂8 000倍液，或2.5%功夫、20%灭扫利乳油3 000倍液。

康氏粉蚧：苹果套袋前喷1次药，药剂可选用：99.1%敌死虫乳油、95%机油乳剂150～200倍液，或50%辛硫磷乳油1 000～1 500倍液，或48%毒死蜱乳油1 000～1 500倍液。

(4)果实膨大期(7～8月份)防治

①病虫发生特点　7～8月份是高温、多雨季节，诸多病虫进入盛发期，苹果斑点落叶病等叶部病害普遍发病，苹果轮纹病等果实病害开始流行。二斑叶螨、金纹细蛾、桃蛀果蛾等为害加重。雨季到来，山楂叶螨、苹果全爪螨、绣线菊蚜、苹果绵蚜为害减轻(持续干旱年份为害仍很重)。棉铃虫在有些果园亦会严重为害。因此，防治病害应以苹果轮纹病、苹果斑点落叶病为重点，虫害以金纹细蛾、二斑叶螨为重点，兼治其他病虫。

②防治方法

病害防治：降雨是促进病菌孢子释放的重要条件，因此掌握雨后喷药是提高防治效果的技术关键，喷药时要注意多种杀菌剂的交替使用，喷药间隔期以10～15天为宜。选用药剂参考幼果期病害防治。

害虫防治：7月中旬以前如山楂叶螨、苹果全爪螨发生较重，仍需进行防治(药剂种类同幼果期)。7～8月份二斑叶螨为害严重，应及时防治，药剂可选用：1.8%阿维菌素乳油4 000～5 000倍液，或0.2%甲胺基阿维菌素苯甲酸盐乳油1 000倍液，或20%扫螨净可湿性粉剂2 000倍液喷雾。防治棉铃虫可用：5%氟铃脲乳油 1 000 倍液，或 5%高效氯氰菊酯乳油 1 000～1 500 倍液，或 20%杀铃脲悬浮剂 8 000 倍液。7 月中旬至 8 月中旬是第二、三代金纹细蛾成虫盛发期，应抓住关键期进行防治；桃蛀果蛾发生较重的果园亦应继续进行防治，选用药剂种类均同幼果期。

(5)采果期前后(9～10 月份)防治

①病虫发生特点　苹果进入成熟期，早熟品种可停止用药，中晚熟品种仍需继续用药，直至采收前 15～20 天停用。喷药重点是果实病害苹果轮纹病，兼治其他病害。9 月份以后苹果树腐烂病还有一个危害高峰，亦需防治。害虫则处于下降趋势，一般不需防治，但中晚熟品种金纹细蛾仍需防治。

②防治方法　为了减少苹果采收后造成烂果，中晚熟品种仍需喷 2～3 次杀菌剂，特别是苹果摘袋后为了防止病菌侵染，更需喷药保护。药剂应首选无污染的生物制剂，如 3%克菌康可湿性粉剂 800～1 000 倍液和 4%农抗 120 水剂 600～800 倍液，亦可用 50%多菌灵可湿性粉剂 600～800 倍液、70%甲基托布津可湿性粉剂 1 000 倍液。但一般不再喷波尔多液，特别是摘袋后的苹果更不能喷，否则会污染果面，影响商品价值。苹果树腐烂病的防治可在采果后进行。若 9 月份中晚熟品种金纹细蛾发生较重，仍需喷药防治 1 次，药剂同前。

(三)梨树病虫害周年防治历

1. 病虫害主要种类　据记载我国危害梨树的病害有 80 多种，害虫 450 余种。其中常见且需要防治的病虫害主要有：梨黑星病、梨轮纹病、梨锈病、梨干枯病、梨白粉病、梨树腐烂病、梨褐斑病、梨黑斑病、梨木虱、梨二叉蚜、梨黄粉蚜、梨小食心虫、梨大食心虫、梨枝圆盾蚧、茶翅蝽、梨茎蜂、梨实蜂和山楂叶螨等。上述病虫在每个梨园发生程度轻重不一，有的必需防治，有的可兼治，有的则不需防治。

2. 防治技术

(1) 休眠期(11 月至翌年 2 月份)防治

①病虫发生特点　进入 11 月份以后,梨树进入休眠阶段,病菌和害虫亦处于越冬状态。因此应抓住这一有利时机,主要采用农业栽培措施,搞好果园卫生,杀灭潜伏在越冬场所的病虫,以减轻翌年病虫发生基数。

②防治方法

清洁梨园:初冬季节,梨树落叶后及早清扫落叶,以消灭在其中越冬的梨白粉病、梨黑斑病、梨灰斑病、梨褐斑病、梨木虱、麻皮蝽、茶翅蝽等病虫。彻底剪除梨树腐烂病、梨轮纹病、梨干腐病、顶梢卷叶蛾、梨瘿华蛾、天幕毛虫、梨茎蜂、黄刺蛾等病虫枝条。清理后的落叶和病虫枝条要集中烧毁或深埋。

刮树皮:梨树枝干老、翘皮中会潜伏大量的越冬病菌和害虫,如梨树腐烂病、梨炭疽病、梨轮纹病、梨干腐病、梨干枯病、梨小食心虫、梨星毛虫、苹小食心虫、梨蝽、梨木虱、梨网蝽、山楂叶螨和蚜虫等。因此,应彻底刮除主干、侧枝、枝杈上的老皮、翘皮,以消灭在其中越冬的害虫。刮皮时动作要轻,只刮去枯死的老皮、翘皮、粗皮即可,严禁刮到幼嫩组织,否则会发生冻害。若树皮下有坏死组织,要刮除干净。刮树皮时可在地面放一块塑料布,刮完后集中烧毁。

树干涂白:为防治冻害诱发梨树腐烂病,可在冬前用白涂剂涂抹主干、主枝及较大的辅助枝。

深翻:冬前将梨园深翻 1 遍,可破坏在土中越冬的食心虫、梨实蜂、叶螨等害虫的生态环境,造成死亡。

(2)花期前后(3～4 月份)防治

①病虫发生特点　梨芽萌动后,各种病虫开始发生,因此,应抓紧进行防治,可显著压低生长期的病虫基数。防治的重点是枝干病害(梨树腐烂病、梨干枯病、梨轮纹病)、根部病害(根朽病、紫

纹羽病等)、梨锈病、金龟甲、梨大食心虫、梨实蜂、山楂叶螨、梨木虱和顶梢卷叶蛾等。

② 防治方法

病害防治：进入3月份以后，气温回升，梨芽萌动，梨树腐烂病、梨轮纹病、梨锈病、梨黑星病等多种病害开始发生，特别是枝干病害加重。应抓住早春防治，压低病原基数，可明显减轻生长期病情。

a. 枝干病害：3～4月份是防治梨树腐烂病、梨轮纹病等枝干病害的最佳时期，可采用先刮治、后抹药的办法。梨树腐烂病病斑组织松软，较易识别，可参照苹果树腐烂病刮治方法。梨轮纹病病组织较浅，刮治病斑时不要刮得太深，尽量不伤及好皮。但对已烂至木质部的病斑，则需重刮皮，刮治后的病斑要进行抹药杀菌，药剂可选用：石硫合剂(发芽前用3～5波美度，发芽后用0.3～0.5波美度)，或腐必清乳液2～3倍液，或4%农抗120、5%菌毒清水剂30～50倍液。隔10～15天后再抹1次。

b. 根部病害：梨树开花前后及时检查根病，如发现病树要进行挖沟封锁，防止蔓延。方法是，在树冠外围挖一深、宽各50厘米的沟，寻找病根，并将病根切除，晾晒3～4天后覆土，浇灌药液消毒。药剂可选用：5%代森铵水剂、45%施纳宁可溶性液剂300～500倍液，或70%甲基托布津可湿性粉剂800～1 000倍液，或80%多菌灵可湿性粉剂500～800倍液。

c. 其他病害：梨树发芽前全树喷一次3～5波美度石硫合剂，或5%菌毒清水剂100倍液，或4%农抗120水剂200倍液。花前、花后再喷1次杀菌剂，以后每隔15天左右喷1次药，可防治梨黑星病、梨锈病、梨黑斑病、梨轮纹病、梨白粉病等。药剂可选用：40%福星乳油8 000～10 000倍液，或80%喷克、80%大生M-45可湿性粉剂800倍液，或50%扑海因可湿性粉剂1 000～1 500倍液，或70%代森锰锌可湿性粉剂600倍液，或10%多氧霉素可湿性粉剂1 000～1 200倍液，或倍量式波尔多液200倍液。

虫害防治：梨芽萌动后，金龟甲、叶螨、蚜虫、梨大食心虫、梨木虱、梨实蜂等害虫陆续开始活动，取食为害，应抓住这一关键时期进行防治，可明显压低生长期虫口基数。可采用以下方法进行防治。

a. 人工防治：利用梨木虱、梨实蜂、金龟甲成虫的假死习性，可在清晨时在地面铺一张大塑料布，然后振树捕捉成虫，集中杀死。在梨大食心虫越冬幼虫转芽期，发现虫芽、被害花簇或虫花时，要及时摘除并集中深埋或烧毁。

b. 地面喷药：在梨树开花前10～15天，梨实蜂成虫羽化前，于树冠下地面喷洒50%辛硫磷乳油300倍液，或48%毒死蜱乳油600倍液，每667平方米喷药液150升左右。喷后耕耙表土，使药土混合均匀，可杀死土中的幼虫和正在出土的成虫。

c. 树上喷药：在花前、花后各喷1次1.8%阿维菌素乳油4 000～5 000倍液，或99.1%敌死虫乳油、95%机油乳剂150～200倍液，可防治叶螨、蚜虫、卷叶蛾、梨木虱、梨大食心虫、梨星毛虫等害虫。如防治蚜虫、梨木虱、卷叶蛾等害虫，可喷10%吡虫啉可湿性粉剂4 000～5 000倍液，或20%灭扫利、2.5%功夫乳油2 500～3 000倍液。单治叶螨可用10%浏阳霉素1 000～1 500倍液。

(3) 幼果期(5～6月份)防治

①病虫发生特点　幼果期是多种病虫猖獗为害初盛期，枝干病害减轻，叶部病虫危害加重，果实病虫害开始发生。重点防治的病虫主要有梨黑星病、梨轮纹病、梨黑斑病、梨木虱、梨小食心虫、蚜虫、叶螨等。

②防治方法

病害防治：以梨黑星病、梨轮纹病为防治重点，兼治梨黑斑病、梨锈病、梨干枯病、梨炭疽病等。防治时间应在5～6月间，每10～15天喷1次药，连喷4次，并要注意多种药剂的交替使用。

药剂可选用：40%福星乳油 8 000～10 000 倍液，或 80%喷克、大生 M-45 可湿性粉剂 800 倍液，或 70%代森锰锌可湿性粉剂 600 倍液，或 10%世高水分散粒剂 4 000～5 000 倍液，或 68.75%易保水分散粒剂 1 500 倍液，或 10%多氧霉素可湿性粉剂 1 000～1 500 倍液等，或倍量式波尔多液 200 倍液，或 6%乐必耕可湿性粉剂 1 000～1 200 倍液。

虫害防治：梨木虱、梨小食心虫、梨二叉蚜、黄粉蚜、山楂叶螨、梨大食心虫等害虫进入猖獗为害初期，应及时采用多种措施进行防治。

a. 人工防治：从 5 月初开始，经常在梨园巡查，发现有梨茎蜂为害的虫梢，梨星毛虫、顶梢卷叶蛾、棉褐带卷蛾为害的虫苞，梨大食心虫和梨象鼻虫为害的虫果，均要立即摘除及时销毁。继续人工捕杀金龟甲、象鼻虫成虫。

b. 诱杀成虫：悬挂性诱剂诱杀梨小食心虫、棉褐带卷蛾、桃蛀果蛾等害虫。用糖醋液(红糖 6 份，醋 3 份，酒 1 份，水 10 份，适量杀虫剂)诱杀棉褐带卷蛾、梨小食心虫、桃蛀螟等害虫。安装电子杀虫灯，每 2～3 公顷安 1 盏灯，可诱杀多种害虫。

c. 药剂防治：落花后 10～15 天喷药防治梨二叉蚜、黄粉蚜和梨木虱，兼治茶翅蝽、梨网蝽、梨星毛虫等害虫，药剂可选用：10%吡虫啉可湿性粉剂 4 000～5 000 倍液，或 25%阿克泰水分散粒剂 4 000～5 000 倍液，或 1.8%阿维菌素乳油 4 000 倍液，或 2.5%功夫、20%灭扫利乳油 2 500～3 000 倍液。落花后 30 天左右是梨木虱第一代成虫的羽化盛期，还应选用吡虫啉或阿维菌素等药剂再喷 1 次。麦收前后是山楂叶螨猖獗为害期，亦是防治的关键期，应及时喷药 1～2 次。药剂可选用：10%浏阳霉素乳油 1 000～1 500 倍液，或 1.8%阿维菌素乳油 4 000～5 000 倍液，或 0.3%苦参碱水剂、0.3%印楝素乳油 800～1 000 倍液，或 99.1%敌死虫乳油、95%机油乳剂 150～200 倍液，或 15%哒螨酮乳油 3 000 倍液。

d. 释放赤眼蜂：在梨小食心虫第一、第二代卵期释放松毛虫赤眼蜂，每5天1次，连放4次，每667平方米放8万～10万头蜂，卵寄生率可达85%以上。

e. 果实套袋：5月上旬开始套袋，可防止蝽类害虫刺食果实、食心虫产卵和黄粉蚜上果为害。

(4)膨果期(7～8月份)防治

①病虫发生特点　7～8月份梨果陆续膨大、秋梢大量萌生，病虫害进入猖獗为害期，保叶、保果成为重中之重。病虫防治重点同幼果期。

②防治方法

病害防治：此期正值雨季，若降雨多，病害必然会流行。一般应在7月上旬喷1次药，以后要坚持10～15天喷1次药，特别是雨后要抓紧喷药；反之，若天气干旱，降雨少，可20天左右喷1次药。主要防治梨黑星病、梨轮纹病等，兼治其他病害。如梨白粉病发生较重，可在7月上旬喷1次15%粉锈灵可湿性粉剂1 000～1 500倍液，或4%农抗120水剂500～600倍液。连喷2～3次。

虫害防治：7月上中旬主要防治梨木虱、梨黄粉蚜，兼治棉褐带卷蛾、顶梢卷叶蛾和梨星毛虫等害虫，药剂可用10%吡虫啉可湿性粉剂或25%阿克泰水分散粒剂4 000～5 000倍液。7月中下旬开始主要防治梨小食心虫和桃蛀果蛾，兼治其他害虫，每10～15天喷1次药，连喷2～3次。药剂可选用：1.8%阿维菌素乳油4 000～5 000倍液，或2.5%功夫、20%灭扫利乳油2 500～3 000倍液，或25%灭幼脲3号悬浮剂1 000～1 500倍液，或20%氟铃脲悬浮剂8 000～10 000倍液。若7月上中旬发现有山楂叶螨、苹果全爪螨或二斑叶螨为害时，应及时防治，药剂可选用：10%浏阳霉素1 000～1 500倍液，或0.3%苦参碱水剂、0.3%印楝素乳油800～1 000倍液，或1.8%阿维菌素乳油4 000～5 000倍液，或99.1%敌死虫乳油、95%机油乳剂200倍液。

(5)采果期前后(9～10 月份)防治

①病虫发生特点　梨果采收前主要防治梨黑星病、梨轮纹病等病害侵染果实，虫害一般不需喷药防治。但幼树上大青叶蝉发生量较大时仍需喷药防治。在梨木虱发生较重的园片，在梨果采收后还应喷药 1～2 次，以尽量减少越冬害虫基数。

②防治方法

病害防治：为防止梨黑星病、梨轮纹病等侵染梨果，减少贮藏期发病，应在采果前 10～15 天喷 1 次杀菌剂，药剂可选用：40%福星乳油 8 000～10 000 倍液，或 6%乐必耕可湿性粉剂 1 000～1 500 倍液，或 10%世高水分散粒剂 5 000 倍液。并要注意随时捡拾地面落果，集中深埋。

虫害防治：梨木虱发生严重的园片，可在采果后喷 1 次药，可选用：10%吡虫啉可湿性粉剂 4 000～5 000 倍液，或 10%烟碱乳油 1 000 倍液，或 99.1%敌死虫乳油、95%机油乳油 150～200 倍液，可兼治大青叶蝉。另外，还需经常捡拾地面虫果并及时深埋，可消灭部分未脱果的梨小食心虫、桃蛀果蛾幼虫等。

(四)桃树病虫害周年防治历

1. 病虫害主要种类　据记载，我国危害桃树的病害有 60 余种，虫害有 230 多种，但真正需要防治的常见病虫仅有 20 余种，如桃穿孔病、桃疮痂(黑星)病、桃树溃疡病、桃褐腐病、桃炭疽病、桃缩叶病、桃流胶病、桃树根腐病、桃蚜、桃粉蚜、桃瘤蚜、山楂叶螨、二斑叶螨、桃小绿叶蝉、桃潜叶蛾、梨小食心虫、棉褐带卷蛾、桃蛀螟、朝鲜球坚蚧、草履蚧、桑白蚧和桃红颈天牛等。但上述病虫在每个桃园发生轻重不一，有的需要防治，有的可行兼治，还有的不需要防治，应因地制宜确定防治重点和方法。

2. 防治技术

(1) 休眠期(11 月至翌年 2 月份)防治

①病虫发生特点　进入 11 月份以后桃树逐渐进入休眠期，病

菌和害虫亦进入越冬状态，树体抗药力增强，因此抓住休眠期进行越冬防治可收到事半功倍的效果。

②防治方法

清洁桃园：秋后桃树落叶后，清扫地面落叶、落果和杂草。结合冬季修剪，剪除病虫危害的枝条，摘除僵果，集中烧毁或深埋，消灭在落叶中越冬的桃穿孔病菌、桃潜叶蛾和在病僵果中越冬的棉褐腐病、桃实腐病等病菌。

刨树盘：秋季或早春结合施基肥，刨树盘，既能疏松土壤，促进根系发育，又能消灭在土缝中越冬的山楂叶螨雌成螨，挖出在树干周围土中越冬的草履蚧卵囊以及其他在土壤中越冬的害虫。

刮刷树皮和枝干：彻底刮除树皮上的老翘皮，可消灭在树皮缝隙中越冬的山楂叶螨、梨小食心虫、棉褐带卷蛾、桃蛀螟、梨星毛虫等害虫。刷枝干可消灭在枝干上越冬的桑白蚧、朝鲜球坚蚧等介壳虫。发现有大青叶蝉产卵的枝干、枝条，可用小木棍挤压卵块，将其杀死。

浇灌冬水：在有条件的桃园，冬前浇水可杀灭在土壤中越冬的山楂叶螨、小绿叶蝉、桃潜叶蛾等害虫。

喷洒药剂：在桃树发芽前，全树喷洒 3～5 波美度石硫合剂，可防治多种病虫害，如桃穿孔病、桃褐腐病、桃疮痂病、桃流胶病、山楂叶螨、朝鲜球坚蚧、草履蚧、桑白蚧等，或喷洒 99.1%敌死虫乳油或 95%机油乳剂 150～200 倍液，可杀死多种叶螨、蚜虫、介壳虫等。如发生桃树腐烂病、干腐病等枝干病害，可在轻刷病皮后涂抹 5%菌毒清水剂 30～50 倍液或 4%农抗 120 水剂 50 倍液。

(2)花期前后(3～4 月份)防治

①病虫发生特点　随着气温逐步回升，病菌和害虫开始活动，如此时抓紧防治，对压低全年病虫发生基数具有重要作用。防治重点是桃疮痂病、桃褐腐病、桃细菌性穿孔病、桃树腐烂病、桃蚜、山楂叶螨、朝鲜球坚蚧、草履蚧、桑白蚧、小绿叶蝉等病虫。

②防治方法　桃树花期对农药特别敏感，一般不喷洒药剂，否则极易发生药害，因此必须在花前或花后用药。

病害防治：

a. 桃树腐烂病：春季是桃树腐烂病的发病高峰期，发现病树后应及时抹药，半月后再抹1次。但应注意，防治该病不可对病斑进行刮治，因桃树受伤后，伤口不易愈合，极易引发流胶病。药剂可选用：5%菌毒清水剂30～50倍液，或4%农抗120水剂50倍液，或腐必清2～3倍液。

b. 桃缩叶病：早春低温多雨的年份发生重，可在花芽露红时开始第一次喷药，以杀死在芽鳞上越冬并开始活动的病菌。药剂可选用：2～4波美度石硫合剂，或等量式波尔多液100倍液，或50%多菌灵、70%甲基托布津可湿性粉剂800～1 000倍液。并及时摘除病叶、病梢集中烧毁，以减少菌源。

c. 桃疮痂病：从落花后10～15天开始喷药，每15天左右喷1次药，直至6月下旬。药剂可选用：3%克菌康可湿性粉剂600～800倍液，或70%代森锰锌可湿性粉剂500～600倍液，或70%甲基托布津可湿性粉剂800～1 000倍液，或半量式波尔多液100倍液，或40%多菌灵胶悬剂400～600倍液，或0.3波美度石硫合剂。以上药剂交替使用，效果更好。

d. 桃褐腐病：从开花至果实成熟都能发病，若花期和果实成熟期遇雨雾天气发病更重。可在开花期前后各喷1次50%速克灵或50%苯菌灵可湿性粉剂1 500倍液，亦可在落花后10～15天结合桃疮痂病进行喷药防治。

e. 桃黄叶病：该病为生理病害，因缺铁引起叶片黄化。桃树发芽后开始发现叶片变黄，可喷0.2%～0.3%硫酸亚铁溶液或速效铁400～500倍液。

虫害防治：应抓住害虫出蛰盛期进行喷药防治可收到较好的防治效果。

a.蚜虫、小绿叶蝉等：3月中下旬是越冬桃蚜的孵化期、朝鲜球坚蚧越冬若虫和小绿叶蝉越冬成虫出蛰盛期，应抓紧喷药防治。药剂可选用：10%吡虫啉可湿性粉剂4 000～5 000倍液，或3%莫比朗乳油2 000～2 500倍液，或50%抗蚜威可湿性粉剂2 000倍液。若单治小绿叶蝉可用25%扑虱灵可湿性粉剂1 000～1 500倍液，并可兼治朝鲜球坚蚧、桑白蚧等。

b.叶螨、介壳虫等：4月中旬前后是山楂叶螨越冬雌成虫出蛰盛期和朝鲜球坚蚧成虫羽化盛期，要抓紧防治。防治山楂叶螨药剂可选用：1.8%阿维菌素乳油5 000倍液，或10%浏阳霉素乳油1 000倍液，或15%哒螨灵乳油3 000～4 000倍液。防治朝鲜球坚蚧、桑白蚧药剂可选用：99.1%敌死虫乳油、95%机油乳剂150～200倍液，或25%扑虱灵可湿性粉剂1 000～1 500倍液。

(3)幼果至膨果期(5～6月份)防治

①病虫发生特点　5～6月份桃树进入膨果期，亦是多种病虫盛发期，应抓紧防治，防治重点是桃穿孔病、桃褐腐病、桃疮痂病、桃炭疽病、桃树流胶病、梨小食心虫、蚜虫、叶螨、介壳虫、桃潜叶蛾、卷叶蛾、金龟甲等病虫。

②防治方法　经济价值较高的桃园采取果实套袋，对控制果实病虫危害具有明显效果。

病害防治：

a.桃穿孔病：5月上中旬桃穿孔病进入发生盛期，尤以细菌性穿孔病发生最重。可采用3%克菌康可湿性粉剂600～800倍液，每15天左右喷1次，连喷2～3次。对真菌引起的穿孔病可用70%甲基托布津或50%多菌灵可湿性粉剂800～1 000倍液防治。

b.桃炭疽病：如5月上中旬炭疽病发生较重，可选用：70%甲基托布津可湿性粉剂1 000倍液，或50%多菌灵可湿性粉剂800～1 000倍液，或75%百菌清可湿性粉剂800倍液。

c.流胶病：对真菌引起的流胶病，可在5月中旬开始，每半月喷1次70%甲基托布津、75%百菌清、50%克菌丹可湿性粉剂800～1000倍液，连喷2～3次；对生理原因引起的流胶病，主要加强栽培管理，增强树势，防日灼，防止出现伤口，以减少流胶病的发生。

d. 其他病害：桃褐腐病、桃疮痂病、桃缩叶病、桃黄叶病等病害仍需继续防治，方法同前。

虫害防治：

a. 诱杀成虫：利用多种害虫的趋光性、趋化性，采用频振式电子杀虫灯、糖醋液以及性诱剂诱杀成虫。

b. 剪虫梢：及时剪除被梨小食心虫为害的虫梢，剪除桃梢萎蔫部分以下1厘米为宜，将虫梢集中后进行深埋或烧毁。

c. 诱集成虫产卵：如草履蚧发生较重，可在5月中下旬草履蚧雌成虫开始下树产卵时，在树干基部周围挖坑，在坑内放上树叶、杂草等诱集产卵，随后集中烧毁。

d. 释放赤眼蜂：在5月上旬和6月上中旬梨小食心虫越冬代和第一代成虫产卵期以及6月上旬棉褐带卷蛾第一代成虫产卵初期，释放松毛虫赤眼蜂，每3～4天放1次，连放4～5次，每667平方米放蜂量8万～10万头，卵寄生率可达90%左右。

e. 药剂防治：对桃潜叶蛾，利用性诱剂预报成虫，当田间出现大量成虫并有少量被害叶片时进行防治。药剂可选用：25%灭幼脲3号悬浮剂1500～2000倍液，或20%杀铃脲悬浮剂8000倍液，或30%蛾螨灵悬浮剂2000倍液（可兼治山楂叶螨）。对桃红颈天牛，5～6月份是桃红颈天牛幼虫严重为害期，可采用磷化铝或敌敌畏进行熏蒸杀虫，方法是在蛀孔内放入0.03～0.3克磷化铝片（每片0.6克）或毒签，或将蘸有80%敌敌畏乳油4～5倍液的棉球塞入蛀孔，并用黄泥封住孔口，熏杀幼虫。对其他害虫，5～6月份是桃树上蚜虫、叶螨、叶蝉、介壳虫等害虫为害盛期，应抓紧防治，防治药剂同前。

(4)采果期前后(7～10 月份)防治

①病虫发生特点　桃树早、中、晚熟品种很多,桃果成熟采收期差别很大,早熟品种 6 月上中旬就成熟,晚熟品种直至 11 月上中旬才成熟。无论什么品种进入采收期后,叶部病害已相对稳定,一般不需防治。但桃园缺铁较重的园片,桃黄叶病危害还会继续加重,表现为叶片黄化现象,严重时还会出现病叶枯焦、枝梢枯死。果实病害(如桃褐斑病、桃炭疽病、桃疮痂病等)中熟品种仍会严重发生,危害较重,晚熟品种则发生较轻,进入10 月中旬以后一般不需防治。虫害方面以 7～8 月份为害较重,如山楂叶螨、桑白蚧、小绿叶蝉、桃潜叶蛾、红颈天牛等仍需根据虫情及时防治。早、中熟品种虽已采果,如叶片、枝干上的病虫发生较重,仍需进行防治,否则会造成大量落叶,枝干枯死,影响树势和翌年产量。

②防治方法　根据桃园病虫发生趋势,确定防治重点及兼治对象,及时采取措施进行防治,用药种类同前。

(五)葡萄病虫害周年防治历

1. 病虫害主要种类　据记载,我国危害葡萄的病害有 80 多种,害虫有 130 多种,其中常见的病虫害主要有:葡萄白腐病、葡萄黑痘病、葡萄炭疽病、葡萄霜霉病、葡萄穗轴褐腐病、葡萄褐斑病、葡萄白粉病、葡萄蔓枯(割)病、葡萄根癌病、葡萄瘿螨、葡萄二星叶蝉、葡萄短须螨、葡萄天蛾和葡萄虎蛾等。但上述病虫在每个果园发生轻重不一,应因地制宜进行防治。

2. 防治技术　葡萄病虫害的发生特点是病害重于虫害,因此防治的重点是病害。在防治上依据"预防为主,综合防治"的植保方针,要重视农业防治,特别要搞好冬季和早春葡萄休眠期的防治,可收到事半功倍的效果。在药剂防治上目前有效的生物制剂还很少,主要选用高效、低毒化学农药,并掌握防治适期喷药,害虫要在发生初期进行,喷 1～2 次药即可。而防治病害则应适当提早,应在发病前或个别植株发病时开始喷药保护,而且要连续多次

吸治疗剂交替用药,其中80%大生 M-45 可湿性粉剂、10%世高可湿性粉剂和半量式波尔多液200倍液是不可缺少的药剂。

②防治方法

农业防治:在田间要及时检查病虫,发现有个别病叶、病果时要及时摘除,消灭发病中心。6月中旬经常检查嫩枝,发现枯萎或有虫粪的枝条,应及时剪除并烧毁,以消灭嫩枝内葡萄透翅蛾幼虫。

药剂防治:从6月初开始喷药,防治病害应每10～15天喷1次,连喷4次,药剂可选用:80%大生 M-45 可湿性粉剂600～800倍液,或10%世高可湿性粉剂2 000倍液,或半量式波尔多液200倍液,或50%多菌灵可湿性粉剂800倍液,或58%甲霜灵·锰锌可湿性粉剂600～800倍液,或64%杀毒矾可湿性粉剂600倍液等。以上药剂对葡萄白腐病、葡萄霜霉病、葡萄炭疽病、葡萄黑痘病、葡萄白粉病均有较高的防效。防治害虫应每10天喷1次药,根据虫情决定喷药次数。药剂可选用:10%吡虫啉可湿性粉剂4 000倍液(防治叶蝉、绿盲蝽等),或1.8%阿维菌素乳油4 000倍液(防治葡萄短须螨、葡萄瘿螨、葡萄天蛾、葡萄虎蛾),或20%灭扫利、2.5%功夫乳油2 500～3 000倍液(防治螨类和其他害虫)。

(4)采收前(8～9月份)防治

①病虫发生特点 进入8月份后,果实陆续进入成熟期,葡萄生长后期发生的病虫如葡萄白腐病、葡萄霜霉病、葡萄炭疽病、葡萄灰霉病、葡萄房枯病、葡萄锈病、葡萄褐斑病以及葡萄短须螨、葡萄二星叶蝉等陆续严重为害,如不及时防治,常会造成重大损失。

②防治方法 此期防治病害需喷药2～3次,药剂可选用:半量式波尔多液200倍液,或10%世高水分散粒剂2 000倍液,或78%甲霜灵锰锌可湿性粉剂500倍液,或80%大生 M-45 可湿性粉剂600～800倍液。如葡萄短须螨发生较重,可喷1次1.8%阿维菌素乳油4 000～5 000倍液,或20%灭扫利、2.5%功夫乳油

3 000倍液，并可兼治其他害虫。另外，在喷药前剪除发病较重的果穗、病叶，清除落地病粒、病叶，可减轻病害发生程度。

(5)采收后(9～10月份)防治　葡萄采收后叶片上的葡萄霜霉病、葡萄白粉病、葡萄褐斑病、葡萄短须螨等病虫仍会危害叶片，严重时导致落叶，影响树势，因而仍需喷药防治，可选用50%硫悬浮剂600～800倍液，半量式波尔多液200倍液。注意在喷硫制剂和波尔多液时应间隔15天左右，否则会发生药害。如有根部病害(清晨叶片正常，中午萎蔫)，应挖土露根，刮除病组织后用45%施纳宁(代森铵)可溶性液剂300倍液浇灌根部后回填表土。

四、果园生草与覆草技术

果园生草是美国、加拿大最先研制成功的一项现代化果园管理技术，并已在生产上广泛应用。我国于20世纪90年代开始研究，山东、北京、陕西、福建等省、直辖市果区已示范推广了一定面积，成效显著。果园生草不仅是一项栽培管理新技术，而且也是生产无公害果品应该采用的一项技术。果园覆草是20世纪80年代初期应用于果园土壤管理的一项新技术，全国果区已大面积推广，它对提高土壤肥力，抑制杂草生长，提高果品产量和品质起到了较好的作用。

(一)果园生草的作用

1. 提高土壤有机质和氮素含量　果园生草主要是在果园内种植一些枝叶繁茂且能覆盖地面的豆科牧草，牧草本身就含有丰富的营养成分，而且根部有根瘤菌可以在土壤中固氮，其他科的草亦可以种。据笔者和山东栖霞市植保站调查，生草园土壤有机质含量均值达1.32%，比清耕园高37.5%；硝态氮含量高达28.85毫克/千克，比清耕园高199.9%。豆科牧草，根部存有大量根瘤菌，它可将大气中的氮固定在土壤中，从而提高土壤肥力。据国内专家测定，果园行间种植白三叶草覆盖地面后，其根瘤菌1年内能固定氮素150～195千克，相当于施用尿素330～435千克。种植2年后，土壤全氮量由0.06%提高到0.11%，增幅达83.3%，有机质含量由0.66%提高到1.42%，增幅达115.2%。种植4年后，土壤全氮含量提高到0.12%，土壤有机质含量提高到1.72%，差异十分显著。同时，果园生草还能提高土壤养分利用率，是改良土壤的一项重要措施。

2. 增加土壤水分，调节果园小气候　果园种植牧草与覆盖作物，可明显增加土壤含水量，减少土壤水分的蒸发，并可有效的调节温、湿度。据笔者和栖霞市植保站在苹果园测试结果表明，在未降雨的情况下，生草园土壤含水量(0～20厘米)为12.58%，比清耕园(9.41%)提高33.69%。在测定前1～2天降小雨(0.5～5.3毫米)时，生草园土壤含水量为16.5%，比清耕园(13.26%)提高24.43%，在夏季7～8月份高温季节，生草园土壤温度(26.1℃)则比清耕园(32.9℃)低6.8℃，而在11月至翌年3月份低温季节则相反，生草园土壤温度(7.3℃)比清耕园(4.7℃)高2.6℃。

3. 有利于果园天敌的保护利用　果园植草，增加了植被，为害虫天敌创造了良好的生存环境和栖息场所。据调查，牧草中以紫花苜蓿上的天敌数量最多，比其他牧草高2.9～4.2倍。天敌以东亚小花蝽最多，约占天敌总量的73.33%，其他是蜘蛛、瓢虫、猎蝽、盲蝽等。笔者在山东省沂源、栖霞调查，生草园树上的捕食性天敌数量比清耕园高1.61～2.59倍，比地面天敌高18.1倍。绣线菊蚜减少48.19%～51.86%，叶螨减少14.29%～64.76%，金纹细蛾减少27.92%～70%。同时果园植草改善了果树生长环境和营养条件，从而增强了树体的抗病能力，因而果树腐烂病和果实上的黑点病发病率明显减少。

4. 改善果实品质，降低生产成本　一般果园容易偏施氮肥，往往造成果实品质不佳。果园生草使土壤中磷素与钙素有效含量提高，使果树营养均衡，能增加果实中的可溶性固形物含量和果实硬度，促进果实着色，提高果实抗病性和耐储性，生理性病害减少，果面洁净，从而提高了果品的商品价值。另外，生草覆盖的地面可减轻采前落果和采收时果实的损伤。生草果园增加了土壤肥力，减少了施肥量和次数，不需中耕和深翻，天敌增加，减少用药次数，生产成本可大大降低。

5. 果园生草有利于水土保持和减缓雨涝对果树的危害 果园生草形成致密的地面植被可固沙固土，减少地表径流对山地和坡地土壤的侵蚀，增加了土壤的蓄水能力，减少肥、水的流失。同时生草果园雨后地表径流小，积水较少，加上草被的大量蒸腾作用可加快雨水的蒸发，与清耕园相比，生草园因雨涝带来的危害亦较轻。

（二）果园生草与管理

1. 果园生草的模式 果园生草亦称果园生草覆盖制，按其生草模式可分为全园生草和行间生草两种。全园生草是指在果园株行间及树冠下全部生草覆盖；行间生草是仅在果树行间生草，株间和树冠下不生草，便于水肥管理。果园生草模式的确定，要根据果园的立地条件而定，土层深厚、肥沃，根系分布较深的果园，可采用全园生草。反之，土层浅而瘠薄的果园，则应采用行间生草法。全年降水量不足500毫米的干旱地区或无灌溉条件的果园以及高度密植的果园均不宜生草。

2. 适合果园生草的种类 果园生草对草的种类有一定的要求，其选择的标准是：草的植株要低矮，匍匐生长，覆盖率高，草的根系应以须根为主；耐阴、耐践踏，耗水量相对较少，与果树无共同的病虫害；开花时间长，有利于招引天敌，耐热、耐低温、减少不良气候条件对草的伤害。果园的肥水、土壤条件不同，不同草种生物学特性各异，因此要根据果园立地条件，因地制宜的选择草种。

适合果园生草的种类主要有：①豆科植物：白三叶、红三叶、紫花苜蓿、百脉根、毛苕子、紫云英、田菁、扁豆黄芪、沙打旺等。②禾本科植物:鸭茅、黑麦草、早熟禾等。③有益杂草:夏至草、泥胡菜、荠菜等。华北一带生产上常用的优良果园草的种类主要是白三叶、红三叶、鸭茅、紫花苜蓿、百脉根、田菁等。这些草既可单种,亦可混种,豆科植物具有固氮作用,可提高土壤肥力,应列为首选。

3. 植草时间、用量和深度 一年中自春季至秋季均可播种,春季3～4月份地温在15℃以上,土壤墒情好,草被可在6～7月份田间杂草发生前就可覆盖地面。秋播要尽量早一点,可在8月下旬至9月上中旬进行,此时播种,可减少剔除杂草的繁重劳动,同时能有2个月左右的生长期,有利于越冬。植草的播种量应以生草种类而定,白三叶、红三叶、紫花苜蓿、白脉根等每667平方米用种量为1～1.5千克,黑麦草、羊茅草等需2.5～3千克,毛苕子则需3～4千克。播种深度宜浅不宜深,一般以1～1.5厘米为宜,紫花苜蓿可稍深一些,为2～3厘米。有些牧草种子坚实度较大,直接播种发芽率低,播前要对种子进行破实处理。可采用:①温水浸种(开水与凉水比例为3∶1)24小时后晾干播种。②播前晒种20天。③短期高温处理(在50℃～60℃下放置15～60分钟)。以上方法任选一种即可。

4. 播种方法 果园植草的播种方法可分为撒播和条播,亦可进行移栽。播前应平整土地并镇压,清除杂草,可采用播前半个月左右灌1次水,诱发杂草种子萌发后进行拔除,或喷施短期内能降解的除草剂(如克芜踪),10天后再灌水1次,将残留的除草剂淋浴下去,然后再播种,可防除杂草。播种方法有撒播、条播2种方法。

(1)撒播 即将草种均匀撒播在事先平整好的土壤表面,然后轻耙覆土,土壤墒情好的果园可采用撒播。

(2)条播 在旱作条件下,行距为30厘米左右,而在潮湿地或水浇条件较好的果园,行距可窄一些,一般为18～20厘米,条播时需将种子撒播成行。

5. 生草园的管理

(1)播前准备　生草园播前要增施一些有机肥,平整好土地,如土壤干旱还要进行灌溉造墒,然后进行播种,有的草如紫花苜蓿、百脉根等还要用根瘤菌进行拌种。

(2)苗后及时灌溉和除草　果园生草幼苗期生长缓慢,抗旱性差,需精心管理,土壤干旱要及时浇水,并要注意防除杂草,保证幼苗正常生长。

(3)成坪后要适时刈割　果园生草应控制草的长势,适时进行刈割(用镰刀或机械割草),尽量减少植草与果树争水夺肥的矛盾,同时刈割下来的草可作为有机肥返回土壤,或用作禽畜饲料。生草最初几个月不要割,当草根扎深,营养体(茎叶)显著增加后,才能刈割。根据当年草的生长状况决定刈割次数,一般 1 年刈割2～4 次,若灌溉条件好,草生长茂盛还可多割 1 次。刈割时要掌握茬高度,豆科牧草要留 1～2 个分枝,禾本科草需留存心叶,割得太狠就会失去再生能力,豆科牧草留茬 15 厘米以上,禾本科草留茬 10 厘米左右。带状生草的,刈割下来的草覆盖在树盘上,全园生草的果园,刈割下来的草可就地撒开,也可开沟深埋,与土混合沤肥。

生草园应增施氮肥,早春施肥应比清耕园增施 50%的氮肥,生长期果树根外追肥 3～4 次。生草 3～5 年后,草逐渐老化,应及时翻压,休闲 1～2 年后,重新播种。翻压以春季为宜,也可在草面上喷布除草剂(草甘膦等)150～200 倍液,使草迅速死亡腐烂分解。翻耕后,有机物迅速分解,速效氮激增,应适当减少或停施氮肥。

(4)生草与养殖业相结合　果园生草后刈割下的草既可覆盖树盘,又可用来饲养牛、羊、猪、兔等家畜,再以动物粪便还田,实行生态果园的循环经济方式。山东省临沂地区果园推行“一亩果园一头猪,一棵果树一只鸡”,新疆生产建设兵团农三师推行“果树行间种苜蓿，树下覆草，一亩果树两只羊”的生态果园模式，解决了肥源不足和畜禽饲料问题，并提高了果树的质量和品质。

(三)果园生草主要品种特性

1. 白三叶 白三叶为豆科白三叶属多年生草本植物，主根短，侧根发达，耐阴性能好，侵占性强，适应范围广，在3℃～35℃范围内均能生长，耐寒性强，早春遇－3℃～－5℃，晚秋遇－7℃～－8℃低温对其生长影响不大。苗期抗寒性差，生长缓慢，进入生长期则有很强的竞争力，对土壤pH值(4.5～8.5)要求不严。华北一带绿期可达270天左右，开花早，花期长，可招引天敌昆虫和授粉昆虫取食。白三叶的茎叶柔软，叶量大，营养成分丰富，适合用作畜禽饲料。

白三叶草种植的关键是搞好苗期管理，该草幼苗生长缓慢，抗旱性差，若土壤墒情差，易导致幼苗枯死，因此要注意适当灌溉和保墒，可在浇水后覆草，减少土壤水分蒸发。同时要及时拔除杂草，施入少量氮肥和有机肥，成坪后自身有固氮能力，只需适当施些磷、钾肥即可。适合北方果园种植的白三叶草的品种有铺地和海发2个品种，宜在成年果园栽植。

2. 紫花苜蓿 紫花苜蓿属豆科苜蓿属多年生草本植物。多为直根型，根系发达，由主根、侧根和根茎组成，具有一定的抗旱性、耐热性和耐寒性，适宜生长温度25℃左右，高于35℃会导致死亡，在－10℃～－15℃下大多数品种能安全越冬。紫花苜蓿适合幼龄果园套作，既可提高土壤营养，还可生产苜蓿草，发展养殖业。种植苜蓿宜在地势高、平坦、土层深厚、排水良好的中性或微碱性壤土或砂壤土生长。

苜蓿种子硬实率较高，播前需进行破实处理。播前要采用根瘤菌拌种，以提高固氮能力。苜蓿播种后7天左右出苗，出苗后40天左右以地下根系生长为主，地上茎叶生长缓慢，此时杂草迅速生长，与杂草竞争力弱，因此防除苗期杂草是其关键，小面积地块可用人工除草，面积较大地块可用选择性除草剂如盖草能、稳杀得、扑施特等进行防除。苜蓿根系发达，茎叶茂盛，需水量较大，应及时进行灌溉，旱地不宜种植。夏季果园要及时排涝。

3. 毛苕子 又称光叶苕子、冬箭筈豌豆，属豆科野豌豆属1年生或越年生草本植物。根系和根瘤都很发达，喜温耐寒，抗旱性强，耐热力差。在－30℃时仍能生存，气温5℃时，茎叶停止生长，但根系仍能生长，气温在20℃时植株生长最快，夏季平均气温超过30℃时，植株生长缓慢。种子发芽时需水较多，若土壤表土层含水量低于10%则不能出苗，含水量达17%时大部分种子可出苗。苗期以后抗旱力增强，土壤含水量在8%左右时仍可生长，但不耐水淹，水淹2～3天后，部分植株死亡。毛苕子的种子硬实率较高，可采用温水浸种法处理种子。

4. 百脉根 百脉根属豆科百脉根属多年生草本植物。直根系，主根较粗壮而入土深，侧根主要分布在0～20厘米处，茎丛生、分枝多，多匍匐散生或直立。较耐寒，越冬性能强，喜光耐旱、耐热，喜肥沃、排水良好的沙质壤土，怕水淹。百脉根花期很长，在生长良好的条件下，春播当年就能开花，一般在翌年开花，花期长达3～5个月，而且花色鲜艳，是招引天敌昆虫的一种很好的蜜源植物。它的根系入土较浅，固氮能力强，茎枝低矮，半匍匐生长，而且茎叶营养成分较好，是果园植草的首选草种之一。百脉根种子硬实率较高，因此播种时要进行破实处理，并用根瘤菌进行拌种。播前要对土壤进行精细整理，播后要镇压，并及时除草。

5. 鹰嘴紫云英 该草属豆科黄芪属多年生草本植物，为根蘖性草类。喜温暖湿润气候条件。抗寒性强，早春、晚秋能耐－3℃～－5℃低温，且耐热，夏季高温季节暂时停止生长，高温后即可恢复生长。植株密集，生长迅速，在土壤水分充足、空气湿润的条件下生长旺盛。喜光，在透光率50%左右的果园亦能很好生长。该草茎叶密集伏地生，覆盖度高、根蘖发达，极利于水土保持。

播前要进行破实处理。也可用根蘖进行无性繁殖。

6. 红三叶　该草属多年生豆科三叶草属多年生草本植物。从生，直根系，侧根发达，多须根。喜温暖湿润气候，不耐旱，适宜在年降水量600～800毫米地区生长，在400毫米以下的地区种植则需进行灌溉，适宜在养分充足、水分适宜的壤土或砂壤土地生长。具有耐寒性，幼苗和成株能耐－5℃～－6℃的霜冻，冬季能耐－25℃的低温。红三叶草喜光，适宜在幼龄果园种植，无匍匐茎，覆盖地面能力差。生长年限不长，一般仅为2～3年。北方地区可进行春播或夏播，华南、华北、华中则可秋播，要求精细整地，出苗后要及时中耕和除草。

适合北方种植的红三叶品种除普通红三叶外，还有启明星。启明星为二倍体品种，抗旱能力强，且具抗热和耐干旱能力，适应冬季严寒、夏季炎热的大陆性气候种植，抗病性亦较强，牧草产量高，抗倒伏，适合多次刈割，是一种非常好的高蛋白优质牧草。

7. 鸭茅　鸭茅又名鸡脚草、果园草，系多年生禾本科疏丛型牧草。须根发达，茎直立，光滑，适宜在湿润肥沃的壤土地中生长，是果园良好的覆盖植物，抗寒性和越冬性中等，冬季低于－23℃会被冻死。播种后当年发育差，第二年生长迅速，茎叶厚密，覆盖力强，特别有利于果园的水土保持。

(四)果园覆草

果园覆草是指在果园用切碎作物秸秆等干草将地面进行覆盖，可以有效减少水分蒸发、调节地温、改善土壤理化性质，提高土壤肥力，并能有效增加果树体内营养元素的含量，促进果树生长，提高产量和品质。但是果园覆草用草量大，全园覆草每667平方米需草2 000～2 400千克，局部覆草亦需1 000～1 400千克。而且全园覆草亦不利于雨水尽快流入土壤，因此，生产上多采用果园行间生草，树盘下覆草的方法，未生草的果园，仅在树盘下覆草即可。

树盘下覆草可在两行树的中央修一个40厘米宽的方形畦埂，畦内要深翻整平，近树干处略高，株施氮肥0.2～0.4千克，土壤干旱还需浇水，覆草时要在树干周围留出20厘米的空隙，以便降雨时使雨水沿着树干渗入土壤。覆草材料可用麦秸、稻草、玉米秸（切成30厘米小段）和粉碎的穗轴以及刈割下的绿肥进行覆盖，覆盖厚度为20厘米左右，覆草后要在草上零星压些细土，以防风吹和火灾。以后随着覆草的沉实和腐烂，草逐渐变薄，每年应及时添草，保持15厘米的厚度。覆草后会有一些害虫栖息其中，应在草上喷一些常用杀虫剂进行药杀。秋季应清理草上的落叶、落果、病枝，以防治危害叶片和果实的一些越冬病虫害。如覆草后鼠害发生较重，应注意投药防治。黏土地的果园，若雨水多、土壤湿度大，会引发果树根部病害，如白绢病、圆斑根腐病等，如发病较重，可将草移至别处或深埋，注意排水，保持土壤的通气性。覆草3～4年后要进行更新，将旧草埋入树下作为有机肥补充到土壤中，再用新草覆盖。

五、果实套袋技术

我国自20世纪50年代以来就在梨、桃等水果上进行套袋，但果袋大多采用旧报纸糊制，后来又用牛皮纸袋，主要用来防治虫害和果锈，但始终未在红色苹果上应用。进入80年代，我国苹果品种更新换代，红色富士苹果成为主栽品种；同时，我国又参照日本技术，研制出可用机器生产的低成本果实专用袋。为了适应市场经济的需要，对果品的评价标准又有了重大改变，从轻视外观质量到重视外观质量，与国际市场要求相适应。由于以上原因，我国果品套袋技术有了较大发展，不仅提高了果品的商品价值，而且可明显降低农药残留，已成为生产高档果品和无公害果品的一项重要措施，经济、社会效益显著。下面重点介绍苹果套袋技术，其他果

全树部分果套袋，应选树冠中部的果和下垂果套袋，而树冠外围果因光照强、易日灼可少套。套袋果应是果形端正、萼端紧闭而突出的大果，商品价值才高。套袋时要先将纸袋撑开（或吹开）使袋充分膨胀，底层通风口张开，使果实悬于纸袋中间，但不能接触纸袋。随后用纸袋一侧的金属丝扎紧袋口，以防病菌、害虫、雨水、药液进入袋内，引起烂果、果锈和脱落。

4. 摘袋时间和方法　适期摘袋是提高套袋质量的技术关键。摘袋时间要根据品种和气候条件来确定。红色品种如新红星、新乔纳金等一般于采收前15～20天摘袋，而在温差大或比较凉爽的地区，应于采收前10～15天摘袋。红富士、乔纳金等较难上色的品种，一般在采收前30天摘袋，而在温差大或凉爽地区，应在采收前20～25天摘袋为好。摘袋最好选择在阴天或多云天气，晴天摘袋要在温差较小的时候摘袋，以防止日灼。亦可采取上午摘树冠东面和北面的袋，下午摘南面和西面的袋。

双层袋应先摘除外袋，如果实较大，要先将背光面的袋撕开通风，隔1～2天再摘除外袋。内袋要经3～5个晴天（阴雨天除外）后才能摘除。单层袋要先将背面撕开通风，3～4天后再全部摘除。若连续阴雨天气，摘除内袋时间可适当推迟，以防止果皮再形成叶绿素。

梨果采收前不摘袋，采收时连同纸袋一同摘下，分级时除去纸袋。桃果一般品种可在采果前3～5天摘袋，不易着色的品种如中华寿桃可在采果前15天左右摘袋，以利于着色。葡萄可以不摘袋，亦可在采收前10～15天摘袋。红色品种可在采收前10天左右摘袋，以促进着色，如纸袋透光度较好，能满足着色，也可不摘袋。巨峰葡萄不需摘袋。摘袋前应先将袋底打开，让果袋套在果穗上部，以防鸟害和日灼。

5. 摘袋后的管理　苹果摘袋后，要及时进行摘叶。摘叶前先要疏除背上的直立枝、内膛徒长枝和延长的竞争枝，以增加光照强度。摘叶主要是摘除影响果实感光的叶片，即将果实周围的老叶和遮光叶片摘除（留下叶柄，剪去叶片）。摘叶要适时、适量，效果才好，可先摘除靠近果实遮光的老叶、小叶、薄叶，后摘除叶柄无红色的叶片和处于生长中的秋梢叶。基本掌握将树冠上部和外围5厘米以内的叶，树冠内膛、下部果实周围10～20厘米以内的叶全部摘除即可。摘叶数量控制在占全树总叶量的30%左右，这样对叶片的光合作用和树体营养贮藏均无不良影响。

为使果实着色全面、均匀、红艳，应及时进行转果，转果即将背阴面果转向阳面。一般可在摘袋后7天左右进行转果1次，以后每隔5～6天转1次，连转2～3次。转果时要用手托住果实，轻轻向同一个方向进行，切不可往返旋转，以免落果。转果时间尽量在早晚进行为好，中午温度高不要转果。转果可使果实着色指数增加20%左右。

地面铺反光膜是促进果实全面着色的一个重要措施。反光膜是一种涂银粉的塑料薄膜，具有较强的反光作用，可明显增强树冠下部的光照强度，一般在采收前20天左右，顺行整平树盘，在树盘的中外方铺上反光膜，膜外缘和树冠外缘对齐，并用砖、石块多点压实，以防被风刮走，每667平方米铺反光膜360平方米左右。

(四)果实套袋应注意的几个问题

1. 依据树种、品种和气候条件选择果袋类型 果实专用袋可分为苹果袋、梨果袋、桃果袋和葡萄果袋，其规格大小和用途等均不相同，因此要依据果树树种、品种和用途的不同选择合适的果袋。果皮色泽因其品种而异，绿色和黄色的品种不需着色，套袋的目的主要是促使果面光洁和降低果实中农药残留，或是为了防除果锈，这类果品宜用单层纸袋；容易着色的红色果品，如新红星和新乔纳金苹果，亦主要用单层纸袋；而较难着色的红色品种，如苹果中的红富士、乔纳金等，应主要采用双层纸袋。

另外，选择套袋的种类还要考虑气候因素，如难以着色的红富士苹果，在海拔高、温差大、光照强的果区，双层袋与单层袋的着色效果差别不大，用单层纸袋也行；而在海洋性气候或内陆温差不大的果区，宜用双层纸袋，以促进着色；在高温多雨果区为防止袋内高温、高湿引发果锈，应选用通气性能良好的果袋；而在高温少雨的果区为防止日灼病，宜采用反光强的纸袋，而不宜用涂蜡纸袋。

2. 加强套袋果树的栽培管理和病虫防治 果品套袋的目的是生产优质果，因此，必须加强套袋果树的栽培管理，首先从冬季修剪时就要注意树体结构的调整，达到树冠稀疏、通风透光的目的。花期要进行疏花疏果，保证合理的负载量。同时要加强肥水管理，促进果树健壮生长，壮树套袋效果好于弱树。长势中庸偏弱的树，套袋后反而着色不好，而且容易发生日灼病。再就是要搞好病虫防治，特别要重视套袋前果实病虫害的防治，如苹果上的轮纹病、炭疽病、苦痘病和康氏粉蚧等。

3. 注意减轻套袋果含糖量降低问题 果实套袋后，其果实中的糖分、果实酸、芳香物质等含量均有不同程度下降，造成风味变淡，口感差。为了克服这一缺点，可采用叶面喷施微肥。叶面喷施微肥可提高叶片光合作用，增加叶片营养，可减轻含糖量降低程度。如在幼果期（6 月下旬）和采收前 40 天、20 天各喷 1 次 0.05%～0.1%稀土溶液，能提高套袋果的含糖量。另外，套袋果延迟采收也可提高含糖量。再就是增施有机肥，减少氮肥施用量，也可减轻果实含糖量的降低。

4. 果袋再利用问题 果袋用过一次以后，纸质变劣，涂布的杀虫、杀菌剂均已失效，同时会附有病菌、虫卵，因此，一般不要再次利用，否则不仅套袋效果不好，而且会加重病虫为害和日灼现象。如果袋质量很好，应进行消毒处理后晾干再用，效果才好。另外，还要注意尽量做到按需要数量采购果袋，当年购置的新袋当年用完，不积压。若有少量当年未用完的果袋，要存放在阴凉干燥处封存好，防止高温、高湿和阳光直晒，否则会使纸质变劣，涂药失效，造成套袋效果减低。

六、壁蜂授粉技术

果树授粉的方法主要有人工辅助授粉和昆虫授粉2种。人工辅助授粉可以明显提高花序和花朵坐果率，增产效果明显。但是人工授粉需要事先在授粉树采集含苞待放的铃铛花或刚开放的花，并要在室内收取花粉，在低温下密封保存，比较麻烦。同时授粉时花期短，花费人力较多，人亦比较辛苦。昆虫授粉，以前主要是利用蜜蜂授粉，授粉速度快，用工少，效果好，但是需要联系蜂源，要不断移动蜂箱，若遇早春低温，阴雨天气，蜜蜂活动减少，授粉能力差。因此，国外研究应用壁蜂代替蜜蜂和人工授粉获得成功。

壁蜂是独栖性野生花蜂，是苹果等果树的重要传粉昆虫，我国壁蜂种类主要有角额壁蜂、凹唇壁蜂、紫壁蜂、叉壁蜂和壮壁蜂等。中国农业科学院生物防治研究所于20世纪80年代首先从日本引进角额壁蜂，经在河北、山东省沿海果区试验取得良好的授粉效果，以后又在国内采集利用凹唇壁蜂、紫壁蜂等获得成功。我国利用壁蜂授粉在落叶果树上利用较多，特别是苹果树用得更多。

（一）壁蜂授粉的特点和作用

1. 壁蜂授粉的特点

（1）自然繁殖，管理简便　壁蜂成虫在苹果开花前陆续破茧出巢，与苹果花期相吻合。其他树种可根据开花时间早晚，对壁蜂出巢访花时间进行人为调节（冷藏或提温），以使蜂、花相遇。成蜂在果树上采集花粉、花蜜，营巢产卵，进行自然繁殖，无需人工饲养。蜂巢可用芦苇秆或旧报纸制作，材料来源广，管理技术简单。

（2）成虫受温度影响较小，采花时间长　壁蜂成虫较耐低温，白天温度在14℃～15℃时角额壁蜂就开始出巢采花，从8～18时全天工作10个小时；凹唇壁蜂在12℃～13℃气温下，从7时半至19时半，全天工作12个小时；而紫壁蜂则在15℃～16℃出巢采花，全天从9时半至18时半全天工作9个小时。壁蜂活动范围为40～50米，1头角额壁蜂和凹唇壁蜂每分钟可采苹果花10～16朵，紫壁蜂可采7～12朵。而普通蜜蜂在气温17℃时才开始出巢，20℃～25℃时采花活跃，到30℃时最频繁，低于17℃或高于35℃，则不利于蜜蜂活动，意大利蜂每分钟仅能采花4～8朵，由此看出，壁蜂比蜜蜂更适合果树授粉。

2. 壁蜂的授粉作用　壁蜂是苹果、梨、桃、樱桃等蔷薇科果树的优良授粉昆虫，其形态构造和活动期与果树花器及花期相适应。日本从20世纪50年代起就研究利用角额壁蜂为苹果、梨等果树授粉，使花朵坐果率由15%提高到50%，并在日本中北部大面积应用，取代了人工授粉的繁重劳动。美国自1970年以来，利用蓝壁蜂为苹果、扁桃授粉，效果明显。前苏联波尔塔夫农业试验站利用红壁蜂为樱桃、苹果授粉，产量提高2～3倍。西班牙等欧、美国家利用橘黄壁蜂为果树授粉，均取得了很好的效果。1987年，中国农业科学院生物防治研究所从日本引进角额壁蜂在山东省威海地区放蜂成功，此后又发现当地优势种壁蜂——凹唇壁蜂，因其授粉效果好，抗逆性强，易于繁育和管理，备受青睐，目前已是我国北方果树授粉的优良蜂种。

利用凹唇壁蜂授粉，果树坐果率比自然授粉提高30%以上，与人工授粉相当，对自然坐果率较低的树种尤为明显。凹唇壁蜂授粉效果因果树的树种和品种而异，与自然授粉相比，杏树花朵坐果率提高0.4～2.7倍，樱桃提高0.8～2.3倍，桃提高0.35～0.45倍，梨提高0.43～1.3倍，富士苹果提高0.3～2.7倍，金帅苹果提高0.3～1.4倍，北斗苹果提高3.5～6.7倍。苹果、梨的单果含种量增加2～4粒，果形周正，单果重增加5～20克。

(二)壁蜂的主要生物学特性

1. 分布及其生活周期 壁蜂隶属于膜翅目蜜蜂总科切叶蜂科壁蜂属,多数种类行独栖生活,但有群体活动的习性。全世界有70余种,除澳洲和新西兰外,世界各地均有分布。我国北方果区已收集到5种壁蜂:凹唇壁蜂、紫壁蜂、角额壁蜂、壮壁蜂和叉壁蜂,其中凹唇壁蜂分布最广,在山东、河南、河北、山西、陕西、江苏、辽宁等地均有分布。角额壁蜂和紫壁蜂主要分布在渤海湾地区,陕西和四川等地多为叉壁蜂。山东省壁蜂资源丰富,凹唇壁蜂、紫壁蜂和角额壁蜂均有分布,胶东半岛气候适合壁蜂繁育,是我国壁蜂繁育基地之一。

凹唇壁蜂、紫壁蜂、角额壁蜂、叉壁蜂和壮壁蜂5种壁蜂均为一年1代,卵、幼虫、蛹在巢管内茧中生长发育。卵期8～16天,平均12天左右;幼虫期13～33天,平均19天左右;前蛹期60～65天,蛹期15～25天。成虫在自然界活动时间为35～50天,角额壁蜂成虫在8月中下旬羽化,凹唇壁蜂、紫壁蜂在8月下旬至9月上旬羽化,成虫羽化后仍在茧内,以专性滞育状态越秋、越冬,经0℃～8℃低温处理2～3个月可解除其滞育。壁蜂一生在巢管中生活300余天,其中成虫的滞育时间为160～190天,不需人工饲养,并可躲避夏、秋季果园大量用药季节,便于果农保管利用。

2. 成蜂滞育与破茧出巢 壁蜂属专一滞育性昆虫,其幼虫、预蛹和蛹均生活在长日照环境下,而成虫羽化时已由长日照转为短日照。为此,8～9月份陆续羽化的成虫就进入滞育状态,在茧内度过秋、冬两季。滞育成虫时对冬季低温有较强的忍耐力,在－14℃～－17℃下对成虫均无不良影响。一旦解除滞育,成蜂抗低温能力就大为降低,滞育成虫在我国北方地区解除滞育的时间均在2月下旬左右,因此3～4月份若要调节壁蜂成虫出巢时间,应提前将蜂茧放在0℃～4℃条件下冷藏较为安全,但温度绝不能低于0℃。

壁蜂成虫解除滞育后，当室内、外温度稳定在12℃以上时，成虫就会自动破茧出巢活动或外出访花。为保证壁蜂的授粉效果，应将壁蜂放置在人工控制的低温下贮存，以便使壁蜂出巢活动和果树花期相吻合，达到为其授粉的目的。为了控制壁蜂破茧出巢时间，可在前一年的11月至翌年2月份，将滞育的或快要解除滞育的壁蜂茧从巢管中剥出，分装在玻璃瓶或纸袋中，可在春节前后将剥出的蜂茧放于0℃～4℃冰箱或冷柜中贮存。蜂茧贮存后的出蜂时间与贮存温度有关，在0℃～4℃下贮存的蜂茧，取出后气温在12℃以上，晴天，成蜂需7～10天时间出完，若贮存温度提高到6℃～8℃，取出后仅需3～5天成蜂就可以出完。在低温下贮存的蜂茧容易失水变硬，影响出蜂，为此，释放蜂茧时可先用清水浸茧后释放。

3. 交配与寻巢　大多数壁蜂种类都是雄蜂多于雌蜂，如角额壁蜂的雌、雄比为1∶2，凹唇壁蜂为1∶1.45，而紫壁蜂则为1∶1。雄蜂先于雌蜂破茧出巢，多在巢箱及其附近等待雌蜂与之交尾，经交尾后的雌蜂就会在果园及其周围寻找适合的巢穴进行营巢。壁蜂种类不同，营巢要求的洞穴大小也不一样，对人工提供的巢管内径大小各蜂种也有不同要求。紫壁蜂个体较小，主要选择内径4.5～6.7毫米的巢管营巢，在1支18厘米长的巢管中可营造10～15个茧室，最多18个茧室，在小室中制作花粉团和产卵。角额壁蜂个体属中等大小，喜选择5.5～7毫米内径的巢管营巢，1支18厘米长的巢管内可营造5～9个，最多13个茧室。凹唇壁蜂个体较大，选择6～8毫米的巢管营巢，在1支18厘米长的巢管中一般营造4～8个，最多13个茧室。

壁蜂的营巢场所因其种类而异，紫壁蜂喜在山地果园的上中部石缝处寻找巢管营巢，在田间设巢的要求是“避风向阳、巢前开洞”。而凹唇壁蜂、角额壁蜂在山地果园的营巢场所则是开阔的深沟、水坑以及潮湿的低洼地段、石缝以及建筑物的向阳面等处。田间设巢的要求是:“地势低洼、避风向阳、巢前开洞、朝向东南”。角额壁蜂、凹唇壁蜂和紫壁蜂的飞翔距离可达700米左右,因此,壁蜂出巢时,要防止人为惊扰使其飞走。但壁蜂访花营巢主要在巢箱周围60米范围内活动,在这一范围内果树坐果率明显提高。若巢箱内位置较好的巢管营巢已满时,部分壁蜂还会扩散迁移,为了防止壁蜂扩散营巢,影响授粉效果,可在原巢箱处再增加1个巢箱。

4. 筑巢、营巢 角额壁蜂、凹唇壁蜂、叉壁蜂、壮壁蜂都是采用泥土筑巢,而紫壁蜂在渤海湾一带常用叶浆筑巢。壁蜂交尾后立即在果园内寻巢、营巢,先选好各自的巢管,然后在巢管内进行清理,将脏物、杂物从巢管中清出,然后在果园中寻找湿土,挖取泥团作为构筑巢室和封闭巢口材料。无论用泥土或叶浆为材料,都是从巢管底部开始筑巢,第一个巢室造好后,雌蜂即开始访花,采集花粉和花蜜,制作花粉团,在巢室内贮备,当花粉团达到要求时,不再采集,雌蜂在花粉团表面产下1粒卵,然后用泥土或叶浆封口。如此不断进行,直至巢管口最后1个巢室做完为止,构筑1支巢管的时间约需3天。每支巢管内可制作花粉团的数量因壁蜂种类而异,角额壁蜂、凹唇壁蜂在1支巢管内可制作4～8个花粉团,最多12个花粉团,产下4～12粒卵,需3天时间才能构筑1支巢管。紫壁蜂在1支巢管内可制作10～15个花粉团,最多可做17个花粉团,产下10～17粒卵,需时8～10天。

5. 壁蜂访花和活动温度 凹唇壁蜂耐低温,其访花起飞的温度为12℃～14℃,日工作时间12个小时,以9～15时的飞行最活跃,半小时的飞行次数达94～140次;角额壁蜂的起飞温度是14℃～16℃,日工作时间10个小时,以11～15时飞行最活跃,半小时的飞行次数达60～140次;紫壁蜂的起飞温度为16℃～17℃,日工作时间9个小时,以11～15时飞行最活跃，半小时飞行次数为74～102次。而蜜蜂需在温度达20℃～25℃时才有活跃的采集活动。凹唇壁蜂和角额壁蜂每分钟访花10～16朵，日访花4 000余朵，紫壁蜂每分钟访花7～12朵，而蜜蜂（意蜂）采花每分钟为4～8朵，日访花仅720朵。壁蜂采粉器官特化为腹毛刷，访花时腹部腹面上的腹毛刷落在雄蕊群上，紧贴花药，迅速地收集花粉，头部则向下弯伸，用喙伸入花心吸取花蜜，而柱头正好位于雄蕊群的中央，腹毛刷上携带的花粉粒极易接触柱头。据观察，壁蜂访花柱头接触率为100%。凹唇壁蜂1次访花坐果率达92.9%，紫壁蜂为77.6%，而蜜蜂（意蜂）仅为42.5%。据日本报道，角额壁蜂的个体授粉能力是蜜蜂（意蜂）的80倍。壁蜂主要在蜂巢附近40～50米内访花授粉，据在苹果园试验，蜂巢周围100米内每隔20米的坐果率分别是49.3%，45.7%，32.7%，22.7%和18.6%，可见40米以内授粉效果最好。

（三）壁蜂的释放和管理

1. 准备工作

（1）调整施药时间　采用壁蜂授粉的果园，必须在放蜂前10～15天喷1次杀虫和杀菌剂，放蜂期间严禁使用任何化学药剂，以防杀伤壁蜂。

（2）制作蜂管　在放蜂果园按实际放蜂量2.5～3倍备足繁蜂所需的芦苇巢管。巢管管长15～17厘米，管口内径0.6～0.8厘米，要求一头带节，一头切成光滑斜口，管口染上蓝、黄、绿、黑等色，便于壁蜂识别定位，混匀后每50支一捆扎好备用。也可用纸卷成纸管，内壁用牛皮纸，外层用报纸，管壁厚0.1厘米以上，内径以0.7厘米为宜，一端用胶水和纸封实，再粘一层厚纸片封好。

（3）田间设巢　用30厘米×30厘米×25厘米或30厘米×25厘米×25厘米纸箱或木箱作为蜂巢箱，以30厘米×

30厘米或30厘米×25厘米的一面为开口。每个巢内放6～8捆巢管，分为两层，管口朝外，两层间和顶层各放一硬纸板，以固定巢管。放蜂前将巢箱设置在果园背风向阳处，巢前开阔无遮蔽，巢后设挡风障。巢箱用木架支撑，巢箱口朝南或朝西，箱底距地面50～60厘米为宜，箱上设棚防雨。也可用砖砌成固定蜂巢箱，规格同前。刚开始放蜂的果园，每隔30～40米设一蜂巢箱，等翌年蜂量增多后，可40～50米设一蜂巢箱。放蜂期间，一般不要移动蜂箱及巢管，以免影响壁蜂授粉繁蜂。

(4)种植蜜源植物　秋季在放蜂果园蜂巢箱周围种植越冬油菜、薹菜等，也可在春季栽种抽薹打籽的白菜、萝卜等，4月初开花，这样就能在苹果开花前为出巢早的壁蜂提供充足的花粉和花蜜，促进卵巢发育。

(5)营巢用土　壁蜂营巢需用泥土间隔，筑成巢室和封闭巢管管口。北方果园春季干旱，泥土板结，营巢取土困难，直接影响壁蜂的繁殖和回收，应人工设置营巢用土坑。具体方法：在放蜂区开阔处每1500～2000平方米设置一个长200厘米、宽80厘米、深30厘米的土坑，顺坑边用较黏的土壤回填，使坑中央形成三角形沟，放蜂期间每天早、晚浇1次水，让土壤自然吸水润湿，保持适宜的湿度，并用直径为0.7厘米的树枝戳成若干个洞穴，以便招引壁蜂入穴取土。有灌溉条件的果园，可以经常在灌溉水沟内放水，给壁蜂取土提供方便。

2. 壁蜂的释放和回收

(1)放蜂时间　壁蜂的释放时间应根据树种和花期的不同而定。苹果树一般于中心花开前4～5天释放。蜂茧放在田间后，壁蜂即能陆续咬破蜂茧出巢，7～10天出齐。如果提前将蜂茧由低温贮存条件下取出，在室温下存放2～3天后再放到田间，可缩短壁蜂出茧时间。若壁蜂已经破茧，要在傍晚释放，以减少壁蜂的逸失。

(2)放蜂方法　将蜂茧放在一个宽扁的小纸盒内，盒四周戳有多个直径0.7厘米的孔洞，供蜂爬出。盒内平摊一层蜂茧，然后将纸盒放在蜂巢箱内。也可将蜂茧放在5～6厘米长、两头开口的苇管或纸管内，每管放1个蜂茧，与蜂管一起放在蜂巢内。后一种方法壁蜂归巢率高。

(3)放蜂数量　放蜂量根据树种和结果状况而定，苹果、梨、桃园放蜂量每667平方米放80～150头蜂茧，初果期的幼龄果园和历年坐果率较低的果园及结果小年，放100～150头蜂茧。放蜂目的是提高坐果率，历年坐果率较高的果园或结果大年果园，每667平方米放蜂60～120头蜂茧，主要是提高果品质量。樱桃、杏和李树开花早的树种，放蜂数量要大些，每667平方米放150～200头蜂茧。

(4)预防天敌为害　蚂蚁、蜘蛛、蜥蜴、鸟类、寄生蜂、皮蠹和蜂螨等是壁蜂的天敌，要防止其对壁蜂造成危害。蚂蚁可用毒饵诱杀，毒饵配方是：花生饼或麦麸250克(炒香)，猪油渣100克，糖100克，敌百虫25克，加水少许，均匀混合。每一蜂巢旁施毒饵约20克，上盖碎瓦块防止雨水淋湿，并可避免毒饵和壁蜂接触，而蚂蚁可通过缝隙搬运毒饵而中毒死亡。对木棍支架的蜂巢，可在支架上涂废机油，防止蚂蚁爬到蜂巢内食害花粉团和幼蜂。狼蛛、豹蛛、蜥蜴和寄生性天敌如尖腹蜂等，应注意人工捕拿清除。对鸟类为害较重的地区，蜂巢前可设防鸟网。为预防蜂螨和皮蠹，尽量选用新的蜂管和蜂巢，若用旧蜂管，要事先进行杀虫杀螨处理，可将旧蜂管放在蒸笼里蒸半小时，晾干后再用。

(5)回收和保存　在果树花期结束时，授粉任务完成，繁蜂结束，要及时将巢箱收回。把封口的巢管按每50～100支一捆，装入网袋，挂在通风、干燥、干净卫生的房屋中贮藏，注意防鼠。切勿放在堆有粮食等杂物的房内，以防谷盗、粉螨和鳞翅目幼虫的为害。翌年1月中下旬气温回升前，将苇管剖开，取出蜂茧，剔除寄生蜂茧和病残茧后，装入干净的罐头瓶中，每瓶放500～1 000头，用纱布罩口，在0℃～5℃下冷藏备用。

3. 壁蜂的贮存管理 壁蜂的巢管回收要轻拿轻放，在运输过程中要避免振动，以防巢管内花粉团变形，造成卵粒或初孵幼虫埋入花粉团中，使卵不能孵化，或幼虫窒息死亡。在壁蜂化蛹期间亦不能受振动，以免使蛹体受伤致使成虫羽化时死亡。冬季室内温度不得低于－15℃，否则壁蜂难以安全越冬，春季壁蜂解除滞育后，贮存温度若超过12℃，壁蜂成虫就会破茧出巢活动。因此早春气温回升时，应将蜂茧放进0℃～4℃低温场所贮藏。为了便于壁蜂茧的贮存，应在春节前将巢管内的蜂茧剥出，以500个茧为一组，放入玻璃罐头瓶或纸袋内于冰箱、冷柜中冷藏，在果树开花前5～7天取出，移入12℃以上的室内，待初花期进行释放。

第五章　果树害虫天敌及其保护利用

一、果树害虫天敌在生产中的应用

果树属多年生木本植物，生态环境相对稳定，果园内生物群落复杂，物种多样性明显，生态环境极适宜于天敌的生存和繁衍。例如，果园周边靠近农田或树林，果园内种植蜜源植物和牧草，保留一些有益杂草，自然形成了复杂的植被。果园内昆虫相明显多于农田，据记载，苹果害虫有 350 余种，梨树害虫 450 余种，桃树害虫 230 余种，柑橘害虫 860 余种。另外，还有许多不为害果树的中性昆虫，这就为害虫天敌提供了丰富的食源，形成了良好的食物链和食物网。为此，我们利用果园稳定的生态环境和复杂的昆虫相，对害虫的天敌加以保护和利用，就能充分发挥天敌治虫的潜在效能。

保护利用天敌防治果树害虫有悠久的历史，早在 3000 年以前我国古书《诗经》中就有"螟蛉有子，蜾蠃负之"的记载，书中描述了胡蜂捕食蛾类幼虫的现象。公元 304 年，我国晋代嵇含编著的《南方草木状》古农书中，记载了我国广东、福建等地橘农采集黄猄蚁（红树蚁）防治柑橘长吻蝽等害虫，并作为商品出售，这是世界最早利用天敌防治害虫获得成功的实例。2400 年前，我国蚕农已发现家蚕僵病，其后又有类似微粒子病的记载，太湖地区农民有利用病死桑蚕幼虫、死茧浸液防治桑磺的习惯。明朝李时珍在医书《本草纲目》中描述蜘蛛捕虫。我国于 1149 年出版的陈旉《农书》中就记载家蚕的"高节"脚肿病，这就是现在所称的核型多角体病毒，是世界上最早关于昆虫病毒病的记载。

1888～1891 年美国从澳洲分别引进澳洲瓢虫和孟氏隐唇瓢

虫防治柑橘吹绵蚧、柑橘粉蚧获得成功。1909 年我国从美国引入澳洲瓢虫到台湾省防治柑橘吹绵蚧，控制了为害，建立了种群。1912 年俄国利用显棒赤眼蜂防治苹小食心虫，1929～1933 年加拿大在果园大规模释放显棒赤眼蜂防治梨小食心虫，明显降低了果实被害率。1925 年，日本从我国采集斯氏寡节小蜂，控制黑刺粉虱的为害。20 世纪 20～30 年代美国利用赤眼蜂防治苹小食心虫和苹果蠹蛾，40 年代美国从日本引进康氏粉蚧短角小蜂和粉蚧三色跳小蜂，明显压低了康氏粉蚧的虫口密度。

采取天敌移植和引进防治果树害虫成功的事例亦很多，例如 1953 年我国首次由浙江永嘉将大红瓢虫移植到湖北宜都防治柑橘吹绵蚧，获得成功；随后四川泸州又从湖北宜都移植大红瓢虫，四川各地再从泸州移植，成效均很显著，据调查，防治柑橘吹绵蚧的效果高达 99.46%。1955 年，福建省又在省内移植大红瓢虫防治吹绵蚧，防效亦十分显著。1955 年，我国从前苏联引进孟氏隐唇瓢虫和澳洲瓢虫，先后在广东、福建、四川等地释放，用来防治柑橘粉蚧、大红粉蚧和吹绵蚧等，并在当地建立了种群。1955 年，我国从前苏联引进日光蜂和青岛本地蜂进行远缘杂交，繁殖后释放防治苹果绵蚜，防效十分显著。

20 世纪 70 年代以来，我国利用天敌防治果树害虫有了一个较大的发展，山东、辽宁等北方果区，采用人工繁殖松毛虫赤眼蜂防治苹果、桃树上的棉褐带卷蛾、梨小食心虫，其寄生率高达 90% 左右，有效地控制了害虫为害。广东、福建等地在荔枝产区释放平腹小蜂防治荔枝椿象，效果亦很好。再就是从国外引进捕食螨（智利小植绥螨、西方盲走螨、虚伪钝绥螨）和人工繁殖中华草蛉防治苹果树山楂叶螨、苹果全爪螨均取得较好的防效。利用病原线虫（小卷蛾线虫、异小杆线虫）和白僵菌防治桃蛀果蛾，防效均很显著。

近 10 余年来，随着环境污染加重和果园中过多的使用化学农药，果品的污染日趋严重，引起了人们的广泛关注，因此，有机食品、绿色食品和无公害农产品市场需求量较大。为此果品生产就要采用无公害生产技术，特别要减少农药的使用，而利用天敌控制果树害虫这一无污染、防效好的传统防治技术又重新被人们重视起来，成为无公害果品生产的重要内容，果园推行的生草技术，就是保护利用天敌的主要措施之一。

果园生草是美国、加拿大等发达国家普遍采用的一项现代果园管理技术。我国于 20 世纪 90 年代引进这一技术，并在山东、陕西、福建等省进行推广应用。果园生草后，明显改善了生态环境，可调节地温，增加土壤水分，提高土壤有机质含量和土壤养分利用率。生草不仅可改善果园生态环境，增加生物多样性，而且丰富了天敌的食物链和食物网，为天敌的生存、繁衍和越冬创造了良好的环境，从而明显地减轻了病虫的为害。

天敌的人工繁殖过去规模都不大，难以大面积应用。近 20 年来天敌的人工繁殖技术发展很快，一些寄主昆虫可用人工饲料进行饲养，天敌可进行大量快速繁殖，实现了工厂化生产。天敌和其他商品一样要进行登记注册后才能销售，农场主或果农可进行预约订货，天敌利用更加方便。欧美发达国家成立了许多天敌公司，例如美国、加拿大、墨西哥 3 个国家就有 142 家天敌公司，生产 130 多种天敌，西欧有 26 家天敌公司，生产 80 多种天敌。天敌公司生产的品种主要有：蚜小蜂、蚜茧蜂、姬小蜂、缨小蜂、捕食螨、赤眼蜂、瓢虫、草蛉、花蝽、盲蝽、线虫等。防治对象主要是果树、蔬菜上的蚜虫、叶螨、介壳虫、叶蝉和一些鳞翅目害虫。我国赤眼蜂无论是用柞蚕卵或是人工卵繁蜂都可进行工厂化生产，捕食螨（胡瓜钝绥螨）亦达到工厂化生产要求。另外，平腹小蜂、瓢虫、草蛉、病原线虫等天敌亦能进行规模化生产。近几年来我国又成功地研究解决了周氏白蛾啮小蜂人工大量繁殖技术，并在生产上应用，效果显著。

二、果树害虫天敌的基本概念

(一)害虫天敌的类群

自然界害虫天敌种类很多,根据其对害虫的作用方式,可分为以下3个类群。

1. 捕食性天敌 是直接用口器捕食害虫的天敌,包括捕食性昆虫、捕食螨、蜘蛛、两栖动物、鸟类等。

2. 寄生性天敌 寄生物一个时期或终身附着在害虫的体内或体外,以摄取害虫的营养物质维持生命。害虫寄生性天敌主要是寄生昆虫,其中以寄生蜂、寄生蝇数量最多。

3. 病原性天敌微生物 致使害虫暴发流行疾病的病原微生物,包括细菌、真菌、病毒、线虫、原生动物、立克次氏体等。

天敌昆虫是害虫天敌中种类最多、数量最大的一类,在天敌利用中无论是保护利用或是人工繁殖释放也都以天敌昆虫为主。捕食性昆虫主要包括鞘翅目、脉翅目、半翅目、蜻蜓目、螳螂目、革翅目等18目200多个科,数万种昆虫。比较常见的有:肉食性瓢虫、草蛉、食虫椿象、蜻蜓、螳螂、蠼螋、食虫虻、食蚜蝇等。捕食性昆虫一般都比猎物(害虫)个体大,并需捕食多个猎物才能完成发育。成虫和若(幼)虫同为捕食性,甚至捕食同一种(类)猎物。捕食猎物的目的是为了取食,取食后就离开。

寄生性昆虫包括膜翅目(寄生蜂)、双翅目(寄生蝇)、捻翅目和少数鳞翅目、鞘翅目等5个目100多个科昆虫,其中以膜翅目、双翅目寄生性昆虫数量最多,仅膜翅目就有50余万种。其寄主范围一般都很广,有一种寄生蝇的寄主有100余种。寄生性昆虫与捕食性昆虫有很多不同之处,如多数寄生性昆虫的个体较小,运动和感觉器官退化。仅在1头寄主上生活和取食,发育成的子代为1头或若干头;通常是幼虫摄食寄主,成虫取食寄主以外的营养物质，或不取食。寄生性昆虫对寄主的破坏是缓慢进行的，寄主死亡慢。寄生性昆虫不能离开寄主而独立生活，其成虫搜索寄主的目的是为了产卵，而不是取食。捕食性昆虫和寄生性昆虫一般较易区别，但亦有一些天敌昆虫兼有捕食和寄生功能。如长盾小蜂的幼虫取食介壳虫的卵，营捕食生活，如没有卵，又可在介壳虫体外寄生。再如一种啮小蜂的幼虫，先寄生在一粒寄主卵内，待发育后又钻出去捕食附近的两、三粒卵才能完成发育。

病原性天敌微生物亦是害虫天敌的一大类群，广泛存在于自然界中，温、湿度适宜，降雨多，虫口密度大，就会暴发流行。但真菌病即使害虫口密度不大，亦会染病死亡。果园常见的有蚜虫感染蚜霉菌形成的僵蚜，鳞翅目幼虫感染白僵菌、绿僵菌形成的僵虫，或感染细菌、病毒、线虫形成的死虫。害虫染病后会表现活动迟缓、对外界刺激不敏感，或表现不安、激动；虫体变色，细小、皱缩或肿大；进食少，呕吐，肛门排出黏液或粪便干结等症状。染病死亡虫体的外观随病原不同而有所变化，死于细菌病的害虫，组织很快被破坏，有腐烂臭味；死于真菌病的虫尸僵硬，表面有不同颜色的孢子团块；死于病毒病的虫体组织液化，稍触即破，新鲜虫尸无臭味。

（二）寄生性昆虫的类型和寄生现象

1. 寄生性昆虫的类型

（1）单期寄生　寄生性昆虫只寄生于寄主的某一虫期，并能完成发育。

①卵寄生　寄生于卵内。如松毛虫赤眼蜂寄生在棉褐带卷蛾、梨小食心虫的卵内，其幼虫取食卵汁，并在卵内化蛹，成虫羽化后才咬破卵壳爬出。

②幼虫寄生　寄生于幼虫。在寄主幼虫体内或体外寄生，如中国齿腿姬蜂产卵于寄主幼虫体内，而卷叶蛾肿腿蜂成虫则先将寄主幼虫咬伤，使其麻痹，然后才产卵于体表，营体外寄生，孵化后

的幼虫，吸食寄主体液。

③蛹寄生　寄生于蛹。寄生昆虫的卵、幼虫和蛹一般都在寄主蛹内。如舞毒蛾黑瘤姬蜂寄生于梨小食心虫等蛹内，成虫羽化时咬一小孔爬出。

④成虫寄生　寄生于成虫。寄生昆虫的幼虫以寄主成虫体内营养为生。如金龟甲寄蝇产卵在日本丽金龟成虫体外，孵化时以末端钩齿刺破卵壳从寄主体壁钻入体内寄生，成长幼虫在金龟甲腹内化蛹，羽化时以额囊伸缩顶破蛹壳及寄主腹部节间膜而外出。

(2)跨期寄生　寄生昆虫需经过寄主的 2 个或 3 个虫期，才能完成发育。

①卵-幼虫寄生　产卵在寄主卵内，寄主卵孵化后，寄生蜂卵才孵化，在寄主幼虫体内完成发育，姬蜂、茧蜂、小蜂、细蜂、瘿蜂中的一些种类均有此习性，如网皱革腹茧蜂成虫产卵于棉褐带卷蛾卵内，当寄主卵孵化为幼虫后，蜂卵亦同步孵化为幼虫在寄主体内取食，初期寄主幼虫无明显症状，至老熟时，寄生蜂幼虫迅速发育，食尽寄主组织仅留体壳，另结白茧。

②卵-幼虫-蛹寄生(卵-蛹寄生)　寄生昆虫产卵于寄主卵内，直至寄主发育为蛹期才孵化为幼虫，并在寄主蛹内取食完成发育。如潜蝇反颚茧蜂寄生于某种潜蝇。

③幼虫-蛹寄生　寄生昆虫开始寄生于寄主幼虫，待寄主幼虫化蛹后，寄生昆虫即在寄主蛹内取食完成发育，通常所见从蛹内羽化出来的寄生昆虫，多为幼虫-蛹寄生类型。如白蛾周氏啮小蜂、苹果潜叶蛾姬小蜂等。

有些寄生昆虫，对寄主虫期要求不很严格，如食蚜蝇姬蜂，可在食蚜蝇的卵或低龄幼虫中寄生，直至蛹期才羽化出蜂，有的可在寄主老熟幼虫期至初蛹期产卵寄生，至寄主蛹后期才羽化出成蜂。这一种既可称为幼虫-蛹的跨期寄生蜂，亦可称为蛹期寄生的单期寄生蜂。

2. 寄生性昆虫的寄生现象

(1)根据寄生昆虫取食寄主部位区分

①外寄生　寄生昆虫的卵、幼虫和蛹都生活在寄主体外。外寄生昆虫多以生活在与外界隔开的茧、孔道、巢房等处的幼虫为寄主，一般产卵在寄主体表或被覆盖物内。幼虫期被寄生的，蜂在产卵之前常先注射毒液，使其麻痹，不食不动，也不腐烂，任其取食。如卷叶蛾肿腿蜂寄生棉褐带卷蛾。

②内寄生　寄生昆虫的1～3个虫期生活在寄主体内，主要是幼虫期在寄主体内生活，大多数寄生蜂都是内寄生，如金纹细蛾跳小蜂、中国齿腿姬蜂等。

(2)根据寄主上寄生昆虫的种类区分

①独寄生　寄主上寄生的昆虫仅有1种，但不论该寄生物育出子代数量多少，绝大多数寄生昆虫属此类情况。

②共寄生　两种或两种以上寄生昆虫同时寄生在一个寄主上称为共寄生。其发育结果有4种情况，一是全都存活；二是仅有一种存活；三是部分存活，部分死亡；四是全部死亡。

(3)根据寄主上育出的一种寄生昆虫数量多少区分

①单寄生　一头寄主上只育出一头寄生昆虫。如苹果黄蚜茧蜂，每头绣线菊蚜体内仅产卵1粒，育出1头蜂。

②多寄生　一个寄主上可育出两头或两头以上寄生昆虫。如卷叶蛾黄长距茧蜂，1头棉褐带卷蛾幼虫可育出10～40余头蜂。

(4)根据寄生昆虫完成发育情况区分

①完寄生　寄生昆虫在寄主上能顺利发育。

②过寄生　寄生昆虫在同一寄主上因子代个数过多，寄主体内营养物质不能满足需要，导致部分或全部寄生昆虫不能完成发育而死亡，或发育不良而失去繁衍后代的能力。如用柞蚕卵繁殖松毛虫赤眼蜂，蜂卵比失控，常会造成过寄生现象。

(5)根据寄生昆虫与寄主的寄生关系区分

①原寄生　寄生昆虫直接在未被其他寄生物寄生过的寄主昆虫上寄生,又称为初寄生或一级寄生。多数寄生昆虫属于原寄生。

②重寄生　以寄生昆虫为寄主,即一种寄生昆虫寄生在另一种寄生昆虫上,称为重寄生。常有二重、三重寄生,甚至四重、五重寄生,但极为少见。如卷叶蛾黄长距茧蜂寄生于棉褐带卷蛾幼虫,但黄长距茧蜂的茧蛹又会被一种金小蜂寄生,即为二重寄生。重寄生昆虫是有害的。

(6)根据寄主范围的大小区分

①单主寄生(单食性寄生、单择性寄生)　寄生昆虫只限定在一种寄主上寄生的现象。如苹果绵蚜日光蜂只寄生苹果绵蚜。单主寄生在寄主昆虫连续不中断出现时寄生率容易提高,但寄主昆虫出现中断时,寄生率则会降低,很易凋落。

②寡主寄生(寡食性寄生、寡择性寄生)　寄生昆虫可在少数近缘种上寄生的现象。其寄主较广,寄生率容易提高。

③多主寄生(多食性寄生、多择性寄生)　寄生昆虫可在许多寄主上寄生。如广大腿小蜂的寄主范围很广,可寄生于鳞翅目、双翅目、膜翅目3个目、26个科113种昆虫,这种寄生昆虫寄主多,在自然界容易生存,但因分散寄生,对一、两种主要害虫不易提高寄生率。

3. 寄生性昆虫的主要生物学特性

(1)寄生蜂寻找寄主的程序　寄生蜂是果树害虫的重要天敌,如何创造良好的生态环境,来招引、保护和利用这些天敌来控制害虫就显得十分重要。有害虫就有天敌,天敌具有明显的跟随现象,因此必须了解寄生蜂寻找害虫的程序。据研究,主要程序可分为以下几个阶段。

①选择生境　寄生蜂在果园内活动对生态环境有较强的选择性。喜欢在植被复杂、果树生长健壮、旺盛,昆虫种类较多的环境

活动，如果园四周有树林、行间种植牧草并有蜜源植物、喷洒农药相对较少的果园，天敌数量就会明显增加。寄生蜂往往是先选环境，后找寄主。例如，笔者于1985年在山东省乳山县苹果园调查看出，周围有柞岚、松林及其他树木、草类的山区果园，生态植被较为复杂，松毛虫赤眼蜂的自然寄生率就比较高，棉褐带卷蛾的卵块寄生率达62.3%，卵粒寄生率达47.5%，而生态一般的果园寄生率仅为30.8%和19.6%，差异十分显著。

②寻找寄主　寄生蜂依靠嗅觉、视觉或触角来寻找寄主，寄主的物理、化学信息就成为寄生蜂寻找寄主的信号。寄主植物被害后受伤组织的气味，成虫活动时散落的鳞片，幼虫吐的丝网、取食时的植物碎屑以及排出的粪便，这些实际上就是广泛存在于动、植物体中的“他感作用化学物质”，即利它素。寄生蜂按照利它素的化学信息导向，定向寻找寄主进行产卵寄生。例如，棉褐带卷蛾成虫鳞片中就含有网皱革腹茧蜂寄生定位的利它素，舞毒蛾蛹及幼虫吐的丝网中，含有引诱黑腿盘绒茧蜂和大腿小蜂产卵的利它素。寄主植物损伤组织和害虫排泄的粪便挥发的化学物质对多种寄生蜂有引诱作用，如寄生卷叶蛾的黄长距茧蜂，往往先寻找卷叶，而后再寻找里面的幼虫寄生。

③选择寄主　寄生蜂找到寄主以后还要进行选择，合适的才去寄生。它通过嗅觉来探测寄主气味，确定寄主是否被寄生过，以免在已寄生过的寄主上再寄生造成子代发育不良，或不能发育。有些寄生蜂产卵后还会在寄主卵上分泌黏液作为“记号”，以阻止其他寄生蜂再去重复寄生，但这种记号持续时间不长，如经雨水冲刷过，则无忌避作用。若其他寄生蜂又去重复寄生时，可通过产卵管上的感受器感觉到寄生卵内部有所变化，不再产卵，避免重复寄生。

④寄主的适合性　多数寄生蜂对寄主的适合性有自控能力，可根据寄主大小、营养状况决定产卵的性别和数量。如赤眼蜂遇

到小粒卵时仅产 1～2 粒，而在大卵上则会产下数十粒卵。有的寄生蜂在小型寄主上产下未受精卵(雄性)，在大型寄主上就会产下一定比例的受精卵(雌性)和非受精卵(雄性)。有的寄生蜂虽然找到寄主并产卵寄生，但是其寄主并非适合寄生蜂的发育和羽化，如寄主体壁厚薄、体型大小等物理因素，寄主的营养状况和寄主本身的生理状况等生物因素，这些因素都会影响寄生蜂的顺利发育。如寄生一种天蛾卵的赤眼蜂，虽可寄生，但因卵壳太厚，子蜂不能咬破卵壳而死于卵内。又如，若寄生蜂在产卵寄生时致使寄主死亡，其寄生蜂亦不能存活，如金小蜂等。

(2)成虫的取食　多数寄生性昆虫的成虫羽化后，需要补充水分和营养，以维持生命，延长寿命和产卵期，增加产卵量。特别是个体较大的寄生蜂和寄生蝇，成虫羽化后体内的卵尚未成熟，需要补充营养，以促进卵巢发育和性器官成熟，以及性行为。体型较小的寄生蜂羽化后卵已成熟，可在短期内将卵产完，只要吃点露水就行，即使未补充营养也会产卵寄生。但若补充营养，如赤眼蜂羽化后饲喂蜂蜜水，则会延长寿命，产卵量增多。

自然界中寄生性昆虫成虫食料主要是植物花蜜、花粉和寄主体液，再就是蚜虫的蜜露、介壳虫分泌物、植物流出的汁液也是食料来源。花蜜、花粉对多种寄生昆虫极为重要，如寄生蛴螬的土蜂必需取食花蜜、花粉，有时会飞出很远去寻找开花植物。因此，为了更好地保护利用天敌，可在果园内分期分批种植一些蜜源植物，以招引天敌昆虫取食。寄生昆虫获得水分的来源主要是露水和雨水，尤其是清晨叶片上的露水更显重要。寄主体液是多种寄生蜂成虫取得营养的重要来源。成蜂吸食寄主体液有 3 种方式：一是成虫产卵后取食从伤口处流出的体液，如赤眼蜂；二是成虫用口器咬破寄主皮肤，从伤口取食体液，如土蜂；三是成虫用产卵管刺伤寄主，取食体液，如麦蛾茧蜂。寄生蜂成虫吸食寄主体液，可造成寄主死亡，所以利用寄生蜂防治害虫时，有时会出现寄主死亡率高于寄生率的现象。

(3)交配、生殖和性比

①交配　在自然情况下，寄生蜂成虫都是雌蜂多于雄蜂，雄蜂可多次交配。雄蜂羽化较早，有时常守候在即将羽化的雌蜂周围，待雌蜂羽化后即行交尾，如赤眼蜂。一般情况下雌蜂一生仅交配1次，有时因雄蜂追逐，可多次交配。有些寄生蜂需多次交配才能完成其受精过程，如蝇蛹小蜂。交配多在白天进行，交配时间一般都很短。交配后的精液则贮存在雌蜂贮精囊内，产卵前贮精囊开放流出精子，形成受精卵排出，若贮精囊不开放，就产未受精卵。

②生殖　寄生昆虫的生殖方式有3种。第一种是两性生殖，雌、雄两性交配后生殖，多数寄生昆虫如此。第二种是孤雌生殖(单性生殖)，根据产出子代的性别又分为产雄孤雌生殖(后代全为雄性)、产雌孤雌生殖(后代全为雌性)和产雌、雄两性孤雌生殖(后代两性皆有)。第三种是多胚生殖，即寄生蜂在寄主上产下1粒卵，这粒卵发育早期进行细胞分裂，形成若干个完全独立的胚胎，每个胚胎又发育成独立的个体，即形成多胚生殖，其寄主主要是蛾类昆虫。跳小蜂科的寄生昆虫多行多胚生殖，例如被金纹细蛾跳小蜂寄生的金纹细蛾幼虫，可育出10余头子代蜂。如寄主体型较大，可育出数百头甚至千余头子代蜂。另外，茧蜂科中的卷叶蛾黄长距茧蜂，亦为多胚生殖，1头卷叶蛾幼虫可育出20～40余头子蜂。

③性比　寄生蜂中的性比，一般是雌蜂多于雄蜂，雌蜂占70%以上。性别与寄主质量有关，寄生蜂在发育健壮或营养好的寄主上产卵，其子代多为雌性；反之则多为雄性。如松毛虫赤眼蜂用柞蚕卵繁殖，雌蜂可占90%以上，而用米蛾卵繁殖，雌蜂仅占70%左右。有时光照和温度亦会影响某些寄生蜂的性别，光照强和大粒卵，其雌蜂比例高，反之则低。在高温下有些寄生蜂会导致孤雌生殖，子代全为雄性。

(三)昆虫病原微生物的致病性及其流行

引发昆虫疾病的病原微生物包括细菌、真菌、病毒、原生动物、线虫及立克次体等。这些病原微生物广泛存在于自然界,若条件合适就会引发害虫疾病的严重流行,或者病原微生物产生杀虫毒素,扰乱害虫生理代谢平衡,从而引起害虫死亡。这一重要自然资源,应加以利用。

1. 染病昆虫的病症和病理

(1)染病过程　昆虫感染病原微生物后一般要经过潜伏期、发病期、死亡期或恢复期3个阶段。

①潜伏期　昆虫染病后并不立即出现症状,而要经过一个潜伏期。病原微生物在这段时间要进行繁殖和产生毒素,有一个积累过程。由于传染病的种类不同,潜伏期亦会出现有长有短,长的可达几天,短的仅数小时;还有的是在幼虫期染病,直到成虫才表现症状。

②发病期　此时染病虫体的病症最为典型,病原微生物及其产生的毒素数量最多,毒力最强,虫体病情严重。

③死亡期或恢复期　染病昆虫发病后的结局不是病愈就是死亡,病愈就称恢复期,死亡就称死亡期。如果病原微生物战胜了昆虫的防御机制,就会导致昆虫死亡,用微生物杀虫剂防治害虫就是利用这一原理。若染病昆虫最终病愈,虫体内就会获得特异性免疫力,产生了抗体,该病原微生物品种就会失去利用价值。

(2)病症　昆虫染病后在形体、行为等方面的变化称为病症。主要表现如下。

①行动异常　昆虫染病后一般多进入昏迷状态,行动迟缓、呆滞、对外界刺激不敏感。但有时在染病早期,昆虫会表现明显的不安和激动,有的还会伴随肌肉的扭曲和收缩。

②形体改变　昆虫染病后食欲减少,甚至停止取食,从而造成生长停滞,表现为形体瘦小、皱缩,或失去丰满体形。但也有表现

为体形臃肿，部分胀大或突起等症状。有的虫体上形成若干斑点或成片。还有的体色也有所变化，如蛴螬的乳状病和微孢子虫病，虫体则显乳白色或暗白色。而患细菌病和病毒病的昆虫，其表皮及其组织则为棕色或黑色。感染核多角体病毒的鳞翅目幼虫，体色则变为淡黄色或胆黄色。感染黏质赛氏杆菌的昆虫体色则呈鲜红色。

③消化障碍 染病昆虫会出现明显的消化障碍，如呕吐、排泄黏液，或粪便干结。

④发育不正常 如幼虫不能化蛹，蛹不羽化，成虫不交尾、不产卵，失去繁殖能力等。

⑤虫尸异样 死于细菌病的昆虫，组织很快腐烂，并有臭味；死于真菌病的昆虫，虫尸干燥、僵化，甚至形成结石状，表面长有不同色泽的孢子团块，或产生菌核（如虫草菌）；死于病毒病的昆虫，症状相似于细菌病，但新鲜虫尸无臭味，虫体组织很快液化，稍碰即破。

(3)病理 由病原性微生物引起的昆虫体内细胞和组织结构上的改变称为病理。其主要表现如下。

①坏死 染病虫体局部细胞或组织死亡，坏死组织变为灰色或黄色，也有深色以至黑色的。镜检观察，细胞和组织失去外部轮廓成为颗粒状。用染色方法不能区分组织构造，细胞核裂成碎片，或萎缩溶解，随后蛋白质被分解，受害组织液化或凝结。

②败血症 病原细菌进入昆虫血液系统并进行繁殖，产生毒素，形成败血症。例如昆虫被苏云金杆菌侵染后，引起血腔 pH 值升高，血液缓冲能力减弱，引发全身瘫痪，进而破坏脂肪体，其他器官随之发生病变。

③退化 退化是指活组织发生了衰退性改变，受害细胞在其功能和构造上明显低于正常细胞，退化细胞有时亦可恢复正常。但如果退化继续进行，则细胞构造和功能就因紊乱而死亡。

④肥大或萎缩　肥大是染病昆虫的器官、组织或细胞增大，功能增加。萎缩是受害组织或细胞发生退化或自溶，变得更小，功能作用更弱。一般萎缩现象较为常见。

2. 昆虫病原微生物的传染途径　病原微生物在自然界广泛存在，如染病昆虫的排泄物、呕吐物、虫尸以及其他带有病原的物体等。病原微生物通过各种途径进入虫体，传入过程称为传染，这种疾病叫传染病。病原微生物进入虫体的途径，称为传染途径。虫体的对外出口，如口腔、肛门、气孔、生殖孔、皮肤伤口等处都是病原微生物入侵的部位。同时还可通过昆虫同皮肤的接触，相互厮咬和交配，被感染的食料，以及表面污染或内含病原微生物的卵进行传染。被病原微生物污染的水或空气，也是感染源。病原微生物的传染途径主要有以下几种。

(1)接触传染　病原微生物可直接从体表进入虫体内，如病原真菌白僵菌或绿僵菌散发的分生孢子散落在虫体表面后，在适宜环境条件下孢子发芽，并分泌蛋白质酶、脂酶和几丁酶，分解昆虫表皮一些成分，再借机械压力，芽管通过体壁而进入虫体。

(2)伤口传染　病原微生物可以从伤口入侵虫体，寄生蜂在感病寄主昆虫上产卵时，虫体上的病原微生物可附着在寄生蜂产卵器上，再次寄生产卵时可侵入健虫。

(3)食入传染　寄主植物存有病原微生物时，经昆虫取食后进入消化道而被传染发病，若卵被感染后，有取食卵壳习性的昆虫，也会被传染。苏云金杆菌、微孢子虫等病原菌均需经口进入消化道后，在消化液的作用下才能发芽或产生毒素，致虫体死亡。

(4)胚胎传染　微孢子虫和一些昆虫病毒，能侵入雌虫的生殖系统，卵在母体形成过程中就会被侵染，随着胚胎的发育，孵化出的幼虫就带有病原体，随着幼虫的发育而不断增殖，造成死亡。

3. 昆虫病原微生物的流行因素　昆虫病原微生物分布很广，遍及各种寄主环境中，但能否造成昆虫疾病的流行，使害虫大量死亡,其原因比较复杂,主要分为生物和气象两大因素。

(1)生物因素 昆虫疾病流行的生物因素包括病原微生物的致病力及其传染方式、寄主昆虫状态和密度、其他生物传播者的数量等。

①病原微生物的致病力 病原微生物种类很多,致病力各不相同,即使同一种也会因株系不同差异很大。一般来说,致病力高、传染力强、而且数量大,可加快昆虫疾病流行。另外与病原入侵寄主的方式亦有关系,经皮肤(真菌)入侵寄主的方式比食入(细菌、病毒)侵染的易于导致疾病流行。

②寄主昆虫状态和密度 寄主昆虫体弱、龄期小易染病,幼虫比成虫易染病。另外,还与寄主昆虫行为有关,有转移习性的昆虫和有相互残食厮咬的昆虫,可相互传病。再就是高密度的虫口,也是昆虫疾病流行的一个重要因素,特别昆虫病毒病。但真菌疾病例外,有时虫口低密度时,白僵菌、绿僵菌等亦会流行。

③其他生物携带 昆虫病原微生物可通过其他生物如天敌昆虫、蜘蛛、鸟类等的传播而扩散,例如鸟类取食染病昆虫后排出的粪便,仍有较强的传染力。寄生蜂寄生产卵时,其身体和产卵管均可携带病原传给健虫。

(2)气象因素 阳光、温度、湿度、风、雨等气象因素,亦是昆虫疾病能否流行的外部因素。

①阳光 较强的阳光,特别是紫外线对多种病原微生物都有灭活作用,因而在阳光直射的环境下,昆虫疾病难以流行。但在有较好的荫蔽环境的果园和森林中就易流行,例如,白僵菌和虫霉菌在散光条件下,可促进真菌孢子萌发、菌丝生长和孢子形成。因此,在使用微生物杀虫剂时,要避开阳光直晒时间施用,可在清晨或傍晚时进行。

②温度 昆虫病原微生物一般对温度有较大的适应能力,但也需适宜温度,例如白僵菌的适宜温度为21℃~31℃,在此温度

下，菌丝和孢子发育旺盛。而高温（30℃以上）则对昆虫病毒有诱发作用。

③湿度和降雨　湿度与真菌病的流行关系极大，在湿度大、降雨多的年份，极易引发昆虫真菌疾病的流行。在一般情况下，昆虫病毒病亦是在湿度大的条件下易流行。在土壤中生活的昆虫，土壤含水量大的地块，害虫染病死亡率较高。例如白僵菌处理土壤防治桃蛀果蛾，据笔者试验，当土壤含水量达10%时，其幼虫病死率高达93.33%，含水量5%时仅有73.33%，当含水量降至2.8%时则病死率仅有56.67%，差异非常明显。

④气流和田间小气候　昆虫病原微生物可随风飘移，污染害虫和植物，从而使更多的害虫染病。适度的风速会加快病原物的扩散，可造成昆虫疾病的流行。昆虫疾病的流行还与田间小气候有密切关系，例如荫蔽度较大、地面有覆盖物或土壤含水量高的果园，由于环境条件适宜，有利于昆虫疾病的流行，尤其适合真菌病的流行。

三、果树害虫天敌的主要种类

（一）捕食性昆虫

1. 瓢虫　瓢虫属鞘翅目瓢虫科，其种类多达4 000多种，其中80%以上是肉食性的，是果园中主要的捕食性天敌，以成虫和幼虫捕食各种蚜虫、叶螨、介壳虫以及低龄鳞翅目幼虫、梨木虱等。瓢虫捕食寄主的范围因其种类而异，有的瓢虫以捕食蚜虫为主，有的以捕食叶螨为主，有的以捕食介壳虫为主，还有一类瓢虫专门捕食白粉菌。

（1）以捕食蚜虫为主的瓢虫　以捕食蚜虫为主的瓢虫种类较多，如龟纹瓢虫、异色瓢虫、多异瓢虫、七星瓢虫、黑背小毛瓢虫、六斑显盾瓢虫等，其中前4种较为常见。不同种的瓢虫对环境条件要求有一定的差异，七星瓢虫喜阴凉，因此，夏季果园很少见到七星瓢虫。而龟纹瓢虫则耐高温，异色瓢虫喜在树木或高秆作物上活动，因而果园内数量较多。

①龟纹瓢虫 *Propylaea japonica* (Thanberg) 发生代数各地差别较大，北方一年发生4～5代，南方7～8代。以成虫在树皮裂缝、树洞、落叶、土缝以及果树根颈处越冬。翌年3月当气温达10℃以上时成虫开始出蛰，上树寻觅捕食蚜虫，气温达14℃时成虫即在蚜虫聚集处产卵。发育历期(温度27℃～29℃，相对湿度80%)：卵期2～3天，幼虫期6～9天，蛹期3～4天，从卵至成虫羽化14天左右。成虫活泼、喜光、耐高温，在温度较高的晴朗天气活动最盛，但在夏季阳光直晒时，则在树叶下荫蔽处活动取食。成虫羽化后3～5天开始产卵，每雌产卵200～300粒，多者可达千余粒。成虫寿命32～82天，越冬代成虫长达268天。初孵幼虫群集于卵壳周围，3～4小时后分散。成虫每日可捕食蚜虫27～100余头，幼虫日捕食蚜虫数量为：1龄5～6头，2龄13～17头，3龄21～39头，4龄45～65头。龟纹瓢虫也是农田害虫的主要天敌，因此，靠近麦田、玉米田的果园龟纹瓢虫的数量较多，特别是麦收后，龟纹瓢虫会大量迁入果园，对控制蚜虫作用较大。

②异色瓢虫 *Leis axyridis* (Pallas) 发生代数因地域而异，黑龙江一年发生2代，辽宁3代，山东5代，江西8代。以成虫群集在山区背风向阳的石洞、石缝、墙缝等处越冬。越冬成虫出蛰期在3月下旬至4月上旬，出蛰时间与果树物候期密切相关，杏树开花为出蛰盛期，梨树开花为出蛰末期。成虫寿命40～50天，越冬代为250～300天。发育历期(温度23℃～26℃)：卵期3～4天，幼虫期11天，预蛹期1天，蛹期5天。每头雌虫产卵700～800粒，最多达2 000粒以上。幼虫孵化后先在卵壳周围停留数小时，有的可长达24小时。成、幼虫爬行很快，无假死性，在食料缺乏时有自相残杀习性，有一定的耐饥能力，成虫耐饥力可达14天。

在果园以捕食蚜虫为主，也可捕食叶螨、蚧类害虫。每日捕食桃蚜数量为成虫 100～200 头，幼虫：1 龄 10～30 头，2 龄 30～50 头，3 龄 50～150 头，4 龄 100～200 头。果园环境对异色瓢虫的发生有一定的影响，荫蔽度较大的果园发生量多于荫蔽度小的果园。

③七星瓢虫 *Coccinella septempunctata* Linnaeus　黄河流域一年发生 4～5 代，以成虫在土块、石缝、草丛、岩洞、枯枝落叶、房舍等处越冬。翌年二三月间开始出蛰活动、取食和繁殖。3 月中下旬至 4 月初为产卵盛期，5 月下旬幼虫开始孵化。由于成虫产卵期较长，尤其是越冬代成虫产卵期长达 1～2 个月，甚至更长，因而世代重叠现象突出。各代成虫生长期如下：第一代为 4 月下旬至 5 月下旬，第二代为 6 月上旬至 8 月中旬，第三代为 6 月下旬至 8 月下旬，第四代为 7 月中旬至 10 月下旬，第五代为 10 月下旬至 11 月下旬。该虫不耐高温，7～8 月份气温较高，会出现生殖滞育或转移至高山处越夏，果园内很少见到该虫。9～10 月间又会回迁到果园或麦田，11 月中下旬越冬。

七星瓢虫发育历期（温度 22℃）：卵期 4 天，幼虫期 14 天，预蛹和蛹期 7 天，完成一代时间需 25 天左右。成虫寿命 20 天左右，最长 52 天，越冬代长达 278 天。雌虫交尾后 2～3 天开始产卵，产卵期 17～42 天，每头雌虫产卵 200～800 粒，最多 4 725 粒。白天产卵，多产在叶片背面蚜虫集中处。主要捕食蚜虫及其他小型昆虫，成虫可捕食绣线菊蚜 1 658 头，幼虫捕蚜量为：1 龄 40 头，2 龄 87 头，3 龄 608 头，4 龄 713 头，一生可捕食 3 000 余头蚜虫。七星瓢虫成虫爬行和飞翔力较强，有假死性，遇到外界触动时，会喷出黄水防御。白天活动取食，幼虫在食料不足时，有互相残杀习性，高龄幼虫会捕食低龄幼虫。

④多异瓢虫 *Adonia variegata*（Goeze）　山东一年发生 4 代、部分 5 代，世代重叠。以成虫在杂草、落叶、石块下等处越冬。翌年 3～4 月份开始活动，首先在刺儿菜、碱蓬等杂草上取食蚜虫，

并在其上产卵、繁殖。随后逐步转移到小麦、棉花、果树等寄主上活动。山东省德州农科所观察，各代成虫出现时间为：第一代5月下旬至6月下旬，第二代6月中旬至7月中旬，第三代7月上旬至8月上旬，第四代、第五代世代重叠，在7月下旬至10月中旬。10月中旬以后，成虫开始寻找越冬场所越冬。夏季发育历期：卵期2天左右，幼虫期6～8天，预蛹和蛹期3～4天，成虫产卵前期3～4天。单雌产卵量一般为100～200粒，最多达704粒。据山东省聊城农科所观察，多异瓢虫每日捕食蚜虫数量：成虫为92.4头，幼虫为：1龄14.2头，2龄32.9头，3龄48.8头，4龄79.5头。成虫活泼、飞翔力强，有假死性。在食料不足时，可吃掉自产卵粒或互相残杀。成、幼虫主要取食多种蚜虫及鳞翅目害虫的卵及初孵幼虫。

(2)以捕食叶螨为主的瓢虫　以捕食叶螨为主的瓢虫主要有深点食螨瓢虫、黑襟毛瓢虫、连斑毛瓢虫等，以深点食螨瓢虫最为常见，我国南方还有腹管食螨瓢虫等。

深点食螨瓢虫 *Stethorus punctillum* Weise　一年发生4～5代，以成虫在树皮裂缝、树洞、枯枝落叶、杂草等处越冬。翌年春气温达12℃以上时开始出蛰活动，5月中下旬至6月上中旬为产卵期，每头雌成虫产卵87～124粒，越冬代成虫产卵期长达90～160天，产卵量高达500～700粒。卵分散产在叶螨较集中处。1龄幼虫主要捕食害螨的卵和初孵幼螨，2～3龄幼虫主要捕食害螨的卵、若螨，亦可捕食成螨。4龄幼虫主要捕食成螨。深点食螨瓢虫成虫每日可捕食成螨36～93头，若螨137～169头，幼虫平均每日捕食螨卵和成若幼螨25粒(头)，4龄幼虫日捕食量最大，达43粒(头)。1头幼虫可捕食成、若螨136头，成虫一生可捕食600余头各虫态叶螨。在室温(24℃～28℃)下，完成1代需20～26天(卵期3～4天，幼虫期8～9天，蛹期6～8天)。成虫寿命32～53天，越冬代成虫寿命长达220天。

(3)以捕食介壳虫为主的瓢虫　在北方果区主要有黑缘红瓢虫、红点唇瓢虫、红环瓢虫、中华显盾瓢虫、蒙古光瓢虫等。其捕食寄主为:朝鲜球坚蚧、草履蚧、吹绵蚧、梨圆蚧、桑盾蚧、东方盔蚧等。我国南方还有大红瓢虫以及引进的澳洲瓢虫,主要捕食柑橘上的一些介壳虫。

①黑缘红瓢虫 *Chilocorus rubidus* Hope　一年发生1代,以成虫在树穴、石缝、草堆、落叶等处越冬。据山东省烟台观察,该虫翌年4月上旬开始活动取食,4月中旬至5月上中旬大量产卵,卵期20～30天,幼虫4龄。5月上中旬至6月上旬大量化蛹,蛹期24天左右。5月下旬至6月下旬为成虫盛发期。夏季高温季节栖息树荫处越夏,处于滞育状态。9～10月又活动取食、交尾,11月上中旬开始越冬。雌虫主要在头年介壳虫的空壳内或树皮缝等处产卵。幼虫孵化后0.5～1小时才开始捕食介壳虫,幼虫有群集化蛹的习性,常数十头群集在大枝阴面化蛹。成虫羽化后3天左右开始交尾,雌虫可多次交尾。成、幼虫均捕食介壳虫,体软的寄主可全部吃完,遇体硬的寄主,则先咬一孔将头伸入壳内,吃尽壳内肉质。发育历期(温度14℃～20℃,相对湿度85%～90%):卵期15～25天,幼虫期27～41天,蛹期8～15天。成虫寿命300余天,耐饥力强,越冬成虫4～5个月不取食仍能生存。单雌产卵量平均为157.8粒。日捕食量:1龄幼虫捕食球坚蚧若虫1～2头,2龄幼虫捕食2.6头,3龄幼虫捕食雌成虫5.3头,4龄幼虫捕食雌成虫6.8头,成虫捕食球坚蚧雌成虫14～17头,1头瓢虫一生可捕食2 000余头介壳虫。该虫有自相残杀习性,在食物缺乏时,3～4龄幼虫常取食预蛹和蛹,有时亦会取食体弱的2～3龄幼虫。成、幼虫可取食果园多种介壳虫。

②红点唇瓢虫 *Chilocorus kuwanae* Silvestri　河北省一年发生4代,以成虫在树干裂缝、石缝、枯枝落叶等处越冬。翌年3月中旬出蛰,4月上中旬开始产卵,各代成虫发生期为:第一代5月

下旬至6月中旬,第二代7月上旬至8月中旬,第三代8月中旬至10月中旬,第四代10月中旬,11月上旬开始越冬。每头雌虫平均产卵66粒,成虫寿命52～60天。每头成虫日捕食梨圆蚧成虫46头,一生可捕食梨圆蚧1 000～2 300头。红点唇瓢虫雌成虫有先补充营养后产卵的习性,1个介壳下产卵1～3粒。卵期随温度而变,5～7月份为5～8天,8～10月份8～20天。幼虫4龄,每个龄期3～4天,幼虫期11～16天。取食时先将介壳虫顶部咬一圆孔,取食体内组织成空壳。3～4龄幼虫平均每日取食梨圆蚧成虫114头,幼虫一生可捕食梨圆蚧成虫1 000余头。食性很杂,可取食桑白蚧、梨圆蚧、龟蜡蚧、朝鲜球坚蚧、东方盔蚧等多种蚧类害虫。

③红环瓢虫 *Rodolia limbata* Motschulsky　一年发生1代,以成虫在落叶、土石缝及树干裂缝等处越冬。翌年3～4月份出蛰,捕食初孵化的介壳虫若虫,4～5月份交尾产卵,卵多产在草履蚧等为害的芽腋处,每处产卵1～10粒,每头雌虫可产卵221～719粒。发育历期(温度16.8℃,相对湿度79%):卵期20天,幼虫期48天,预蛹期12天,蛹期11天,从卵至成虫羽化91天。而在温度21.3℃下,从卵至成虫羽化仅需42天(卵期12天,幼虫期28天,预蛹期和蛹期14天)。成虫寿命长达320天左右。1头成虫和幼虫一生可捕食草履蚧132～213头和50～88头。成虫羽化后先在蛹壳内停留1～2天,随后在枝叶上栖息,寻找寄主取食。喜群集,常3～10头聚集一起,抗逆性强,对温度反应不敏感。

(4)以捕食白粉菌为主的瓢虫　捕食白粉菌的瓢虫主要有白条菌瓢虫、梵文菌瓢虫、素鞘瓢虫、十二斑菌瓢虫等,该类瓢虫主要以果树白粉病所产生的白粉菌分生孢子为食料,对白粉病的发生和流行有一定的控制作用。

2. 草蛉　草蛉又名草青蛉,幼虫俗名叫蚜狮,属脉翅目草蛉科。它分布广,食量大,是捕食蚜虫、叶螨、叶蝉、蓟马、介壳虫以及鳞翅目害虫低龄幼虫和多种卵的重要捕食性天敌。草蛉的种类很多，目前世界上已知的有 1 300 多种，在我国常见的有大草蛉、丽草蛉、中华草蛉、叶色草蛉、普通草蛉等 10 余种。果园内常见的草蛉主要有以下几种。

(1)大草蛉 *Chrysopa septempunctata* Wesmael　华北一年发生 4 代，湖北、江西 5 代，福建 6 代。均以蛹茧在枯枝落叶、树皮裂缝、杂草、石块下等处越冬。4 月中下旬至 5 月底成虫陆续羽化，先在桃、杏、苹果、木槿、油菜等有蚜虫的寄主上活动、产卵。6～10 月间均有成虫发生，世代重叠。成虫晚间羽化，白天取食，有较强的趋光性，寿命长达 36～46 天，最长 60 天左右。雌虫羽化后 6～8 天交尾，一次交尾多次产卵。单雌产卵量达 900 粒左右，高者达 2 000 余粒，多产在蚜虫密集处。产下的卵呈丛状，常 10 余粒至数十粒聚集一起。卵孵化后 0.5～2 小时，幼虫沿卵柄爬下开始寻找寄主取食。夏、秋季节发生历期：卵期 3～5 天，幼虫期 8～13 天，蛹期 10～12 天，产卵前期 8～13 天，全代历期 30～46 天。成、幼虫主要捕食蚜虫，亦能捕食鳞翅目害虫的卵和初龄幼虫。每头幼虫一生可捕食各类蚜虫 600～700 头，成虫捕食 500 余头，成、幼虫一生可捕食蚜虫 1 000 余头。

(2)中华草蛉 *Chrysopa sinica* Tjeder　一生发生 4～6 代，以成虫在麦田、树皮、枯枝落叶、屋沿、墙缝、草丛等处越冬。山东省一年发生 4 代，各代成虫发生盛期为：第一代 5 月中旬、第二代 6 月下旬、第三代 8 月上旬、第四代 9 月上旬，10 月中旬至 11 月上中旬成虫转为黄色越冬型成虫，开始滞育越冬。发育历期(温度 20℃～30℃)：卵期 2～7 天，幼虫期 9～18 天，预蛹期 3～8 天，蛹期 7～15 天，产卵前期 2～8 天，全代历期 25～56 天。

成虫多为夜间羽化，有趋光性，活动盛期在 17～21 时，寿命：春季 50～60 天，夏季 30～40 天。成虫需取食补充营养后才能达到性成熟，然后才能交尾，越冬代成虫越冬前不交尾，待翌年春再行交尾、产卵，卵散产，每雌产卵 250～800 粒，最多达千余粒。成、幼虫可捕食蚜虫、叶螨以及鳞翅目昆虫的卵和初孵幼虫。1～3 龄幼虫平均每日可捕食山楂叶螨若螨 300.1 头、438.8 头和 718.9 头。

(3)丽草蛉 *Chrysopa formosa* Brauer　一年发生 4～5 代，以预蛹在茧内越冬。山东省 4 月上旬开始化蛹、4 月下旬至 5 月上旬为化蛹盛期，越冬代成虫羽化盛期在 5 月上中旬，以后各代成虫羽化盛期为：第一代 6 月中旬，第二代 7 月中下旬，第三代 8 月下旬。9 月中旬以后陆续进入预蛹期准备越冬。发育历期（温度 20℃～30℃）：卵期 4～7 天，幼虫期 8～15 天，预蛹期 4～10 天，蛹期 7～16 天，产卵前期 4～7 天，全代 27～55 天。

成虫羽化后需补充营养 3～5 天后才开始交尾产卵，单雌产卵量平均 700 粒左右，最高达 1 200 余粒。成虫有趋光性、趋上性，常在植株上部产卵，散产。幼虫在食料不足时，有自相残杀习性，成虫有自食其卵的习性。成、幼虫主要取食蚜虫、叶螨及鳞翅目昆虫的卵和初孵幼虫，取食量和大草蛉相似。

3. 食虫椿象　食虫椿象属半翅目，半翅目昆虫大多数椿象以吸食植物的茎叶、花果汁液为生，故为害虫。但是亦有一少部分椿象专门吸食害虫的卵汁或幼（若）虫体液，即为益虫。这两种椿象外形上差别不大，但有害椿象都有臭味，它的喙（口器）由头顶下方紧贴头下，直接向体后伸出，不呈钩状。而食虫椿象大多无臭味，喙坚硬如锥，基部向前延伸，弯曲成钩状，不紧贴头下。食虫椿象属不完全变态昆虫，其虫态分为卵、若虫、成虫。食虫椿象种类很多，我国已知的有 2 000 余种，主要捕食各类软体昆虫如鳞翅目害虫的卵和幼虫，亦可捕食蚜、螨、叶蝉等害虫。当遇到害虫时即伸出粗大的喙，刺入虫体内，吸吮汁液，将其致死。

食虫椿象是果园害虫天敌的一大类群，其种类较多，捕食寄主亦有所不同。例如花蝽科的东亚小花蝽、小花蝽、黑顶黄花蝽、欧花蝽、乌苏里原花蝽、黑刺小花蝽等。主要捕食蚜虫、叶螨、蚧类以及鳞翅目害虫的卵和低龄幼虫等。姬猎蝽科的华姬猎蝽、小姬猎蝽主要捕食蚜虫、叶螨、叶蝉、木虱、网蝽、跳甲、象甲以及鳞翅目害虫的卵和幼虫等。猎蝽科的白带猎蝽、褐猎蝽 、普猎蝽、乌猎蝽、双刺胸猎蝽，主要捕食蚜虫、叶蝉、椿象、卷叶蛾等。盲蝽科的黑食蚜盲蝽，主要捕食蚜虫类。山齿爪盲蝽，主要捕食叶螨。黑肩绿盲蝽，主要捕食飞虱类害虫的卵。军配盲蝽，主要捕食梨花网蝽。长蝽科的大眼蝉长蝽，主要捕食蚜虫、盲蝽以及蛾类的卵和幼虫。蝽科的蠋敌，主要捕食梨星毛虫、山楂粉蝶、刺蛾、尺蠖等鳞翅目幼虫。

(1)小花蝽 *Orius minutus* Linnaeus　小花蝽是苹果园中最为常见的一种害虫天敌，发生世代各地有所不同，辽宁省一年发生 4 代，山东省 7～8 代，湖北省 8～9 代。以成虫在果树树皮裂缝、绿肥、杂草、麦田等处越冬。越冬代成虫翌年 3～4 月份开始出蛰活动、产卵，直至 11 月初田间均可见到成虫和若虫。各虫态发生历期：卵期 4～7 天，若虫期 9～14 天，成虫期 24 天左右。成虫喜在植物嫩芽、叶柄和叶片主脉基部产卵，1 片苹果叶上可产卵 2～5 粒，最多 10 余粒。每雌一般产卵 30～40 粒，多者达百余粒。成、若虫喜在中午气温高时于蚜螨为害的茎叶和卷叶中活动，早晚或阴雨天常栖息于叶腋间的隐蔽处。成虫有趋光性，喜食花蜜。捕食寄主范围很广，成、若虫可捕食蚜虫、叶螨、叶蝉、蓟马以及鳞翅目昆虫的卵和初孵幼虫等多种害虫。1 头成虫每日可捕食叶螨 20 头，螨卵 2～3 粒，蚜虫 26.8 头；若虫可捕食叶螨 44 头，若虫期可捕食叶螨 420 头，1 头小花蝽一生可捕食叶螨 2 000 头以上。亦可刺吸桃蛀果蛾、棉褐带卷蛾的卵和初孵幼虫。

(2)东亚小花蝽 *Orius sauteri* (Poppius)　以成虫在树皮裂缝等处越冬。华北一带 3 月底至 4 月上旬开始出蛰活动，先在夏至草上活动，繁殖 1～2 代，5 月下旬夏至草陆续枯死后即向果园转移，取食绣线菊蚜、山楂叶螨等害虫。雌虫多在叶片主、侧脉处产卵，每头雌虫可产卵70粒左右，多者达120余粒。

(3)蠋蝽 *Arma custos* (Fabricius) 又名蠋敌。东北地区一年发生1～2代，北京2～3代，山东省3～4代。以成虫在树干基部的枯枝落叶、土块、石缝、油菜、麦田等处越冬。翌年4月出蛰上树活动取食，交尾产卵。第一代成虫出现期在6月下旬至7月上旬，第二代在7月下旬至8月份，第三代在9月份，10月中下旬成虫开始寻找越冬场所越冬。各虫态发育历期：卵期6～8天，若虫期(1～5龄)26～32天，成虫产卵前期3～4天，成虫寿命10～38天。成虫羽化后4～5天开始交尾，卵多产在叶片正面，常10几粒至数十粒排列一起，单雌产卵300粒左右，多者达570粒。成虫不善飞翔，在田间多分散爬行。若虫3龄前有群聚性。成、若虫喜在7～10时和15～21时活动。初孵若虫聚集在卵块周围吮吸树叶汁液，经6～24小时后即蜕皮为2龄若虫，开始捕食害虫。成、若虫喜捕食多种鳞翅目害虫和鞘翅目的象鼻虫、甲虫等。

4. 食蚜蝇 属双翅目食蚜蝇科。以幼虫捕食果树蚜虫为主，亦能捕食叶蝉、介壳虫、蓟马、蛾蝶类害虫的卵和初龄幼虫，是果树害虫的重要天敌。它的成虫颇似蜜蜂，但腹部背面大多有黄色横带，喜取食花粉和花蜜。卵单产，白色，大多产于蚜群中或其周围。幼虫蛆形，头尖尾钝，体壁粗糙，有纵形条纹，常高举虫体前半部左右摆动，碰到蚜虫就用口器抓住，举在空中吸吮，将体液吸尽后弃去虫尸再继续捕食，每头幼虫一生可捕食数百头至数千头蚜虫。

食蚜蝇的种类很多，主要有黑带食蚜蝇、斜斑鼓额食蚜蝇、月斑鼓额食蚜蝇、梯斑黑食蚜蝇、六斑食蚜蝇、四条小食蚜蝇、细腹食蚜蝇、短翅细腹食蚜蝇、大灰食蚜蝇、凹带食蚜蝇、狭带食蚜蝇等。华北地区食蚜蝇每年发生4～5代，大多以老龄幼虫或蛹在植物根部附近土中越冬。春季在果树或其他植物上活动并捕食蚜虫，7～8月份蚜虫缺乏时即化蛹越夏，秋季又继续繁殖和捕食。食蚜蝇捕食蚜虫能力很强，1头幼虫可捕食数百头至数千头蚜虫。

(1)黑带食蚜蝇 *Epistrophe balteata* De Geer　一年发生4～5代,以老龄幼虫、蛹或成虫越冬。4月上旬出现成虫,寻找蚜群产卵、繁殖,5～6月份各虫态发生数量最多,7～8月份气温升高,蚜虫缺乏,幼虫多入土化蛹,9～10月份数量回升。成虫需采食花蜜补充营养才产卵,产卵时雌虫在空中振动双翅,保持原位不动,在蚜群中点点产卵。发育历期(温度17℃～18℃):卵期2.5天,幼虫期8.5天,蛹期8.3天。幼虫孵化后即可捕食蚜虫,捕食时用口钩捕食蚜虫、举在空中吸尽体液后扔掉虫尸,再去捕食其他蚜虫。平均每头幼虫每天可取食蚜虫120头左右,整个幼虫期可捕食840～1 500头蚜虫。幼虫在叶背或卷叶中化蛹。秋季若果园蚜虫不足时,成虫会转移到周围麦田、菜田或林木上产卵,孵化后捕食蚜虫,以后入土越冬。

(2)斜斑鼓额食蚜蝇 *Lasiopticus pyrastri* (Linnaeus)　又名大绿食蚜蝇。华北和陕西一带一年发生4～8代,以成虫在背风向阳处越冬。翌年3月份温度升高时,成虫即开始活动,寻找蚜虫密集处产卵,卵散产,每头雌虫可产卵百余粒。发育历期:卵期2～3天,幼虫期6～7天,蛹期10天左右,成虫寿命3～4天,越冬代成虫寿命长达100余天,完成一个世代需25～30天。该虫不耐高温,适宜温度为10℃～20℃,以3～5月份和9～10月份发生量最大,夏季高温不利于该虫活动繁殖。成虫喜取食花蜜、花粉,以补充营养。幼虫取食果树及粮棉作物上多种蚜虫。

5. 螳螂　螳螂属螳螂目,是多种害虫的天敌,具有分布广、捕食期长、食虫范围广、繁殖力强等特点,在植被多样化的果园中数量较多。螳螂的种类,我国约有50多种,常见的有中华螳螂(体长10厘米左右)、广腹螳螂(腹部粗大,体长6厘米左右)、薄翅螳螂(翅膀较薄,体长5厘米左右)等。螳螂属不完全变态昆虫,分为卵(螵蛸)、若虫、成虫3个虫态,一年发生1代,以卵在树木枝条上越冬。

螳螂喜凉怕热，适宜的活动温度为18℃～22℃，相对湿度75％～85％，中午炎热时，常躲在阴凉避光处。成、若虫有相互残杀的习性，雌虫残杀严重，雄虫较少残杀，特别是交尾后，雌虫常将雄虫吃掉。雌虫产卵时先分泌胶质物附着在产卵处，然后逐层产卵，逐层分泌胶质覆盖在卵上，做成卵鞘，每个卵鞘有卵少者100余粒，多者达430余粒。若虫孵化后4小时即可捕食害虫。

螳螂的食性很杂，可捕食蚜虫类、蛾蝶类、甲虫类、蝽类等60多种害虫，自春至秋田间均有发生。若虫具有跳跃捕食习性，1～3龄若虫喜食蚜虫，特别是有翅蚜。3龄以后嗜食体壁较软的鳞翅目害虫，成虫则可捕食蚜虫、叶蝉、盲蝽、金龟甲、桃蛀果蛾、梨小食心虫、枣步曲、棉铃虫等各类害虫。螳螂的捕食量很大，3龄若虫每日可捕食蚜虫198头，捕食1～2龄棉铃虫幼虫110头，捕食4龄棉铃虫17头。8龄螳螂食量更大，全龄期可捕食3龄棉铃虫380头，老龄棉铃虫180头。

广腹螳螂 *Hierodula patellifera*（Serville）　北京市一年发生1代，以卵鞘在枝条上越冬，6月下旬若虫孵化，8月下旬为成虫羽化盛期，9月上旬开始产卵越冬。

6. 塔六点蓟马 *Scolothrips takahashi* Priesner　该虫属缨翅目蓟马科，是捕食叶螨的重要天敌。一年发生8～10代，以若虫在树皮裂缝处越冬。翌年4月下旬出现成虫，华北一带以6月下旬至7月份及9月中旬至10月上旬发生数量最多。发生期常晚于叶螨，干旱季节有利于发生。初孵若虫无色透明，善于爬行，取食后腹部呈现浅褐色。第一次蜕皮前，停食半天，体色变白。蜕皮后，腹部红色加深，进入“预蛹”之前停食1天左右，不断排出粪便，体色逐渐变为乳白色（称老熟若虫）。第二次蜕皮后变为“预蛹”，叶面爬行或静伏。第三次蜕皮后变为“蛹”，多静伏，但仍可爬行。第四次蜕皮后，变为成虫，进入大量捕食阶段。雌虫行孤雌生殖，田间雌虫率占70％左右。当日平均温度达15℃以上时，雌虫即可产卵，卵多产在有叶螨活动的叶片组织内，每雌产卵40粒左右。成、若虫专门捕食山楂叶螨等多种叶螨的各个虫态。1头成虫每日可捕食成螨3～4头，卵1～2粒；若虫每日捕食成螨2～3头，卵1～2粒，发生量大时一棵树上往往有数千头成、若虫。当8月份果树上叶螨数量减少时，成虫会转移到茄子、黄瓜、棉花、花生、大豆等作物上，寻找叶螨取食。该虫食量虽不大，但其数量多，繁殖快，对叶螨控制作用显著。

7. 日本方头甲 ***Cybicephalus nippinicus*** **Endridy-Yiunga** 该虫属鞘翅目方头甲科，是捕食介壳虫的重要天敌。河北省一年发生2～3代，重庆市3～5代，以成虫在树皮裂缝、落叶、土石块下等处越冬。该虫在河北省昌黎一带发生规律如下：4月中旬越冬代成虫开始产卵，4月下旬孵化为幼虫，5月中下旬开始结茧化蛹，6月上中旬第一代成虫羽化。6月下旬成虫产下第二代卵，7月上旬幼虫孵化，7月中旬结茧化蛹，7月下旬至8月上旬第二代成虫羽化。其中一部分成虫延续至11月份，以第二代成虫越冬。另一部分成虫8月下旬产卵，9月上旬羽化出第三代成虫，11月上中旬越冬。发育历期（温度21℃～26℃）：卵期7～11天，幼虫期10～13天，蛹期：第一代18天，第二代13天，第三代29天。成虫寿命：第一代73～78天，第二代109天，第三代225～235天。1头雌虫平均产卵37～49粒，多者达111粒。产卵时雌虫先在介壳虫边缘咬一缺刻，然后将卵产在介壳下面，每个介壳下可产卵1～3粒。幼虫孵化后，即在介壳下取食虫体及卵，幼虫每日可捕食桑盾蚧若虫或卵12～86头（粒），平均36头（粒）。成虫捕食时先用上颚咬穿介壳，将头伸进介壳下吸食体液，1头雌虫每日可捕食桑盾蚧雌虫1～6头，成虫期可捕食100～200余头，自然捕食率常达29%左右。

8. 食虫虻 该虫属双翅目食虫虻科，是一种体型较大的捕食性昆虫，常见的有大食虫虻、虎斑食虫虻、白头小食虫虻等，生活史不详。成虫白天活动，体健善飞，性极凶猛，可捕捉各种空中飞行的害虫，亦可静守等待害虫到来后捕食。成虫5～10月份随时可见，可捕食茶翅蝽等蝽类害虫以及鳞翅目等害虫的幼虫，捕食时先用口器插入虫体，使其不能活动，然后再吸食体液。成虫产卵于植物叶片上，幼虫孵化后，潜居于土壤或朽木中，捕食其他昆虫幼虫，在土中还可捕食蛴螬等地下害虫。

(二)寄生性昆虫

寄生性昆虫是昆虫天敌的重要类群，数量最多的是寄生蜂，其次是寄生蝇。其特点是以雌成虫产卵于寄主(昆虫或害虫)体内或体外，以幼虫取食寄主的体液摄取营养，直至将寄主体液取食殆尽后死亡。成虫则以花粉、花蜜、露水等为食或不取食。除了成虫以外，其他虫态均不能离开寄主而独立生活。现将果园常见的寄生性昆虫介绍如下。

1. 寄生蜂

(1)赤眼蜂　赤眼蜂属膜翅目赤眼蜂科。它是一种寄生在昆虫卵内的寄生蜂，体型很小，身长不足1毫米，眼睛鲜红色，故名赤眼蜂。赤眼蜂是一种广寄生性天敌昆虫，它能寄生400余种昆虫卵，尤其喜欢寄生鳞翅目昆虫卵，如果树上的棉褐带卷蛾、梨小食心虫、棉铃虫、刺蛾等，是果园中的一种重要害虫天敌。赤眼蜂的种类很多，我国已经定名的就有24种，在果树上常见的种类主要是松毛虫赤眼蜂，另外还有螟黄赤眼蜂、舟蛾赤眼蜂、毒蛾赤眼蜂等。

松毛虫赤眼蜂 *Trichogramma dendrolimi* Matsumura　赤眼蜂从卵直至成虫羽化都在寄主卵内完成，适宜温度20℃～30℃，相对湿度60%～80%。生活周期很短。用柞蚕卵繁殖，在25℃温度下完成1代需10～12天，30℃温度下仅需8天，若在人为控制下，全年可繁殖50代左右。在自然条件下，华北地区一年发生10～14代。赤眼蜂的生殖方式既可雌雄交配生殖，又可孤雌生殖，性比以雌蜂占绝对优势，雌蜂率达60%～95%。赤眼蜂的繁殖力很强，每头雌蜂可繁殖子代40～70头，最多达176头。成蜂寿命较短，一般 2～3 天，但补充营养后可明显延长寿命。赤眼蜂有趋光性和向上性，活动受温度影响较大，在 20℃以下时，以爬行扩散为主，20℃以上时以飞行扩散为主，有效活动半径为 20 米左右，10 米以内的寄生率最高。笔者用 P^{32} 标记试验看出（表 5-1），在果园中心点释放松毛虫赤眼蜂，在 6 小时内有 91.3%的蜂活动在 10 米范围以内，其中 5 米范围内占 61.96%；20 米以外的蜂量很少，但在 50 米处仍有 1.09%P^{32} 标记的赤眼蜂。释放 24 小时后，赤眼蜂逐渐向外围扩散，5 米处的蜂量由 61.96%减少为 37.5%，10 米处的蜂量由 29.35%减少到 21.88%，而 30 米外的蜂量则由 2.17%上升到 34.37%，由此可见，人工释放赤眼蜂后，24 小时内即可均匀分布在 30 米范围内。

表 5-1　果园标记 P^{32} 松毛虫赤眼蜂测定扩散距离

捕蜂时间	距　离（米）	捕获蜂量及比例		平均 5 头蜂 P^{32} 强度（cpm）*
		头　数	占总蜂量（%）	
6 小时	5	57	61.96	76.8
	10	27	29.35	80.8
	20	5	5.43	52.3
	30	2	2.17	98.0
	50	1	1.09	79.0
	合计平均	92	—	77.4
24 小时	5	12	37.50	35.7
	10	7	21.88	77.3
	30	11	34.37	42.8
	45	2	6.25	53.0
	合计平均	32	—	52.2
	50 米以外	2	—	17.0

* 注：cpm 表示给予放射性物质后发射的粒子，计数/分钟

松毛虫赤眼蜂在果园内的自然寄生率是前期低、后期高。据笔者调查，棉褐带卷蛾在产卵初期卵粒寄生率仅为17.2%，产卵盛期即上升到41.9%，进入产卵末期则高达62.3%。另外，赤眼蜂的自然寄生率还与果园植被有关，植被复杂的果园，赤眼蜂自然寄生率明显高于植被单一的果园。赤眼蜂可用柞蚕卵、蓖麻蚕卵、米蛾卵或人造卵进行人工繁殖释放。据笔者试验，利用松毛虫赤眼蜂防治苹果园棉褐带卷蛾和梨小食心虫，卵的寄生率达90%左右，最高达95%以上，虫害明显降低，其效果明显好于化学防治，是利用天敌防治果树害虫最成功的范例。为了进一步证明释放松毛虫赤眼蜂对棉褐带卷蛾有较高的寄生效果，笔者采用放射性同位素P^{32}饲喂成蜂，进行直接标记，并在果园释放，回收棉褐带卷蛾的寄生卵块，测定P^{32}的放射性强度，探明果园释放松毛虫赤眼蜂的寄生效果。试验结果表明，放蜂区卵块寄生率达96%，卵粒寄生率93%，经测定有73.91%寄生卵块带有P^{32}，其校正后单块卵P^{32}放射性强度为14.34cpm，最高达64.94cpm，证明这是人工释放的结果，26.09%未测出P^{32}，即为自然赤眼蜂所寄生。

(2)黑卵蜂　黑卵蜂属膜翅目，黑卵蜂科。它是一种卵寄生蜂，因成虫全体黑色故名黑卵蜂，其体型稍大于赤眼蜂。寄生果树害虫的主要有椿象黑卵蜂、天幕毛虫黑卵蜂、毒蛾黑卵蜂、松毛虫黑卵蜂等。

①椿象黑卵蜂 *Telenomus mitsukurii* Ashmead　该蜂主要寄生椿象等害虫，山东省烟台一年发生3～5代，以成虫在树皮裂缝、枯枝落叶、土、石块下越冬。翌年4～5月份出蛰，5～6月份成虫产卵于茶翅蝽等蝽类害虫的卵中，每世代15～20天。每头雌蜂可寄生椿象卵200余粒，6～7月份果园椿象最高寄生率可达80%以上，寄生卵呈蓝黑色。寄主主要是茶翅蝽、黄斑蝽、斑须蝽。

②天幕毛虫黑卵蜂 *Telenomus terbrans* Ratzeburg　该蜂主要寄生天幕毛虫等害虫，一年发生1代，以幼虫在天幕毛虫卵内越

冬，翌年5月下旬至6月上旬羽化为成蜂，此时正值天幕毛虫成虫羽化和产卵期，蜂卵相遇，有利于蜂的寄生。成蜂喜取食花蜜和蚜虫、介壳虫分泌的蜜露。成蜂寿命30～60天，每头雌蜂产卵70余粒，蜂在每粒寄主卵上只产1粒卵。幼虫在寄主卵内孵化、取食，发育5个龄期，历期2～3个月。田间寄生率最高可达90%左右，对天幕毛虫的控制力很强。

③松毛虫黑卵蜂 *Telenomus dendrolimusi* Chu　该蜂主要寄生多种灯蛾及松毛虫卵，山东省烟台一年发生7～9代，世代重叠。以成虫在树穴、树皮缝、落叶、杂草等处越冬。翌年5月上旬气温达14℃以上时出蛰，5月下旬至9月在红腹灯蛾、松毛虫等卵中产卵寄生。在温度20℃左右时发育历期为：卵期1～3天，幼虫期4～7天，前蛹期1天，蛹期5～8天，完成一代时间在20℃～24℃下需15～18天，29℃～30℃时仅需10～11天。成虫寿命5～18天。1头雌蜂可寄生灯蛾卵40～60粒。

(3)蚜茧蜂　蚜茧蜂属膜翅目，蚜茧蜂科。是一种寄生在蚜虫体内的重要天敌，被寄生致死后的蚜虫变为黄褐色，虫体僵硬呈鼓胀状，俗称僵蚜。果园常见的种类主要有黄蚜茧蜂、梨蚜茧蜂、烟蚜茧蜂、麦蚜茧蜂等，其寄主有绣线菊蚜、桃蚜、梨二叉蚜、苹果瘤蚜、麦蚜、菜蚜等，不同的蜂种对其寄主有一定的选择性。一年发生8～10余代，以幼虫或蛹在僵蚜内于杂草、果树、绿肥、小麦、蔬菜等处越冬。蚜茧蜂多数为两性交配生殖，少数为孤雌生殖。成蜂羽化后当天即可交尾产卵，雌成蜂以产卵管刺入蚜虫体内产卵，一般1头蚜虫仅被产卵1粒，有时亦能产下数粒，但最终只有1头幼蜂成活。若蚜和母蚜均可被寄生，蚜茧蜂尤喜寄生2～3龄的若蚜。发育周期短，随温度高低有所变化，一般为5～12天。每头雌蜂产卵量为数十粒至100余粒。蚜虫被寄生3～4天后逐渐变为褐色至深褐色，虫体膨大成球形而死亡。蚜茧蜂羽化时在蚜虫尸体腹背近尾处咬一圆形羽化孔爬出，另寻寄主产卵。从被寄生蚜虫的体色变化可知蚜茧蜂虫态发育情况，当蚜虫未明显变色前，为蚜茧蜂幼虫期，当僵蚜为淡褐色时，则蜂进入预蛹期，僵蚜变为棕褐色时，为蛹期，僵蚜呈黑褐色时则为蛹后期，接近于羽化。

①苹果黄蚜茧蜂 *Lysiphlebus fabarum* Marshall　主要寄生绣线菊蚜、苹果瘤蚜、桃蚜等。一年发生12～14代，以幼虫在僵蚜体内休眠越冬，4～10月份均有成虫发生，以6月和9月份寄生率最高，有的年份可高达80%～90%。果园内蚜虫较少时，可转移到绿肥、蔬菜、小麦等处活动取食。10月中下旬在蚜虫体内产卵、孵化为幼虫后不久就开始休眠越冬。

②梨蚜茧蜂 *Aphidius avenae* Haliday　该蜂主要寄生梨二叉蚜、苹果瘤蚜、菜蚜等。山东省一年发生12～14代，以幼虫或蛹在艾草、小麦、蔬菜的僵蚜体内越冬。翌年4月份越冬代成虫羽化，5～10月份成虫不断发生，夏季一个世代10天左右，成虫有趋光性，11月份越冬。

③烟蚜茧蜂 *Aphidius gifuensis* Ashcmead　该蜂主要寄生桃蚜、绣线菊蚜、麦蚜、月季长管蚜等。山东省一年发生8代，大多以老龄幼虫在僵蚜体内越冬，少数以预蛹或蛹越冬，翌年3月中下旬越冬代成虫开始羽化，在桃树、油菜、小麦等作物上活动，寻找寄主产卵，发生期稍早于其他蚜茧蜂。夏季温度达28℃以上时，以预蛹或蛹越夏，直至9月中下旬羽化，11月下旬开始越冬。在平均气温22℃～25℃下完成一代需15～18天，其中卵期2～3天，幼虫期6～8天，预蛹期1～2天，蛹期4～5天。

(4)茧蜂　茧蜂属膜翅目茧蜂科。它是天敌昆虫的重要类群，可寄生多种果树害虫的幼虫和蛹。茧蜂有体内寄生，也有体外寄生，均有结茧化蛹习性。

①桃小甲腹茧蜂 *Chelonus chinensis* Zhang　该蜂主要寄生桃蛀果蛾，发生代数与寄主一致，山东省一年发生2代。以幼虫在桃蛀果蛾越冬幼虫体内越冬，当翌年5～6月份桃蛀果蛾越冬老龄

幼虫出土结夏茧化蛹时，该蜂已将桃蛀果蛾幼虫食尽并在寄主茧内结白色薄茧化蛹，寄生茧小于桃蛀果蛾正常茧。当桃蛀果蛾成虫羽化时，该蜂亦同时羽化，产卵于寄主卵内，属卵-幼虫寄生。当寄主卵孵化为幼虫时，蜂卵亦同时孵化为幼蜂，并在寄主体内取食，不久即进入滞育状态，直至寄主幼虫发育到 4 龄时，该蜂幼虫迅速取食发育，随着寄主幼虫老熟结茧，幼蜂亦随之结茧于寄主茧内。7～8 月份第一代桃蛀果蛾成虫产卵时，该蜂随之产卵、取食、发育，9～10 月份随桃蛀果蛾脱果幼虫入土结冬茧越冬。每头雌蜂产卵 60～140 余粒。山地果园的自然寄生率可达 25%左右，最高达 50%。

②卷叶蛾甲腹茧蜂 *Ascogaster* sp　该蜂主要寄生棉褐带卷蛾、桃黄斑卷叶蛾、李卷叶麦蛾等。发生代数与寄主一致，在山东省一年发生 3～4 代，以低龄幼虫在寄主幼虫体内越冬，呈滞育状态。翌年春寄主越冬幼虫出蛰直至发育到老熟结茧时，该蜂幼虫才迅速取食发育至老龄并钻出寄主体外，在卷叶内结白色薄茧化蛹。该蜂成虫产卵期与寄主产卵期相吻合，将卵产于寄主卵内，寄主幼虫孵化后，该蜂处于 1 龄滞育状态，不对其生命构成威胁。当幼虫老熟结茧时该蜂才能解除滞育，并加快取食直至寄主死亡，钻出体外结茧。该蜂自然寄生率一般为 20%～40%，最高可达 80%以上。

③网皱革腹茧蜂 *Ascogaster recticulatus* Watanabe　该蜂主要寄生棉褐带卷蛾等害虫，发生世代数和寄主昆虫相同，以棉褐带卷蛾为寄主的一年发生 3～4 代。以 1 龄幼虫在寄主越冬幼虫体内越冬。该蜂属卵-幼虫跨期寄生，在寄主卵上产卵，蜂卵在寄主卵内不发育，待寄主卵孵化为幼虫后蜂卵才开始孵化，并在寄主幼虫体内取食，被寄生幼虫初期无明显症状，至末龄时，寄生蜂迅速发育，食尽寄主组织仅留体壳，钻出另结白茧。该蜂成虫羽化期与寄主成虫产卵期基本吻合，棉褐带卷蛾自然寄生率达 23.4%～

54.5%。除主要寄生棉褐带卷蛾外，还可寄生桃蛀果蛾、黄斑长翅卷叶蛾、云杉黄卷叶蛾等。

④卷叶蛾黄长距茧蜂 *Macrocentrus abdominalis* (Fabricius) 一年发生 3～4 代，以蛹越冬。该蜂主要寄生棉褐带卷蛾、苹褐卷叶蛾等害虫幼虫，该蜂成虫发生期与寄主幼虫期相吻合。该蜂多在寄主幼虫 2～3 龄期寄生，1 头寄主幼虫上一般只产 1 粒卵，卵行多胚生殖，胚胎可分裂成数十个独立个体，即可孵化出数十个寄生蜂幼虫，在寄主幼虫体内取食，待寄主幼虫近老熟前，寄生蜂幼虫群体从寄主体内钻出，先结一大网，随后寄生蜂群体再结小茧化蛹。1 头寄主幼虫育蜂数随寄主大小而定，一般为 30～40 头，在苹果园棉褐带卷蛾幼虫自然寄生率在 10%左右。

⑤卷叶蛾绒茧蜂 *Apanteles* sp 该蜂主要寄生棉褐带卷蛾、苹褐卷叶蛾等害虫幼虫。一年发生 3 代，以蛹在茧内越冬。翌年 4 月中下旬棉褐带卷蛾幼虫出蛰时，羽化为成蜂，并产卵于寄主体内，在其中生长发育，当寄主发育至老龄幼虫前，幼蜂钻出寄主体外结白茧化蛹，通常 15～20 个茧集结一起与寄主虫尸一起用白色丝网缠合于卷叶中，蛹期 12 天左右。9 月下旬以蛹在茧内越冬。

⑥梨小食心虫白茧蜂 *Phanerotoma Planifrons* (Nees) 寄主较广，可寄生梨小食心虫、顶梢卷叶蛾、大豆食心虫、棉大卷叶蛾、瓜绢螟、马尾松毛虫等幼虫，一年发生 4～5 代，各代成虫发生期为：越冬代 4 月下旬至 5 月上旬，第一代 6 月上中旬，第二代 7 月中下旬，第三代 8 月中下旬。该蜂属卵-幼虫跨期寄生，产卵于寄主卵内，在寄主幼虫体内孵化为幼蜂并取食发育，待寄主幼虫老熟时死亡，该蜂随之钻出体外结茧化蛹，结茧至化蛹 10 天左右。

(5)姬蜂

①桑磺聚瘤姬蜂 *Gregopimpla kuwanae* (Viereck) 该蜂的寄主很广，可寄生棉褐带卷蛾、苹褐卷叶蛾、苹果大卷叶蛾以及水稻害虫(稻苞虫、二化螟、稻纵卷叶螟)，茶树害虫(茶蓑蛾、茶卷叶

蛾)，树木害虫(马尾松毛虫、松芽卷蛾、杨扇舟蛾)等。一年发生4～5代，以蛹在茧内越冬。越冬代成虫于4月中下旬羽化，6月上中旬发生第一代成虫。成虫主要在寄主老龄幼虫的节间膜上产卵，每头寄主幼虫一般被产卵2～5粒，多者达26粒。卵期5天左右。幼虫取食寄主体液，寄主幼虫被寄生后仍能存活一段时间，并可结薄茧，随后死亡。夏季该蜂幼虫经7天左右即可老熟，从寄主虫尸中钻出在卷叶中结茧，常3～5个茧黏附一起，在茧中化蛹，蛹期7天左右。成蜂寿命雌蜂19～64天，雄蜂12～43天。10月下旬至11月上旬化蛹越冬。果园自然寄生率高时可达40%左右。

②刺蛾紫姬蜂 *Chlorocryptus purpuratus* Smith 该蜂主要寄生褐边绿刺蛾、桑褐刺蛾、扁刺蛾的茧。上海一年发生2代，以幼虫在寄主刺蛾茧内越冬。翌年6月中旬至8月上旬越冬代成虫陆续羽化，羽化期拖得很长。8月下旬第一代成虫开始羽化，成虫将卵产在刺蛾茧内幼虫体内，幼虫孵化后取食寄主老熟幼虫，将寄主虫体食尽后，在寄主茧中结薄茧化蛹。成虫寿命15～20天，最长30天，卵和蛹期均为6～8天，成虫产卵期7～15天，1头寄主茧内只产1粒卵。

③花斑马尾姬蜂 *Megarhyssa gloriosa* Matsumura 寄主为果树上的天牛、树蜂等。一年发生2代，以幼虫在寄主幼虫体内越冬，翌年春待寄主化蛹后将其食尽，并在寄主蛹壳内化蛹。5月上中旬成虫羽化，寿命较长，雌成虫10～20天，雄成虫7～10天。雌成虫在有天牛为害的树皮孔内用产卵器直接在天牛幼虫体内产卵，一般1头天牛幼虫寄生1头蜂。8月上中旬发生第一代成虫，并以同样方式产卵寄生，以幼虫在该代寄主幼虫体内越冬。

④中国齿腿姬蜂 *Pristomerus chinensis* Ashmead 一年发生4代，以蛹在寄主茧中越冬。该蜂主要寄生桃蛀果蛾、梨小食心虫、大豆食心虫等害虫幼虫，4～9月份均可见到成虫。成蜂产卵寄生在寄主低龄幼虫体内，随寄主生长至老龄时，钻出寄主体外结

茧化蛹。枣树上为害的桃蛀果蛾，其幼虫自然寄生率可达40%左右。

⑤黄眶离缘姬蜂 *Trathala flavo-orbitalis* (Cameron) 一年发生4代，以蛹在寄主茧内越冬。该蜂主要寄生梨大食心虫、梨小食心虫、桃蛀螟、玉米螟等。4～5月份越冬代成虫羽化，6月下旬至7月上旬发生第一代成虫。成虫在寄主幼虫低龄期寄生，随寄主生长而发育，待老熟时钻出寄主体外，在其寄主附近或虫果内结茧化蛹。梨大食心虫幼虫自然寄生率可达20%～30%。

⑥步曲轭姬蜂 *Barylypa* sp 该蜂主要寄生枣步曲的蛹，天津地区每年发生1代，以低龄幼虫在枣步曲蛹内越冬。翌年3月幼虫在寄主蛹内活动取食，4月中旬开始化蛹，高峰期在6月中旬。成虫羽化期与枣步曲预蛹期相吻合，在枣步曲预蛹内产卵，幼虫孵化后发育至1～3龄在枣步曲蛹内越冬，每雌可产卵280余粒，每头寄生蛹只出蜂1头，羽化时在寄主蛹的前端咬一圆孔爬出，自然寄生率常达25%左右。

⑦舞毒蛾黑瘤姬蜂 *Coccygomimus disparis* Viereck 该蜂寄主很广，可寄生卷叶蛾、梨星毛虫、桃蛀螟、梨小食心虫、舞毒蛾等多种害虫。山东省烟台地区一年发生4～5代，以幼虫在寄主幼虫或蛹内越冬，翌年3月下旬至4月上旬化蛹。蛹期27天左右，4月下旬羽化，产卵在寄主幼虫或蛹内，5月底至6月上旬羽化为第一代成虫。此后在7月中下旬、8月中下旬及9～10月份均有成虫发生。1头寄主上一般仅寄生1头蜂，有的年份自然寄生率最高达80%以上。

⑧卷叶蛾瘤姬蜂 *Itoplectis altenrans spectabilis* Matsumura 该蜂主要寄生卷叶蛾、舞毒蛾、松毛虫等。一年发生3～4代，以幼虫或蛹在寄主蛹内越冬。翌年4月下旬至5月上旬越冬代成虫羽化，在寄主预蛹内产卵。6月份发生第一代成虫，7～8月份发生第二代成虫，9～10月份发生第三代成虫，10～11月初在寄主榆卷

叶蛾等预蛹内越冬。

⑨柿蒂虫缺沟姬蜂 *Lissonota* sp　该虫主要寄生柿蒂虫幼虫，在陕西省一年发生 2 代，以幼虫在寄主幼虫体内越冬。在寄主幼虫化蛹前食尽其体内物质而发育老熟，咬破寄主幼虫体壁蠕动而出，在寄主茧内再结一长棒形茧化蛹。在 22.5℃温度下，前蛹期 10 天，蛹期 15 天，6 月中下旬越冬代成虫羽化，第一代成虫羽化期在 8 月中下旬，其成虫羽化期与柿蒂虫幼虫期相吻合。成虫寿命 5～20 天，平均 13.3 天。有的年份柿蒂虫幼虫自然寄生率可达 80%以上。

⑩梨茎蜂姬蜂 *Collytia* sp　该蜂主要寄生梨茎蜂幼虫，一年发生 1 代，以幼虫在梨茎蜂幼虫体内越冬，翌年在梨茎蜂成虫产卵高峰期羽化，将卵产在梨茎蜂卵内，待寄主幼虫孵化后，该蜂的卵才开始发育，幼虫孵化后在寄主体内取食，属卵-幼虫跨期寄生。

⑪梨瘿华蛾齿腿姬蜂 *Pristomerus vulnerator* Panier　该蜂主要寄生梨瘿华蛾幼虫，一年发生 1 代，以蛹在梨瘿华蛾虫瘿内越冬。翌年春梨树盛花期后陆续羽化，与寄主幼虫期相吻合。成虫羽化交尾后，雌蜂寻找梨瘿华蛾幼虫在嫩枝上的蛀入孔，将产卵器插入潜藏于蛀孔内的幼虫体内产卵，幼蜂孵化后在寄主体内取食，9 月下旬结茧化蛹。有的年份梨瘿华蛾自然寄生率可达 38%～85%。

(6)跳小蜂

①金纹细蛾跳小蜂 *Ageniaspis testaceipes* Ratz　该蜂是寄生金纹细蛾幼虫的重要天敌。年发生世代数和寄主一致，在华北地区一年发生 5 代。属卵-幼虫跨期寄生，成虫发生期和寄主相吻合，将卵产于寄主卵内，1 卵产 1 粒，当寄主幼虫近老熟时，该蜂卵胚胎进行细胞分裂，形成 6～15 个胚胎，即多胚生殖，并迅速取食发育，在寄主体腔内结茧化蛹，致寄主死亡。

②粉蚧长索跳小蜂 *Anagyrus dactylopii*（Howard）　该蜂

主要寄生康氏粉蚧,一年发生3代,以幼虫在寄主若虫体内越冬,5～9月份均有成虫寄生在康氏粉蚧若虫体内,喜寄生2龄若虫,1头若虫只产卵寄生1头蜂,成蜂寿命长达10～20天,越冬代1头雌蜂及其后代可消灭1000～2000头康氏粉蚧。

③粉蚧短角跳小蜂 *Pseudaphycus malinus* Gahan 该蜂主要寄生康氏粉蚧、褐轮蚧等粉蚧。一年发生3代,以幼虫在康氏粉蚧尸体内结茧越冬,翌年4月下旬化蛹,5月中下旬越冬代成虫羽化。成虫在寄主若虫期寄生,1头寄主上可产卵7～10粒,待寄主发育至成虫前,寄生蜂幼虫将其食尽,寄主死亡后在其体内形成蛹室,蛹室为黄褐色膜质,不规则排列于寄主尸体内,因此寄主尸体呈现椭圆形米粒状,外观可见体内有长圆形小蛹室。一头雌蜂可寄生10余头粉蚧。第二、第三代成虫发生在6月下旬至7月份和8月中下旬,9月份开始在寄主体内越冬。有的年份康氏粉蚧寄生率可达60%～70%。

④球蚧花翅跳小蜂 *Microterys clausenis* Compere 该蜂主要寄生日本龟蜡蚧和朝鲜球坚蚧,山东省一年发生1代,以幼虫在寄主体内越冬。翌年4～5月份幼虫化蛹,5月下旬至6月中旬越冬代成虫羽化,从寄主体背咬一羽化孔飞出。成虫白天活动,有趋光、向上性,受惊后会弹跳,以介壳虫分泌的蜜露为食料,寿命达15～20天。6～7月份雌虫在寄主若虫体内产卵,卵呈滞育状态随寄主越冬,翌年春寄主活动取食,雌蚧体内脂肪增多,丰满肥胖,此时寄生蜂幼虫迅速生长,将蚧虫体内的组织食尽,只剩外壳时即开始化蛹,5～6月份羽化为成虫。一般1个寄主上只寄生1～2头寄生蜂。有的年份龟蜡蚧自然寄生率可高达90%以上,朝鲜球坚蚧寄生率亦达30%～40%。

⑤蜡蚧扁角短尾跳小蜂 *Anicetus ohgushii* Tachikawa 该蜂主要寄生龟蜡蚧等介壳虫,在河南省一年发生3～4代,以幼虫在寄主雌虫体内越冬,被寄生的虫体扁小,蜡蚧腹膜呈灰黑色,翌年

4月份越冬幼虫在寄主体内取食，5月上旬开始化蛹，蛹期15天。5月中旬至6月上旬越冬代成虫羽化，第一代成虫在6月下旬至7月下旬羽化产卵。第二代成虫在8月中旬至9月下旬羽化，前期羽化的成虫产卵后继续发育，完成第三代。第二代后期羽化的成虫及第三代成虫所产的卵，孵化出幼虫后在寄主雌虫体内越冬。成虫羽化时先将介壳咬一圆孔爬出，白天活动，寿命2～3天，补充营养后可达6～11天。该蜂可孤雌生殖。成虫羽化后当天即可产卵，1个虫体上只产卵1粒，每雌可产卵22～31粒，龟蜡蚧自然寄生率可达12.2%～26.3%。

⑥梨木虱跳小蜂 *psylladintus insidiosus* Crawgord　该蜂主要寄生梨木虱等害虫，山东省一年发生6～7代，以幼虫或蛹在梨木虱若虫体内越冬。翌年4月中旬成虫羽化，此时正值梨木虱若虫孵化期，该蜂即在梨木虱1～2龄若虫体内产卵，幼虫孵化后在寄主体内取食，寄主很快死亡，虫体变为深褐色。春、秋季节25天左右完成一代，夏季15～18天完成一代。

⑦柿绒蚧跳小蜂 *Aphycus* sp　该蜂主要寄生柿绒蚧、石榴绒蚧等蚧类害虫，山东省一年发生4代，以幼虫在寄主若虫体内越冬。翌年4月下旬至5月份化蛹，5月下旬至6月上旬越冬代成虫羽化，雌虫在寄主若虫体内产卵寄生。7月中下旬发生第一代成虫，第二、第三代成虫分别发生在8月中下旬至9月上旬和9月下旬至10月上中旬。成虫发生期和寄主若虫期吻合，1头绒蚧若虫可寄生5～7头寄生蜂；有的年份柿绒蚧若虫自然寄生率可高达70%～80%。

(7)蚜小蜂

①苹果绵蚜蚜小蜂 *Aphelinus mali* Hald　苹果绵蚜蚜小蜂又名日光蜂，是寄生苹果绵蚜的一种重要天敌。该蜂在青岛一年发生10～12代，以老熟幼虫在苹果绵蚜尸体内越冬。被寄生的绵蚜虫体变黑膨大，极易识别。翌年3月下旬至4月上旬化蛹，第一

代成虫于4月中下旬羽化，此后5月中旬至10月上旬均有成虫羽化，10月中下旬产卵在寄主体内，以幼虫越冬。完成一代的时间随温度有所变化，当气温在12℃～15℃时，需28～30天完成一代，17℃～20℃时需20天，气温升至22℃～27℃时仅需10天就可完成一代。成虫寿命(温度24℃～26℃)为7～12天，每头雌蜂产卵21～70粒，多者达108粒。成虫在苹果绵蚜腹部产卵寄生，1头蚜虫体内仅寄生1头蜂。被寄生的苹果绵蚜不活动，体上的蜡粉逐渐脱落，腹部变黑，逐渐死亡，其渗出的体液将虫尸粘着在树干上，若绵蚜腹背部有一圆孔，即表示成虫已羽化出蜂。5～8月份自然寄生率逐步升高，5月份仅为4%～12%，6月份即达40%～60%，而到8月份寄生率常达60%～80%，最高可达90%以上，直到10月份寄生率才下降到20%左右。

②夏威夷软蚧蚜小蜂 *Coccophagus hawaiiensis* Timberlake

该蜂主要寄生朝鲜球坚蚧、杏球蚧、东方盔蚧、红蜡蚧、褐软蚧和网纹绵蚧等害虫。山东省一年发生1代，以幼虫在寄主若虫体内越冬。翌年4～5月份成虫羽化。1头蚧虫上一般可寄生1头或多头蜂，寄生后变为黑色，极易分别，有的年份介壳虫自然寄生率可高达40%左右。

(8)姬小蜂

①金纹细蛾姬小蜂 *Sympiesis soriceicornis* Nees 该蜂主要寄生金纹细蛾等潜叶害虫，属幼虫体外寄生蜂。一年发生5代，以蛹在苹果落叶中的金纹细蛾虫斑内越冬。各代成虫羽化期与金纹细蛾幼虫期吻合。成虫活泼，行动迅速，雌虫将卵产在寄主有足期幼虫体壁上，少数产在蛹皮上。幼虫孵化后以口器吸附在寄主体上取食，直至吸干体液，在寄主残体外化蛹。大多为单寄生，个别亦有寄生2～3头的。有的年份金纹细蛾自然寄生率可达30%～50%，甚至高达80%以上。

②苹果潜叶蛾姬小蜂 *Pediobius macuai* Ashmead 该蜂主

要寄生旋纹潜叶蛾，一年发生 4～5 代，以蛹在寄主越冬虫茧内越冬。翌年 4 月上旬至 5 月上旬越冬代成虫羽化，第一代成虫发生在 4 月下旬至 6 月下旬，第二代成虫在 6 月上旬至 8 月上旬，第三代成虫在 7 月上旬至 9 月上旬，世代重叠。该虫为幼虫-蛹跨期寄生，在寄主幼虫体内产卵，但卵不发育，随寄主生长，待寄主化蛹后，寄生蜂即孵化为幼虫，并迅速取食，待发育至老熟时钻出寄主体外化蛹，1 头寄主上可寄生 5～6 头蜂，有的年份自然寄生率可达 40%以上。

③桑天牛卵姬小蜂 *Aprostocetus furkutai* Miua et soman 该蜂主要寄生桑天牛等害虫，江苏省一年发生 2～3 代，以幼虫在桑天牛卵内越冬。翌年 6 月上旬化蛹，6 月下旬至 7 月上旬越冬代成虫羽化。第一、第二代成虫分别发生在 7 月下旬至 8 月上旬和 8 月下旬至 9 月中旬。成虫取食花蜜以补充营养。寿命长达 8～11 天。雌虫喜在天牛新产不久的卵(1～5 天)上寄生产卵，各虫态发育历期：卵期 1 天，幼虫期 18 天，蛹期 20 天。每粒天牛寄生卵可出蜂 22 头。有的年份天牛卵自然寄生率可达 40%～70%。

④梨潜皮蛾姬小蜂 *Pediobius pyrgo walker* Nawai (Ashmead) 该蜂主要寄生梨潜皮蛾、旋纹潜叶蛾、白杨潜叶蛾等。一年发生 4～5 代，以蛹在潜叶蛾越冬茧中越冬。翌年 5 月份越冬代成虫羽化，第一代成虫发生在 6 月下旬，此后 7～9 月份每月发生 1 代成虫，10 月下旬即以蛹越冬。成虫产卵寄生在寄主幼虫体内，旋纹潜叶蛾上每头幼虫仅寄生 1 头蜂，梨潜皮蛾上可寄生 5～6 头蜂。有的年份寄生率达 40%以上。

⑤卷叶蛾姬小蜂 *Cirrospilus* sp 该蜂主要寄生梨小食心虫、黄斑卷叶蛾等。一年发生 4 代，以幼虫在梨小食心虫越冬幼虫体内越冬。翌年 4 月在梨小食心虫茧内化蛹，5 月份越冬代成虫羽化，此后 6 月下旬、7 月下旬、8 月下旬至 9 月均有成虫发生。雌虫在梨小食心虫、黄斑卷叶蛾等幼虫体内产卵寄生，夏季发育历期：

卵期 4～5 天，幼虫期 10～15 天，蛹期 9～10 天，1 头幼虫可寄生 4～5 头姬小蜂。

⑥白蛾周氏啮小蜂 *Chouioia cunea* Yang 该蜂主要寄生美国白蛾、大袋蛾、杨扇舟蛾、榆毒蛾的幼虫和蛹，尤其对美国白蛾控制作用很强，自然寄生率可高达 68.2%～83.2%。1 头美国白蛾寄生蛹可出蜂 145～278 头，最多 437 头。成蜂雌、雄比为 68∶1，完成一代时间为 30～35 天。可用柞蚕蛹进行人工接种繁殖，1 头柞蚕蛹可繁育 4 000～5 000 头蜂。田间释放可放在有美国白蛾网幕的树上，当白蛾幼虫达 6～7 龄时，将即将羽化出蜂的被寄生的柞蚕蛹挂到树上，出蜂后就可寄生。

⑦梨茎蜂啮小蜂 *Tetrastichus simensis* Zhang 该蜂主要寄生梨茎蜂幼虫，一年发生 1 代，以幼虫在寄主虫道内结茧越冬，翌年 4 月中下旬化蛹，5 月上中旬越冬代成虫羽化。雌虫产卵在梨茎蜂卵内，属卵-幼虫跨期寄生，随寄主发育至老龄幼虫时，寄生蜂幼虫迅速取食，将虫体食尽后在寄主为害的虫道内结茧化蛹。有的年份梨茎蜂幼虫寄生率可高达 30%～70%。

(9)其他小蜂

①刺蛾广肩小蜂 *Eurytoma monemae* Rusch 该虫主要寄生黄刺蛾、绿刺蛾等，一年发生 1～2 代，以幼虫在黄刺蛾等虫茧内越冬。翌年 6 月中旬至 7 月中下旬越冬代成虫羽化，在黄刺蛾幼虫体内产卵，1 头黄刺蛾可寄生 21～60 头蜂。当少数黄刺蛾发生第二代幼虫时，该蜂亦随之发生第二代成虫产卵寄生。

②广大腿小蜂 *Brachymeria obscurata*（Walker） 该蜂寄主很广，主要寄生舞毒蛾、红腹灯蛾、棉褐带卷蛾、金毛虫、玉米螟、棉铃虫等害虫，一年发生 4～5 代，以成虫在树皮裂缝、树洞、枯枝落叶、土石缝隙等处越冬。翌年 4～5 月份成虫开始活动，寻找寄主幼虫产卵寄生。6～10 月份均有成虫出现。11 月上中旬开始越冬。发育历期(27℃～28℃)：卵期 1 天、幼虫期 15 天，蛹期 9 天，

成虫寿命4～7天。成虫羽化后1～2天交尾，产卵期3～5天，每头雌虫产卵80～100余粒，雌蜂产卵寄生在寄主幼虫体内，寄生蜂在寄主蛹内老熟化蛹，将寄主蛹咬一羽化孔爬出，属幼虫-蛹跨期寄生，每头寄主出蜂1头，属单寄生。

③舞毒蛾平腹小蜂 *Anastatus disparis*（Rusch） 该蜂主要寄生舞毒蛾、枯叶蛾、水青蛾、松毛虫等。山东省一年发生3代，以幼虫在寄主卵中越冬。翌年5月中旬至6月份越冬代成虫羽化，在寄主卵中产卵寄生。越冬代成虫发育不整齐，寿命长达30余天，每雌产卵200粒左右。7～8月羽化的成虫继续产卵寄生。

④白带平腹小蜂 *Anastatus albitarsis* Ashmead 该蜂主要寄生枯叶蛾、天幕毛虫等害虫，山东省一年发生4代，以幼虫在寄主卵内越冬。翌年5月下旬至6月上旬越冬代成虫羽化，产卵在各种枯叶蛾卵内。以后7～9月份产卵在天幕毛虫、枯叶蛾、松毛虫卵内。成虫寿命30余天，产卵在小粒寄主卵子代均为雄蜂，而在大粒卵内寄生子代多为雌蜂。

⑤管氏肿腿蜂 *Scleroderma guani* Xiao et wu 该蜂是寄生青杨天牛、咖啡虎天牛、梨眼天牛等蛀干害虫的重要天敌。山东省一年发生4～5代，以受精的雌成虫在寄主虫道或虫瘿内群居越冬。翌年4月上中旬开始出蛰活动。成虫爬行迅速，寻找寄主及钻蛀能力很强，雌虫将卵产于寄主体表，幼虫孵化后群聚天牛幼虫或蛹的体表，吸食体液，老熟后在虫瘿内结白茧化蛹。每头雌虫产卵50～70粒，多者可达126粒。寄主幼虫大则产卵多，雌、雄蜂比例为17∶1，孤雌生殖后代全为雄性。发育历期（温度22℃）：卵期4～8天，幼虫期9～18天、茧蛹期20～25天，雌成蜂寿命99天，雄成蜂9天。雌成蜂产卵时先用产卵器在天牛幼虫体背上反复刺蜇，使寄主全身麻痹，然后吸食寄主体液以补充营养，促进卵巢发育，使卵发育成熟，从找到寄主到开始产卵在25℃～30℃下需5天，20℃下则需12天。幼虫5龄，老熟幼虫在天牛虫道内结茧化

蛹。该蜂可人工繁殖释放。

⑥上海青蜂 *Chrysis shanghaiensis* Smith 该蜂主要寄生黄刺蛾，一年发生1～2代，随寄主黄刺蛾发生世代而定。山东省一年1代，上海2代，以幼虫在寄主茧内越冬。翌年5～6月份化蛹，6月上旬至7月中旬越冬代成虫羽化，少数可滞育至8月中旬羽化。第一代成虫于8月下旬至9月上旬羽化、成虫在寄主茧中羽化，将茧咬一圆孔钻出。成虫活泼，能爬善飞，喜在晴天高温气候下活动，雌、雄交尾后产卵，亦能营孤雌生殖，但子代皆为雄性。当寄主黄刺蛾发育至老龄幼虫结茧时，正值寄生蜂成虫羽化产卵期。雌蜂产卵时，将产卵管插入茧内刺入幼虫体内，先分泌毒液使幼虫麻痹后再产卵，1虫产1粒卵，产卵后即用口器黏性分泌物封闭产卵孔，封闭孔呈灰黑色，多在刺蛾茧之一端，极易识别。雌虫寿命30余天，雄虫12～15天，1头雌虫平均产卵11粒。卵期4天，幼虫(5龄)期15天。幼虫孵化后吸食刺蛾幼虫体液，老熟后即在寄主茧内结一金黄色茧化蛹。有的年份黄刺蛾自然寄生率可达25%～50%。

⑦龟蜡蚧长盾金小蜂 *Anysis* sp 该蜂主要寄生龟蜡蚧等蚧类害虫，河南省一年发生2代，以初孵幼虫在龟蜡蚧腹下越冬。翌年5月下旬幼虫开始化蛹，6月份越冬代成虫羽化产卵，7月上旬第一代成虫羽化，盛期在7月中旬，羽化不整齐，9月份仍可见到成虫。成虫在龟蜡蚧腹部下方产卵，卵经2～3天孵化为幼虫，在寄主体外吸食体液，在蚧虫产卵期，寄生蜂取食蚧卵。1头幼蜂平均取食蚧虫卵668粒，老熟幼虫在介壳下化蛹，成虫羽化后在介壳上咬一圆孔爬出。成虫出壳后3天开始交尾，交尾后1～2天产卵，每一介壳下只产1粒卵，每头雌蜂可产卵10余粒。6月中下旬龟蜡蚧产卵盛期正值第一代金小蜂幼虫期，幼虫食料丰富，从卵到成虫仅30天左右。8月上旬开始，第一代金小蜂成虫产卵，卵孵化后即在蚧虫腹下越冬。

⑧食心虫扁股小蜂 *Elasmus* sp　该蜂主要寄生梨小食心虫、梨大食心虫等害虫，一年发生4代，以幼虫在寄主越冬幼虫体内越冬。翌年4～5月化蛹，5月上中旬越冬代成虫羽化，以后各代成虫发生期分别为：第一代6月中下旬，第二代7月中下旬，第三代8月下旬至9月中旬，成虫在梨小食心虫、梨大食心虫幼虫体内产卵，取食体液。

(10)土蜂　土蜂属膜翅目土蜂科，是寄生在金龟甲幼虫(蛴螬)体外的一种寄生蜂，对寄主有一定的选择性，寄生大黑鳃金龟幼虫的主要是孤丽钩土蜂和福腮钩土蜂。均以老熟幼虫在茧内越冬，成虫产卵时钻入土中搜寻寄主蛴螬，先以螯针在蛴螬腹部侧面反复探索，随后即注射毒液使其麻痹，再以产卵器在腹节之间侧面褶缝内涂抹黏液后产卵，以黏液将卵固定在体壁上。寄主苏醒后可正常活动。每一寄主上一般只产卵1粒，少数2～3粒，但最终只有1粒卵发育成老熟幼虫。成虫需补充营养，多以红麻、甘薯、莱豆等植物的蜜腺、花蜜为食料，但不取食蚜虫、介壳虫分泌的蜜露，幼虫用大颚将寄主咬一食孔，固定虫体，取食寄主体液。寄主幼虫蜕皮时，头部前移，重新在寄主上咬一食孔取食。待幼虫将寄主体液吸空后，再取食虫体，最后只剩头壳和胸足。寄主蛴螬被寄生后，多数可继续取食，但食量减少50%～60%，但亦有少数不取食的，3～5天后死亡。幼虫共4龄，老熟后以寄主土室为依托，先吐丝结成疏松的茧衣，然后由外向里逐层编织丝网，雌茧大而厚，雄茧小而薄。成虫寿命8～14天。发生规律两种土蜂有所不同。

①孤丽沟土蜂 *Tiphia popilliavora* Rohwer　山东省一年发生1代。越冬幼虫于7月初开始化蛹，7月中旬为化蛹盛期，成虫期在7月下旬至9月上旬，蜂茧8月初始见，9月份为盛期。幼虫于10月初开始越冬。各虫态历期：卵期3～8天，幼虫期12～15.8天，蛹期7～10天。成虫喜寄生寄主3龄幼虫，田间成蜂产卵盛期与寄主蛴螬3龄盛期相吻合。单雌产卵量为17～38粒，平

均 20 粒左右，产卵期 5～27 天。有的年份大黑鳃金龟的自然寄生率达 35.4%～45%。

②福腮钩土蜂 *Tiphia phyllophagae* Allen et jaynes　山东省一年发生 1 代或二年 1 代。越冬幼虫于翌年或第三年 7 月初开始化蛹，7 月中旬为化蛹盛期，7 月下旬始见成虫，盛期在 8 月中旬至 9 月上旬，末期在 9 月下旬，二年 1 代的幼虫休眠期可达 18 个月以上。成虫产卵后，于 7 月下旬开始孵化，盛期在 8 月下旬至 9 月上旬，田间 8 月开始见蜂茧，9 月上旬为结茧盛期，10 月上旬结茧越冬。卵期 4～8 天，幼虫期 6～14 天。成虫产卵对寄主龄期无选择性。有的年份大黑鳃金龟幼虫的自然寄生率达 30%～50%，高者达 70%左右。

2. 寄生性甲虫

花绒寄甲 *Dastarcus longulus*（sharp）　花绒寄甲又名花绒坚甲、花绒穴甲，属鞘翅目寄甲科（原属坚甲科），是寄生星天牛、光肩星天牛、云斑天牛、桑天牛、松褐天牛、栗山天牛等天牛幼虫及蛹体上的重要天敌。山东省一年发生 1 代，以成虫在寄主蛀道、皮缝、树洞中越冬。翌年 3 月越冬成虫开始出蛰活动，4 月上旬交尾产卵，产卵盛期在 4 月中下旬，5 月上旬为幼虫孵化盛期，化蛹期在 6 月中旬，羽化盛期在 7 月上中旬，成虫在 10 月上中旬开始越冬。成虫寿命很长，存活期长达 3 年，甚至达 5 年以上。成虫行动迟缓，不善飞翔，有假死性，怕光，夜间活动，有自相残杀习性。成虫取食蛀干害虫濒死幼虫或嫩枝皮层，在蛀道口交尾，将卵产在蛀道、粪屑或寄主体表，每雌产卵量 200 粒左右。雌虫将卵产在天牛排粪孔周围的树皮裂缝下，幼虫孵化后十分活跃，依靠其发达的胸足迅速爬入天牛坑道，寻找寄主。遇到合适的寄主后，随即附着在天牛幼虫腹部节间缝处，并用上颚分泌毒素，将寄主麻痹，然后蜕掉胸足，成为蛆形，在寄主体上取食。寄生幼虫仅需 5～9 天即可将天牛幼虫吃光，仅剩空壳。寄主天牛幼虫上的寄生数量依个体大小而定，1头光肩星天牛幼虫上可寄生1～18头，而1头栗山天牛上则可寄生20～56头花绒寄甲幼虫，幼虫发育很快，在寄主上寄生5～9天后即老熟，停食2天后结茧化蛹。蛹期为25～32天。该虫可寄生天牛老龄幼虫、蛹，刚羽化的成虫亦可被花绒坚甲幼虫外寄生在虫体上。有的年份天牛自然寄生率常达40%以上。

3. 寄生蝇 寄生蝇属双翅目寄蝇科，是果园害虫幼虫和蛹期的主要天敌。它的体形和一般苍蝇相似，但身体粗壮，身上有很多刚毛是与苍蝇的主要区别。成虫白天活动，多栖息在植物叶片、花上或蝶类幼虫虫体上，并取食花蜜以补充营养。寄生蝇成虫产卵方式大多数是直接产卵，亦有部分产幼虫的（卵在母体内孵化为幼虫，称卵胎生）。

寄生蝇对害虫的寄生方式多种多样，因其种类而异，大体分为以下几种：①雌蝇将卵产在寄主体壁上，孵化后蝇蛆从体壁裂缝处穿透体壁进入寄主体内寄生取食。这类寄生蝇喜寄生3～5龄幼虫，特别是5龄幼虫。1～2龄幼虫则不寄生。②雌蝇将卵产在寄主体内，立即孵化，吸光体液后在体腔内化蛹。③雌蝇将卵产在寄主植物的叶片或茎上，当寄主昆虫吃下带蝇卵的茎叶后，在消化液的作用下蝇卵孵化成幼蛆，穿过肠壁进入体腔取食。④雌蝇产幼虫在寄主体上，幼虫经生殖孔或肛门进入体内，或从鞘翅目害虫的鞘翅下的体壁柔软部分侵入体内。⑤雌蝇产幼虫于寄主体内取食发育，在体腔内化蛹。⑥雌蝇产幼虫于植物叶片上，当寄主靠近时即爬到虫体上，钻入体内取食。⑦雌蝇将卵或幼蛆产在土壤裂缝处，蝇卵很快就孵化为幼蛆，并寻找寄主，当寄主接近时，即爬上寄主体表从膜质部分钻入体内取食。1头雌蝇可产500～600头蝇蛆。寄生蝇的种类很多，我国已经定名的就有450余种，果树上常见的有卷叶蛾赛寄蝇、日本追寄蝇、双斑撒寄蝇、金光小寄蝇、蚕饰腹寄蝇、毛虫追寄蝇、条纹追寄蝇等。

(1)卷叶蛾赛寄蝇(*Pseudoperichaeta insidiosa* Robineau-Desvoidy)　该虫主要寄生棉褐带卷蛾、梨小食心虫、梨大食心虫、玉米螟等害虫。一年发生3～4代，以蛹越冬，越冬代成虫于翌年4～5月份羽化。雌蝇将卵产在寄主体节褶缝处表皮下，每头寄主幼虫上产卵1～3粒，多者可达6～8粒。卵期2～3天，孵化后的幼虫钻入寄主体内取食，幼虫期13～18天，幼虫老熟后自寄主体内钻出化蛹。蛹附着在叶片等处，蛹期15～26天。成虫寿命8～17天。各代成虫发生期：第一代6～7月份，第二代7～8月份，第三代8月份。9～10月份以蛹在禾本科杂草及玉米秆内越冬。

(2)双斑撒寄蝇 *Salmacia bimaculata* Wiedemann　该虫主要寄生苹果梢鹰夜蛾、棉铃虫、桑尺蠖、地老虎等害虫。以蛹在寄主蛹内越冬，翌年5月上旬成虫羽化，在果树叶片或其他植物嫩叶上产卵，卵微小且坚硬，不能自然孵化。寄主幼虫取食含卵的叶片后，在寄主胃液的作用下才能孵化为幼虫，穿过消化道进入寄主体腔取食，待寄主老熟化蛹后它才化蛹，致使寄主蛹死亡。10月中下旬在土中越冬。

(3)毛虫追寄蝇 *Exorista amoena* Mesnil　该虫主要寄生舞毒蛾、天幕毛虫、杨毒蛾等害虫。一年发生4～5代，以蛹在寄主蛹内越冬，由于寄主较多，成虫羽化极不整齐，4～6月份均可见到羽化的成虫，雌蝇大多将卵产在4～5龄寄主幼虫的头部附近的体背上，在寄主幼虫蜕皮前蝇蛆钻入体内，直到寄主化蛹完成发育，钻出寄主体腔入土(1～5厘米)化蛹。也有少数在寄主2～3龄幼虫中寄生，在寄主老熟幼虫期完成发育。夏季幼虫期16～18天，蛹期8～9天。秋末在寄主蛹内于树下枯枝落叶、土缝、墙缝等处越冬。

(4)天幕毛虫抱寄蝇 *Baumhaueria goniaeformis* Meigen　该虫是天幕毛虫的重要天敌，辽宁省一年发生1代，以蛹在土壤中越冬。翌年4月中旬至5月上旬越冬代成虫羽化，5月中旬至6月上旬为雌虫产卵期。6 月下旬幼虫从寄主幼虫体内脱出，入土化蛹越夏越冬。成虫白天活动，喜取食嫩叶、芽苞分泌物以补充营养。雌、雄交尾后即可产卵，雌虫寿命 20 天左右，1 头雌虫一般可产卵 100～200 粒，多者可产 1 000 余粒。卵多产在嫩叶边缘或叶背处，每次产 1 粒，1 片叶上可产多粒卵。卵在叶片上可附着 8～12 天，最长 17 天，卵在产出前胚胎已发育成熟。天幕毛虫抱寄蝇属幼虫-蛹跨期寄生方式，当天幕毛虫幼虫取食叶片时，即可将蝇卵一并食入，进入寄主消化道，在肠液的刺激下即可孵化为幼虫，在寄主体内寄生，待天幕毛虫幼虫结茧化蛹后，蝇蛆迅速发育，将寄主蛹取食一空，蝇蛆老熟并分泌黏液钻出寄主虫茧，入土化蛹。1 头寄主虽可寄生多头蝇蛆，但多数情况下只能脱出 1 头蝇蛆，有的年份天幕毛虫寄生率可高达 90%左右。

（5）古毒蛾追寄蝇 *Exorista larvarum* Linnaeus　该虫主要寄生古毒蛾、杨扇舟蛾、松毛虫等害虫，陕西省一年发生 2 代，以蛹在土壤内越冬。5 月上旬越冬代成虫开始羽化出土，寿命 3～8 天。第一代成虫 6 月下旬开始羽化，直至 8 月中旬羽化结束，盛期在 7 月中下旬。第二代蝇蛆于 8 月中旬至 10 月上旬脱离寄主幼虫入土化蛹越冬，盛期在 9 月上旬。古毒蛾追寄蝇成虫发生期与古毒蛾幼虫期相吻合，成虫将卵直接产在古毒蛾幼虫体内，幼虫孵化后立即取食，吃光体液后脱出，入土化蛹。

（6）贪食亚麻蝇 *Parasarcophga horpas* Pandelle　该虫主要寄生银杏大蚕蛾等害虫，东北、华北一带均有分布。吉林省一年发生 2 代，以蛹在土壤内越冬，翌年 5 月下旬越冬代成虫开始羽化，6 月上旬为羽化盛期，末期在 7 月下旬，羽化期拖得很长。第一代幼虫 6 月下旬开始化蛹，7 月底出现第一代成虫，8 月上旬出现第二代幼虫，8 月下旬至 9 月上旬以蛹入土越冬。发育历期：幼虫期 15～20 天，蛹期（夏季）20～25 天，成虫寿命 30～40 天。成虫白天活动，寻找花蜜补充营养，雌、雄交尾后 7 天开始产蛆，每头雌蝇产蛆 19～98 头，蛆产在银杏大蚕蛾刚蜕皮不久的幼虫腹部两侧皱褶处，或刚化蛹的蛹体上，蝇蛆从幼虫口器、节间膜等处钻入虫体。被寄生的幼虫开始还能正常取食，随着蝇蛆的生长发育，寄主腹部逐渐膨大，停止取食而死亡。被寄生的蛹变硬发脆死亡，并有腥臭味。

(三)捕食螨和蜘蛛

1. 捕食螨 捕食螨又叫肉食螨。属蛛形纲，蜱螨目，是以捕食害螨为主的有益螨类。我国已发现有利用价值的捕食螨有东方钝绥螨、拟长毛钝绥螨等 16 种。在捕食螨中以植绥螨最为理想，它捕食凶猛，1 头雌螨能消灭 5 头雌害螨在半月内繁殖的群体。它不仅主要捕食果树上常见的苹果全爪螨、山楂叶螨、二斑叶螨等叶螨、瘿螨，还能捕食一些蚜虫、介壳虫等小型害虫。植绥螨具有发育周期短、捕食范围广、捕食量大等特点。据试验表明，大多数植绥螨在 25℃～28℃的适温范围内发育历期仅为 4～7 天，而一般叶螨的发育历期则比植绥螨要长 1～2 倍，这非常有利于控制害螨。

植绥螨发生代数因种类而异，一般一年发生 8～12 代，以雌成虫在果树枝干树皮裂缝或翘皮下越冬。卵散产，有时数粒产在一起。幼螨孵化后随即取食，喜捕食害螨的卵和幼螨，植绥螨的若螨亦可捕食害螨的若螨，成螨则可捕食害螨的各虫态。植绥螨性情活泼，行动迅速，常在叶上跑动，以叶片背面居多，捕食害螨时用螯肢抱住捕获物，用口器插入体内吸食体液，吸干后弃尸而走。植绥螨的食量雌螨大于雄螨。一般 1 头植绥螨雌螨一生可捕食 100～200 头害螨，雄螨捕食不足 100 头。

除植绥螨科的捕食螨外，还有不少其他科的捕食螨，例如细毛长须螨，该螨专门捕食果树上各种害螨的卵，不捕食其他虫态。吸食卵内汁液，仅剩卵壳。每头细毛长须螨幼螨平均可捕食苹果全爪螨卵 3.7 粒，若螨捕食 12.6 粒，成螨捕食 151 粒，最多达 352

粒。

(1)普通畸螯螨(普通盲走螨)*Typhlodromus vulgaris* Ehara　山东省一年发生8～12代,以雌成虫在树皮裂缝等处越冬。翌年4月下旬开始出蛰活动取食,5月上中旬雌成虫在叶背主脉两侧凹陷处产卵,散产,有时数粒在一起。幼螨孵化后即可取食,喜捕食叶螨的卵和幼、若螨,成螨可捕食叶螨各虫态。发育历期:夏季10～12天1代,春、秋季20天左右1代。10月下旬至11月上旬以成虫潜入树皮裂缝等处越冬。

(2)东方钝绥螨 *Amblyseius orientalis* Ehara　河北省一年发生23代,以雌成螨在果树枝干翘皮裂缝等处越冬。翌年4月下旬出蛰活动取食,每头雌成螨一生可捕食山楂叶螨卵97粒,若螨43头,成螨14头。该螨可人工繁殖释放。河北昌黎果树研究所试验,于5～7月的下旬各释放1次捕食螨,按益螨与害螨比例1∶57～73的比例释放,防治山楂叶螨的防效达93.4%。

2. 蜘蛛　蜘蛛属节肢动物门,蛛形纲,蜘蛛目,目前世界上已命名的蜘蛛约有3.4万种。我国估计有3 000余种,现已定名的有1 500余种,其中80%左右生活在果园、茶园、农田及森林中,是害虫的主要天敌。农田蜘蛛不仅种类多,而且种群数量大,是抑制害虫种群的重要天敌类群。

蜘蛛属不完全变态,一生经过卵、幼蛛、成蛛3个阶段。幼蛛和成蛛外形相似,仅有大小、色泽的区别。幼蛛经多次蜕皮后变为成蛛,蜕皮次数与其种类、性别、营养状况有关,个体大的多于个体小的,雌蛛多于雄蛛。发生代数因种类而异,体型大的捕鸟蛛几年才能完成1代,体型小的如草间小黑蛛、八斑球腹蛛,在气温适宜时1个月左右就可完成1代,全年发生6～7代。中等体型的狼蛛和管巢蛛,一年发生2～3代。雌蛛有1次交尾多次产卵的习性,产卵前先用丝做成产卵垫,将卵产在其上,再用丝网覆盖呈卵袋。卵袋色泽、形状各异,每个卵袋内的卵粒数量多者数百粒,最多的

叶蝉、飞虱以及鳞翅目昆虫的成虫和幼虫等多种害虫均能捕食，3龄以上幼蛛捕食量常大于成蛛。

(5)粽管巢蛛 *Clubiona japonicola* Boes et str　粽管巢蛛喜生活在果园、森林和农田内，属游猎型蜘蛛。长江流域一年发生3代，成蛛、幼蛛皆可越冬。不结网，但结丝巢，白天潜伏在丝巢内，夜晚外出捕食，雌幼蛛7龄，雄幼蛛6龄，雌成蛛产卵前期7天左右，一生可产4～6个卵袋，每个卵袋含卵120粒左右。成、幼蛛行动敏捷，捕食能力强，食性广，主要捕食鳞翅目昆虫的成虫和幼虫，对鞘翅目、半翅目、同翅目等的成虫、幼(若)虫也能捕食。

(四)食虫鸟类

鸟类在农林生物多样性中占有重要地位，它与害虫形成相互制约的密切关系，是害虫天敌的一大类群。据统计，我国已知鸟类达1 244种，其中以昆虫为主要食料的约占50%，有的鸟类如大山雀、大杜鹃、大斑啄木鸟、灰喜鹊、家燕、黄鹂等主要或全部以昆虫为食物。据调查，河北省昌黎县及其周边果园有食虫鸟类53种(包括亚种)，每种鸟类的食谱总量中，昆虫均占50%以上，有的达100%。在53种益鸟中几乎完全吃昆虫的就有37种，占69.81%。益鸟捕食害虫的种类很多，主要有叶蝉、木虱、椿象、金龟甲、叶蜂、蛾类幼虫以及蝗虫、螽斯等，果园内的害虫都可被取食，对控制害虫种群作用很大，应加以保护利用。

1. 大山雀 *Parus major* L　山雀的种类较多，有大山雀、沼泽山雀、长尾山雀等，大山雀是最常见的一种。大山雀属小型鸟类，体长仅有12～13厘米，头部黑色，有蓝色光泽，两颊白色。背面灰色，腹面灰白色，中央纵贯一条宽阔的黑带。大山雀小巧玲珑，行动活泼，善于跳跃和飞翔。山区、平原均有分布，属于地方性留鸟。喜在果园、灌木丛、阔叶林中活动，在树洞、墙洞中筑巢，产卵3～5枚。大山雀虽然体型较小，但活泼好动，因此食量很大，消化能力强。它可捕食果园内多种害虫，如金龟甲、梨实象甲、刺蛾幼虫、桃蛀果蛾、天牛幼虫、天幕毛虫、舟蛾、巢蛾、尺蠖的成虫和幼虫、叶蝉、小型甲虫和蛾类以及蚜虫等。在食物缺乏时，亦取食草籽、花瓣、细小植物种子等。据有关资料介绍，1头大山雀每天可捕食2～3头大蓑蛾的蛹，或8～9头尺蠖老龄幼虫，或300～400头蚜虫等，1天捕食害虫的数量相当于自身体重。在繁殖季节，大山雀捕食、喂食更多，每天可捕食害虫400～500头，在大山雀的食物中，农林害虫的数量约占80%。

为了利用益鸟防治果园害虫，可采用制作人工巢箱，钉在树上，以招引大山雀。人工巢箱多为长方形，规格为：长20～25厘米，宽15～20厘米，厚10～12厘米。在巢箱的上方开一个小圆孔作为巢门，小圆孔不要过大，以直径3～4厘米为宜。大山雀怕人，喜欢安静环境。因此人工巢箱要放在果园深处，树枝茂密，人员不常去的地方，要固定挂在较高的树上，巢箱上放些干树枝，形成隐蔽环境，以招引大山雀定居下来，繁衍后代。

2. 大杜鹃 *Cuculus canorus* L 杜鹃在我国分布很广，大多为夏候鸟或旅鸟，其种类主要有大杜鹃、四声杜鹃和鹰头鹃，其中以大杜鹃最为常见。大杜鹃和鸽子大小相近，体长33～35厘米，体色为暗灰褐色，腹面白色并混有黑褐色横斑。杜鹃属“寄生性”繁殖的鸟类，即将自己产的卵（鸟蛋）放在别的鸟巢内，让别的鸟成为“保姆”代为孵卵，育出小杜鹃，并为其饲喂。小杜鹃孵出后排斥它类，会将义鸟所产的卵或刚孵出的小鸟推出巢外，占了整个鸟巢，让义鸟为之喂食，待羽毛丰满时，便不辞而别，这是一种适应性繁衍后代的本能。大杜鹃喜栖息在开阔的林地，特别是近处有水的果林。大杜鹃以取食大型害虫为主，如甲虫和鳞翅目幼虫，特别喜食一般鸟类不敢啄食的毛虫，如天幕毛虫、舞毒蛾、刺蛾、枯叶蛾等害虫的幼虫，1头成年杜鹃1天可捕食300多头大型害虫。

3. 大斑啄木鸟 *Picoides major* (L.) 大斑啄木鸟身体上黑下白，翅黑并具白斑，尾下呈红色，雄鸟头后有红斑。嘴强直如凿，舌细长，能伸缩自如，先端列生短钩，并有黏性涎沫。啄木鸟对蛀干害虫有准确的定位功能，它可观察出树干上有虫的部位，并用钢凿般的嘴在树干上敲击，根据敲击的声音，就可判断出害虫潜伏的位置。在树干上活动时，一面攀登，一面以嘴快速叩树，若树干有虫，即快速啄破树皮，用舌钩出害虫吞食。啄木鸟主要捕食鞘翅目害虫，如天牛幼虫和蛹、象甲、伪步行虫、金龟甲等，亦能捕食鳞翅目害虫、椿象等。冬季亦取食植物性食物如杂草种子、花生等。果园内只要有啄木鸟活动，就不会有树干害虫发生。60～70 公顷的大果园，只要有 2 对啄木鸟，就可控制树干害虫的发生和为害，其他害虫亦会明显减少。啄木鸟的食量很大，每天可取食 1 000～1 400头害虫幼虫。为了保护啄木鸟，可在果园内制造人工鸟巢，让其定居。可用小木板钉成小木箱，在木箱的侧面开个小口作巢门，或用一段树干在其上面掏成像啄木鸟自己啄成的洞穴，将其挂在大树上，以招引前来定居、繁殖后代。

4. 灰喜鹊 *Cyanopica cyana* (Pallas)　灰喜鹊是果园、森林中的主要留鸟，体长 40 厘米左右，全体灰色，翅膀和尾都呈苍蓝色，尾羽中央尖端白色，头部黑色并有紫色光泽。行动灵活敏捷，善飞翔，有群集活动习性，喜在密集的果园和森林中群居和筑巢。灰喜鹊繁殖力强，每到夏初便开始营巢、育雏。鸟巢用细的树枝在树杈处交织而成，呈圆形，巢内放有软草。雌鸟每窝产卵 4～6 枚，孵化期 18～20 天，育雏期 20 天左右。在育雏期小灰喜鹊完全靠母鸟捕捉害虫来喂养。灰喜鹊有“山林卫士”之称，可捕食金龟甲、尺蠖、舟蛾、刺蛾、蓑蛾等 30 余种害虫，冬天还能消灭挂在果树上的大袋蛾的护囊，将袋蛾消灭在蛹期。灰喜鹊可进行人工饲养。1 只灰喜鹊全年可吃掉 1.5 万头害虫。

5. 柳莺　柳莺是果园里常见的一种小鸟，体长仅有 10 厘米左右，比麻雀小。身披黄褐色或褐色羽毛，眉纹黄色，有的身体下部稍带绿黄色或淡黄色，故分别称为黄眉柳莺 *Phylloscopus inor-*

natus (Blytln)和黄腰柳莺 *Phylloscopus proregulus* (Pollas)。喜群居,常数十只群集活动。主要捕食蚜虫、大蓑蛾、尺蠖、椿象、金龟甲、叶甲、象甲、粉虱、叶蝉、蛾蝶类害虫等,以及各种害虫的卵和蛹。

6. 黑卷尾 *Dicrurus macrocercus* Vieillot 黑卷尾又叫黎鸡,是常见的夏候鸟。因其尾尖,尾毛长呈叉形,其外侧的尾羽向上卷曲,故称卷尾。黑卷尾全身黑色,背面和胸部有较明显的金属蓝色光泽,翅大、尾长、尾端羽毛分叉,尾羽的尖端微向上卷。5 月初飞来,6～8 月份繁殖,9 月底至 10 月初南迁。黑卷尾在树梢分杈处筑巢,每窝产卵 3～5 枚,一年繁殖 1 次,成虫和雏鸟都以昆虫为食,主要从空中捕捉害虫,从不到地面捕食,主要捕食在空中飞行的金龟甲、蝼蛄、椿象以及蛾蝶类成虫,它是消灭害虫的空中部队,是著名的捕虫能手。

7. 灰惊鸟 *Sturnus cineraceus* Temminck 灰惊鸟是一种杂食性的夏候鸟,分布较广,在北方繁殖,到南方越冬。体型比鸽子稍小,略瘦,体长 20～30 厘米,全身披褐灰色的羽毛,颈与胸部呈暗褐色,头尾为黑色,腰和腹部白色,嘴和足橙红色。喜结群,飞行快,4～6 月份为繁殖期。灰惊鸟的觅食能力很强,特别喜在翻耕后的地里面寻找地下害虫取食,如果树上害虫数量增多时,它会改变生活习性,转移到树上生活,捕捉果树害虫。若果树上害虫少了,又会转移到地面去捕虫。

8. 红尾伯劳 *Lanius eristatus* L 红尾伯劳是一种重要的食虫鸟类,属夏候鸟。除西藏外,全国均有分布。它的额和头顶前部为淡灰色,背部大多呈灰褐色,腹面棕白色,头部有较宽的黑色贯眼纹,尾部羽毛呈棕红色。红尾伯劳鸟性凶猛,叫声粗厉,嘴强硬弯曲成钩,似鹰嘴,适合捕捉昆虫和其他小动物。该鸟捕食性强,食量大,其食谱中昆虫占 99.6%,其中以鞘翅目昆虫最多,如金龟甲、叩头虫、象鼻虫、拟步行甲等。亦可捕食蝼蛄、椿象以及鳞翅目昆虫等，有时亦会捕食螳螂、蜻蜓等益虫，但数量极少。红尾伯劳在5～7月份繁殖，鸟巢大多建在果树或其他树木的枝杈间，呈大杯状，距地面3～6米，每次产卵4～6枚。

9. 燕子 燕子的种类很多，常见的有雨燕 *Apus apus* L.、家燕 *Hirundo rustica* L.、金腰燕 *Hirundo daurica* L. 等。雨燕属雨燕目，家燕和金腰燕属雀形目。它们的外形和习性有所不同。雨燕体型稍大，体长20厘米左右，全身羽毛黑色或褐色，有蓝色光泽，下体灰白色。翅尖较长，静止时折叠的翅尖超过尾端，飞行时双翅展开像一把镰刀，尾羽不分叉。脚趾四趾均向前伸展，停息时不能行走，亦不能抓住树枝，只能挂在墙壁或岩石上。家燕比雨燕小，双翼长而尖，尾端有明显的分叉，羽毛蓝黑色，有光泽，下体灰白色或灰色。金腰燕的体型大小和飞行姿势与家燕相似，但尾部比家燕短，腰部为金黄色，脚趾和家燕一样，都是三趾向前，一趾向后，因此停息时能牢固地停在树枝或电线上。

三种燕子的生活习性各有不同。雨燕飞翔力强，速度快，具有在空中经久不息的飞行本领，每小时能飞行150～160千米。燕巢像盘子建在岩石缝、城墙、庙宇、古塔等较深裂缝处。家燕大多生活在平原处，在屋檐下或屋梁处垒巢，燕巢像个破碎的饭碗。金腰燕多生活在山区村落，和家燕一样在屋梁或屋檐下垒巢，燕巢外形像半个花瓶，紧贴在建筑物上。每只雌燕产卵3～5枚，一年只育一窝幼燕。燕子整个夏季都在空中活动，每天工作时间12小时。燕子捕食昆虫的能力很强，在喂雏期间，捕食量更大，如雨燕一天喂雏20多次，每次带回巢的昆虫达100～200头，每天就可捕食昆虫2 000～4 000多头。家燕喂雏，每天往返觅食500多次，一窝家燕整个夏季可捕食上百万头昆虫。燕子的食谱中99.5%是昆虫，其中绝大多数是害虫，如椿象、象甲、金龟子、蛾类以及蚊蝇等。燕子属典型的候鸟，迁移性强，每年春天从南方飞到北方，垒巢、繁殖。秋后10月份便成群结伙飞到南方越冬。

(五)昆虫病原微生物

在自然界能使昆虫致病的病原微生物的种类很多,主要有细菌、真菌、病毒、线虫、原生动物等。病原微生物在条件合适时能引发流行病,致使害虫大量染病死亡。害虫感染病原微生物的方式与病原种类有关,细菌、病毒和病原线虫大多经口腔进入肠道,在害虫体内繁殖,并随粪便从肛门排出,污染周围食料,使健康虫体感染发病。而真菌则多从皮肤侵入,并在皮肤表面产生大量孢子散发各处,从而以直接或间接接触的方式感染健康虫体。

害虫感染病原微生物的症状因种类而异,其主要区别是:患细菌病死亡的虫体,色泽加深,一般为褐色或黑色,身体软化,失去原形,并有臭味,故又称为软化病。感染金龟子芽孢杆菌的蛴螬乳状病,虫体后期因充满该种细菌的芽孢而呈乳白色,与健虫极易区别。被病原线虫寄生的昆虫,体内含有多条线虫,有的线虫侵入虫体时还带有致病细菌、引发败血症,还有的线虫携带昆虫病毒,均会造成昆虫死亡。患病毒病的虫体表皮易破裂,并流出大量体液,有的虫体倒挂而死,一般新鲜虫尸无臭味,但时间一长感染了腐生菌就会有臭味。患真菌病的虫体表面则着生一层毛茸状菌丝,并含有大量孢子,虫体僵硬,因此亦称僵病。感染原生动物的虫体内,脂肪体被破坏,而由原生动物的分节孢囊所代替。

1. 昆虫细菌病 引起昆虫疾病的细菌种类多达 90 多个种和亚种,最为常见的是芽孢杆菌,其代表为苏云金杆菌。细菌病的共同特征是:感病虫体行动迟缓,食欲减退,口腔及肛门常有排泄物。病原细菌进入体腔后引起败血症,虫尸变为褐色或黑色,并软化腐烂,内部组织有黏着性,一般都有臭味。苏云金杆菌能产生多种对昆虫有致病力的毒素,其中最主要的是 δ-内毒素(伴孢晶体毒素)和 β-外毒素。苏云金杆菌可单用或与少量化学农药混用,防治多种农林害虫。国内外将其用于防治果树害虫的种类主要有:苹果巢蛾、棉褐带卷蛾、美国白蛾、舞毒蛾、苹果蠹蛾、苹掌舟蛾、枣尺蠖等。日本金龟子芽孢杆菌属于专性病原菌，寄主范围窄，仅限于寄生蛴螬，染病蛴螬的血淋巴呈乳白色不透明的液体。刚染病的虫体可以活动取食，以后病情加重，动作受损，最后活动停止，反应消失即将死亡，一般病程为10～15天，田间防效达50%～90%。

2. 昆虫真菌病 昆虫感染真菌病的病原物为昆虫病原真菌，又名虫生真菌。全世界虫生真菌种类达800种以上，我国已知的有150种左右。在昆虫病原微生物中，由真菌致病的最多，占60%以上，最常见的是僵病。真菌主要通过皮肤或体壁进入体腔，少数种类亦可从呼吸道或消化道入侵。着生在昆虫表皮上的分生孢子发育成菌丝，由菌丝直接吸收寄主体液，并产生毒素使寄主死亡。在寄主死亡前后丝状菌丝体充满寄主的内部器官，由菌丝产生分生孢子梗，穿过寄主表皮并产生大量孢子。感病虫体的特征是：食欲减退，行动迟缓，皮肤失去光泽。死后虫体僵硬，并成干枯状，体表上着生菌丝体的孢子层，并呈现各种色泽，如白色、绿色、红色、黄色，被称为白僵病、绿僵病、红僵病、黄僵病。

另外，还有一种虫霉属真菌如蚜霉，可侵染多种蚜虫、叶螨和蚧类。蚜霉菌的传播主要由分生孢子萌发侵入虫体内，菌丝在体腔内繁殖。害虫死后，菌丝体长出孢子梗，穿过体壁形成分生孢子，放射出去。有的病死蚜虫长出假根附着在植物上，色泽较浅。例如，在桃树上罹病的桃蚜，行动迟缓，体色变浅，体型稍膨大，死后体型比正常蚜虫膨大2～3倍，表面呈白色绒毛状，以假根附在桃叶上，症状比较明显。

利用真菌防治果树害虫效果最好的是用白僵菌处理地面，防治桃蛀果蛾。据笔者等试验，采用我们自行分离的高效菌株B-66号，在桃蛀果蛾越冬代幼虫出土始盛期各防治1次，用量为每667平方米用菌剂2千克(100亿活孢子/克)，加上0.15千克48%乐斯本乳油，对水75升，喷树盘及其周围地面。喷后覆草。据调查，白僵菌处理地面可使桃蛀果蛾出土幼虫大量感病死亡，幼虫僵死率达 85.6%～93.5%。白僵菌处理地面还能显著降低蛾、卵数量，全代性诱蛾量减少 70.98%～86.06%，累计卵量减少 83.95%～98.14%。虫果率明显减少，施菌园虫果较对照园减少 76.32%～94.74%，平均减少 88.43%。坚持使用白僵菌处理地面 3 年以上，将虫口基数压低到一定数量，可减少树上用药次数。据笔者等在山东省苍山县芙蓉村果园调查，树上用药由 3 次减为 1 次，虫果率仅为 0.1%～0.2%，而对照果园树上喷 3 次农药，虫果率仍达 1.5%～2.6%，防治效果显著。

据各地试验，卵孢白僵菌对铜绿丽金龟、大黑鳃金龟、暗黑鳃金龟、四纹丽金龟等地下害虫都有较高的侵染力。在其幼虫(蛴螬)发生较重的果园，每 667 平方米用白僵菌菌粉(15 亿～20 亿活孢子/克)2.5 千克，拌湿土 70 千克，混匀施入土壤，或菌粉与 50% 辛硫磷乳油 1 000 倍液混合喷施树盘土壤，效果更好。亦可采用绿僵菌防治蛴螬，防效可达 64%～82%。

3. 昆虫病毒病 昆虫病毒病是引起昆虫致病和死亡的重要病原微生物，世界上已从 1 100 种昆虫中发现 1 690 多种病毒病，我国亦从 196 种昆虫中分离得到 243 株昆虫病毒。常见的昆虫病毒病类型有核型多角体病毒病、质型多角体病毒病和颗粒体病毒病 3 种，其发病症状亦有所不同。例如：①核型多角体病毒病，感病幼虫食欲减退，行动迟缓，体躯变软，组织液化。有些昆虫爬向高处，聚集于树枝顶部，死虫腹足紧握枝叶，虫体下垂，倒挂在枝条上。害虫死后皮肤脆弱，极易破裂，流出白色或褐色稀糊状体液，一般无臭味，若有腐生菌感染则发生臭味。②质型多角体病毒病，感病幼虫表现烦躁不安，肠道硬化，虫体肥大并呈乳白色，虫粪呈灰白色(含有成团的多角体)。幼虫体内组织不液化，口器常吐出淡褐色液体，排泄出的黏液常粘着肛门。虫体萎缩，表皮不脆，死后不倒挂。③颗粒体病毒病，感病幼虫食欲差，行动迟钝，虫体腹部渐变白色，皮肤上常有斑点，血淋巴呈乳白色，体壁变软或内含物液化。有的死虫用腹足倒挂在枝叶上，呈“八”字形，随后体色变黑。

昆虫病毒病的传染途径主要是经口传入，病毒进入昆虫消化道之后，在胃肠细胞内繁殖并产生大量病毒粒子，随后冲破细胞而出，细胞死亡，而病毒则在体腔内随体液的流动分布到虫体各部位，继续感染和破坏其他正常生活的细胞，如此循环不断，直至昆虫死亡。死亡虫体内包含大量病毒粒子，皮肤破裂后流出大量含有病毒粒子的体液污染周围植物枝叶，又被同种健康幼虫取食而感病死亡，形成昆虫流行病，可使其种群大批死亡。

昆虫病毒病的寄主专一性很强，一般1种病毒仅能感染1种害虫，昆虫病毒仅能用活体幼虫进行繁殖，可采用人工饲养寄主昆虫进行大规模繁殖病毒，用于防治。亦可大量收集被病毒感染死亡的虫体，将其研碎并进行过滤，加水稀释后喷洒。在果树上应用的有银杏大蚕蛾核型多角体病毒、山楂粉蝶核型多角体病毒、枣尺蠖核型多角体病毒、褐边绿刺蛾颗粒体病毒、棉褐带卷蛾颗粒体病毒等，分别用来防治银杏大蚕蛾、山楂粉蝶、枣尺蠖、褐边绿刺蛾以及棉褐带卷蛾等害虫。

4. 昆虫病原线虫病 昆虫病原线虫是一类专门寄生昆虫的线虫，其线虫侵入害虫体内后，能迅速释放所携带的共生细菌，使寄主昆虫感染败血症而死亡。感病幼虫死亡速度较快，一般1～2天就可使害虫大量死亡。昆虫病原线虫的寄主范围较广，对人、畜安全，防效好，而且可采用固相和液相两种生产工艺进行大规模生产，在国际市场上已作为商品出售。小卷叶蛾线虫是目前应用较广泛的一种昆虫病原线虫，它的寄主昆虫多达250余种，并具有在人工培养基上易于培养、侵染期线虫产量高、耐低温贮藏等特点，可用来防治多种农林害虫。

在果园利用昆虫病原线虫效果最好的是防治桃蛀果蛾。该虫脱果后入土结茧化蛹，且多集中在树干周围，昆虫病原线虫在土壤中能寻找寄主，同时果园环境荫蔽、土壤疏松、湿度大，5～6月份气温不超30℃,以上条件适合昆虫病原线虫的侵染和繁殖,因而防治效果较好。几年来,山东、河南、陕西、辽宁、河北等省利用小卷叶蛾线虫防治桃蛀果蛾的效果极为显著,幼虫寄生率达90%以上,苹果树上累计卵果率平均仅为0.31%,而施药区则达0.93%,未施药对照区高达1.69%,其防治效果好于施药区。山东省果树研究所用泰山一号线虫(异小杆线虫)防治桃蛀果蛾亦取得了和小卷叶蛾线虫相似的效果,幼虫死亡率达92%,卵果率降到1%以下。另外,陕西、河南等地利用斯氏线虫防治核桃举肢蛾、桃红颈天牛,利用芜菁夜蛾线虫防治梨果象甲,其防效均达80%以上。用小卷叶蛾线虫防治树木上的木蠹蛾,效果亦达90%以上。

四、果园害虫天敌的保护利用

果树属多年生植物,生态环境比较稳定,因而生长期常遭受多种害虫为害,但是捕食性和寄生性天敌的种类和数量亦相当多,它是控制害虫种群数量的重要因素。到目前为止,还没有发现一种没有天敌控制的害虫,若害虫一旦失去天敌的控制,将会以惊人的速度繁殖。但是自然界中的生物都是相互制约、相互依存的平衡关系,这种平衡关系有时亦会被人为打破,例如长期不合理地使用农药以及植被的单一化,从而使天敌数量锐减,导致害虫猖獗为害。因此,我们应采取积极措施对天敌加以保护利用,并尽量减少对它的伤害,以充分发挥天敌的自然控制作用。

我国果园害虫天敌资源极为丰富,应加强对其保护利用,以便充分发挥其潜在的治虫效能。保护利用天敌就是要创造适宜天敌生存和繁衍的生态环境,增加自然界害虫天敌种群数量,提高天敌对害虫种群密度的制约力。保护利用天敌的措施是多方面的,不能片面的理解为不打农药就是保护天敌的惟一措施。保护利用天敌措施的制定,首先要查明本地果园害虫和天敌的主要种类及其生物学特性，其次要摸清主要天敌的生态特点，如天敌与害虫、果树、植被之间的错综复杂的关系，第三要探明化学农药及农事操作对天敌的影响。

(一)强化生态果园建设

生物多样性是促进天敌丰富度的基础，因此，在果园周围种植防护林，园内栽培蜜源植物，果树行间种植牧草或间作油菜、花生等矮秆作物，果园四周紧靠小麦或玉米田，通过以上措施增加生物多样性，从而创造有利于害虫天敌的生存和繁衍的环境，天敌种群就会大量增殖。例如，1985 年笔者在山东省乳山县苹果园调查看出，周围有柞树、松林及其他树木的山丘果园，生态植被较为复杂，赤眼蜂的自然寄生率就比较高，棉褐带卷蛾的卵块寄生率达 62.26%，卵粒寄生率达 47.46%，分别比生态植被一般的果园高 31.49%和 27.9%。

在果园行间种植三叶草、紫花苜蓿等豆科牧草，可为天敌提供良好的栖息、繁衍、越冬场所，增殖效应明显。据笔者等试验看出，在牧草中以紫花苜蓿上的天敌最多，在生长季节调查，百网共捕获各类捕食性天敌 632 头，天敌数量比其他牧草多 2.9～4.2 倍。天敌以东亚小花蝽数量最多，约占天敌总量的 73.7%；其次为蜘蛛、瓢虫、猎蝽、盲蝽等。另据笔者在山东省沂源等地调查，在果园行间种植紫花苜蓿和夏至草(一种有益杂草)，其配比为 7∶3，可使小花蝽、瓢虫、食蚜蝇、黑食蚜盲蝽等天敌在果园持续发生。据在天敌发生高峰期调查，每 10 网共捕获各类捕食性天敌 115 头，而清耕园则很难捕到，生草园网捕天敌数量比清耕园多 6～10 倍。同时看出，生草园树冠上的天敌亦明显多于清耕园，而蚜、螨及金纹细蛾等害虫则少于清耕园。据笔者调查，生草园平均每个枝条上的天敌量为 1.01 头，比清耕园(0.39 头)高 2.59 倍，比地面天敌高 18.1 倍，而绣线菊蚜、叶螨和金纹细蛾的数量则分别比清耕园减少 48.2%～51.9%、14.3%～64.8%和 27.9%～70%。

保护好果园周围的麦田天敌，对控制果树上的蚜虫亦有明显效果。据1998年笔者在山东省沂源县调查，麦收前苹果园绣线菊蚜数量较大，百梢蚜量达7 934头，但瓢虫、草蛉、东亚小花蝽等天敌不多，仅有30.3头。而麦收后5天调查，麦田天敌大量转移到苹果树上，天敌数量骤增，百梢天敌量上升到108头，比麦收前增加71.94%，而蚜量仅有1 711头，减少78.34%。麦收后7天调查，百梢蚜量仅为163头，比麦收前减少97.95%。另外，在果园内种植一些开花期较长的植物，可吸引寄生蜂、寄生蝇、食蚜蝇、草蛉等天敌飞到果园取食、定居和繁殖。

（二）配合农业措施直接保护害虫天敌

冬季或早春刮树皮是防治山楂叶螨、二斑叶螨、梨小食心虫、卷叶蛾等害虫的有效措施，但是六点蓟马、小花蝽、捕食螨、食螨瓢虫以及多种寄生蜂均在树皮裂缝或树穴等处越冬，为了既消灭害虫，又保护天敌，可采用上刮下不刮的办法，或改冬天刮为春季果树开花前刮，这时大多数天敌已出蛰活动。如刮治时间较早，可将刮下来的树皮放在粗纱网内，待天敌出蛰后再将树皮烧掉。

为了保护果园蜘蛛、小花蝽、食螨瓢虫等天敌，可采用在树干基部束草把或种植越冬作物、园内堆草或挖坑堆草等方法，人为创造越冬场所供其栖息，以利于天敌安全越冬。另外，对摘下或剪下的虫果、虫枝、虫叶亦可收集放于大纱网笼内，因为虫果内的桃蛀果蛾幼虫常有桃小甲腹茧蜂寄生，梨大食心虫果内幼虫和蛹常有多种寄生蜂寄生，梨小食心虫、卷叶蛾为害的虫梢，金纹细蛾等潜叶害虫的虫叶中均有多种寄生性天敌，对这些天敌应加以保护利用。另外，在果园四周种植乔木、灌木相结合的防护林，或在园内悬挂人工巢箱，创造鸟类栖息和繁殖的场所，可以明显增加果园内益鸟的数量。

（三）使用选择性杀虫剂

农药是防治果树病虫害必须采取的措施，但是它对天敌的杀伤力轻重不一，因此要选择高效、低毒，对天敌杀伤力较小的农药品种，并要改进施药技术，以协调防治病虫和保护天敌的矛盾。一般来说生物源农药对天敌杀伤轻，化学源农药杀伤天敌重。化学源农药对天敌的杀伤力亦有较大差异，有机磷、氨基甲酸酯类杀虫剂对天敌毒性最大，其次是菊酯类农药，而昆虫生长调节剂对天敌则比较安全。在生物源农药中，微生物农药比较安全，农抗类农药影响较大。

据笔者试验，不同类型的农药品种对寄生卵中赤眼蜂不同虫态的影响有显著差异，其中以昆虫生长调节剂敌灭灵（除虫脲）和有机锡类杀螨剂倍乐霸最为安全，寄生卵中任何虫态均不受影响。有机磷类农药乐斯本、对硫磷、氧化乐果的毒性最大，赤眼蜂的出蜂率仅为 3.42%～53.42%，而菊酯类农药来福灵、灭扫利等以及三氯杀螨醇仅对赤眼蜂个别虫态有一定影响。

经笔者等室内外试验表明，果园常用农药对天敌的安全性有明显差异。抑太保、灭幼脲、杀铃脲等昆虫生长调节剂以及 Bt、白僵菌等微生物源农药对瓢虫、草蛉等天敌都比较安全，天敌的死亡率稍高于对照处理的自然死亡率，差异不显著。而化学农药中的吡虫啉、莫比朗、辟蚜雾等对天敌杀伤力不大，相对比较安全。农抗类农药如阿维菌素对天敌杀伤力较大，在常用剂量下，药后 24 小时内，瓢虫、草蛉的死亡率达 95%以上。菊酯类农药对天敌亦有较大的杀伤力，5%高效氯氰菊酯乳油 2 000 倍液在用药后 4 小时，草蛉幼虫死亡率就达 100%，20%灭扫利乳油 3 000 倍液对天敌毒性低一些，药后 48 小时对草蛉幼虫的死亡率为 48.48%。对天敌杀伤力最强的是有机磷农药，如氧化乐果、对硫磷等，在常用剂量下药后 4 小时内草蛉幼虫的死亡率就达 100%。

另外，还可采用生态选择的方式，调整施药技术，保护天敌。常用的方法有：①改进施药方式。例如防治蚜虫，可将树上喷雾改为树干涂药包扎，对天敌基本无害。防治桃蛀果蛾可加强地面防治，减少树上喷药次数。若蚜螨类害虫发生不普遍，可将全园普治改为点片防治。②严格防治指标，调整防治时期。不要见虫就治，特别是蚜虫和叶螨，要根据益害比确定防治关键期，例如天敌和害螨比例在 1∶30 时可不防治，当益害比超过 1∶50 时开展防治。抓住春季害虫出蛰期防治，压低虫源基数，可减少夏季喷药次数。③降低用药浓度。在农药有效使用浓度范围内，宜用低浓度不用高浓度，例如 1%阿维菌素乳油 4 000 倍和 5 000 倍液对害虫的防效相当，但对瓢虫致死率却有明显差异，4 000 倍液比 5 000 倍液高 11.12%。

(四)人工繁殖释放害虫天敌

对于一些常发性害虫，单靠天敌本身的自然增殖是很难控制害虫的，因为天敌往往是跟随害虫之后发生的，比较被动。若在害虫发生之初自然天敌不足时，提前释放一定数量的天敌，则能主动控制害虫，取得较好的防治效果。例如，据笔者调查，山东省某苹果园第一代棉褐带卷蛾的卵期在 5 月底至 6 月下旬，赤眼蜂的自然寄生率，卵初期(6 月 5 日)卵粒寄生率仅为 17.2%，卵盛期(6 月 10～15 日)卵粒寄生率达 41.9%，而到卵末期(6 月 20 日)卵粒寄生率虽上升到 62.3%，但此时害虫卵量很少，已无实际控制作用。根据这一规律，我们在卵盛期(6 月 10 日)之前，分 4 次放蜂，每 667 平方米放 8 万～12 万头松毛虫赤眼蜂，效果很好，在棉褐带卷蛾全卵期内，赤眼蜂的卵块寄生率达 96%，卵粒寄生率达 92%，其防效明显好于施药园，而且还保护了大量天敌，瓢虫、草蛉、小花蝽、食蚜蝇等捕食性天敌比施药园高 17 倍，棉褐带卷蛾窄径茧蜂等 5 种幼虫寄生蜂的寄生率亦很高，前期为 25%，后期达 96%，对棉褐带卷蛾种群有显著的抑制作用。松毛虫赤眼蜂防治梨小食心虫，人工繁殖释放白蛾周氏啮小蜂防治美国白蛾，病原线虫和白僵菌防治桃蛀果蛾，捕食螨防治果树上的叶螨以及繁殖释放平腹小蜂防治荔枝椿象等均有较好的防治效果。

天敌昆虫的人工繁殖技术发展亦很快，研究解决了一些昆虫用人工饲料养虫及天敌的大量繁殖技术，天敌的繁殖利用正向工厂化、商品化发展，欧美一些国家已将天敌作为商品进行注册和销售。例如，北美有 142 家天敌公司生产销售 130 多种天敌，西欧有 26 家天敌公司生产销售 80 多种天敌，俄罗斯等独联体国家有 100 余条生产线生产赤眼蜂。我国赤眼蜂、捕食螨、白蛾周氏啮小蜂、病原线虫、Bt、白僵菌、昆虫病毒、微孢子虫等都可进行工厂化生产，商品化销售。

(五)引进或移植害虫天敌

引进或移植天敌是害虫生物防治的一项重要内容，一旦成功将会收到长期的防治效果。美国曾从世界各地引进 600 多种天敌，用来防治 200 多种害虫，结果已有 42 种害虫被消灭，48 种害虫为害大为减轻。加拿大从国外引进 200 多种天敌，有 50 多种已经驯化。日本从我国引进黄蚜小蜂和矢尖蚜小蜂防治柑橘害虫，寄生率达 70%以上。引进天敌投资少，效益高，其效益比为 1∶30，而杀虫剂则为 1∶5。

我国 1966 年以前从国外引进澳洲瓢虫、日光蜂、古巴蝇和孟氏隐唇瓢虫 4 种天敌，其中以利用澳洲瓢虫防治柑橘吹绵蚧和利用日光蜂防治苹果绵蚜最为成功。20 世纪 80 年代以来，我国从国外引进 225 种次天敌，其中在果树上应用效果较好的主要有智利小植绥螨、西方盲走螨和虚伪植绥螨防治苹果树山楂叶螨、苹果全爪螨和二斑叶螨，引进昆虫病原线虫——斯氏线虫等防治桃蛀果蛾等，均取得了较好的防治效果。

另外，我国地域辽阔，天敌资源丰富，在不同地区进行天敌移植亦有较好的效果。例如，20 世纪 50 年代有人将大红瓢虫从浙江省永嘉县移植到湖北省宜都市，又从宜都市移植到四川省泸州市防治柑橘吹绵蚧，福建省在本省移植大红瓢虫防治柑橘吹绵蚧，均取得了显著的防治效果。

第六章　果园农药的使用和主要品种

一、农药的基本概念和使用

(一)农药的基本概念

1. 农药名称　农药是指具有预防、杀灭或者控制危害农业、林业病、虫、草、鼠害和其他有害生物以及能调节植物、昆虫生长的化学合成物或者来源生物、矿物等天然物质的一种或者几种物质的混合物及其制剂。农药广泛用于农业、林业生产的全过程，也可用于环境和家庭除害防疫。

农药的名称通常由 3 部分内容组成：一是表示有效成分含量，常用百分浓度表示；二是表示农药的通用名称或商品名称；三是表示加工剂型。例如 70%甲基托布津可湿性粉剂，有效成分含量为 70%，商品名为甲基托布津，剂型是可湿性粉剂。国家规定每种农药必需有中文通用名称，但也允许厂家有自己的商品名称，例如吡虫啉，它的通用名称是吡虫啉，而商品名称有一遍净、扑虱蚜、蚜虱净、大功臣、铁砂掌、高巧等多种。农药名称命名方法主要有：①根据化学名称命名，如硫酸铜、代森锰锌；②根据试验代号命名，如一六〇五(对硫磷)、三九一一(甲拌磷)等；③根据外国农药商品名称音译或意译命名，音译的如滴滴涕(DDT)、敌敌畏(DDVP)等，意译的如氯化苦、氯丹等；④根据用途、性质、效果等命名，如扑虱蚜、抗蚜威、菌毒清、克菌康、多菌灵等。

2. 农药毒性　农药对人及有益动物的毒害作用称为毒性。常用的毒性指标以急性致死中量(LD_{50})或致死中浓度(LC_{50})的数值表示，其中以急性致死中量最常用，用 LD_{50}(毫克/千克)表示，即试验动物平均每千克体重需用多少毫克有效成分的药量，能使试验动物死亡50%。试验动物呼吸吸入的急性毒性用致死中浓度(LC_{50}毫克/米^3)表示。在急性毒性中，又分经口(试验动物口服)、经皮(涂抹试验动物皮肤)和呼吸吸入3种。农药的毒性大小，常用急性毒性数字大小来确定，数值愈大，毒性愈小；数据愈小，毒性愈大。农药毒性高低分为剧毒、高毒、中毒和低毒4种(表6-1)。农药毒性又按中毒时间分为急性毒性(24小时至14天内)、亚急性毒性(2～6个月)和慢性毒性(0.5～2年)，即在规定时间内持续给一定药量后，引起的病理毒性反应。

表6-1　农药毒性分类

农药毒性	经　口 (毫克/千克)	经　皮 (毫克/千克)	吸　入 (毫克/立方米)
剧　毒	<5	<20	<20
高　毒	5～50	20～200	20～200
中　毒	>50～500	>200～2000	>200～2000
低　毒	>500	>2000	>2000

3. 农药类型和剂型　农药的类型、剂型很多，其理化性质、防治对象、毒性、使用方法各不相同，因此，应了解农药的性能，对症购药，并掌握正确的施药方法，才能取得较好的防治效果。农药按其成分分为化学源农药，生物源(包括植物、动物、微生物)农药和矿物源农药。按防治对象分为杀虫剂、杀螨剂、杀菌剂、杀线虫剂、除草剂、杀鼠剂、植物生长调节剂。按毒性来分，又有高毒、中毒、低毒农药之别。每种农药对病虫草害的作用方式亦不完全相同，例如杀虫剂又分为胃毒剂、触杀剂、内吸剂、熏蒸剂和特异性昆虫生长调节剂，杀菌剂有保护剂和内吸治疗剂之分。除草剂的类型很多，有的是茎叶处理剂，有的是土壤处理剂。按其杀草性能又分为选择性除草剂、灭生性除草剂，并有触杀性和内吸性之分。有的

农药可同时具备几种方式，如敌敌畏既有触杀、胃毒作用，又有熏蒸作用。

农药还有多种剂型，施用方法亦各不相同，如：①粉剂：不溶于水，只能作喷粉用；②可湿性粉剂：对水稀释成悬浮液，供喷雾用；③可溶性粉剂：可直接溶于水；④乳油：对水后成乳状液，易吸附在植物体或虫体上，残效期较长；⑤微胶囊剂：农药的微滴或微粒外面包上一层囊皮，囊皮破裂后药剂逐渐释放，所以又叫缓释剂，其特点是残效期较长，可减少施药次数，降低毒性；⑥胶悬剂：兼有乳油和可湿性粉剂的共同特点，黏着性强；⑦水剂：直接对水施用，黏着性差，施用时可加入洗衣粉等作黏着剂。另外还有水乳剂（微乳剂）、水分散粒剂等。

4. 农药作用方式　农药的不同品种对病虫的作用方式有所不同，有时同一种农药亦有几种作用方式。

(1)杀虫剂的作用方式

①胃毒作用　当咀嚼式口器的害虫取食茎叶或饵料时，连同农药一起进入消化道内发生的中毒称为胃毒作用。

②触杀作用　当药剂喷到害虫的触角、口器和体壁上，或害虫在爬行时接触到药剂而中毒的称为触杀作用。

③内吸作用　药剂喷到植物体被其吸收，害虫取食植物中带有农药的汁液时而发生的中毒称为内吸作用。

④熏蒸作用　当农药挥发为气体被害虫吸收后而发生的中毒称为熏蒸作用，其效果与温度高低呈正比，温度越高效果越好，反之则差。

(2)杀菌剂的作用方式

①保护作用　在病害发生前或发病初期将药剂喷到植物体上，当病原菌与药剂接触时即能抑制或杀死病原菌，即为保护作用，或称为保护剂。

②内吸治疗作用　杀菌剂被植物吸收后，当病原菌的芽管或

菌丝侵入植物体内时，对侵入病菌起到抑制或杀灭作用，即为内吸治疗作用，或称为内吸治疗剂。

5. 农药的使用方法

(1)喷雾法　该法使用最普遍，具有喷洒均匀、黏着性强、持效期长、药效好等优点。缺点是需要有水源，工效低。一般每 667 平方米成龄果园喷药液量为 300～400 千克。

(2)喷粉法　使用简便，工效高，不受水源限制，但药粉易随风飘移，沉降性差，对环境污染重。主要用于防治地下害虫或地下越冬出土害虫。地面喷粉后要浅锄一遍，使药粉均匀混在表土中。

(3)根施法　在根部周围施药，主要用于防治根部病害。方法是：在树冠下地面挖环状沟或放射状沟(深 15～20 厘米，宽 20 厘米)，将混土的药粉或稀释好的药液或微量元素施在沟内，然后覆土，可用来防治果树根腐病、缺素症以及调节果树生长。

(4)注射法　可用来防治果树缺素症。方法是：将高压注射器或吊瓶注射器前端的针头插入树干木质部的钻孔中，利用机具的压力或水流从上向下流动的压力，将药液注射到树的木质部，再借助果树木质部的液流，将药液分布到树叶中。

(5)刮皮抹药包扎法　在树干中部，将树干的老翘皮刮去一圈，露出白皮，将内吸性较强的药液涂抹在白皮部位，然后用塑料薄膜盖住，用绳扎紧。涂抹法多在春季用来防治蚜虫，简单易行，但使用不当容易发生药害，应先进行试验。

(6)泼浇法　将配制好的药液泼浇在树根周围树冠下，主要用来防治苗圃内幼树地下害虫或根部病虫。

(7)虫孔注射和堵塞法　对为害果树的钻蛀性害虫如天牛、木蠹蛾、吉丁虫等，可采用在蛀孔内注射药液，或用药棉堵塞法进行防治。其方法是：根据防治对象，确定用药种类，配制药液，用医(兽)用注射器，将药液注入蛀孔内，或用竹(木)签将棉球或脱脂棉蘸上药液放入，然后用泥堵孔封死。农药可选用敌敌畏或毒死蜱、溴氰菊酯、杀灭菊酯乳油和磷化铝药片。

(8)浸果法　在大的容器内装入配制好的药液，将果品倒入容器内浸没0.5～1分钟，随后取出晾干，装箱贮藏。此法主要用来防腐或保鲜，但选用的药剂必须是无毒或低毒的，销售时不能有残留。

6. 农药残留和安全间隔期

(1)农药残留　果树和农作物上喷洒农药后，采收时残留在果实及其他食用部位上的农药及有毒代谢物、降解物和杂质，即称为农药残留。最高残留浓度称最高残留限量。果树上以每千克果实中所含农药的毫克数表示。最高农药残留限量，每个国家制定的标准不一致，为减少贸易纠纷，联合国粮农组织农药残留法典委员会制定出每种农药最高残留限量的国际标准，供各国参阅。目前我国已制定出79种农药在32种(类)农副产品中农药最高残留限量的国家标准。其中有关水果农药残留最高限量的新标准(毫克/千克)见表6-2。

表6-2　我国水果中农药最高残留限量国家标准

名称	种类	限量(毫克/千克)	名称	种类	限量(毫克/千克)	名称	种类	限量(毫克/千克)
滴滴涕	杀虫剂	≤0.1	敌百虫	杀虫剂	≤0.1	噻螨酮	杀螨剂	≤5④
六六六	杀虫剂	≤0.2	亚胺硫磷	杀虫剂	≤0.5	三唑锡	杀螨剂	≤2④
倍硫磷	杀虫剂	≤0.05	除虫脲	杀虫剂	≤1④	双甲脒	杀螨剂	≤0.5④
甲拌磷	杀虫剂	不得检出	三氟氯氰菊酯	杀虫剂	≤0.2④	溴螨酯	杀螨剂	≤5④
杀螟硫磷	杀虫剂	≤0.5	丁硫克百威	杀虫剂	≤2②	百菌清	杀菌剂	≤1.0
敌敌畏	杀虫剂	≤0.2	杀螟丹	杀虫剂	≤1②	多菌灵	杀菌剂	≤0.5
对硫磷	杀虫剂	不得检出	毒死蜱	杀虫剂	≤1⑤	粉锈宁	杀菌剂	≤0.2
乐果	杀虫剂	≤1.0	氰戊菊酯	杀虫剂	≤0.2	克菌丹	杀菌剂	≤15

续表 6-2

名称	种类	限量（毫克/千克）	名称	种类	限量（毫克/千克）	名称	种类	限量（毫克/千克）
马拉硫磷	杀虫剂	不得检出	水胺硫磷	杀虫剂	≤0.02③	代森锰锌	杀菌剂	≤3⑤ ≤5⑥
辛硫磷	杀虫剂	≤0.05	喹硫磷	杀虫剂	≤0.5②	异菌脲	杀菌剂	≤10⑤
二氯苯醚菊酯	杀虫剂	≤2.0	西维因	杀虫剂	≤2.5	甲霜灵	杀菌剂	≤1⑥
乙酰甲胺磷	杀虫剂	≤0.5	杀扑磷	杀虫剂	≤2②	噻菌灵	杀菌剂	≤10② ≤3⑦
甲胺磷	杀虫剂	不得检出	灭多威	杀虫剂	≤1②	克线丹	杀线虫剂	≤0.005②
地亚农	杀虫剂	≤0.5	稻丰散	杀虫剂	≤1②	呋喃丹	杀线虫剂	不得检出
抗蚜威	杀虫剂	≤0.5	阿波罗	杀螨剂	≤1	草甘膦	除草剂	≤0.1
溴氰菊酯	杀虫剂	≤0.1① ≤0.05②	苯丁锡	杀螨剂	≤5④	百草枯	除草剂	≤0.2②
氰戊菊酯	杀虫剂	≤0.5	克螨特	杀螨剂	≤5④			

＊注：①水果（皮可食）；②柑橘；③柑橘（肉）；④梨和柑橘；⑤梨；⑥小粒水果；⑦香蕉

（2）农药安全间隔期　是指果树上最后一次喷药到采收时的间隔日期（天数）即采收前禁止使用农药的日期（天数）。按照农药安全间隔期施药，一般不会超过农药残留最高限量，可保证果品安全。每一种农药的安全间隔期不同，性质稳定的农药不易分解，其安全间隔期长，反之则短。同一种农药在不同作物、树种上亦不相同，因此国家制定出农药合理使用准则，每一种农药在各类作物上的安全间隔期都有具体规定（表 6-3）。总的原则是：高效、低（中）毒、持效期短的农药，其安全间隔期一般为 5～10 天；高效、低（中）毒、持效期较长的农药，安全间隔期为 10～14 天；高效、高（中）毒、持效期较长的农药，多为 30 天以上；高效、高毒、持效期长的农药，多为40天以上。

表6-3　20余种农药在水果上的安全间隔期

树种	农药	最多使用次数	安全间隔天数	树种	农药	最多使用次数	安全间隔天数
苹果	20%灭扫利EC	3	30	梨	75%百菌清WP	6	25
	73%克螨特EC	—	30		12.5%速保利WP	3	21
	5%噻螨酮EC	2	30		6%乐必耕WP	3	14
	25%除虫脲WP	3	21	桃	2.5%溴氰菊酯EC	2	15
	10%氯氰菊酯EC	3	21		10%氯氰菊酯EC	3	7
	50%溴螨酯EC	2	21	葡萄	58%甲霜灵锰锌WP	3	21
	5%三唑锡EC	3	14		75%百菌清WP	4	21
	20%氰戊菊酯EC	3	14		73%克螨特EC	3	20
	6%乐必耕WP	3	14	柑橘	25%喹硫磷EC	3	28
	10%天王星EC	3	10		50%苯丁锡WP	2	21
	50%异菌脲WP	3	7		2.5%功夫EC	3	21
	10%多抗霉素WP	3	7		20%双甲脒EC	—	21
	2.5%溴氰菊酯EC	3	5		40%水胺硫磷EC	3	14

(二)农药的识别和科学使用

1. 农药的识别　购买农药前应先确定防治对象，根据防治对象来选购农药品种。农药的品种很多，即使同一品种名称亦很多，有的用通用名，有的用商品名，往往是一厂一名。为了防止购错药，一定要搞清楚所购农药的通用名称和有效成分。在购买农药时还要对其外观进行识别，以免误购假药和质量低劣的农药，可参考以下方法进行识别。

(1)看农药的标签和三证

①农药的标签　农药产品包装必须贴有标签，标签应当紧贴

或印在农药包装上。标签上应注明农药名称(通用名或商品名)、企业名称、农药三证号以及农药的有效成分、含量、重量、产品性能、毒性、用途、防治对象、使用方法、生产日期、产品质量保证期和注意事项等。若农药没有商品名,应注明其通用名。产品为混剂的商品名,应注明其混配的2种农药通用名及其各自的有效成分含量。分装农药还应注明分装单位。凡未附标签或标签残缺不全者,不要购买和使用。农药标签上的色带是用来区分农药的种类,红色表示杀虫剂,黑色表示杀菌剂,绿色表示除草剂,黄色表示杀鼠剂,淡黄色表示植物生长调节剂。

②农药的"三证" 它是指农药生产批准证书、农药标准和农药登记证。"三证"以产品为依据发放,即每种农药产品,或同一种农药产品不同的生产厂家,都应有各自的"三证"。厂家生产的每一种农药产品的标签上都必须有"三证"的号,若"三证"不全,或冒用厂家其他农药产品的"三证",或冒用其他厂家的"三证",均属违法行为,产品属伪劣假冒范围。厂家虽有"三证",但产品质量达不到标准即为劣质农药,工商、药检部门是经常检查的重点。

农药的"三证"分别由国家不同部门批准和发放。第一个证是农药生产批准证书,由国家石油和化学工业局审核批准,发给证书。第二个证是农药标准,它是指农药产品质量技术指标及其相应检测方法标准化的规定。该标准分为三种:一是企业标准,由企业自行制定,地方技术监督部门批准,由企业发布实施,其他厂家不得套用。二是行业标准,多家企业生产同一种产品需要制定行业标准,由全国农药标准化技术委员会审查通过,国家石油和化学工业局批准并发布实施。三是国家标准,由全国农药标准化技术委员会审查通过,国家技术监督局批准并发布实施。在农药标准中规定农药质量保证期,时间计算是从该产品生产包装之日算起到药剂理化指标和药效未降低的最后日期的这段时间为质量保证期,保证期一般为2年,过了保证期的农药不能销售和使用。第三个证是农药登记证，由农业部农药检定所发放，并分别编号。

(2)看外观　农药的外观形态与剂型有关，同一剂型的农药应具有独自的外观特征，应仔细观察以区别农药质量的好坏。

①乳油　正品为均匀透明的油状液体，凡浑浊、分层或有沉淀的则为不合格产品。

②水乳剂　正品为白色或浅色浓稠状乳液，不透明。凡液体分层、有结晶的则为不合格产品。

③微乳剂　正品为透明或半透明的均匀液体。凡油水分层、浑浊或有沉淀的则为不合格产品。

④悬浮剂　正品为白色或浅色的可流动黏稠状悬浮液，若存放时间长，瓶底出现沉淀物，经摇晃后沉淀物能悬浮起来，并呈均匀的悬浮液，即为合格产品。若沉淀物经摇晃后不能悬浮，则为不合格产品。

⑤水剂　正品为透明或半透明的均匀液体，无悬浮物，若在低温下出现少量沉淀，温度升高后沉淀物自行溶化，则为合格产品。反之，若升温后沉淀物仍未溶化，就属不合格产品。

⑥粉剂和可湿性粉剂　正品为微细的粉末状，若粉末较粗，或结成硬块则为不合格产品。

(3)看内在质量　农药的质量只有在具备条件的实验室才能检验，但我们亦可用简易方法进行初步检验。

①乳剂乳化性能检验　可在高筒玻璃杯内装满水，然后滴上几滴乳油，如能自行扩散成白色乳状液，搅拌后静置1小时，表面无浮油，底部无沉淀，即为好的乳剂。

②可湿性粉剂展着性检验　可在广口瓶内装入已配好的药液，然后摘取几张叶片，将叶片浸入药液中，经数秒钟取出，若叶片上沾满药液，即为合格产品。如药液展着不匀或叶片上沾不住药液，即为不合格产品。

2. 农药的科学使用

(1)正确诊断、对症治疗　首先要准确识别病虫草害种类，确定重点防治对象，并根据发生期、发生程度选好合适的品种和剂型。防治病害，在病害发生前要喷保护剂，病害发生后要喷内吸剂进行治疗，并要交替使用。果树常用的保护性杀菌剂有：波尔多液、石硫合剂、代森锰锌、中生菌素(克菌康)、硫悬浮剂、代森铵、退菌特、腐必清、克菌丹等。内吸性杀菌剂有：多菌灵、多氧霉素、甲基托布津、扑海因、粉锈宁、世高、福星、农用链霉素等。杀螨剂有的不杀成螨，对幼、若螨效果较好，如螨死净、尼索朗、卡死克等。有的杀螨剂杀成螨及幼、若螨，但不杀卵，如克螨特、霸螨灵、倍乐霸等。还有的杀螨剂对害螨的各种虫态均有较好效果，如哒螨灵、农螨丹等，因此施药时要根据当时的虫态或病情选择对路的农药品种，效果才好。

(2)掌握关键期，适时用药　防治病害要掌握先保护后治疗的原则，病害发生期长，病菌可多次再侵染的要连续多次用药效果才好。防治害虫、叶螨应在卵孵化盛期或幼虫低龄期进行防治，一般用药1～2次即可。防除杂草宜在小草期喷药。喷药次数和间隔期，应根据病虫发生期和药效期长短来定，病虫发生期短的一般喷1～2次药即可，而发生期长的病虫则应增加喷药次数。药效期长的农药可10～15天喷1次，药效期短的则需7天左右喷1次。

(3)合理用药　在保证防治效果的前提下，不要盲目提高用药剂量、浓度和次数。应在有效浓度范围内，尽量用低浓度进行防治。为了防止病虫产生抗药性，同一种药剂不要连续使用，要与其他药剂交替使用。另外，同一种农药可能有多种有效成分含量，其施药浓度和剂量亦不能相同。

(4)注意施药方法和喷药质量　应根据病虫着生部位和危害习性进行施药，有的病虫在叶正面为害，有的在叶背面为害，有的在嫩梢、枝干、果实上为害。因此喷药的重点部位就不同。喷药时要注意喷洒均匀，不得漏喷，刮风、下雨天气不要喷药，早晚露水大时可喷粉剂，但不要喷液剂。

3. 农药的混用 果树生长期常遭受多种病虫的危害，若每一种病虫都要单一喷药防治，比较麻烦，因此，生产上经常将2～3种农药按一定的剂量进行混配使用，达到一次喷药兼治多种病虫的目的。农药之间的混配不是随意的，而是有其严格规定的，其原则是：第一要有增效作用。2～3种药剂混配后的药效要高于单剂，如瑞毒霉和代森锰锌混配后的瑞毒锰锌兼有保护和治疗效果；马拉硫磷和氰戊菊酯混配菊马乳油，兼有两者优点，具有胃毒、触杀和内吸作用，可有效防治蚜虫、叶螨和多种鳞翅目害虫。第二能扩大防治对象。如吡虫啉或辛硫磷和三唑酮混配，既能杀虫又能防治病害，甲氰菊酯和噻螨酮混配成的农螨丹，既能杀卵又能杀灭成、若螨，对叶螨各虫态均有较好的防效。第三是混配后的药剂对植物不发生药害，对人、畜的毒性不能高于单剂。第四是混配的单剂能在水中相溶，理化性质稳定，有效成分不分解。如石硫合剂和波尔多液两者就不能混配，否则混配后石硫合剂中的多硫化物会使波尔多液分解，并经化学反应后变成黑褐色水溶性硫化铜，增加了铜的溶解性，会使果树发生严重的药害，并使石硫合剂失效。第五是混配后的药剂成本不能增加。

农药混配的种类很多，主要有：①杀虫剂之间的混配。如阿维菌素和吡虫啉或Bt的混配，氰戊菊酯和辛硫磷的混配。②杀菌剂之间的混配。如多菌灵和井冈霉素或三唑酮或硫磺的混配，代森锰锌和霜脲氰或三乙磷酸铝的混配。③杀虫剂和杀菌剂的混配。如三唑酮和吡虫啉或辛硫磷的混配，杀虫单和井冈霉素的混配等。其他还有除草剂之间的混配，植物生长调节剂之间的混配。以上几种混配的方式，工厂大多有产品出售，可按标签上的使用说明用药。若农户自行混配，首先混配的目的要明确，要根据混配的原则和防治对象来选择药剂。同时还要注意同类药剂，作用方式和防效相近的农药，不要相互混配使用，如多菌灵和甲基硫菌灵就属同类药剂，混配后，不仅不能提高防效，反而增加了成本，果实上的残留量亦会增加。其次混配的药剂要现配现用，不宜放置时间过长。另外，还需注意未使用过的新药混配要先做试验，待取得经验后，再进行大面积喷药。

4. 病虫抗药性及其治理　一种农药用于防治某一种害虫或病害，经多次反复使用，药效就会减低，需要加大药剂用量才能达到原先的防治效果，有的加大药量也无效，这就是病虫产生了抗药性。目前世界上已有500余种害虫和螨类对16种农药产生了程度不同的抗药性。果树上的蚜虫、叶螨、梨木虱，棉花上的棉蚜、棉铃虫，蔬菜上的小菜蛾等害虫的抗药性均很强。植物病原菌的抗药性亦很普遍，例如苹果斑点落叶病、梨黑星病等对多菌灵、扑海因、多氧霉素都产生了抗药性。

(1)病虫抗药性的形成

①长期单一使用同一种药剂，经多次淘汰，将抗药性较强的少量害虫和病菌保存了下来，继而不断繁衍形成抗性种群。

②生活史短、繁殖快、世代多的害虫(如蚜虫、叶螨等)和病菌中的专性寄生菌(如白粉菌、锈菌、梨黑星菌等)更易产生抗药性。这些病虫繁殖迅速，接触药剂机会多，产生抗药性也快。

③有些害虫本身具有解毒的酶类物质，当长期使用某种农药时，解毒酶活性增强，可将体内的药剂由高毒变为低毒或无毒，其抗药性就会自然增强，这就是害虫的生理解毒作用，即体内抗药性。另外，有的害虫在药剂的长期作用下，其虫体表皮增厚，药剂难以渗透，从而成为形态保护作用，即表皮抗药性。不同类型农药对病虫产生抗药性程度有明显差异，例如杀虫剂中有机磷内吸性农药(乐果、对硫磷等)和拟除虫菊酯广谱性农药(敌杀死等)，杀菌剂中内吸性农药(粉锈宁、多菌灵、甲基托布津、速克灵等)都较其他农药更易产生抗药性。

(2)病虫抗药性的治理

①交替用药　防治病虫不要长期单一使用同一种农药，以防抗药种群的形成。应尽量选用作用机制不同的几个农药品种，如杀虫剂中有机磷、拟除虫菊酯、氨基甲酸酯、昆虫生长调节剂等不同类型农药的交替使用，杀菌剂中的内吸治疗剂和保护剂的交替使用，或生物制剂、矿物农药和化学农药的交替使用，通过药剂间的交替使用就可明显延缓病虫抗药性的产生。

②混用农药　将两三种不同作用方式和机制的农药混合使用，可延缓病虫抗药性的产生和发展速度。例如灭菌丹和多菌灵混用，瑞毒霉和代森锰锌混用，拟除虫菊酯和有机磷混用，都比单剂使用效果好。

③农药品种的停用　如一种农药已对某些病虫产生抗药性，可在一段时间内停用，改换其他品种，抗药性便会逐渐下降，甚至基本消失，然后再继续使用。除此之外，还应注意科学用药，并根据病虫的防治指标，掌握关键期进行防治，以延长农药的使用寿命。

5. 影响农药效果的因素　同一种农药防治同一种病虫，有时各地反映效果差异较大，此时应该认真分析，找出原因，否则会影响该药的推广应用。

(1) 施药技术　施药技术包括施药时间、次数、用量和方法。防治病虫，特别是病害，应以预防为主，在发病前或发病初期进行喷药保护，如已经普遍发病，而且病情比较严重时喷药，效果一般很差。施药次数不能太少，农药的施药次数要根据病虫害的发生规律和药剂的持效期来决定，如果药剂的持效期为 7 天或 10～15 天，就应在病虫发生期内每 7 天或 10～15 天喷一次药，直至病虫害不再发生，喷药次数少效果不会很好。施药浓度或剂量直接影响到防治效果，应按推荐用量进行喷药，同时要根据病虫种类和药剂有效成分含量的不同，采用不同的用量和施药方式。另外，还要保证喷药质量，注意喷洒均匀，不能漏喷、少喷或重喷。

(2) 环境因素　温度、湿度、降雨、光照、风速、土壤、水质等环境因素对药效均有一定影响。

①温度　多数农药在一定温度范围内,温度越高效果越好。但温度过高会缩短药剂的持效期,并易发生药害。但也有一些农药在气温稍低时药效较好,如菊酯类、有机磷农药等。

②湿度　多数农药在湿度较低时药效较高,但有的药剂在湿度较大或有雾天气喷洒时易发生药害。

③降雨　降雨多,特别是降大到暴雨的天气,由于雨水冲刷必然降低药效。

④风　风力过大会使喷洒的药液或粉剂随风飘移而影响药效。

⑤光　在强光下喷撒农药会加速部分农药分解,从而降低药效,有时还会发生药害,因此夏季中午不宜喷药。

⑥土壤　土壤质地、含水量不同对药效亦有一定影响,特别是砂壤土或黏土地,浇灌药液防治根茎部病害或地下害虫的效果就不如壤土地效果好。

⑦水质　水质与水温对药效有较大影响,硬水和浑浊水含有较多的矿物质,会降低可湿性粉剂的悬浮率,破坏乳油中的乳化性能,形成沉淀,影响药效。用软水喷药则可避免以上缺点。另外,用水温稍高的自然水配药,有利于药效发挥。

6. 农药的药害和安全防护

(1)农药的药害　因农药使用不当,常会使农作物发生药害,主要症状如下。

①种子发芽率、出苗率降低　有的发生畸形,生长迟缓,严重的不发芽,不出苗。

②斑点　主要在叶片上,有时茎秆、果皮上亦有症状,如褐斑、黄斑、枯斑、网斑等。药斑与病斑的区别是:前者斑点大小、形状变化大,无发病中心;后者有发病中心,斑点形状一致。药斑与生理

病害的区别是前者斑点分布无规律性，有轻有重；后者发生普遍，症状一致。

③黄化　主要发生在植株茎叶部位，以叶片较重。药害造成的黄化，很快枯死，且植株分布不均匀。缺肥引起的黄化比较均匀一致，病毒病害造成的黄化，病株与健株混生。

④畸形　主要表现在作物茎叶和根部，如卷叶、丛生、肿根、畸形穗、畸形果等。

⑤枯萎　整株作物表现症状，先黄化，后死株，根茎中心无褐变。

⑥其他症状　如生长停滞、不孕、脱落、裂果等。

(2)药害原因

①农药质量差　农药中杂质多，或贮存时间过长，引起乳油分层，水剂沉淀，粉剂潮湿结块。

②作物对药剂的敏感性　不同作物，或同一作物不同生育期以及不同生长部位，对一种或多种农药的敏感性有较大差异，如桃树对很多农药品种都很敏感，易发生药害。另外，与作物长势亦有关系，嫩叶、幼果和生长弱、长势差的果树易发生药害。

③温湿度　高温、高湿和干旱天气易发生药害。

④使用技术　错用药或农药施用剂量过大，喷药次数过多，间隔期短，农药混用不当，以及施药、拌药不匀等均易发生药害。

(3)药害的预防　防止药害的发生，关键在于正确掌握农药的使用方法，应注意以下几点。①不要用错药，过期变质农药不要用；②新农药或自行混配、混用的农药要先试验，后应用；③在需要用药的果树上，要准确掌握施药浓度，不得随意增加施药剂量和施药次数；④避免在敏感果树和敏感生育期用药；⑤配制农药时要搅拌均匀，施药时要喷洒均匀，不能随意重喷，剩余农药不能随意乱倒；⑥避免在高温、高湿以及严重干旱天气喷药。

如果发生了药害，可采用喷水淋洗法，即用大量清水喷洒受害叶面2～3次，并增施氮、磷肥，中耕松土，促进根系发育，以增强受害果树恢复能力。

(4)农药的安全防护 农药特别是化学农药对人都有较大的毒性，因此在保管和使用中都要特别注意，夏季是病虫害多发季节，喷药次数多，用药量大，加之气温高，极易发生人员中毒事故，因此必须注意安全防护。在操作上应注意以下几点。

①建立农药保管制度 农药是一种有毒物质，要严加保管，应固定专人负责，设专库或专柜存放，严防农药丢失或错拿、错用。用过的农药空瓶和袋子要集中妥善处理，不可另作它用。

②选好喷药人员 喷药人员要认真负责，身体好，并要有一定的农药知识。凡体弱多病，皮肤有伤口或哺乳期、经期的妇女以及小孩都不能参加喷药。

③注意安全防护 配药和喷药时要坚持戴口罩、手套，穿长衣、长裤和鞋袜，使用后应清洗干净，贮存备用。

④掌握喷药时间 喷药人员全天的操作时间要根据农药的类型和毒性来定。每天喷药时间以4小时为宜，最多不得超过6小时，连续喷药4～5天应休息1天。夏季高温季节中午(12～15时)不要喷药，风大时也不能喷药。喷药前应认真检查药械，防止操作时出故障。药桶内药液不能装得太满，以防药液外溢污染衣服和皮肤，引起中毒。若喷雾器喷头堵塞，要用清水冲洗后再修理，绝不可用嘴吸喷头。

⑤农药中毒的处理 如人员操作时发生头晕、头痛、恶心、呕吐、疲倦、无力、不安、多汗等中毒症状时，应立即离开喷药现场，脱去被污染的衣物，洗净手脸、漱口并安静卧床休息。若以上症状有所加重，应立即送医院治疗。

(三)农药使用的计算方法

1. 农药浓度的表示方法

(1)倍数法 果树上用药多采用倍数法，它是指农药的液剂或粉剂中,稀释剂(水或填充剂)的量为原农药的多少倍。如70%甲基托布津可湿性粉剂800倍液,表示用1份70%甲基托布津可湿性粉剂加水800份后的药液。25%灭幼脲3号悬浮剂1 000~1 500倍液,表示用1份25%灭幼脲3号悬浮剂,加水1 000~1 500份后的药液。倍数法虽不能直接反映出药剂的有效成分含量,但应用起来很方便。在配农药时,如果未注明按容量稀释,均按重量计算。根据稀释倍数的大小,可分为内比法和外比法。

①内比法　稀释100倍或100倍以下的,计算稀释量时,要扣除原药剂所占的1份。如稀释机油乳剂100倍液时,则用药剂1份,加水99份。

②外比法　稀释100倍以上的,计算稀释量时不扣除原药剂所占的1份,如稀释20%功夫乳油3 000倍液时,则用药剂1份,加水3 000份。

(2)百分浓度　表示100份药液或药粉中,含有效成分的份数,符号用%表示。如10%吡虫啉可湿性粉剂,即表示100份该药剂中含有10份吡虫啉的有效成分。

百分浓度又分为容量百分浓度和重量百分浓度2种,液体与液体之间配药时常用容量百分浓度,固体与固体,或固体与液体之间配药时多用重量百分浓度。

(3)百万分浓度　表示100万份药液或药粉中,含有该药剂有效成分的份数,过去用ppm表示,现改为用毫克/千克(固体)或毫克/升(液体)表示。商品药为固体,则以每千克配好的药中所含有效成分的毫克数表示(毫克/千克)。商品药为液体,则以每升药液中所含有效成分的毫克数表示(毫克/升)。这种方法常用于使用浓度低,用药量极少的药剂,如用20毫克/千克(ppm)赤霉素处理葡萄花序,生产无籽葡萄,则表示每千克药液中含赤霉素有效成分20毫克,即100万份该药液中含有20份有效成分的赤霉素。

(4)波美度　石硫合剂有效成分的表示单位,用"Be"表示。

2. 农药浓度的换算方法

(1)稀释倍数和百万分浓度(ppm)的换算

公式：$百万分浓度=\dfrac{药剂有效成分含量(不带\%)}{稀释倍数}\times 10\,000$

$$稀释倍数=\dfrac{药剂有效成分含量(不带\%)}{百万分浓度}\times 10\,000$$

例1：20%灭扫利乳油2 500倍，相当于多少百万分浓度(毫克/升)？

解：$百万分浓度=\dfrac{20}{2500}\times 10\,000 = 80$ 毫克/升，即相当于百万分浓度80毫克/升。

例2：20%灭扫利乳油80毫克/升(百万分浓度)相当于多少稀释倍数？

解：$稀释倍数=\dfrac{20}{80}\times 10\,000 = 2\,500$ 倍，即相当于稀释2 500倍。

(2)稀释倍数和百分浓度的换算

公式：$百分浓度(\%)=\dfrac{药剂有效成分含量(带\%)}{稀释倍数}\times 100$

$$稀释倍数=\dfrac{药剂有效成分含量(带\%)}{百分浓度(不带\%)}\times 100$$

例1：80%大生M-45可湿性粉剂稀释成1 000倍液后的药液百分浓度是多少？

解：$百分浓度(\%)=\dfrac{80\%}{1\,000}\times 100 = 0.08\%$

例2：80%大生M-45可湿性粉剂0.08%(百分浓度)相当于多少稀释倍数？

解：$稀释倍数=\dfrac{80\%}{0.08}\times 100 = 1\,000$ 倍，即相当于稀释1 000倍。

(3)百分浓度和百万分浓度(ppm)的换算

公式：$百分浓度(\%)=\frac{百万分浓度}{10\,000}$

$百万分浓度=百分浓度(不带\%)\times 10\,000$

例1：3%克菌康(中生菌素)可湿性粉剂50毫克/千克(百万分浓度)相当于多少百分浓度？

解：$百分浓度(\%)=\frac{50}{10000}=0.005\%$，即相当于百分浓度0.005%。

例2：3%克菌康可湿性粉剂0.005%(百分浓度)相当于多少百万分浓度？

解：百万分浓度＝0.005×10 000 ＝ 50毫克/千克，即相当于百万分浓度50毫克/千克。

(4)商品药与有效成分的换算

公式：有效成分＝制剂有效成分含量(带%)×商品药用量

$商品药用量=\frac{有效成分用量}{制剂有效成分含量(带\%)}$

例1：10%吡虫啉可湿性粉剂商品量150克，问折算成有效成分是多少？

解：$有效成分=\frac{10}{100}\times 150=15$克，即折算成有效成分为15克。

例2：10%吡虫啉可湿性粉剂有效成分15克，问折算成商品药是多少克？

解：$商品药=\frac{15}{10/100}=\frac{15}{0.1}=150$克，即折算成商品药150克。

3. 农药使用的计算方法

(1)按倍数法计算

①稀释100倍以内(含100倍)药液的用水量

公式：药液用水量＝药剂重量×(稀释倍数－1)

例:用4%农抗120水剂50倍液涂抹刮治后的苹果树腐烂病病疤,购买0.5千克药剂需加多少升水?

解:用水量=0.5×(50－1)=24.5升,即需加水24.5升。

②稀释100倍以上的药液用水量

公式:药液用水量=药剂重量×稀释倍数

例:用4%农抗120水剂600倍液防治苹果白粉病,购买2千克药剂,需加多少升水?

解:用水量=2×600=1 200升,即需加水1 200升。

(2)按药剂有效成分计算用水量　按有效成分计算配药用水量时,应首先求出稀释倍数,并按100倍以上或以下分别计算。

公式:$稀释倍数 = \frac{药剂有效成分含量}{配制药液有效成分含量}$

①稀释100倍以下药液的用水量

公式:　用水量药剂重量 ×(稀释倍数－1)

②稀释100倍以上的药液的用水量

公式:用水量 = 药剂重量 × 稀释倍数

例1:4%农抗120水剂2升,配成0.08%(百分浓度)的药液,需加多少升水?

解:$稀释倍数 = \frac{4}{0.08} - 50$ 倍,或$稀释倍数 = 4\% \div \frac{0.08}{100}$

$= \frac{0.04}{0.0008} = 50$ 倍

用水量 = 2×(50－1)= 98升,即需加水98升。

例2:3%克菌康可湿性粉剂2升,配成50毫克/千克(百万浓度)药液,需要加多少升水?

解:$稀释倍数 = 3\% \div \frac{50}{1\,000\,000} = \frac{0.03}{0.00005} = 600$ 倍

用水量=2×600=1 200升,即需加水1 200升。

(3)将商品药或原药,稀释成低含量农药的计算

公式:$$配制农药量 = 商品药或原药重量 \times \frac{商品药或原药有效成分含量}{配制农药有效成分含量}$$

$$商品药或原药用量 = 商品药或原药重量 \div \frac{商品药或原药有效成分含量}{配制农药有效成分含量}$$

例1:1.8%阿维菌素乳油1.5千克,能配制0.2%阿维菌素乳油多少千克?

解:配制药量 $= 1.5 \times \frac{1.8}{0.2} = 1.5 \times 9 = 13.5$ 千克,即能配制0.2%阿维菌素乳油13.5千克。

例2:配制0.2%阿维菌素乳油13.5千克,需1.8%阿维菌素乳油多少千克?

解:商品药量 $= 13.5 \div \frac{1.8}{0.2} = 13.5 \div 9 = 1.5$ 千克,即需1.8%阿维菌素乳油1.5千克。

(4)2种以上农药混用,计算混配药液中各种农药(商品药)用量的计算

公式: $$甲(乙、丙)药剂用量 = \frac{药液重量}{甲(乙、丙)药剂稀释倍液}$$

例:70%代森锰锌可湿性粉剂800倍液与10%多氧霉素可湿性粉剂1 500倍液,25%灭幼脲3号悬浮剂2 000倍液混用,防治苹果轮纹病、苹果斑点落叶病和金纹细蛾,若配制1 000升药液,需用3种农药各多少千克?

解:70%代森锰锌用量 $= \frac{1\,000}{800} = 1.25$ 千克;

10%多氧霉素用量 $= \frac{1\,000}{1\,500} = 0.67$ 千克;

25%灭幼脲3号用量 $= \frac{1\,000}{2\,000} = 0.5$ 千克

(四)农药的常用代码

1. 液体剂型代码

符号	含意	符号	含意	符号	含意	符号	含意
AC	水剂	AS	水溶液	EC	乳油	EW	水乳剂
ME	微乳剂	SE	悬乳剂	SL	可溶性液剂	DC	可分散液剂
SC、FC	悬浮剂	CS	微囊悬浮剂	F、FL	胶悬剂	OL	油剂
SO	展膜油剂	UL	超低容量剂	—	—	—	—

2. 固体剂型代码

符号	含意	符号	含意	符号	含意	符号	含意
DP	粉剂	FO	微粉剂	WP	可湿性粉剂	SP	可溶性粉剂
WT	可溶性片剂	SG	可溶性粒剂	WG	水分散粒剂	DF	干悬浮剂
G	颗粒剂	GG	大粒剂	FG	细粒剂	MG	微粒剂
CG	微囊粒剂	—	—	—	—	—	—

3. 种子处理剂剂型代码

符号	含意	符号	含意	符号	含意	符号	含意
DS	干拌种剂	FS	悬浮种衣剂	SD	种衣剂	WS	湿拌种剂

4. 其他剂型代码

符号	含意	符号	含意	符号	含意	符号	含意
FV	烟剂	AE	气雾剂	BF	块剂	BR	缓释剂
GS	乳膏	PA	糊剂	PF	涂抹剂	PT	丸剂
RB	饵剂	TA	片剂	VP	熏蒸剂	—	—

5. 农药其他代码

符号	含意	符号	含意	符号	含意
AI	有效成份	TC	原药或原油	LD	动物致死剂量
LC	动物致死浓度	LD_{50}	半数动物致死剂量	LC_{50}	半数动物致死浓度
MAC	最大允许有效药量	MED	最大有效浓度	MED	最小有效浓度
PC	百分浓度	毫克/千克或mg/l	百万分浓度	ED	有效药量
PPT	沉淀物	SG	比重	—	—

6. 度量衡及时间代码

符号	含意	符号	含意	符号	含意	符号	含意
MT	总重量	WT	重量	kg	千克	g	克
mg	毫克	μg	微克	ng	纳克	t	吨
L	升	ml	毫升	hm^2	公顷	mu	亩
km	千米	m	米	cm	厘米	mm	毫米
μm	微米	nm	纳米	m^3	立方米	m^2	平方米
kg/hm	千克/公顷	a	年	w	周、星期	d	天
h	小时	min	分钟	S	秒	—	—

(五)农药的发展

农业病虫害的防治缺少不了农药,而农药特别是化学农药的副作用(毒性、药害、抗药性、残留和对环境污染)要逐步减少到最低程度,因此农药的发展除了要求高效、低毒、低残留以外,更要强调环境相容性好。当今开发农药新品种,将以对环境相容性好作为筛选和开发的首要条件之一,而一些毒性大、污染重的农药老品种正在被逐步淘汰或限制使用。

1. 开发毒性低、活性高、环境相容性好的农药品种

(1)仿生类农药　按生物农药结构开发的仿生化学农药，如吡虫啉、阿克泰等品种就是根据烟碱的化学结构人工合成的，对蚜虫、粉虱等害虫具有高效、施用倍数高等特点，一般可用4 000～5 000倍液，是取代有机磷类高毒农药的品种。生化农药如昆虫生长调节剂发展亦很快，灭幼脲、卡死克、抑食肼、虫酰肼、灭蝇胺、氟铃脲、噻嗪酮等对多种果树和农业害虫均有较高的防效。其杀虫机制是干扰昆虫新陈代谢、抑制几丁质的合成，使幼虫进食减少，不能正常蜕皮，或加速蜕皮但不能形成新表皮，或使幼虫、蛹畸形，成虫不能正常羽化；同时还具有杀卵作用，或减少成虫产卵。这类药剂均属低毒、无污染、不伤害天敌、与环境相容性好，是无公害食品生产的首选药剂。

(2)生物农药　近年来生物农药有了较大的发展，如苦参碱、印楝素等植物源农药的防效有了明显的提高，用800～1 000倍液防治果树、蔬菜等作物上的蚜虫、叶螨等害虫的效果可达90%左右。细菌性杀虫剂Bt，已通过各种生物技术改造，筛选和构建了一批具特异性强的毒力毒株和新菌株，扩大杀虫谱，延长了有效期。同时应用现代发酵技术，大幅度提高杀虫晶体蛋白的产量，提高幅度最高达80%以上。Bt的防治对象已由过去的玉米螟、菜青虫、棉铃虫等几种害虫，扩大到蛴螬、甜菜夜蛾、小菜蛾、天牛、松毛虫、美国白蛾及植物线虫等多种农林害虫，防效亦有了进一步提高。昆虫病毒农药发展亦很快，为了克服杀虫谱单一、杀虫速度慢的缺点，现已采用遗传工程手段，对基因进行修饰改造，从而达到扩大杀虫谱和提高杀虫速度的目的。目前已有20余种昆虫病毒农药品种用于防治多种鳞翅目害虫，效果很好。

生物农药中以农用抗生素发展最快，如阿维菌素已成为生产上常用的杀虫剂，近几年来又通过化学结构改造，将阿维菌素改造为依维菌素、甲胺基阿维菌素、乙酰胺基阿维菌素，提高了药效，降低了毒性。近年来农抗杀菌剂品种开发的亦较多,如井冈霉素、多氧霉素、中生菌素(克菌康)、农抗120等,这些品种通过技术改造,不仅筛选出高产菌种,而且发酵水平提高10～40倍,既提高了药效,又降低了成本,已成为生产上常用的杀菌剂。同时还有一些新农抗杀菌剂正在开发,如我国自行研制并具有知识产权的宁南霉素,对植物病毒病(如烟草花叶病等)有特效,对真菌和细菌性病害亦有较好的防效。长川霉素、金核霉素、梧宁霉素等新农抗杀菌剂,正在开发或登记,可用来防治多种细菌、真菌病害,效果亦很好,并可取代常用化学杀菌剂。

2. 农药的新剂型和包装材料 为了避免有机溶剂对环境造成污染和提高粉剂在水中的溶解度,常用的乳油、可湿性粉剂、粉剂等剂型,将逐步改为对环境友好的水乳剂、水分散粒剂、可溶性粉剂等新剂型。传统的农药包装材料(玻璃瓶、塑料瓶)用后难以处理,亦是一个环保问题,现在研究出新的包装材料,即水溶性密封塑料袋,现已开始推广应用。厂家可按需要制成各种规格的塑料袋,将定量的药剂装入袋中,再加上外包装即可,减少了污染,又节省运输成本。农民使用时只要将一定剂量的药包放入定量水中,包装袋即会自行溶解,药剂随机在水中均匀分散,固体、液体农药均可包装使用。另外,施药技术亦在改变,如南方水田采用丸粒化施药技术以取代喷雾器喷洒,即将水溶性强的药剂做成较大的丸粒,如防治水稻二化螟,采用杀虫双大粒剂,只需将一定数量的药丸均匀撒于稻田中即可,大大提高了工效,又克服了药液飘移污染环境的问题。

3. 现代农药单位面积施药量向低剂量化发展 第一代无机农药每公顷用药量达几千克(有效成分,下同);第二代早期合成农药减少到几百克;目前第三代新农药,用药量仅有几十克,十几克,甚至在10克以下。使用浓度亦是如此,从开始稀释100～300倍,以后稀释到1000～3000倍,现在有些农药如20%杀铃脲、40%福星稀释到 8 000～10 000 倍的效果都很好。

二、杀虫剂主要品种

(一)阿维菌素

通用名齐螨素，又名齐墩霉素、阿弗菌素、揭阳霉素，商品名爱福丁、害极灭、阿巴丁、农哈哈、虫螨克、阿维虫清等。

1. 性能与特点　阿维菌素是一种大环内酯类农用抗生素类杀虫、杀螨剂，杀虫活性主要有 8 个组分，其中以 B1a 杀虫活力最高。本品属昆虫神经毒剂，主要干扰害虫神经生理活动，使其麻痹中毒死亡。具触杀和胃毒作用，并有微弱的熏蒸作用，无内吸性，但有较强的渗透作用，并能在植物体内横向传导。杀虫(螨)活性高，比常用农药高 5～50 倍，用药量仅为常用农药的 1%～2%。害虫(螨)与阿维菌素药液接触后即会出现麻痹症状，不食不动，经 2～4 天后死亡。对胚胎未发育的初产卵无毒杀作用，但对胚胎已发育的后期卵有较强的杀卵活性。该药剂对抗药性害虫有较好的防效，与有机磷、拟除虫菊酯和氨基甲酸酯类农药无交互抗性，残效期 10 天以上，具有高效、广谱、害虫不易产生抗性等特点。原药高毒，制剂低毒。对天敌昆虫和蜜蜂有直接触杀作用，但喷药数小时后，对天敌和蜜蜂毒性有所降低。对鸟类安全，对水生生物高毒。该药剂在土壤中易被吸附，不会移动，但会被土壤微生物分解，因而在环境中无积累作用。

2. 剂型　1.8%，1%，0.9%，0.6%，0.3%乳油。

3. 防治对象和使用方法　可用来防治果树上的蚜虫、叶螨、潜叶蛾、食心虫、梨木虱等多种害虫。在害(螨)虫发生初期喷雾，1.8%乳油防治山楂叶螨、绣线菊蚜用 5 000～6 000 倍液，防治二斑叶螨、梨木虱用 4 000～5 000 倍液，防治金纹细蛾用 3 000～4 000倍液，防治桃蛀果蛾用 2 000～3 000 倍液，防治棉铃虫用

1 000～2 000 倍液。

4. 注意事项 该药剂无内吸性，喷药时应注意喷洒均匀。不能与碱性农药混用。夏季中午时间不要喷药，以避免强光、高温对药剂的不利影响。该药剂原药属高毒，绿色食品禁止使用。如误服该药，应立即引吐，并服用吐根糖浆或麻黄素，但不可给患者催吐，灌任何东西。急救时不可服用巴比妥、丙戊酸等药品。中毒症状为瞳孔放大、行为失调、肌肉颤抖，严重时呕吐。

(二)浏阳霉素(多活霉素)

1. 性能与特点 浏阳霉素是上海农药研究所从湖南浏阳地区采集的土壤中发现的具杀螨活性的大环四内酯类农用抗生素类杀螨剂，其产生菌为灰色链霉菌，和日本的杀螨素(多活霉素)相似。具高效、低毒，对叶螨、瘿螨都有效等特点。本药具触杀作用，无内吸性，药液直接喷至螨体上药效很高，但害螨在干药膜上爬行几乎无效。对成、若螨及幼螨有高效，但不能杀死螨卵。

2. 剂型 5%，10%乳油。

3. 防治对象和使用方法 主要用于防治果树上各种叶螨的成螨和幼、若螨，在害螨发生初期进行喷雾。防治苹果全爪螨、二斑叶螨、山楂叶螨用 10%浏阳霉素乳油 1 000 倍液。防治柑橘锈螨用 1 000～1 500 倍液，防治柑橘全爪螨用 1 000～1 200 倍液，其防效可达 90%以上。

4. 注意事项 该药剂主要是触杀作用，喷药时要均匀周到，使枝叶全面着药，效果才好。可与多种杀虫剂、杀菌剂混用，但与波尔多液等碱性农药混用时，要现配现用。

(三)灭幼脲(灭幼脲 3 号)

1. 性能与特点 灭幼脲是一种昆虫生长调节剂，属苯甲酰基类特异性杀虫剂。害虫取食或接触药剂后，抑制表皮几丁质的合成，使幼虫不能正常蜕皮而死亡。主要是胃毒作用，也有一定的触杀作用，但无内吸性。对鳞翅目和双翅目幼虫有特效，不杀成虫，但能使成虫不育，卵不能正常孵化。残效期 15～20 天，耐雨水冲刷。毒性低，对人、畜和植物安全，对天敌杀伤小。药效较慢，2～3 天后不再取食，4～5 天后死亡，因此施药时间应适当提前。

2. 剂型　25%，50%悬浮剂。

3. 防治对象和使用方法　灭幼脲对鳞翅目害虫有特效，主要用来防治金纹细蛾、桃蛀果蛾、刺蛾、枣尺蠖以及木虱等害虫。防治金纹细蛾、刺蛾、天幕毛虫、舞毒蛾等，在低龄幼虫期，用 25%灭幼脲 3 号悬浮剂 1 000～2 000 倍液。防治桃蛀果蛾，在成虫产卵初期，幼虫蛀果前，用 25%灭幼脲 3 号悬浮剂 1 000 倍液喷雾。防治枣尺蠖、天幕毛虫等可在幼虫 3 龄前用 25%灭幼脲 3 号悬浮剂 1 000～1 500倍液喷雾。防治柑橘木虱，应在春、夏、秋梢的新梢伸出期和木虱若虫期各防治 1 次。可用 25%灭幼脲 3 号悬浮剂 2 000倍液喷雾。

4. 注意事项　本药剂为悬浮剂，有沉淀现象，使用时一定要摇匀后再对水稀释，不能与碱性农药混用，并贮存在阴凉处。该药药效缓慢，应在害虫初龄期使用效果较好。

(四)氟铃脲(杀铃脲、农梦特、盖虫散)

1. 性能与特点　该药剂是一种昆虫几丁质合成抑制剂，能抑制昆虫表皮几丁质的生物合成，使害虫在蜕皮或变态过程中死亡，能导致成虫不育，并有较强的杀卵作用。具有高效、广谱、低毒，对天敌安全等特点，但对蚜、螨等刺吸式口器昆虫无效。

2. 剂型　5%乳油(氟铃脲、农梦特)；20%悬浮剂(杀铃脲)。

3. 防治对象和使用方法　可用来防治金纹细蛾、桃蛀果蛾以及卷叶蛾、刺蛾、桃蛀螟等多种果树上鳞翅目害虫，在卵孵化盛期或低龄幼虫期，喷洒 5%氟铃脲或农梦特乳油 1 000～2 000 倍液，或 20%杀铃脲悬浮剂 8 000～10 000 倍液，药效可维持 20 天以上。

4. 注意事项　对食叶害虫应在低龄期使用，钻蛀性害虫应在产卵末期至卵孵化盛期使用。该药剂无内吸性和渗透性，喷药时要均匀周到。不能与碱性农药混用。

(五)噻嗪酮(扑虱灵、优乐得、环烷脲)

1. 性能与特点 噻嗪酮是一种选择性的昆虫生长调节剂类杀虫剂,属高效、低毒杀虫剂,对人、畜、植物和天敌安全。主要是触杀和胃毒作用,亦有一定的内吸性。果树上以涂干的内吸性最高,喷叶次之,根部吸收最差。杀虫机制是抑制昆虫几丁质的合成,干扰新陈代谢,使幼虫、若虫不能形成新皮而死亡。药效缓慢,药后1～3天才死亡,持效期长达30～40天,不杀成虫,但能缩短其寿命,抑制成虫产卵和卵的孵化。对介壳虫、粉虱、飞虱、叶蝉等害虫有特效,对某些鞘翅目害虫幼虫和害螨亦有较好的杀虫活性。与常规农药无交互抗性。

2. 剂型 10%,25%,50%可湿性粉剂;1%,1.5%粉剂;2%颗粒剂;10%乳剂;40%胶悬剂。

3. 防治对象和使用方法 防治苹果、梨、桃树上的介壳虫,可在活动期若虫发生盛期,喷25%噻嗪酮可湿性粉剂1 500～2 000倍液,药后5天即可显示出较好效果。防治柑橘锈螨可用5 000倍液,防治柑橘全爪螨用1 200～1 600倍液。防治矢点蚧、黑点蚧、康氏粉蚧、多角绵蚧及柑橘木虱、粉虱和黑刺粉虱用2 000～3 000倍液,如需喷药2次以上,喷药间隔期为15天左右。防治刺吸式害虫亦可采用涂抹枝干的方法,但浓度要高一些。

4. 注意事项 本药剂药效缓慢,喷药时间应适当提前。

(六)氟啶脲(抑太保、定虫隆)

1. 性能与特点 氟啶脲属昆虫生长调节剂类低毒杀虫剂,对害虫主要是胃毒作用,亦有触杀作用,但无内吸性。作用机制是抑制昆虫几丁质的合成,会使卵的孵化、幼虫蜕皮及蛹的发育畸形,成虫羽化受阻,从而导致害虫死亡。该药剂药效高,但杀虫速度慢,药后5～7天才能致使害虫死亡。对人、畜毒性低,对天敌安全,持效期为15～20天。

2. 剂型　5%乳油。

3. 防治对象和使用方法　本品对鳞翅目害虫以及直翅目、鞘翅目、膜翅目、双翅目等害虫均有很高的活性，但对蚜虫、叶螨、飞虱等刺吸式害虫无效。果树上主要用来防治桃蛀果蛾，在产卵初期，初孵幼虫未蛀果前开始喷药，每7天左右喷1次，连喷4～5次，可用5%抑太保乳油1 000～2 000倍液全树喷雾。防治柑橘、苹果潜叶蛾应在卵孵化初盛期开始喷药，可用5%抑太保乳油2 000～3 000倍液，连喷2～3次(间隔7天左右)。

4. 注意事项　喷药时间应比常规药剂提早2～3天，并要喷布均匀，不能漏喷。对家蚕、鱼、虾、贝类等生物有毒，应远离这些场所施药。

(七)除虫脲(敌灭灵、伏虫脲、氟虫脲)

1. 性能与特点　除虫脲属昆虫生长调节剂类低毒杀虫剂，作用机制是抑制昆虫几丁质合成，幼虫蜕皮时不能形成新表皮，从而造成幼虫发育畸形死亡。主要是胃毒和触杀作用，无内吸性。对鳞翅目害虫有特效，对部分鞘翅目、双翅目害虫也有效。对蜜蜂低毒，对天敌无不良影响。

2. 剂型　5%乳油；5%，25%可湿性粉剂；20%悬浮剂。

3. 防治对象和使用方法　主要用来防治金纹细蛾、锈壁虱等害虫，防治金纹细蛾，可在幼虫孵化期喷5%除虫脲乳油1 000～2 000倍液。防治锈壁虱，可用25%除虫脲可湿性粉剂3 000～4 000倍液均匀喷雾。

4. 注意事项　本品药效缓慢，应在幼虫低龄期喷药，并要注意喷洒均匀，不能漏喷。喷施悬浮剂时，要摇动药瓶，使其药液分散均匀。不可和碱性农药混用。贮存时要避光。

(八)虫酰肼(米螨)

1. 性能与特点　虫酰肼属昆虫生长调节剂类低毒杀虫剂。作用机制是促进鳞翅目幼虫蜕皮，干扰或破坏昆虫体内激素平衡，使幼虫旧表皮不断蜕出形成新的畸形新生皮，从而使昆虫生长发育受阻或异常，导致害虫死亡。幼虫取食喷过药液的叶片后，经6～8小时后即会停止取食，并提前进行蜕皮，由于不能进行正常蜕皮而导致脱水死亡。即使少数虫体能正常化蛹、羽化，其成虫产卵量和卵的孵化率亦会明显降低。本品选择性强，仅对鳞翅目幼虫有效。对人、畜毒性低，对天敌、鸟类和植物安全，耐雨水冲刷。

2. 剂型　24%悬浮剂。

3. 防治对象和使用方法　主要用来防治棉褐带卷蛾、天幕毛虫、舞毒蛾、苹果蠹蛾、桃蛀果蛾等鳞翅目害虫。在害虫发生初期喷药，可用24%虫酰肼悬浮剂1 000～1 500倍液均匀喷雾，15天左右再喷1次。

4. 注意事项　本品为悬浮剂，使用时要摇晃药瓶，使其药剂分布均匀，配药时亦要搅匀。对鱼有毒，对蚕高毒，喷药时应远离鱼塘和桑园。

（九）氟虫脲（卡死克）

1. 性能与特点　氟虫脲属酰基脲类昆虫生长调节剂。作用机制是抑制害虫和螨类表皮几丁质的合成，使其不能正常蜕皮和变态而死亡。属高效、低毒杀虫剂，对昆虫和螨类主要是触杀和胃毒作用，杀虫杀螨谱广，对天敌安全。该药剂专杀幼、若螨和幼虫，但不杀卵，亦不杀成螨，但可使其寿命缩短，产卵量减少或卵不孵化，少数孵化出的幼虫、幼螨亦会很快死亡。药效缓慢，药后2～3小时停止取食，3～5天达高峰，10天左右防效才显著，因此，应在害虫、害螨发生初期施药，效果才好。

2. 剂型　5%乳油；5%可湿性粉剂。

3. 防治对象和使用方法　卡死克主要用来防治果树上的各种害螨，如山楂叶螨、苹果全爪螨、二斑叶螨，以及棉褐带卷蛾、桃蛀果蛾、柑橘锈壁虱、柑橘叶蛾、柑橘潜叶蛾等。防治山楂叶螨、苹果全爪螨应在苹果开花前后幼、若螨集中发生期喷药，可用5%卡死克乳油 1 000 倍液喷雾，有效期可达 2 个月，并可兼治棉褐带卷蛾和金纹细蛾。夏季果树上叶螨各虫态混合发生，成螨和卵数量多，而卡死克不杀成螨和卵，因此防效不好，可改用其他药剂或提高施药浓度(800 倍)。防治金纹细蛾，可在越冬代和第一代成虫产卵盛期各喷 1 次药，施药浓度为 1 000 倍液喷雾。防治棉褐带卷蛾，在越冬幼虫出蛰初期和末期各喷 1 次 1 000 倍液。防治梨木虱用 1 500 倍液。防治桃蛀果蛾，可在卵果率达 0.5%～1%时喷洒 1 000～2 000 倍液，连喷 2～3 次。

4. 注意事项　本品不能与碱性农药混用，和波尔多液间隔喷药时，应先喷卡死克、后喷波尔多液，间隔期为 10 天左右。对水生生物有高毒，应避免污染水域。

(十)烟碱(硫酸烟碱)

1. 性能与特点　烟碱是从自然烟叶中提取的植物杀虫剂，杀虫成分主要是烟碱(尼古丁)，是一种典型的神经毒剂，其溶液或蒸气可渗入害虫体内，使其迅速麻痹，造成神经中毒而死亡。主要是触杀作用，无内吸作用，但有一定的熏蒸和胃毒作用，对将要孵化的卵有较强的杀伤力。该药剂无污染，杀虫范围广，药效快，对植物安全，但残效期短，仅 7 天左右。

2. 剂型　40%硫酸烟碱水剂；5%烟碱水乳剂。

3. 防治对象和使用方法　主要用来防治果树蚜虫、叶螨、叶蝉、卷叶虫、食心虫、潜叶蛾等。在害虫发生初期用 40%硫酸烟碱水剂 800～1 000 倍液，或 5%烟碱水乳剂 1 000～1 500 倍液均匀喷雾。为提高药效，可在药液中加入 0.2%～0.3%的中性皂。

4. 注意事项　除不能与石硫合剂、波尔多液等碱性农药混用外，可与多种农药混用。烟碱对人、畜毒性高，配制和使用时要注意防护。若有中毒症状，如头痛、眩晕、呕吐、视觉或听觉失常，呼吸急促等，可采用以下措施：活性炭 1 份，氧化镁 1 份，鞣酸 1 份，调和后用温水冲服，或用 0.1%高锰酸钾水溶液洗胃。

(十一)苦参碱

1. 性能与特点 苦参碱是由中草药植物苦参的根、茎、叶、果实经乙醇等有机溶剂提取制成的，其成分主要是苦参碱、氧化苦参碱等多种生物碱，纯品为白色粉末。本药剂属植物神经毒剂，害虫接触药剂后可使神经麻痹，蛋白质凝固，堵塞气孔，窒息而死。本药剂对人、畜低毒，具触杀和胃毒作用，属广谱性植物杀虫剂。

2. 剂型 0.2%，0.3%水剂；0.38%乳油；1%醇溶液；1.1%粉剂。

3. 防治对象和使用方法 在果树上主要用来防治蚜虫、叶螨等害虫，应在害虫发生初期施药，每7天左右喷1次药，连喷2～3次。本品中大多加入一些助剂，0.2%或0.3%苦参碱水剂的施药浓度已由200～300倍液，提高到800～1 000倍液。

4. 注意事项 本品无内吸性，喷药时注意喷洒均匀、周到。不能与碱性农药混用。

(十二)印楝素

1. 性能与特点 印楝素是从印楝树的种核和叶片中提取的一种植物杀虫剂，对昆虫作用全面，具有拒食、忌避、触杀、胃毒、内吸和抑制昆虫生长发育等作用。杀虫机制是破坏或干扰卵、幼虫和蛹的生长发育，阻止若虫或幼虫蜕皮，改变昆虫的交尾行为，破坏卵巢发育，造成成虫不育。对幼虫、若虫和成虫均有拒食作用。具有高效、广谱、低毒、对人畜无害、对天敌安全、害虫不易产生抗性等特点。

2. 剂型 0.3%乳油。

3. 防治对象和使用方法 主要用来防治果树上的蚜虫、叶螨、锈壁虱、潜叶蛾、卷叶蛾等害虫。在害虫发生初期进行喷药防治，每7天左右喷1次，连喷2～3次，施药浓度为800～1 000倍液。

4. 注意事项 本品不宜与碱性农药混用，喷药时间宜适当提前1～2天。

(十三)苏云金杆菌(Bt)

1. 性能与特点　苏云金杆菌属革兰氏染色阳性细菌，是一种有很多变种的芽孢杆菌细菌性杀虫剂。该菌可产生内毒素和外毒素两大毒素，其内毒素即伴孢晶体是主要毒素，昆虫取食后，伴孢晶体在昆虫肠内碱性环境(pH值10左右)下降解，并通过中肠酶的消化作用，晶体毒素变为具有活性的毒素，与昆虫中肠细胞膜上受体结合，破坏细胞结构，致使昆虫麻痹，全身瘫痪，上吐下泻，停止取食后死亡。同时芽孢从破坏了的肠壁侵入体腔血液萌发成菌体，进行大量繁殖，引起败血症。开始虫体腹部变黑，以后全部发黑并很快死亡。对害虫主要是胃毒作用。具有对人、畜安全无毒、对作物无药害、不杀伤天敌等优点。我国生产的苏云金杆菌乳剂中大多加入0.1%～0.2%的拟除虫菊酯类杀虫剂，可加快害虫死亡速度，并能增强防效。

2. 剂型　乳剂、可湿性粉剂、乳油。

3. 防治对象和使用方法　可用来防治果树上的刺蛾、尺蠖、毒蛾、天幕毛虫等多种鳞翅目害虫。在低龄幼虫期使用，治虫保叶效果较好，使用浓度为500～1 000倍液均匀喷雾。

4. 注意事项　乳剂或可湿性粉剂杀虫速度缓慢，用药时间应比化学农药提前2～3天。不能和内吸性杀虫剂或杀菌剂混用，但可和低浓度菊酯类农药混用，可提高防效。在菌液中加入0.1%洗衣粉，能增加其黏着力。本药对蚜虫、螨类等刺吸式口器害虫无效。药液要现配现用，以免失效。对蚕的毒力较强，周围有桑园、柞树的果园要慎用。

(十四)白僵菌

1. 性能与特点　白僵菌是一种真菌性杀虫剂，作用机制是白僵菌散发的孢子接触害虫后产生芽管，通过皮肤侵入其体内长成菌丝，并不断繁殖，使害虫新陈代谢紊乱而死亡。虫体死后僵硬，体上长满白色绒毛状物(孢子),极易识别。白僵菌需要有适宜的温、湿度(温度24℃～28℃,相对湿度90%左右,土壤含水量5%以上)才能使害虫致病。该制剂对人、畜无毒,对果树安全,但对蚕有害。害虫感染白僵菌死亡的速度缓慢,经4～6天后才死亡。白僵菌与低剂量化学农药(25%对硫磷微胶囊、48%乐斯本乳油等)混用,有明显的增效作用。

2. 剂型 粉剂(普通粉剂含100亿个活孢子/克、高孢粉含1 000亿个活孢子/克)。

3. 防治对象和使用方法 主要防治桃蛀果蛾、刺蛾、卷叶蛾、天牛等害虫。例如防治桃蛀果蛾,可于越冬代幼虫出土始盛期和盛期,每667平方米用白僵菌菌剂(每克含100亿孢子)2千克加48%乐斯本乳油0.15千克,对水75升,在树盘周围地面喷洒,喷后覆草,其幼虫僵死率可达90%左右,并能有效地压低下代虫源基数。亦可用来防治柑橘卷叶蛾、荔枝椿象等害虫,可在4～6月份害虫发生初期喷布白僵菌(100亿孢子/克)300倍液。

4. 注意事项 菌剂应在阴凉干燥处贮存,以免受潮失效。使用时要现配现用,可加入少量洗衣粉或杀虫剂,以提高药效,但不能和杀菌剂混用。在养蚕区周围的果园不宜使用。

(十五)机油乳剂

1. 性能与特点 机油乳剂是由95%机油和5%乳化油加工制成的。机油不溶于水,加入乳化剂后,使油全部分散在乳化剂中,成为棕黄色乳油,可直接加水使用。对害虫主要是触杀作用,机油乳剂喷至虫体或卵壳表面后,形成一层油膜,封闭气孔,使害虫窒息死亡。同时机油中还含有部分不饱和烃类化合物,极易在害虫体内产生酸类物质,使虫体中毒死亡。

2. 剂型 95%机油乳剂;95%蚧螨灵乳油。

3. 防治对象和使用方法 主要用来防治蚜、螨、蚧类等害虫。在苹果萌芽期和梨树花芽膨大期,用95%机油乳剂80～100倍液喷雾，可防治山楂叶螨越冬雌成螨、苹果全爪螨越冬卵和已孵化的若螨，苹果瘤蚜、绣线菊蚜的越冬卵和初孵若虫，梨二叉蚜越冬卵和初孵若虫，梨木虱越冬代成虫和卵，梨圆蚧等。在桃芽萌动后，用95%机油乳剂100～150倍液喷雾，可防治桃蚜越冬卵和初孵若虫以及桑白盾蚧若虫。苹果落花后，用95%机油乳剂200倍液喷雾，防治苹果全爪螨，亦可在夏季防治柑橘全爪螨。7月上中旬防治枣壁虱、日本龟蜡蚧可用100倍液，防治枣尺蠖用200～300倍液喷雾。

4. 注意事项　夏季使用机油乳剂，有的树种或品种会发生药害，应先做试验。机油乳剂因机油的型号和产地不同，乳化剂质量上的差异，不同厂家生产的机油乳剂质量不一。因此要注意选用无浮油、无沉淀、无浑浊的产品。

(十六)加德士敌死虫

1. 性能与特点　本品属矿物源杀虫剂，它是用高烷类、低芳香族基础油加工而成的一种矿物油乳剂，内含芳香族和不饱和烃类，杂质极少，不易发生药害，一年四季皆可使用。本品系矿物油乳剂，喷后可在虫体上形成 层油膜，封闭气孔，使害虫窒息死亡。它还能封闭害虫的触角、口器等感触器，使其难以寻找寄主植物和产卵场所，并可在寄主植物表面形成 层油膜，使害虫无法识别寄主植物，从而减少其为害和产卵。该药剂对果树病害的病原菌亦有窒息作用，可抑制病菌孢子萌发，减轻病害发生。本品属低毒类农药，对人、畜、蜜蜂、鸟类和植物都较安全，对天敌杀伤力小，害虫不易产生抗性。

2. 剂型　99.1%乳油。

3. 防治对象和使用方法　可用来防治苹果、柑橘等果树上的山楂叶螨、苹果全爪螨、二斑叶螨、柑橘锈螨、瘿螨、红叶螨、苹果绵蚜、绣线菊蚜、梨圆蚧、日本龟蜡蚧、球坚蚧、吹绵蚧、红圆蚧、金纹细蛾、柑橘潜叶蛾、梨木虱、柑橘木虱、粉虱等。施用浓度一般用

200倍液，若苹果绵蚜、绣线菊蚜等虫口密度较大时，可用100～150倍液。喷药时间应在害虫发生初期开始喷药，隔7～10天再喷1次，随后间隔25～30天喷1次药。亦可在早春苹果等果树花芽萌动前喷洒200倍液，用来防治绣线菊蚜、苹果瘤蚜的越冬卵和初孵若虫，苹果全爪螨的越冬卵，山楂叶螨的越冬雌成螨和介壳虫等害虫。另外，该药剂200倍液可用来防治白粉病、叶斑病、煤污病、灰霉病等果树病害。

本品可与大多数杀虫剂、杀菌剂混用，它能减少药液蒸发，提高农药的附着能力和保护易受紫外线影响的杀虫剂品种，因而有一定的增效作用。它可与阿维菌素、Bt、吡虫啉、敌灭灵、万灵、可杀得、琥珀酸铜等药剂混用。但本品不可与含硫药剂、波尔多液、乐果、克螨特、西维因、灭螨猛、灭菌丹、百菌清、敌菌灵等农药混用。同时还应注意，果树上喷过以上药剂后14天内不能再喷敌死虫，否则会发生药害。

使用方法：先在容器内加入一定量的水，再往水中加入规定用量的敌死虫，再加足水量。如与其他农药混用，应先将其他农药和水混匀后再倒入敌死虫，不可颠倒。为防止出现药水分离现象，应不断搅拌。

4. 注意事项 本品无内吸性，喷药时应均匀周到，叶片、枝条上都要喷湿，不可漏喷。当气温超过35℃、刮大风、土壤干旱或树木上有露水时均不要喷洒。药品要存放在阴凉、干燥、避光处，瓶盖要密封，防止水分进入。若贮存时间较长，使用前要充分摇匀。

(十七)吡虫啉

吡虫啉在我国的商品名称很多，如扑虱蚜、一遍净、蚜虱净、大功臣、康复多等。

1. 性能与特点 吡虫啉是新一代氯代尼古丁杀虫剂，具有广谱、高效、低毒、低残留、害虫不易产生抗性，对人、畜、植物和天敌安全等特点，并有触杀、胃毒和内吸多重药效，对刺吸式口器害虫有较好的防治效果。其作用机制与一般杀虫剂不同，该药剂是一种结构全新的化合物，当药剂接触昆虫后，即会与昆虫体内烟酸乙酰胆碱受体相结合，会引发昆虫异常的神经活动，产生短促并逐渐增强的动作电位，导致昆虫漫游，震颤，同时还会阻断昆虫正常的神经传导，对各种刺激反应迟钝，直到麻痹死亡。该药剂速效性好，药后1天即有较高的防效，残留期长达25天左右。药效和温度呈正相关，温度高，杀虫效果好，和其他杀虫剂无交互抗性。

2. 剂型　2.5％，10％可湿性粉剂；5％乳油；20％浓可溶性粉剂。

3. 防治对象和使用方法　主要用来防治绣线菊蚜、苹果瘤蚜、桃蚜、梨木虱、卷叶蛾等害虫，在害虫发生初期喷药，可用10％吡虫啉可湿性粉剂4 000～5 000倍液喷雾，或用5％吡虫啉乳油2 000～3 000倍液喷雾。

4. 注意事项　不能与碱性农药混用。药品应放于阴凉干燥处存放。果品采收前15天停用。

(十八)阿克泰(锐胜)

1. 性能与特点　阿克泰是一种硫代烟碱类杀虫剂，具高效、低毒、杀虫谱广、对环境友好等特点。对害虫主要是胃毒和触杀作用，并有较强的内吸传导性。杀虫机制和烟碱、吡虫啉相似，主要是干扰昆虫体内神经传导作用，抑制乙酰胆碱酯酶的活性，其生物活性是烟碱活性的100倍左右。

2. 剂型　25％水分散粒剂。

3. 防治对象和使用方法　主要用来防治苹果、梨、葡萄、草莓上的蚜虫、叶蝉、梨木虱等以及柑橘害虫。在害虫发生初期，用25％阿克泰水分散粒剂6 000～8 000倍液进行喷雾，若害虫发生较重，可在10天后再喷1次。

4. 注意事项　避免在低于－10℃和高于35℃以上的场所贮存，以免降低药效。本品对蜜蜂高毒，不要在果树授粉期用药。

（十九）啶虫脒（莫比朗）

1. 性能与特点 啶虫脒属吡啶类化合物，是一种中等毒性的杀虫剂，对有机磷、氨基甲酸酯和拟除虫菊酯类已产生抗性的害虫有特效。除具有触杀和胃毒作用外，渗透作用较强，速效，残效期长(20天左右)，对人、畜毒性低，对天敌安全，耐雨水冲刷。作用机制是干扰昆虫体内神经传导作用，抑制乙酰胆碱酯酶受体的活性。可用来防治同翅目、半翅目、鞘翅目及部分鳞翅目害虫。

2. 剂型 3%乳油。

3. 防治对象和使用方法 主要用来防治苹果、柑橘等果树上的蚜虫、叶蝉、粉虱、木虱、潜叶蛾等害虫，可在害虫发生初盛期喷洒3%莫比朗乳油2 000～2 500倍液。

4. 注意事项 本品对桑蚕有毒，喷药时应远离桑园。不能与碱性农药混用。其药液不能污染水田、河流等。

（二十）抗蚜威（辟蚜雾）

1. 性能与特点 抗蚜威是氨基甲酸酯类专性杀蚜剂，对害虫具有触杀和熏蒸作用，并能渗透到叶片组织内，杀死叶片背面的害虫。对人、畜毒性中等，对鱼类、水生生物、鸟类和蜜蜂低毒，不伤害天敌，残效期短，对作物安全。具有较高的抑制害虫体内胆碱酯酶的活性，对蚜虫有特效，击倒力强，施药后蚜虫数分钟即会中毒死亡，并能有效防治对有机磷农药产生抗性的各类蚜虫。

2. 剂型 25%水分散粒剂；50%可湿性粉剂；50%可分散粒剂。

3. 防治对象和使用方法 主要用于防治果树上各类蚜虫，可在初盛期用25%辟蚜雾水分散粒剂1 000倍液喷雾，或用50%抗蚜威可湿性粉剂2 000倍液喷雾，残效期7天。

4. 注意事项 该药剂可与多种杀虫剂、杀菌剂混用。喷药时气温在20℃以上时杀虫效果较好，其药液不宜在阳光下直晒，应现配现用。采果前7～10天停用。

(二十一)辛硫磷(倍腈松、肟硫磷)

1. 性能与特点　辛硫磷是一种广谱、低毒、低残留有机磷杀虫剂。杀虫谱广,速效性好,残效期短,遇光易分解。对鳞翅目害虫的大龄幼虫和土壤害虫效果较好,并能杀死虫卵和叶螨。对人、畜毒性低,对鱼类、蜜蜂和天敌高毒。对害虫以触杀和胃毒作用为主,无内吸性,但有一定的熏蒸作用和渗透性。它能抑制害虫胆碱酯酶的活性,使其中毒死亡。在土壤中残效期可达 30 天以上,以后被土壤微生物分解,无残留。

2. 剂型　50%乳油;25%微胶囊水悬剂;3%和 5%颗粒剂。

3. 防治对象和使用方法　主要用来防治果树上的食心虫、卷叶蛾、潜叶蛾、刺蛾、叶蝉、飞虱、蚜虫等害虫。常用浓度为 50%辛硫磷乳油 1 000～1 500 倍,在害虫发生初期开始喷药,7～10 天后再喷 1 次。桃蛀果蛾地面防治,可在越冬幼虫出土始盛期和盛期,在树盘下地面均匀喷洒 25%辛硫磷微胶囊水悬剂 200～300 倍液,随后浅锄。

4. 注意事项　该药剂遇光极易分解失效,应避免在中午强光下喷药,在傍晚或阴天喷药效果较好。药剂应贮存于阴凉避光处,不能与碱性农药混用。大豆、玉米、高粱、瓜类以及十字花科蔬菜对辛硫磷敏感,如果园内及其周围种植这些作物要慎用。

(二十二)马拉硫磷(马拉松、马拉赛昂)

1. 性能与特点　马拉硫磷是一种高效、低毒、广谱有机磷类杀虫剂。具有触杀和胃毒作用,也有一定的熏蒸和渗透作用,对害虫击倒力强,但其药效受温度影响较大,高温时效果好。对人、畜低毒,对作物安全,对鱼类中毒,对天敌和蜜蜂高毒,残效期短。

2. 剂型　50%乳油。

3. 防治对象和使用方法　主要用来防治苹果、梨、桃树上的蚜虫、叶螨、叶蝉、木虱、刺蛾、卷叶蛾、食心虫、介壳虫等害虫,对叶蝉有特效。常用浓度为 50%马拉硫磷乳油 1 000 倍液喷雾。

4. 注意事项 不能与碱性农药混用。对高粱、瓜、豆类和梨、葡萄、樱桃等一些品种易发生药害,应慎用。本品易燃,在贮存过程中严禁烟火。采果前10天停用。

(二十三)毒死蜱(乐斯本)

1. 性能与特点 毒死蜱是一种广谱性有机磷杀虫剂,是取代高毒农药对硫磷的品种。对害虫主要是触杀、胃毒和熏蒸作用,无内吸性,对人、畜毒性中等,对鱼类等水生生物和蜜蜂毒性较大。

2. 剂型 48%乳油。

3. 防治对象和使用方法 可防治果树上的桃蛀果蛾、苹小食心虫、棉褐带卷蛾、梨花网蝽、苹果绵蚜、梨圆蚧、球坚蚧、葡萄东方盔蚧等害虫,在害虫卵孵化盛期或低龄幼虫期用48%乐斯本乳油1 000~2 000倍液喷雾。亦可在桃蛀果蛾越冬幼虫出土期,用48%乐斯本乳油400~500倍液,在树盘地表喷洒,杀灭出土幼虫。

4. 注意事项 不能与碱性农药混用,采收前30天停用。该药对鱼类及蜜蜂高毒,使用时应注意。

(二十四)乙酰甲胺磷(高灭磷、益土磷)

1. 性能与特点 乙酰甲胺磷属高效、广谱、低毒有机磷类杀虫剂。内吸性强,具胃毒和触杀作用,并有一定的熏蒸作用。属缓效性杀虫剂,初效慢,2~3天后效果才显著,后效作用强,残效期达10~15天。对人、畜、家禽、鸟类、鱼类低毒、安全,抗雨水冲刷。作用机制是抑制昆虫体内乙酰胆碱酯酶活性,使害虫死亡。

2. 剂型 30%,40%乳油;25%可湿性粉剂;25%,50%,75%可溶性粉剂。

3. 防治对象和使用方法 可用来防治桃蛀果蛾、梨小食心虫、卷叶蛾、尺蠖、蚜虫、叶蝉、介壳虫等果树上多种害虫。在害虫发生初期喷洒30%乙酰甲胺磷乳油1 000~1 500倍液,10~15天后再喷1次,连喷2~3次。

4. 注意事项 不能和碱性农药混用,桑园、茶园禁用。向日

4. 注意事项　该药剂不能与波尔多液、石硫合剂混用，药液不得污染水面，收获前21天停用。三唑锡对柑橘嫩梢、叶和幼果易发生药害，应慎用。施药人员若有中毒现象，应立即离开现场至空气流通处，同时服用大量医用活性炭开水，催吐，并送医院治疗。

（三十一）农螨丹

1. 性能与特点　农螨丹是尼索朗和灭扫利混配的低毒杀虫杀螨剂，杀虫谱广，可兼治害螨和害虫，具触杀和胃毒作用，对害螨的各虫态都有效，速效性强，持效期长达50～60天，具有一定的忌避作用，对人、畜低毒，对天敌安全。

2. 剂型　7.5%乳油。

3. 防治对象和使用方法　防治苹果树山楂叶螨、苹果全爪螨，在开花前后，害螨发生初盛期，平均单叶有螨3～4头时防治，用7.5%农螨丹乳油1 000～1 500倍液均匀喷雾，对卵、幼螨、若螨和成螨均有效，持效期长达50天左右。防治桃蛀果蛾，于卵盛期，卵果率达1%时，喷洒7.5%农螨丹乳油500～750倍液，10～15天喷1次，连喷2～3次。防治柑橘叶螨，在叶螨发生初期用7.5%农螨丹乳油750～1 000倍液均匀喷雾。

4. 注意事项　不可与碱性农药混用，配药和喷药要远离桑园、蜂场和鱼池等水源。为避免害螨产生抗性，不要连续用药，要与其他杀螨剂交替使用。

（三十二）双甲脒（螨克、果螨杀、双虫脒）

1. 性能与特点　双甲脒是一种广谱性低毒杀螨杀虫剂。对害螨的作用方式全面，主要是触杀和胃毒作用，也有一定的熏蒸、拒食和驱避作用。作用机制主要是抑制昆虫体内单氨氧化酶的活性，从而影响其中枢神经系统。对果树上的叶螨、瘿螨各虫态都有效，但对越冬卵效果差。对梨木虱、绣线菊蚜等害虫的效果亦很好。双甲脒为感温性药剂，气温在25℃以上时药效好，低于20℃药效较差。

2. 剂型 20%乳油。

3. 防治对象和使用方法 主要用来防治苹果、梨、柑橘树上的叶螨、梨木虱、绣线菊蚜等害虫。防治苹果树上的山楂叶螨、苹果全爪螨，可在苹果花后，两种叶螨第一代卵期和幼、若螨期喷药防治效果较好，可用20%螨克乳油1000～1500倍液全树喷雾，并能兼治绣线菊蚜。双甲脒对梨木虱若虫毒杀力强，但对成虫和卵防效差，因此，防治梨木虱应在第一、第二代若虫发生期喷药防治效果好，可用20%螨克乳油1200～1500倍液喷雾。以后梨木虱世代重叠，各虫态混合发生时可改用其他药剂。防治柑橘叶螨、锈螨应在发生初期，用20%螨克乳油1200～2000倍液，喷匀喷透枝叶。双甲脒的有效控制期可达30天左右。

4. 注意事项 施药时气温不应低于25℃。本品不能和碱性农药如波尔多液、石硫合剂混用，在梨和苹果树上双甲脒不能和对硫磷混用，施药后14天内不能喷波尔多液等碱性农药，以免发生药害。苹果、梨采前15天、柑橘采前21天停用。高温、高湿天气慎用。

(三十三)苯丁锡(托尔克、克螨锡、螨完锡)

1. 性能与特点 苯丁锡属有机锡类长效、低毒杀螨剂。对害螨主要是触杀作用，无内吸性。对鱼类高毒，对鸟类、蜜蜂低毒，对人、畜和天敌安全。杀幼、若螨和成螨效果好，但杀卵效力差。药效缓慢，药后1～2天活动减弱，3～4天开始死亡，直到14天才大量死亡，持效期较长，可达2个月以上。本品为感温型药剂，气温在22℃以上时药效好，低于15℃药效差。

2. 剂型 10%乳油；25%，50%可湿性粉剂。

3. 防治对象和使用方法 可用来防治苹果、柑橘等果树上的各种叶螨。防治苹果全爪螨和山楂叶螨，可在苹果谢花后10天左右开始喷药，此时苹果全爪螨为第一代幼、若螨集中发生期，山楂叶螨为第一代若螨和成螨发生始期，两种螨的卵都很少，有助于发挥药效。使用浓度可用 50%托尔克可湿性粉剂 1 500～2 000 倍液，药效可维持 2 个月左右。防治柑橘上的全爪螨和锈螨，可在柑橘现蕾后至开花前，气温达 15℃以上时，喷 50%托尔克可湿性粉剂 1 000～2 000 倍液，谢花后喷 2 000～3 000 倍液，有效期达 60～90 天。夏、秋季防治柑橘锈螨，气温低时喷 1 000～2 000 倍液，气温高时喷 2 000～3 000 倍液。

4. 注意事项　苯丁锡可和多种杀虫剂、杀菌剂混用，但不能和波尔多液混用，并要和波尔多液相隔一段时间喷药，若先喷本药，需 7～10 天后才能喷波尔多液，喷过波尔多液后间隔 20 天才能喷苯丁锡。苹果采果前 21 天，柑橘 14 天以上应停止喷药。喷药人员需注意防护，防止药液刺激皮肤、眼睛和呼吸道。本品药效缓慢，要比一般杀螨剂提前 2～3 天喷药。应和其他杀螨剂交替使用，以防害螨产生抗药性。

(三十四)溴螨酯(螨代治、溴螨特)

1. 性能与特点　溴螨酯属溴素类低毒杀螨剂。杀螨谱广、残效期长，对害螨各虫态均有较好的毒杀效果，触杀作用强，无内吸渗透作用。对鸟、蜜蜂低毒，对鱼高毒，对人、畜和天敌安全，温度变化不影响药效。

2. 剂型　50%乳油。

3. 防治对象和使用方法　主要防治苹果、柑橘等果树害螨。防治苹果全爪螨、山楂叶螨，可在苹果开花前后或夏季成、若螨盛发期喷药防治，使用浓度用 50%螨代治乳油 1 000～1 500 倍液均匀喷雾。残效期可达 30 天以上。防治柑橘上叶螨，可用 1 000～1 200倍液，15～20 天后再喷 1 次。夏、秋季防治柑橘锈螨，可在发生初期喷 50%螨代治乳油 2 500 倍液，重点喷叶背和果实。

4. 注意事项　本品不能和碱性农药和强酸性农药混用。果实采收前 21 天停止用药。喷药时要注意喷布均匀。该药剂对捕食螨杀伤力大，若捕食螨数量大，应改用其他杀螨剂。人员若有中毒症状，应对症治疗，无专用解毒剂。

(三十五)喹螨醚(螨即死、喹螨特)

1. 性能与特点 喹螨醚属喹唑啉类新型杀螨剂。毒性中等，具触杀和胃毒作用，对害螨各个虫态都有很高的活性。药效迅速，持效期长。

2. 剂型 9.5%乳油。

3. 防治对象和使用方法 可用于防治苹果、柑橘等果树上的叶螨，尤其对二斑叶螨有较好的防效，杀卵效果更好。防治苹果全爪螨、山楂叶螨、二斑叶螨，可在叶螨发生初期，用9.5%喹螨醚乳油4 000～5 000倍液喷雾，持效期40天左右。防治柑橘叶螨，在若螨发生初期喷9.5%喹螨醚乳油3 000～4 000倍液，持效期30天左右。

4. 注意事项 本品宜在早晚气温低时喷药，气温高于28℃，相对湿度低于65%时应停止喷药。喷药时人员要注意防护，若不慎药液溅入眼睛，应立即用水冲洗15分钟，皮肤接触药液要用肥皂水洗净，吸入气雾要立即离开现场，移至通风处，并立即就医。

(三十六)甲氰菊酯(灭扫利)

1. 性能与特点 甲氰菊酯是一种虫、螨兼治的拟除虫菊酯类杀虫、杀螨剂。对害虫有较强的触杀和胃毒作用，无内吸和熏蒸作用，但渗透性强，耐雨水冲刷，残效期10～15天，杀虫效果好，杀卵差，毒性中等。具有高效、广谱、低残留，对人、畜和植物安全等特点，对鱼类、家蚕和蜜蜂高毒，对鸟类低毒，对人的皮肤和眼睛有刺激性。药效不受温度影响，对天敌杀伤力大，除不能与波尔多液等碱性农药混用外，可与大多数杀虫、杀菌剂混用。

2. 剂型 20%乳油。

3. 防治对象和使用方法 主要用来防治桃蛀果蛾、梨小食心虫、棉褐带卷蛾、潜叶蛾、绣线菊蚜、苹果瘤蚜、桃蚜、梨二叉蚜、梨木虱、梨叶斑蛾等害虫，并可兼治各种叶螨。在害虫发生初期施药,10天左右喷1次,连喷2～3次,若单治蚜虫可用20%灭扫利乳油3000～4000倍液,防治其他害虫用2500～3000倍液。

4. 注意事项　该药无内吸性,喷药时要均匀周到。不要作专用杀螨剂使用,采果前14天停用,避免在鱼塘、蜂场和桑园施药。该药剂在低温下,药效更高,残效期长,宜在春、秋两季施用。为延缓抗性,每年施药次数不要超过2次,最好和其他杀虫剂交替使用。

(三十七)高效氯氟氰菊酯(功夫、三氟氯氰菊酯)

1. 性能与特点　高效氯氟氰菊酯是一种拟除虫菊酯类的广谱性杀虫、杀螨剂。该药剂杀虫活性高,药效迅速,耐雨水冲刷,速效并有较长的持效期,既能杀灭鳞翅目幼虫,对蚜虫、叶螨亦有较好的防效。毒性中等,对鱼、蜜蜂、蚕高毒,对鸟低毒,对天敌杀伤力大。对害虫主要是触杀和胃毒作用,但无内吸性,对部分害虫具杀卵和驱避作用。

2. 剂型　2.5%乳油。

3. 防治对象和使用方法　可用来防治桃蛀果蛾、苹果蠹蛾、梨小食心虫、金纹细蛾、梨叶斑蛾以及多种蚜虫等害虫,并可兼治叶螨。施用浓度用2.5%功夫乳油2500～3000倍液喷雾。

4. 注意事项　同灭扫利。

(三十八)氰戊菊酯(杀灭菊酯、速灭杀丁)

1. 性能与特点　氰戊菊酯属拟除虫菊酯类杀虫剂,对害虫主要是触杀和胃毒作用,无内吸和熏蒸作用,但有一定的驱避作用。毒性中等,对蚕、蜜蜂、鱼类和天敌毒性大,对害虫击倒力强,使其运动神经失调,痉挛,麻痹而死亡。该药的药效有负温度效应,即低温下使用比高温效果好,可与多种有机磷和氨基甲酸酯类农药混用,并有增效作用。

2. 剂型　20%乳油。

3. 防治对象和使用方法　氰戊菊酯杀虫谱比较广,可防治果树上鳞翅目害虫，对双翅目、半翅目、直翅目害虫也有较好的效果，但不杀螨，对部分介壳虫的效果亦不好。主要用来防治桃蛀果蛾、梨小食心虫、蚜虫、卷叶蛾、刺蛾、叶蝉、潜叶蛾、梨木虱、椿象等。施药浓度用20%杀灭菊酯乳油2 500～3 000倍液喷雾。

4. 注意事项 不能与碱性农药混用，以免降低药效。该药主要是触杀作用，喷药要均匀周到。果园内的害虫和害螨同时发生时，应配合杀螨剂使用，避免连续使用，防止害虫产生抗性。避免药剂对鱼塘、桑园和养蜂场所的污染。

(三十九)贝塔氯氰菊酯(歼灭)

1. 性能与特点 贝塔氯氰菊酯是一种拟除虫菊酯类广谱高效杀虫剂，对害虫击倒力强，持效期长，既能杀死幼虫、成虫，又能杀卵。可与有机磷、氨基甲酸酯类农药混用，增效作用明显，并能延缓抗性。毒性中等，对植物安全，残留低，具触杀和胃毒作用，无内吸性。

2. 剂型 2.5%，5%，10%乳油。

3. 防治对象和使用方法 防治桃蛀果蛾、梨木虱等用10%歼灭乳油3 000～4 000倍液喷雾，防治绣线菊蚜、卷叶蛾、金纹细蛾、桃蛀螟等用4 000～5 000倍液喷雾。

4. 注意事项 本品无内吸性，喷药时要均匀周到，不能与碱性农药混用，不能在鱼塘、蜂场和桑园周围喷洒。

(四十)高效氯氰菊酯

高效氯氰菊酯又名高效顺反式氯氰菊酯、高效安绿宝、高效灭百可、快杀敌。

1. 性能与特点 高效氯氰菊酯是氯氰菊酯中杀虫效力较高的顺式和反式两种高效体的混合体，顺式和反式比例为40∶60，其杀虫效力高于氯氰菊酯。对害虫主要是触杀和胃毒作用，并具杀卵活性、杀虫速效，在植物上稳定性好，且耐雨水冲刷。对鱼、蚕高毒，对蜜蜂、蚯蚓有毒，对哺乳动物毒性低，杀虫谱广。

2. 剂型　4.5%，5%乳油(市场上产品含量标定5%的，实际含量与4.5%相同)。

3. 防治对象和使用方法　可用来防治桃蛀果蛾、梨小食心虫、金纹细蛾等害虫，应在卵盛期，初孵幼虫未蛀果或潜叶前喷药，施药浓度为5%高效氯氰菊酯乳油2 000～3 000倍液。15天左右喷1次，连喷2～3次。亦可用来防治梨木虱、蚜虫、柑橘潜叶蛾、荔枝椿象等害虫，在害虫发生初期，喷5%高效氯氰菊酯乳油1 500～2 000倍液。15天左右喷1次，连喷2～3次。还可用来防治梨木虱、蚜虫、柑橘潜叶蛾、荔枝椿象等害虫，在害虫发生初期喷5%高效氯氰菊酯乳油1 500～2 000倍液。

4. 注意事项　不能和碱性农药混用，喷药时要远离鱼塘、蜂场和桑园，以免引起中毒。采果前20天停止用药，以免农药残留超标。

(四十一)溴灭菊酯(溴氰戊菊酯)

1. 性能与特点　溴灭菊酯属高效、广谱、低毒拟除虫菊酯类杀虫剂，并有杀螨效果。对害虫主要是触杀和胃毒作用，无内吸、熏蒸作用。作用机制是迅速击倒害虫(螨)后，使其运动神经失调、痉挛、麻痹而死亡。初效快，持效期长达15天左右。对人、畜及鱼类低毒，对皮肤、眼睛无刺激性，无"三致"作用，对植物安全。

2. 剂型　20%乳油。

3. 防治对象和使用方法　可用来防治果树上蚜虫、叶螨、瘿螨、叶蝉、木虱、卷叶蛾、潜叶蛾、食心虫等多种害虫。防治桃蚜、柑橘蚜等用20%溴灭菊酯乳油2 000～3 000倍液；防治山楂叶螨、苹果全爪螨、柑橘全爪螨等，用20%溴灭菊酯乳油1 000～2 000倍液；防治金纹细蛾、柑橘潜叶蛾等，用20%溴灭菊酯乳油1 500～2 500倍液。

4. 注意事项　不能和碱性农药混用。喷药时要远离鱼塘、蜂场、桑园。要和其他农药交替使用，避免产生抗性。采收前14天停用。

(四十二)氟氯菊酯(联苯菊酯、天王星、虫螨灵)

1. 性能和特点 氟氯菊酯属高效、低残留，且具杀螨活性的拟除虫菊酯类杀虫剂。毒性中等，对鱼高毒，对蜜蜂中毒，对鸟类低毒。对害虫主要是胃毒和触杀作用，无内吸、熏蒸作用，杀虫谱广，虫螨兼治但不杀卵。残效期长，对环境安全，但杀伤天敌重。

2. 剂型 2.5%，10%乳油；10%可湿性粉剂。

3. 防治对象和使用方法 主要用来防治果树上蚜虫、叶螨、食心虫、潜叶蛾等害虫。该药不杀卵，防治叶螨应在春季活动态螨多时进行防治。夏季使用因各虫态混合发生，防效差。防治蚜虫应在发生初盛期喷药，防治桃蛀果蛾在卵孵化盛期时喷药。该药还可用来防治柑橘潜叶蛾、黑刺粉虱等害虫。施药浓度用10%天王星乳油3 000～5 000倍液均匀喷雾。

4. 注意事项 不能与碱性农药混用，害螨盛发期要与其他杀螨剂混用，或交替使用。如果园内天敌数量大时，要改用对天敌安全的药剂防治。采果前15天停用。

(四十三)多虫清

1. 性能与特点 本品是由拟除虫菊酯(4%氯氰菊酯)和有机磷(40%克虫磷)农药复配的杀虫剂。杀虫谱广，击倒力强，特别对鳞翅目幼虫、成虫和卵具有较好的杀灭效果，并有较强的渗透性。对人、畜低毒，对蚕、鱼类、蜜蜂高毒。

2. 剂型 44%乳油。

3. 防治对象和使用方法 防治果树上蚜虫，用44%多虫清乳油1 500～2 000倍液喷雾。防治果树食心虫、卷叶蛾、毒蛾等，用1 000～1 500倍液喷雾，残效期15天左右。

4. 注意事项 不能与碱性农药混用，喷药时要远离桑园、鱼池及蜜蜂养殖场，采收前15天停用。

三、杀菌剂主要品种

(一)多氧霉素

又名宝丽安、多效霉素、多抗霉素、保利霉素、科生霉素等。

1. 性能与特点　多氧霉素属广谱性农用抗生素类杀菌剂。它是金色链霉菌的代谢产物，主要组分为多氧霉素 A 和 B。杀菌谱广，有良好的内吸传导性能，并有保护和治疗作用，主要干扰病菌的细胞内壁几丁质的生物合成，能使芽管及菌丝体局部膨大、破裂，细胞内含物溢出，导致病菌不能正常发育而死亡。同时还能抑制病菌产生孢子和病斑扩大。本制剂属高效、低毒、无残留药剂，不污染环境，对天敌、植物安全，对鱼、蜜蜂低毒。

2. 剂型　1.5%，2%，3%和 10%可湿性粉剂，1%和 3%水剂。

3. 防治对象和使用方法　主要用来防治苹果斑点落叶病、苹果霉心病，苹果和梨的灰斑病、轮纹病，梨黑星病，葡萄和草莓的灰霉病等。在病害发生初期和盛期，用 10%多氧霉素可湿性粉剂 1 000～1 500 倍液喷雾。喷药次数应根据病情而定，每次喷药间隔期为 10 天左右，连喷 2～3 次，最好和波尔多液等其他药剂交替使用。

4. 注意事项　不能与酸、碱类农药混用，全年用药次数不要超过 3 次，以免病菌产生抗性。

(二)中生菌素(克菌康、农抗 751)

1. 性能与特点　中生菌素是中国农业科学院生物防治研究所从海南省的土壤中分离而得，定名为淡紫灰链霉菌海南变种，属碱性、水溶性 N-糖苷类农用抗生素类杀菌剂。其作用机制是抑制病原细菌蛋白质的合成，并能使真菌菌丝畸形，抑制孢子萌发和杀死孢子。本品具有广谱、高效、低毒、无污染等特点，对多种细菌及真菌病害均有较好的防治效果。

2. 剂型 3%可湿性粉剂;1%水剂。

3. 防治对象和使用方法 防治苹果斑点落叶病、苹果轮纹病、苹果炭疽病等,应在苹果谢花后7天左右开始喷药,以后每10~15天喷1次,直至苹果收获前20天左右停喷。防治苹果霉心病应在苹果花期喷1~2次药,防治桃细菌性穿孔病、桃疮痂病可在5~6月份喷2~3次药。防治枣树叶部病害应在发病前开始喷药,每10~15天喷1次,连喷3~4次。施药浓度为3%克菌康可湿性粉剂600~1 000倍液或1%中生菌素水剂200~300倍液。该药剂可和其他杀菌剂混用。据笔者等试验,3%克菌康可湿性粉剂1 200~1 500倍液或1%中生菌素水剂400~500倍液和80%喷克或大生M-45可湿性粉剂1 000倍液,或40%福星乳油10 000倍液混用,防治苹果轮纹病、苹果斑点落叶病均有明显的增效作用。

4. 注意事项 不能与碱性农药混用。防治苹果叶部和果实病害要和波尔多液等药剂交替使用。药剂要现配现用,不要久存。

(三)抗霉菌素(农抗120)

1. 性能与特点 抗霉菌素是中国农业科学院生物防治研究所研制出的一种广谱性农用抗生素类杀菌剂。其产生菌为吸水刺孢链霉菌北京变种的代谢产物。主要组分为核苷,它可直接阻碍病原菌蛋白质合成,导致病原菌死亡。对多种真菌病害均有较好的抑制和治疗效果。对人、畜低毒,无残留,不污染环境,对作物和天敌安全,并有刺激植物生长的作用。

2. 剂型 2%,4%水剂。

3. 防治对象和使用方法 主要防治苹果白粉病、苹果炭疽病、梨锈病、枣锈病、葡萄霜霉病、葡萄白粉病等。在病害发生初期,用4%农抗120水剂600~800倍液喷雾。每7~10天喷1次,连喷2~3次。防治苹果树腐烂病和苹果枝干轮纹病,可于早春或晚秋在刮治后的病斑上用4%农抗120水剂10～15倍液涂抹2次，消毒杀菌，防效较好。

4. 注意事项　除碱性农药以外，可与其他杀虫剂、杀菌剂混用。

(四)井冈霉素(有效霉素)

1. 性能和特点　井冈霉素是上海农药研究所从江西井冈山地区土壤中采集分离的一种农用抗生素类杀菌剂，是目前国内用量最大的品种。其产生菌为吸水链霉菌井冈变种产生的水溶性抗生素(葡萄糖苷类化合物)，由A，B，C，D，E，F等6个组分组成，其主要组分为A和B，其化学结构和日本有效霉素相似。属高效、低毒杀菌剂，持效期长，耐雨水冲刷，使用安全，无残留，对人、畜低毒，对鱼类、蜜蜂和天敌安全，不污染环境。该药剂内吸性很强，它虽不能直接杀死病菌，但可干扰和抑制菌体细胞的正常生长发育，从而起到治疗作用。

2. 剂型　0.33%粉剂；3%，5%，10%水剂；2%，3%，4%，5%，10%，12%，15%，17%，20%可溶性粉剂；5%井冈霉素A可溶性粉剂。

3. 防治对象和使用方法　主要用来防治苹果、梨轮纹病和桃褐斑病、桃缩叶病等。在发病初期用5%井冈霉素可溶性粉剂1 500～2 000倍液均匀喷雾。

4. 注意事项　可与多种杀虫剂和非碱性杀菌剂混用。粉剂要在干燥处贮存。

(五)武夷菌素(Bo-10)

1. 性能和特点　武夷菌素是中国农业科学院植保所从福建武夷山地区土壤中分离出的一种广谱、低毒农用抗生素类杀菌剂，其产生菌为不吸水链霉菌武夷变种的发酵代谢产物。杀菌谱广，对多种真菌病害有较好的防效，并可抑制部分细菌病害。其作用机制主要是对真菌菌丝生长、孢子形成和萌发及细胞膜形成等均有明显的抑制作用。具有保护和治疗效能,但无内吸传导作用。对人、畜、蜜蜂、天敌以及鱼类、鸟类都安全,无残留、不污染环境。

2. 剂型 1%,2%水剂。

3. 防治对象和使用方法 主要用于防治苹果、梨、山楂的白粉病、炭疽病、腐烂病、桃树和柑橘流胶病、葡萄白粉病、霜霉病以及果品贮藏期病害等。防治流胶病可用2%武夷菌素水剂10～20倍液涂抹主干,隔7天左右涂1次,连涂2～3次。防治柑橘贮藏期病害可用2%武夷菌素水剂50～100倍液,加96%防落素可湿性粉剂128倍液,配成混合液洗果,晾干后贮藏。防治腐烂病,可在刮治后的病斑上涂抹10～15倍液,连涂2次(间隔10天)。防治果树上的白粉病、霜霉病可在发生初期喷2%武夷菌素水剂150～200倍液,连喷2～3次。

4. 注意事项 本品不能和碱性农药混用。

(六)春雷霉素(春日霉素、加收米)

1. 性能和特点 春雷霉素是中国科学院微生物研究所从江西省泰和县的土壤中分离出的一种选择性很强的农用抗生素类杀菌剂,其产生菌为小金色放线菌。作用机制是干扰病原菌氨基酸代谢的酯酶系统,破坏蛋白质的生物合成,抑制菌丝生长,造成细胞颗粒化,使病原菌失去繁殖和侵染能力,从而达到防治的目的。本品具有很强的内吸治疗作用,其毒性极低,未发现致畸、致突变、致癌作用。日本稍早于中国发现该菌,其产生菌为春日链霉菌。

2. 剂型 2%,4%,6%可湿性粉剂;2%液剂。

3. 防治对象和使用方法 主要用来防治苹果、猕猴桃、柑橘等果树上真菌和细菌病害。防治苹果黑星病,在发生初期喷洒2%春雷霉素可湿性粉剂400倍液。防治苹果银叶病可用2%春雷霉素可湿性粉剂500倍液吊针注射或主干打孔高压注射。防治猕猴桃溃疡病,可在4月中下旬发病初期,喷2%春雷霉素液剂或可湿性粉剂400倍液。防治柑橘流胶病,先刮除病疤或用利刀纵刻病疤几次，然后涂抹4%春雷霉素可湿性粉剂5～8倍液。涂后用塑料薄膜包扎即可。

4. 注意事项　本品为内吸性药剂，若连续使用，病菌易产生抗药性，因此要注意和其他杀菌剂交替使用或混用(碱性农药除外)。果树的某些树种、品种对春雷霉素可能比较敏感，因此应先做安全性试验后再大范围应用，以避免发生药害。树冠喷雾时可加入适量洗衣粉，以增加展着性。如误服本品，可用食盐水催吐。

(七)农用链霉素

1. 性能与特点　链霉素是一种医用抗生素类杀菌剂，后被用于农业病害防治，因用量大，成本高，且易发生药害等原因，故生产上使用不多。后研发出农用链霉素杀菌剂，克服了以上缺点，又在生产上应用。作用机制是链霉素能与细菌细胞膜中脂蛋白的磷酸结合，改变膜的渗透性，将菌体内的核苷酸及氨基酸释放出来，从而阻碍了细菌的代谢。另外，链霉菌产生的毒素还能妨碍细菌核糖核酸的合成，使菌体的蛋白质合成受到抑制，致使细菌死亡。农用链霉素为放线菌所产生的代谢产物，杀菌谱广，特别是对细菌性病害效果较好，具有内吸作用，能渗透到植物体内，并传导到其他部位。对人、畜低毒，对鱼类及水生生物毒性很小。

2. 剂型　5%，10%可湿性粉剂，21%，68%，72%可溶性粉剂。

3. 防治对象和使用方法　农用链霉素主要用来防治果树上的细菌性病害，如桃细菌性黑斑病，核果类果树细菌性穿孔病，猕猴桃、杨梅、柑橘溃疡病，枣缩果病等。72%农用链霉素可溶性粉剂一般施用浓度为5 000～8 000倍。防治桃细菌黑斑病，应在展叶期，落花后和幼果期各喷1次8 000倍液，防治核果类果树细菌性穿孔病，应在展叶后开始喷药，可用5 000～6 000倍液，每隔10天喷1次，连喷2～3次。防治柑橘溃疡病可在谢花后10天、30天、50天各喷1次药，可用8 000倍液。防治枣缩果病应在发病初期喷药，每 7～10 天喷 1 次，连喷 3～4 次，可用 8 000 倍液。防治杨桃和猕猴桃溃疡病应在发病初期开始喷药，每 7 天 1 次，连喷 5～6 次，可用 5 000～6 000 倍液。

（八）菌毒清（安索菌毒清）

1. 性能与特点 菌毒清是一种氨基酸类内吸性杀菌剂，有效成分为甘氨酸取代衍生物，杀菌机制是凝固病菌蛋白质，破坏病菌细胞膜，抑制病菌呼吸，使病菌酶系统变性，从而杀死病菌。具有高效、低毒、无残留等特点，并有较好的渗透性，对侵入树皮内的潜伏病菌有一定的铲除作用，可用来防治多种真菌、细菌和病毒引起的病害。

2. 剂型 5%水剂。

3. 防治对象和使用方法 防治苹果树腐烂病等枝干病害，可用 5%菌毒清水剂 30～50 倍液，在刮治后的病斑上涂抹 2 次（间隔 7～10 天），效果较好，并有强烈的刺激生长作用，能促进伤口愈合，其愈合效果优于福美胂，病疤复发率较低，和福美胂相当。亦可在早春果树发芽前用 5%菌毒清水剂 100～200 倍液，喷洒树体枝干，药液用量控制在滴水程度，可铲除苹果树腐烂病、苹果干腐病、苹果轮纹病、桃流胶病侵入枝干内的病菌。防治果树根部病害如紫纹羽病、白纹羽病及镰刀菌引起的根病，可在春季果树萌芽期和 7 月份用 5%菌毒清水剂 200～300 倍液灌根，能控制病害发展。防治葡萄黑痘病，用 5%菌毒清水剂 100 倍液，在葡萄展叶至幼果期连续喷药 7 次（间隔 15～20 天）亦有良好的防效。防治葡萄霜霉病、葡萄白腐病、葡萄炭疽病，在发病初期用 500～600 倍液喷雾，连喷 3～4 次（间隔 10 天），效果较好。

4. 注意事项 不要与其他农药混用，低温时易出现结晶，可用温水隔瓶使其溶化，不影响药效。

（九）腐必清（松焦油原液）

1. 性能与特点 腐必清属松焦油系列产品，有效成分为多酚杂环类化合物，可抑制真菌菌丝扩展和产生孢子。药剂具有渗透性强、耐雨水冲刷、药效长等特点，对果树上多种真菌病害有较好的预防和铲除作用。

2. 剂型　涂剂，乳剂。

3. 防治对象和使用方法　主要用于果树枝干腐烂病的防治，在早春萌芽前和晚秋落叶后刮治腐烂病病疤以后，用腐必清涂剂或乳剂 2～3 倍液在病疤上各涂抹 1 次，夏季发病期还应在病疤上涂抹 1 次，重病果园可用乳剂 50 倍液进行全树喷雾防治。

4. 注意事项　本剂易燃，应放在阴凉、远离火源处贮存，使用前应充分搅拌均匀。避免药剂直接接触皮肤，若不慎触及皮肤，可用去污粉搓洗，再用肥皂水清洗。

(十)石硫合剂和石硫合剂结晶

1. 性能与特点　石硫合剂与石硫合剂结晶是一种既能杀菌又能杀虫、杀螨的无机硫制剂。石硫合剂晶体是用硫磺、石灰和水在金属触媒作用下，经高温、高压加工合成的固体化新剂型，使用和运输都比较方便，其性能和石硫合剂相同。有效成分为多硫化钙，它有较强的渗透和侵蚀病菌细胞壁和害虫体壁的能力，可直接杀死病菌和害虫。其药液洒到植物表面后，在氧、二氧化碳和水的作用下发生化学变化，形成细小的硫磺沉淀，释放出少量硫化氢，具有灭菌、杀虫和保护植物的功能。防治病害主要是保护作用，对人、畜毒性中等，对植物安全，无残留，不污染环境，病虫不易产生抗性。

2. 剂型　45％石硫合剂结晶；石硫合剂原液。

3. 防治对象和使用方法　石硫合剂结晶可用来防治多种果树病害，防治苹果白粉病，可在开花前和落花后 10 天喷药防治。防治苹果花腐病、桃流胶病、桃缩叶病、桃疮痂病、葡萄黑痘病、葡萄白粉病，可在果树发芽前喷药防治。防治柿白粉病在春季 4～5 月喷药防治。石硫合剂结晶施药浓度与气温有关，温度低时用高浓度，温度高时用低浓度。果树发芽前用药，可用45%石硫合剂结晶100～150倍液，开花后用300～500倍液，若气温达30℃左右时则可用600～800倍液。防治苹果树腐烂病、枝干轮纹病等枝干病害，应在刮除病疤后用40～60倍液涂抹病疤2次（间隔10天）。

石硫合剂防治病害的种类同石硫合剂结晶，在果树休眠期和发芽前，用3～5波美度石硫合剂，可防治苹果树腐烂病、苹果白粉病、苹果炭疽病、苹果锈病，梨黑星病、梨炭疽病，葡萄黑痘病，山楂花腐病，柿炭疽病等。并可用来防治苹果全爪螨的越冬卵及山楂叶螨的出蛰成螨、葡萄瘿螨、梨潜叶壁虱、梨圆蚧、桃球坚蚧、梨盾蚧、柿绵蚧和草履蚧等害虫。果树生长季节，用0.3～0.5波美度石硫合剂，可防治苹果轮纹病、苹果锈病，山楂花腐病以及多种果树上的细菌性穿孔病、白粉病等，并可兼治山楂叶螨、苹果全爪螨等害螨。

4. 注意事项 石硫合剂结晶开袋后要尽快使用，以免潮解。贮存或运输时要防止受潮，并要防止阳光直晒。稀释用水温度不得超过30℃。石硫合剂熬制和贮存时，不能用铜、铝容器，可用铁质或陶瓷容器。石硫合剂或石硫合剂结晶不能与酸性、碱性农药混用。梨树喷过石硫合剂或石硫合剂晶体后，间隔10～15天才能喷波尔多液；喷过波尔多液和机油乳剂后，15～20天才能喷石硫合剂和石硫合剂结晶，以免发生药害。气温高于32℃或低于4℃均不能使用本制剂。梨、葡萄、杏等对硫比较敏感，生长期不能使用。该药剂有腐蚀作用，应避免接触皮肤和衣服，药械用完后要及时清洗。

5. 石硫合剂熬制方法 原料：优质生石灰、细硫磺粉、水。以上原料按1∶1.5∶13的配比，先将称好的生石灰放在锅内，加入少量水将石灰稍溶解，再用水将石灰调成乳状，然后再将调成糊状的硫磺粉浆倒入石灰乳中混匀，加足水量，记下水位线，加热熬制。

沸腾时开始计时，保持沸腾状态60分钟，熬制中消耗的水量需在最后15分钟前补足，要用热水补充。熬制好的石硫合剂原液应呈深棕红色，滤去渣滓，滤液即为石硫合剂母液，用波美度表测试母液浓度，度数越高含有效成分也越高。商品石硫合剂的原液浓度一般均在32波美度以上，农村自行熬制的石硫合剂浓度多在22～28波美度。使用前应先用波美度表测定原液的浓度，然后根据需要的施用浓度加水稀释。稀释倍数的计算公式为：

$$\text{加水稀释倍数(重量)}=\frac{\text{原液波美度}-\text{需稀释的波美度}}{\text{需要稀释的波美度}}$$

例：石硫合剂原液浓度为28波美度，配制0.5波美度石硫合剂，需加水稀释多少倍？

$$\text{加水稀释倍数}=\frac{28-0.5}{0.5}=55\text{倍}$$，即1千克原液应加水55升。

（十一）硫悬浮剂

1. 性能与特点　硫悬浮剂是以硫磺粉为原料加工研磨成直径在5微米以下的颗粒，加入助剂制成的一种杀菌剂，有较好的杀螨效果。其黏着性能强，药效好，耐雨水冲刷，使用方便，长期使用不易产生抗性，对人、畜低毒，不污染作物。除对捕食螨有一定影响外，不伤害其他天敌。

2. 剂型　45%，50%悬浮剂。

3. 防治对象和使用方法　主要用来防治果树上白粉病、叶螨等病虫。防治苹果白粉病，于开花前（芽长到1厘米左右），嫩叶尚未展开时，用50%硫悬浮剂200倍液喷雾1次，落花70%～80%时再喷300倍液1次，重病园在落花后再喷1次300～400倍液，可兼治山楂叶螨、苹果全爪螨、苹果锈病、苹果花腐病。防治葡萄、梨白粉病可在发芽后或发病初期开始喷50%硫悬浮剂200～300倍液，每7～10天喷1次，连喷2～3次。夏季气温高时，用400～500倍液。

4. 注意事项 气温高于32℃、低于4℃均不宜使用本品。不能与波尔多液、机油乳剂混用，喷过上述药剂后15天方可喷硫悬浮剂。桃、梨、杏、葡萄对硫磺敏感，使用时应降低浓度和施药次数，并要避免在果实成熟期使用。本剂长期贮存会出现分层现象，使用时要注意摇匀，再加水稀释。要在阴凉干燥处贮存，并要远离火源。

(十二)碱式硫酸铜

1. 性能与特点 碱式硫酸铜是一种保护性低毒杀菌剂，它具有粒度细小、分散性好、耐雨水冲刷等特点，悬浮剂内还加有黏着剂，药液可黏附在植物表面形成一层保护膜。该制剂有效成分依靠植物表面水的酸化，逐步释放铜离子，抑制真菌孢子萌发和菌丝发育。对人、畜安全，对蚕有毒。

2. 剂型 80%可湿性粉剂；30%和35%悬浮剂。

3. 防治对象和使用方法 主要用来防治梨黑星病，在发病前和发病初期用80%碱式硫酸铜可湿性粉剂600～800倍液，或30%，35%碱式硫酸铜悬浮剂350～500倍液喷雾，每隔10～15天喷1次，共喷5～6次。

4. 注意事项 该药悬浮剂贮存后会出现分层现象，用时应摇匀。不能与石硫合剂及遇铜易分解的农药混用。阴雨天气和有露水时不能喷药，以防药害。

(十三)波尔多液

1. 性能与特点 波尔多液是一种保护性杀菌剂。有效成分为碱式硫酸铜，喷洒药液后在果树和病菌表面形成一层很薄的药膜，该膜不溶于水，但在二氧化碳、氨、树体及病菌分泌物的作用下，使可溶性铜离子逐渐增加而起杀菌作用，可有效地阻止孢子发芽，防止病菌侵染，并能促使叶色浓绿、生长健壮，提高树体抗病能力。该制剂具有杀菌谱广、持效期长、病菌不会产生抗性、对人畜低毒等特点，是应用历史最长的一种杀菌剂。

2. 剂型　自行配制。硫酸铜、生石灰的比例及加水多少，要根据树种或品种对硫酸铜和石灰的敏感程度（对铜敏感的少用硫酸铜，对石灰敏感的少用石灰）以及防治对象、用药季节和气温的不同而定。生产上常用的波尔多液比例有：波尔多液石灰等量式（硫酸铜∶生石灰＝1∶1）、倍量式（1∶2）、半量式（1∶0.5）和多量式（1∶3～5）。用水一般为160～240倍。配制方法：按用水量一半溶化硫酸铜，另一半溶化生石灰，待完全溶化后，再将两者同时缓慢倒入备用的容器中，不断搅拌。也可用10%～20%的水溶化生石灰，80%～90%的水溶化硫酸铜，待其充分溶化后，将硫酸铜溶液缓慢倒入石灰乳中，边倒边搅拌即成波尔多液。但切不可将石灰乳倒入硫酸铜溶液中，否则质量不好，防效较差。

3. 防治对象和使用方法　防治苹果早期落叶病、苹果炭疽病、苹果轮纹病，可于苹果落花后开始喷石灰倍量式波尔多液200～240倍液，半月喷1次，并和其他杀菌剂交替使用，共喷3～4次。防治苹果烂果病（轮纹病、炭疽病），可在往年出现病果前10～15天喷石灰倍量式或多量式波尔多液200倍液，每15～20天喷1次，连喷3～4次，采果前25天停用。防治苹果霉心病，应在苹果显蕾期开始喷石灰倍量式波尔多液200倍液。防治苹果、梨锈病，可在苹果园周围的桧柏上，喷洒石灰等量式波尔多液160倍液。防治葡萄黑痘病、葡萄炭疽病、葡萄霜霉病，可喷石灰少量式波尔多液160倍液，每12～15天喷1次，共喷2～4次。

4. 注意事项　配制容器不能用金属器皿，喷过的药械要及时洗净，防止腐蚀。阴雨天、雾天、早晨露水未干时均不能喷药，以免发生药害。不能与石硫合剂等碱性农药混用，两药间隔期为15～20天。果实采收前20天停用。苹果有的品种（金冠等）喷过波尔多液后，幼果易生果锈，可改用其他农药。桃、杏、李等核果类果树对波尔多液敏感，不宜使用。

(十四)铜高尚

1. 性能与特点 铜高尚是一种超微粒铜制剂的广谱性杀菌剂。具有杀菌力强、悬浮性好、耐雨水冲刷、对作物安全及对人畜低毒、连续使用不产生抗性、使用方便等特点。

2. 剂型 27.12%悬浮剂。

3. 防治对象和使用方法 主要用来防治苹果斑点落叶病、苹果轮纹病、苹果炭疽病、苹果白粉病等,可在苹果落花后30天左右喷27.12%铜高尚悬浮剂500～800倍液。防治梨黑星病、梨轮纹病、梨锈病,应在坐果期以后开始用药,使用浓度为600～800倍液。防治葡萄霜霉病、葡萄黑痘病、葡萄白粉病、葡萄白腐病,应在发病前喷400～800倍液。喷药间隔天数为7～10天,视病情决定喷药次数。

4. 注意事项 不能与碱性农药混用。

(十五)氢氧化铜(可杀得、冠菌铜)

1. 性能与特点 氢氧化铜属无机铜杀菌剂。低毒,对人、畜安全,无残留。

2. 剂型 77%可湿性粉剂。

3. 防治对象和使用方法 可用来防治果树上的炭疽病、白粉病、褐斑病、黑星病、黑斑病、疮痂病、锈病以及细菌性溃疡病、穿孔病等。防治柑橘溃疡病,在春、秋梢发病前喷77%可杀得可湿性粉剂400～600倍液,连喷2～3次(间隔10天)。防治苹果黑星病、梨黑星病、梨黑斑病、葡萄霜霉病、葡萄白粉病、葡萄黑痘病等,在发病初期或发病前喷400～600倍液,7～10天喷1次,连喷2～3次。

4. 注意事项 不能和碱性农药混用。若与其他药剂混用,应先将本品溶于水中,搅匀后再加入其他药剂。喷药时应远离鱼池、水塘,以免污染水域,毒害水生生物。

(十六)氧化亚铜(铜大师、靠山)

1. 性能与特点　氧化亚铜属无机铜类低毒杀菌剂,杀菌谱广,对鱼类低毒。作用方式以保护性为主,兼有治疗作用。本制剂中起杀菌作用的单价铜离子含量高,施用量比其他铜制剂少。当真菌或细菌体内蛋白质中的基团与释放的铜离子发生作用时,就会导致病菌死亡。本品中的有效成分被加工成细微颗粒,具有极强的黏附性,在植物表面形成保护膜后,耐雨水冲刷。

2. 剂型　86.2%可湿性粉剂;86.2%干悬浮剂。

3. 防治对象和使用方法　防治葡萄霜霉病,可于6月初至8月下旬,用86.2%铜大师可湿性粉剂800～1 200倍液均匀喷雾,10天左右喷1次,连喷3～4次。防治柑橘溃疡病,可在春、秋季发病前开始喷药,施药浓度为86.2%铜大师可湿性粉剂800～1 200倍液,若在发病初期开始喷药,则用700～800倍液,每7～10天喷1次,连喷3～4次。

4. 注意事项　高温、高湿天气及对铜制剂敏感的树种、品种应慎用,果树开花期及幼果期禁用。喷药时注意个人防护,避免接触皮肤和眼睛。如误服,应马上催吐,解毒药为1%亚铁氰化钾溶液。如不慎药液溅入眼内或污染皮肤,应用清水冲洗。

(十七)必　备

1. 性能与特点　必备是一种铜制剂,含有钙、铜等营养元素,喷施后可使叶片嫩绿,枝条健壮,果实美观,并能促进枝条老熟。该药黏着性强,耐雨水冲刷,持效期长,既杀真菌、又杀细菌,可防治果树上多种病害。作用机制是药剂释放出的铜离子与病菌体内的多种生物活性结合,形成铜的络合物,使蛋白质变性,阻碍和抑制代谢活动,从而导致病菌死亡。本品对人、畜和环境安全。杀菌作用点多。病菌不易产生抗性。本品富含钙等营养元素,可明显减轻套袋苹果缺钙造成的苦痘病,并能有效地增加枣皮韧性,减少或有效控制枣收获前的裂果现象。

2. 剂型 80%可湿性粉剂。

3. 防治对象和使用方法 可用于防治苹果轮纹病、苹果炭疽病、苹果霉心病、苹果斑点落叶病等病害，在谢花后10天或苹果套袋后到摘袋前喷80%必备可湿性粉剂500～600倍液，每10天左右喷1次，连喷3～4次，最好和波尔多液等其他杀菌剂交替使用。必备含有钙等营养元素，可有效防治套袋苹果发生的苦痘病。还可用来防治梨树上的黑星病、黑斑病、轮纹病、炭疽病，枣树上的枣锈病、炭疽病、褐斑病，葡萄上的酸腐病、霜霉病、白腐病、房枯病、灰霉病、白粉病等多种病害。在病害发生初期或发病前喷药，用法同苹果。亦可在果树发芽前在树干上喷80%必备可湿性粉剂200～300倍液，可有效地清除在枝干上越冬的病原菌。

4. 注意事项 本品可与多种农药、微肥混用，但不可与强酸性农药混用。喷药时要注意喷匀喷透，不得漏喷。

（十八）代森锰锌（喷克、大生 M-45、新万生）

1. 性能与特点 代森锰锌、喷克、大生 M-45、新万生均为代森锰和锌离子的络合物，属有机硫类保护性杀菌剂。它可抑制病菌体内丙酮酸的氧化，从而起到杀菌作用。具有高效、低毒、杀菌谱广、病菌不易产生抗性等特点，且对果树缺锰、缺锌症有治疗作用。可与其他内吸性杀菌剂混配或混用，可延续抗性的发生。

2. 剂型 70%和80%可湿性粉剂。

3. 防治对象和使用方法 主要用来防治苹果斑点落叶病、苹果轮纹病、苹果炭疽病、苹果锈病、苹果霉心病，梨黑星病，桃细菌性穿孔病，葡萄霜霉病、葡萄黑痘病、葡萄炭疽病等。在果树发病前和发病初期，用70%代森锰锌可湿性粉剂600倍液或80%喷克、大生 M-45、新万生可湿性粉剂800倍液，每10～15天喷1次，共喷3～5次，可与其他杀菌剂交替使用。

4. 注意事项 不能与碱性或含铜药剂混用。对鱼有毒，不可污染水源。

(十九)代森铵(施纳宁)

1. 性能与特点　代森铵是具保护和治疗双重防效的杀菌剂。毒性中等,对植物安全,其水溶液渗透性强,可渗入植物组织内,杀菌力强,可防治多种果树病害。在植物体内分解后还有肥效作用。

2. 剂型　45%水溶液。

3. 防治对象和使用方法　代森铵在果树上主要用于防治枝干和根部病害。防治苹果树腐烂病、苹果枝干轮纹病等枝干病害(桃、杏、李树除外),可在休眠期刮除病斑,然后用45%代森铵(或施纳宁)水溶液50～100倍液涂抹病斑,或在枝干上喷100～300倍液,注意树体、枝干均匀着药。防治苹果、梨、桃等根部病害,可先挖出病根、清除病部,晾晒3～4天后用45%代森铵(或施纳宁)水溶液300倍液灌根,大树每棵灌15～30升药液,葡萄每棵灌5～7升药液。

4. 注意事项　不能与波尔多液、石硫合剂等碱性农药及含铜制剂混用。本品对皮肤有刺激作用,若不慎触及药液应立即用清水冲洗,若误服应立即催吐、洗胃并送医院对症治疗。

(二十)科　博

1. 性能与特点　科博是喷克(代森锰锌)和碱式硫酸铜复配的一种低毒、保护性杀菌剂。在作物上喷施后可形成一层黏着性很强的保护膜,因此具有高效、耐雨水冲刷、残效期长等特点,并含有作物所需的多种营养元素,可使叶片增大、增厚,色泽浓绿,植株健壮。对人和植物安全,连续使用不易产生抗药性。杀菌谱广,对细菌性和真菌性病害都可防治。

2. 剂型　78%可湿性粉剂。

3. 防治对象和使用方法　主要用来防治苹果、葡萄等病害。防治苹果斑点落叶病、苹果轮纹病等病害,在病害发生初期,喷洒78%科博可湿性粉剂500～600倍液,10～15天喷1次,并和其他杀菌剂交替使用。科博对葡萄霜霉病、葡萄白腐病、葡萄黑痘病、葡萄穗轴病、葡萄褐斑病等亦有较好的防效,可在葡萄开花前或谢花后10天开始喷药,每10～15天喷1次,连喷2～3次,葡萄生长中期亦可与必备、波尔多液交替使用,施药浓度用78%科博可湿性粉剂500～600倍液均匀喷洒。

4. 注意事项 本品属保护性杀菌剂,应在发病前或发病初期喷药,并要喷洒均匀。在苹果上应在幼果脱毛后使用。金冠品种对该药比较敏感,不要喷科博。

(二十一)易 保

1. 性能与特点 易保是由恶唑烷二酮和代森锰锌复配而成的一种保护性杀菌剂。具有多作用点杀死病原菌,并能抑制病原菌体内丙酮酸氧化的功能,因而防病效果较好。本品最大特色是有极强的耐雨水冲刷和雨后再分布能力,药后4小时,有80%～90%的有效成分迅速渗入植物体内,并能和叶表皮蜡质层紧密结合成一层保护膜,还可及时修补破损的保护膜,因而药后遇雨无需再喷药。该药剂药效发挥快,喷药后15秒钟就能杀死病菌。对蜜蜂、天敌昆虫、鸟类、鱼类等毒性低。该药剂具有高效、低毒、残效期长、杀菌谱广、病菌不易产生抗性、对植物安全等优点,并对果树有刺激生长作用。

2. 剂型 68.75%水分散粒剂。

3. 防治对象和使用方法 主要用来防治苹果、梨、葡萄等果树病害。防治苹果斑点落叶病,用68.75%易保水分散粒剂1 500倍液,于苹果春梢和秋梢生长期各喷2次,用药间隔期15天左右。据笔者等试验,其防效可达90%左右,并可兼治苹果轮纹病和苹果炭疽病。防治梨黑星病、梨黑斑病,用1 500倍液在梨落花期、幼果期和采收前各喷1次。防治葡萄霜霉病、葡萄黑痘病、葡萄炭疽病时,从病害发生初期,直至采收前,均可用1 200倍液喷雾防治,共喷3～4次,用药间隔期为7～10天。

4. 注意事项 本品为保护性杀菌剂,喷药时间应在发病前或发病始期开始，效果才好。该药剂不要连续使用，以防止病菌产生抗药性。不能与波尔多液等碱性农药混用。

（二十二）世高（恶醚唑、敌萎丹）

1. 性能与特点 世高属三唑类杀菌剂，具高效、低毒、杀菌谱广，对人、畜安全等特点。内吸性强，药液可迅速被植物表面吸收，传导至植物体内，杀死已侵入植株内部的病菌，持效期10～14天。由于内吸传导快，施药后2小时降雨不需重喷。

2. 剂型 10%水分散粒剂。

3. 防治对象和使用方法 主要用来防治苹果斑点落叶病、苹果轮纹病、苹果炭疽病、苹果白粉病，梨黑星病、梨赤星病，葡萄黑痘病、葡萄白腐病、葡萄炭疽病、葡萄白粉病等多种病害。防治苹果病害可在发病初期开始喷药，用于套袋苹果，可在谢花后套袋前与其他保护性杀菌剂交替使用。防治葡萄病害可在花前、花后和果粒膨大期各喷1次药。防治梨树病害，在发病初期开始喷药，连喷2～3次，或与其他杀菌剂交替使用。施用浓度：防治苹果、葡萄病害用10%世高水分散粒剂2 000～2 500倍液，防治梨树病害用5 000倍液，喷药间隔期10～14天，全生育期喷药次数不超过3～4次，避免病菌产生抗药性。

4. 注意事项 不要与碱性农药和铜制剂混用，应掌握在发生初期喷药，并和其他杀菌剂交替施药。

（二十三）三唑酮（粉锈宁、百理通）

1. 性能与特点 三唑酮是一种高效、内吸性的三唑类杀菌剂。药液被植物吸收后，能迅速在体内传导，具有保护和治疗作用，并有一定的熏蒸和铲除作用。它能抑制和干扰菌体附着孢及吸器的发育，阻止菌丝生长和孢子形成，从而起到杀菌作用。对人、畜低毒，对蜜蜂无毒，对鱼类低毒，对天敌安全，可与多种农药混用。

2. 剂型 15%，25%可湿性粉剂；20%乳油。

3. 防治对象和使用方法 主要防治白粉病、锈病等果树病害。防治苹果和梨树白粉病、锈病、黑星病、苹果花腐病，用15%粉锈宁可湿性粉剂1 000～1 500倍液，于花前喷1～2次，花后喷2～3次，每次间隔10～15天。防治葡萄白粉病，于发芽前后各喷1次15%粉锈宁可湿性粉剂600～1 000倍液。防治葡萄炭疽病，在果实着色前喷1次1 500倍液，隔10～15天喷1次，连喷3～4次，最好与其他杀菌剂交替使用。

4. 注意事项 不能与强碱性农药混用，应与其他杀菌剂交替使用，采果前20天停用。

(二十四)乐必耕(氯苯嘧啶醇、多菌醇)

1. 性能与特点 乐必耕属有机杂环类低毒杀菌剂，作用机制是干扰病菌甾醇及麦角甾醇的形成，抑制菌丝的生长发育，致使不能侵染植物组织。具有预防和治疗作用。对鱼类中毒，对蜜蜂和鸟类低毒，对人、畜和植物安全。

2. 剂型 6%可湿性粉剂。

3. 防治对象和使用方法 可用来防治苹果白粉病、梨黑星病等多种病害，对梨黑星病有特效。防治梨黑星病、苹果白粉病在发病初期开始喷药，每10～14天喷1次，连喷3～4次，药液浓度用6%乐必耕可湿性粉剂1 500～2 000倍液，最好与其他杀菌剂交替使用。防治梨轮纹病，可在落花后或幼果初期开始施药，以后每10天喷1次，施药浓度用6%乐必耕可湿性粉剂3 000～4 000倍液。

4. 注意事项 喷药时注意个人防护，避免药液接触皮肤和眼睛，若不慎触及，应立即冲洗。收果前21天停止用药。

(二十五)福星(氟硅唑)

1. 性能与特点 福星属三嗪唑类内吸性杀菌剂，有治疗和保护双重性能。作用机制是破坏和阻止病菌的细胞膜重要组成成分麦角甾醇的生物合成，导致细胞膜不能形成，使病菌死亡。作用迅速，能迅速被植物吸收，对人、畜低毒，耐雨水冲刷，不伤害天敌和有益生物。

2. 剂型　40%乳油。

3. 防治对象和使用方法　主要用来防治梨和苹果黑星病、苹果锈病、苹果斑点落叶病、苹果轮纹病、苹果炭疽病、苹果和葡萄白粉病、葡萄黑痘病、葡萄房枯病等，其中对梨黑星病有特效，于发病初期用40%福星乳油8 000倍液，每7～10天喷1次药，共喷2～4次。

4. 注意事项　为避免病菌产生抗性，要与其他杀菌剂交替使用。酥梨类品种在幼果期对此药敏感，应慎用。喷药时要注意个人防护，若药液溅入眼睛，要立即用清水冲洗15分钟，再送医院对症治疗。若误服本品，不可引吐，不能服麻黄碱等药物，可立即服两大杯清水或活性炭水。若中毒昏迷，不可服用任何东西，立即送医院治疗。果品收获前18天停用。

(二十六)甲基托布律(甲基硫菌灵)

1. 性能与特点　甲基托布津属苯并咪唑类内吸性低毒杀菌剂，兼有保护和治疗作用，可向顶部传导，内吸作用好于多菌灵。甲基托布津被植物吸收后即转化为多菌灵，它主要干扰病菌菌丝形成，影响病菌细胞分裂，使细胞壁中毒，孢子萌发长出的芽管畸形，从而杀死病菌。对人、畜、鸟类低毒，对作物和蜜蜂、天敌安全。

2. 剂型　70%可湿性粉剂。

3. 防治对象和使用方法　可防治苹果轮纹病、苹果炭疽病、苹果霉心病、苹果白粉病，梨轮纹病、梨黑星病，葡萄黑痘病、葡萄炭疽病、葡萄灰霉病等。在发病初期开始喷药，每10～15天喷1次，直至收获前20天停用，施药浓度为70%甲基托布津可湿性粉剂800～1 500倍液。

4. 注意事项　不能与碱性农药和含铜制剂混用，避免单一使用，要与其他杀菌剂交替使用。但不可和多菌灵、苯菌灵交替使用。

（二十七）多菌灵（苯并咪唑44号、棉萎灵）

1. 性能与特点 多菌灵属苯并咪唑类内吸性杀菌剂，具高效、低毒、低残留、使用安全等特点，杀菌谱广，兼有保护和内吸治疗双重效能。作用机制是干扰病菌有丝分裂中纺锤体的形成，影响细胞分裂，导致死亡。

2. 剂型 25%和50%可湿性粉剂；40%胶悬剂。

3. 防治对象和使用方法 主要用来防治苹果早期落叶病、苹果轮纹病、苹果炭疽病，梨黑星病，桃褐腐病、桃疮痂病，葡萄黑痘病、葡萄白腐病、葡萄炭疽病等。可在发病初期喷药防治，施用浓度为50%多菌灵可湿性粉剂600～800倍液喷雾，每10～15天喷1次药。但对梨黑星病、苹果斑点落叶病等已产生抗性的病害不要使用。

4. 注意事项 不能与碱性农药和含铜制剂混用，亦不能连续使用，要与其他杀菌剂交替使用，但不能与多菌灵有交互抗性的杀菌剂如硫菌灵、甲基托布津、苯菌灵等交替使用。喷药时要注意个人防护，如误食，可口服或肌内注射阿托品。

（二十八）扑海因（异菌脲）

1. 性能与特点 扑海因是一种二甲酰亚胺类广谱性低毒杀菌剂，它可抑制真菌菌丝体生长和孢子产生，作用方式主要是保护作用，但也有一定的治疗作用。对人、畜低毒，对蜜蜂、鸟类和天敌安全。扑海因对真菌的作用点较为专化，病菌易产生抗药性，用药次数不宜过多，应及时更换用药品种。

2. 剂型 50%可湿性粉剂；25%悬浮剂。

3. 防治对象和使用方法 防治苹果斑点落叶病，可在春梢生长期病害发生初期开始喷药，10～15天后再喷1次，秋梢生长期还应喷1～2次，可兼治苹果轮纹病、苹果炭疽病等。亦可用于防治葡萄、草莓灰霉病，梨黑斑病等。喷药浓度为50%扑海因可湿性粉剂1 000～1 500倍液。另外，也可在采果前喷50%扑海因可湿性粉剂1 000倍液，或采果后用其500倍液浸果1分钟后捞出晾干，可预防苹果、梨、香蕉、柑橘等贮藏期病害。

4. 注意事项　不能与碱性农药混用，该药无内吸性，喷药要均匀周到。要注意与其他杀菌剂交替使用，但不能与速克灵、农利灵等性能相似的药剂混用或交替用药。安全间隔期为7天。

(二十九)甲霜灵(瑞毒霉、雷多米尔)

1. 性能与特点　甲霜灵属苯基酰胺类高效内吸性低毒杀菌剂。其内吸和渗透力很强，可被植物根茎、叶吸收，施药后30分钟即可在植物体内上、下双向传导，有保护和治疗作用，且药效持续期长。作用机制主要是抑制病菌菌丝体内蛋白质的合成，使其营养缺乏，不能正常生长而死亡。对人、畜低毒，对鱼类、蜜蜂和天敌安全，耐雨水冲刷，持效期长。

2. 剂型　25%，50%可湿性粉剂。

3. 防治对象和使用方法　可用来防治葡萄霜霉病、苹果疫病、苹果立枯病、苹果根腐病、苹果疫腐病等多种果树病害。防治苹果疫腐病，在病害发生初期，将根茎发病部位的树皮刮除，然后涂抹50%甲霜灵可湿性粉剂50～100倍液。防治葡萄霜霉病，在田间发现病斑时，立即喷25%甲霜灵可湿性粉剂500～800倍液，每10～15天喷1次。

4. 注意事项　可与多种杀虫、杀菌剂混用，应与其他杀菌剂交替使用。该药对人的皮肤有刺激性，要注意防护。收获前15天禁用。

(三十)甲霜灵锰锌(瑞毒霉锰锌、雷多米尔锰锌)

1. 性能与特点　甲霜灵锰锌是由甲霜灵和代森锰锌混配的一种低毒杀菌剂，具有保护和治疗双重作用，内吸性好，可被植物根、茎、叶吸收，并可随植物体内水分运转而转移到植物器官中。其作用机制同甲霜灵和代森锰锌，并有延缓抗性作用。

2. 剂型 58%可湿性粉剂。

3. 防治对象和使用方法 主要用于防治葡萄霜霉病，在发病初期开始喷药，浓度为58%甲霜灵锰锌可湿性粉剂400～600倍液，10～15天喷1次，共喷3次，并可兼治葡萄白腐病和葡萄炭疽病。

4. 注意事项 应与其他杀菌剂交替使用。不能和碱性农药和含铜制剂混用。收获前15天禁用。

(三十一)百菌清

1. 性能与特点 百菌清属取代苯类广谱性低毒杀菌剂，主要是保护作用，无内吸传导作用，具有一定的熏蒸作用。它主要是破坏真菌细胞中酶的活力，干扰新陈代谢，从而使病菌丧失生命力。对人、畜低毒，对鱼类毒性大，对家蚕安全，耐雨水冲刷，持效期长。

2. 剂型 40%，75%可湿性粉剂；10%乳剂；40%悬浮剂。

3. 防治对象和使用方法 主要用来防治苹果炭疽病、苹果轮纹病、苹果早期落叶病、苹果白粉病，葡萄白粉病、葡萄黑痘病，桃褐腐病等。在发病初期开始喷药，施药浓度用75%百菌清可湿性粉剂600～800倍液，每10～15天喷1次，可与其他杀菌剂交替使用。

4. 注意事项 不能与石硫合剂、波尔多液等碱性农药混用。梨、柿树上使用易发生药害，应慎用。苹果落花后20天喷药，幼果易生果锈，应注意。该药无内吸作用，喷药要均匀周到。药剂不得污染水塘、鱼池、河流等水面。

(三十二)特克多(噻苯咪唑)

1. 性能与特点 特克多属苯并咪唑类低毒杀菌剂，具保护及内吸双重效能，内吸传导有向顶性，对人、畜和鱼类安全，无残留，对皮肤略有刺激，对蜜蜂无毒。作用机制是抑制真菌线粒体的呼吸和细胞增殖。

2. 剂型 45%，50%悬浮剂；40%可湿性粉剂。

3. 防治对象和使用方法　主要用于果品保鲜、防腐，亦可用于田间防治。防治苹果青霉病可用45%特克多悬浮剂800倍液浸果，晾干后贮藏。防治柑橘青霉病、柑橘绿霉病，用45%特克多悬浮剂500～800倍液浸果3～5分钟，晾干后装筐，低温贮存。香蕉贮运防腐，可用45%特克多悬浮剂600～800倍液，浸果1～3分钟捞出，晾干装箱，可控制贮运期烂果。防治苹果轮纹病，可在发病初期喷40%特克多可湿性粉剂1000倍液。

4. 注意事项　本品对鱼有毒，不可污染池塘和水源。注意个人防护，若药液接触皮肤或溅入眼睛，立即用清水冲洗。

(三十三)杀毒矾(恶霜锰锌)

1. 性能与特点　杀毒矾是恶霜灵和代森锰锌的混配制剂，属低毒杀菌剂，对人、畜安全，对鸟类、鱼类和蜜蜂低毒，具有接触杀菌和内吸传导活性，持效期达13～15天。

2. 剂型　68%可湿性粉剂。

3. 防治对象和使用方法　主要用来防治苹果炭疽病，葡萄霜霉病、葡萄黑腐病、葡萄蔓割病、葡萄褐斑病等。于发病前或发病初期开始喷药。15大左右喷1次，连喷2～3次，施约浓度可用68%杀毒矾可湿性粉剂400～500倍液均匀喷雾。

4. 注意事项　不能与碱性农药混用，要与其他杀菌剂交替使用，避免产生抗性。

(三十四)腐霉利(连克灵)

1. 性能与特点　腐霉利属低毒杀菌剂，对人、畜、鱼类和蜜蜂低毒，对天敌和植物安全。具有效果好，持效期长，可阻止病斑发展，有较强的内吸传导性，能被叶、根部吸收，耐雨水冲刷等优点，在发病前进行保护，发病后进行治疗，均有较好的防效。

2. 剂型　50%可湿性粉剂。

3. 防治对象和使用方法　主要用来防治桃、葡萄、樱桃以及浆果和核果类病害。防治葡萄、草莓灰霉病，在发病前或初期开始喷药，每 10 天左右喷 1 次，共喷 1～2 次，施药浓度用 50%速克灵可湿性粉剂 1 500～2 000 倍液，防治桃、樱桃等褐腐病，在发病前或初期喷 50%速克灵可湿性粉剂 1 000～2 000 倍液，间隔 10 天喷 1 次，共喷 2 次。

4. 注意事项 不能和碱性农药、有机磷农药和肥料混用。为避免产生抗性，应与其他杀菌剂交替使用。

四、除草剂主要品种

(一)克芜踪(百草枯、对草快)

1. 性能与特点 克芜踪属有机杂环类触杀型、无选择性的灭生性除草剂。药液被植物吸收后，叶绿素被破坏，使光合作用和叶绿素合成中止。作用迅速，药后 2～3 小时受害组织开始变色，1～2 天植株即会枯死。具有触杀和一定的内吸作用，耐雨水冲刷，药后半小时下雨不影响药效，高温、强光可加速杂草死亡。该药无传导作用，只破坏植物绿色组织，不能穿透木栓化的树皮，易被土壤吸附钝化而失去活力，因此对植物根部和种子无药效。毒性中等，对蜜蜂低毒，对鸟类、鱼类和天敌安全。

2. 剂型 20%水剂。

3. 防除对象和使用方法 克芜踪主要用于防除果园内一二年生杂草，对多年生杂草只能杀死地上部分，对莎草科杂草效果较差。用药量根据杂草大小而定，防除 20 厘米以下的小草，每 667 平方米用 20%克芜踪水剂 150 毫升；防除 20 厘米以上的大草，每 667 平方米用药 200～300 毫升，对水 30～50 升。均匀定向喷雾于杂草茎叶上。

4. 注意事项 克芜踪属非选择性、灭生性除草剂，喷药时必须定向喷雾，不可将药液喷洒或飘移到果树或其他作物上，否则会产生严重药害。为提高药液展着性，可在药液中加入 0.1%洗衣粉。

(二)草甘膦(农达、镇草宁)

1. 性能与特点　草甘膦属有机磷类内吸传导型灭生性除草剂。杀草机制是药剂被植物吸收后,能在体内迅速输导到地下根部,使其根部腐烂,导致植株枯萎死亡,并失去再生能力。作用缓慢,一二年生杂草,药后15～20天枯死;多年生杂草,药后20～25天地上部分枯死,地下部分逐渐腐烂。对人、畜低毒,对鱼类、鸟类和天敌安全。草甘膦进入土壤后很快与铁、铝等金属结合而失去活性,因此对土壤中的种子和微生物无不良影响。

2. 剂型　10%,41%水剂。

3. 防除对象和使用方法　主要防除果园内一二年生禾本科、莎草科杂草及阔叶杂草,如马唐、牛筋草、猪泱泱等,对多年生杂草白茅、狗茅根、香附子等杂草也有良好的防除效果。防除一二年生杂草,每667平方米用10%草甘膦水剂650～1 000毫升;防除多年生深根杂草,用1 500～2 500毫升,对水量为30～50升,定向喷雾。

4. 注意事项　草甘膦只有被杂草绿色或幼嫩部分吸收后才能发挥作用,因此喷药要均匀周到。定向喷雾,不能喷到树冠上或附近其他作物上,以免发生药害。施药后4小时遇雨应重喷。该药有腐蚀性,在使用和贮存时要用塑料容器。低温贮存时有结晶析出,用前要充分摇动,使晶体溶解,才能保证药效。

(三)氟乐灵(茄科宁、特福力、氟特力)

1. 性能与特点　氟乐灵属选择性芽前土壤处理剂,本品在土壤中可被杂草幼芽、幼根吸收,抑制其生长发育,多数不能出土或接近土壤时死亡。对已出土的杂草无效。对人、畜、蜜蜂低毒,对皮肤、眼睛有刺激性,对鸟类安全,对鱼类毒性大,易光解。

2. 剂型　48%乳油。

3. 防除对象和使用方法　主要用于防除马唐、狗尾草、虎尾草、牛筋草、灰菜、猪毛草等果园中一年生单、双子叶杂草。在杂草大量萌发前施药，每667平方米用48%氟乐灵乳油100～150毫升，对水50～60升，均匀在土表喷雾，随后立即耙土，深度2～5厘米。若果园内单、双子叶杂草混生，且密度较大时，每667平方米用48%氟乐灵乳油100毫升与40%莠去津胶悬剂200毫升混用，除草效果更好，但施药后6小时内须耙土，否则影响药效。在间作花生、大豆的果园，应在播前5～7天施药，或作物出苗后施药。

4. 注意事项 土壤含水量过大或易浸水的果园不宜使用本品，喷药时要注意个人防护，若不慎药液触及皮肤和溅入眼睛，要立即用清水冲洗，如有误服，应立即催吐。

（四）拿捕净（禾秀净、稀禾定、乙草丁）

1. 性能与特点 拿捕净属选择性内吸传导型除草剂。药剂通过茎叶吸收，迅速传导到顶端生长点和节间分生组织，阻碍细胞分裂。药效缓慢，禾本科杂草一般在施药后3天停止生长，5～7天时叶片褪绿、变紫、基部逐渐变枯，10～14天整株枯死。对阔叶作物安全，对阔叶杂草无效，对人、畜和鱼类低毒，对蜜蜂、鸟类安全。

2. 剂型 12.5%机油乳剂；20%乳油。

3. 防除对象和使用方法 主要用于防治稗草、马唐、看麦娘、狗尾草、牛筋草等果园一年生和多年生禾本科杂草。施药适期一般均在杂草旺盛生长期施药，喷药量视杂草种类和叶龄而定，用20%拿捕净乳油每667平方米用药量：防治一年生禾本科杂草，在2～3叶期，用药60～100毫升，6～7叶期，用药150～175毫升；防除多年生禾本科杂草，在3～6叶期用药150～200毫升，均对水30～40升，在杂草茎叶上均匀喷雾。在夏、秋季节多种杂草混生时，拿捕净应和防除阔叶杂草除草剂如苯达松等混用或交替使用。拿捕净耐雨水冲刷，喷药2小时内遇雨不需重喷。

4. 注意事项 喷药时以早晨和傍晚为好，中午气温高时不宜喷药。拿捕净不宜和磺酰脲类除草剂混用。喷药时要注意个人防护。

(五)盖草能(吡氟乙草灵)

1. 性能与特点　盖草能属苗后选择性低毒除草剂。内吸传导性强，茎叶吸收后会迅速传导至整个植株，抑制其茎和根的分生组织，从而导致杂草死亡。药液流入土中亦会被根吸收，同样有杀草作用。对出苗后至抽穗初期的禾本科杂草，均有较好的防除效果。但对莎草和阔叶杂草无效。残效期长，在土壤中降解快，对人、畜和果树安全，对眼睛有刺激，对皮肤无刺激作用，对鱼类有毒，对蜜蜂和鸟类毒性低，耐雨水冲刷，药后1～2小时下雨不需重喷。

2. 剂型　12.5%乳油。

3. 防除对象和使用方法　主要用来防除一年生和多年生禾本科杂草，如马唐、野燕麦、白茅、芦苇、野高粱等。喷药适期在杂草生长旺盛期，每667平方米用药量，防除一年生禾本科杂草用12.5%盖草能乳油30～50毫升，防除多年生禾本科杂草用40～75毫升，均对水30--40升，均匀喷雾。

4. 注意事项　本品对鱼有毒，不可污染水域，在单、双子叶杂草混生的果园，要与防除阔叶杂草和莎草的除草剂混用或交替使用。施药时要防止药液溅入人眼睛，若不慎溅入，应立即用清水冲洗15分钟。

五、害虫性引诱剂

(一)性能与活性

昆虫在自然界中雌、雄个体是通过化学感应作用进行联系的，这种感应物质就是昆虫性信息素，它是从雌虫腹部末端腺体中分泌出并释放到大气中，雄虫的感觉器官就可探测到这一信息，并进行跟踪寻找到雌虫所在位置，进行交尾。科学家根据这一现象对昆虫性信息素进行分析，探明其化学结构式，进行人工合成制成昆虫性信息素，并将其融入到橡胶等载体中缓慢释放即成为害虫性引诱剂诱芯。将诱芯挂到田间就可用于害虫测报，预测其发生期和发生量，亦可直接用于防治。害虫性引诱剂的组分主要有A、B两种，都含有诱蛾活性，不同害虫的性引诱剂其A、B组分的配比有所不同。吸附载体大多用橡胶塞，少数用塑料、硅胶做载体，通称为诱芯。每个诱芯中的性引诱剂含量各异，高的达500微克，低的仅为100微克。诱芯的有效距离亦不相同，长的可达200米，最短的仅有15米。诱芯持效期长的可达70天以上，短的仅为15天左右。详见表6-4。

表6-4　几种害虫性引诱剂的生物活性

诱芯种类	载　体	A、B组分配比	诱芯含量	有效距离	持效期
桃蛀果蛾	橡胶塞 塑料管	90～80： 10～20	500微克	水平距离200米左右，垂直高度13米	60天以上
梨小食心虫	橡胶塞	88：12	200微克	50米以上	70天以上
棉褐带卷蛾	橡胶塞	90：10	500微克	15米以上	30天以上
苹果蠹蛾	橡胶塞	90：10	100微克	15米以上	30天
葡萄透翅蛾	硅胶塞	90：10	300微克	15米以上	30天
桃蛀螟	橡胶塞	90：10	500微克	15米以上	15天以上
枣黏虫	塑料管	90：10	150微克	15米	30天以上

(二)使用方法

根据果园害虫发生情况，确定需要采用害虫性引诱剂（以下称为诱芯）的种类。在目标害虫老熟幼虫化蛹后5～7天将诱芯做成诱捕器挂在田间。诱捕器的做法是：用一小塑料盆（桶）或大口饭碗，盆（碗）内盛满清水，在上面吊悬目标害虫诱芯1枚，诱芯距水面1厘米左右，水中加入少许洗衣粉，以湿润诱集落水的雄蛾，以防逃逸。诱捕器应悬挂在果树背阴处的枝干上，距地面1.5米左右。每个果园一般设置5个诱捕器，间距15～30米，在成虫未羽化前放好。每天观测1次，记录诱蛾数量，分析成虫发生的始盛末期，以指导防治。同时要随时补充诱捕器中蒸发的水量。如用于防治，要增加诱捕器的数量。

(三)用　途

1. 预测害虫发生期和发生量　根据诱集成虫的时间和数量，确定发蛾始期、盛期、末期，一般在发蛾高峰后3～5天即为卵初盛期，卵经3～4天即为初孵幼虫期，再经5～7天为2～3龄幼虫期，据此规律即可指导生产防治。如用松毛虫赤眼蜂防治棉褐带卷蛾、梨小食心虫，需在卵初期开始放蜂。药剂防治桃蛀果蛾、梨小食心虫和金纹细蛾，需在初孵幼虫期喷药。药剂防治棉褐带卷蛾，需在幼虫2龄期开始喷药。同时根据诱捕器诱集的虫量，预报目标害虫的发生量。用于测报的诱捕器，每个果园设置5个即可。

2. 迷向法防治害虫　在果园设置数量较多的诱芯，使果园环境内充满浓度较高的目标害虫性信息素，从而使雄蛾找不到雌蛾进行交配，造成雌、雄蛾不能相遇，未经交尾的雌蛾产下未受精卵，不能孵化，从而减轻其为害，每667平方米果园需设置诱捕器20个以上。如采用迷向法防治梨小食心虫、棉褐带卷蛾、苹果蠹蛾，都有成功的事例。

(四)注意事项

要根据每种害虫性引诱剂有效期长短进行定期更换，诱捕器中的水量要随时补充。果园内可同时挂不同害虫种类的诱捕器，每天要定时检查诱蛾情况，并将检查完的死虫捞出，以防重复计数。

第七章　果树主要病虫害及其防治

一、苹果主要病虫害及其防治

(一)苹果轮纹病

1. 危害特点　苹果轮纹病主要危害枝干(又称粗皮病)、果实(又称轮纹烂果病)和叶片。

2. 发病规律　苹果轮纹病是由真菌引起的病害,病菌以菌丝体和分生孢子在枝干上越冬。菌丝体可在病组织内存活 4～5 年。北方果区,每年 4～6 月间产生孢子,成为初次侵染的菌源。分生孢子随雨水传播,春季危害枝干,潜育期 15 天左右,枝干上的病菌是病害的主要传染源。从花后的幼果到采收前的成熟果,病菌均能侵入。幼果受害后不立即发病,潜育期长达 80～100 余天,到接近成熟期或在贮藏期才出现症状。采收前是果实发病盛期,贮藏期发病也很严重。

苹果轮纹病发生轻重与温、湿度和降水量密切相关。当气温在 20℃以上,相对湿度在 75%以上,降水量达 10 毫米以上时,有利于分生孢子的散发,因而高温多雨或降雨早且频繁的年份,发病早而重。栽培管理与轮纹病发生轻重也有一定的关系,修剪不当,枝条过密,树冠郁闭,造成果园通风不良;湿度大,疏花、疏果不好,造成挂果过多;施肥不合理,过多偏施氮肥;病虫害防治不及时等,均易造成树势衰弱,有利于病害的发生。凡栽培管理粗放的果园,轮纹病发生就重。富士、新红星、新乔纳金、元帅、金冠等发病重,国光、印度、祝光、红玉等发病轻。

3. 防治技术

(1)农业防治　增施有机肥和磷、钾肥，合理修剪和疏花疏果，及时灌溉和排水，秋、冬季树干刷白涂剂，防止树体受冻。发现病株要及时铲除，以防扩大蔓延。幼树整形修剪时，切忌用病区的枝干作支柱。冬季修剪下来的枝条，要运出果园以外 30～50 米处堆集存放，最好在苹果落花后烧完。剪下的病枝、枯枝要及时烧毁或深埋。

(2)刮除病瘤　为铲除越冬菌源，可于早春和生长季节(5～7月份)对病树实行重刮皮。具体做法是：在苹果树的主干、主枝和中心干基部等部位，进行全面刮皮，将树皮表面刮去 1 毫米左右的外层，直至露出新鲜组织为止，刮后树皮呈黄绿镶嵌状。重刮皮既可铲除染病组织，刺激树体愈合，提高抗病能力，又有更新树皮外层的作用。刮树皮时树下要放张塑料布，以便将刮下的树皮带出园外，集中烧毁或深埋。早春苹果树发芽前喷 5%菌毒清水剂、4%农抗 120 水剂 100～150 倍液，或 1～2 波美度石硫合剂，可铲除树体上的越冬菌源。

(3)药剂防治　从苹果落花后 7～10 天开始直到 8 月下旬(中熟品种)或 9 月中下旬(晚熟品种)，每隔 10～15 天喷 1 次药。如果落花后一直干旱无雨，可适当延迟第一次喷药时间，亦可间隔 15～20 天喷 1 次药。苹果套袋前 2～3 天喷药相当重要，若果实全部套袋，可不喷防治轮纹病的药剂。部分套袋的应和不套袋的一样，要坚持常规喷药防治。药剂可选用：80%喷克、大生 M-45 可湿性粉剂 800 倍液，或 70%代森锰锌可湿性粉剂 600 倍液，或 3%克菌康可湿性粉剂 600～800 倍液，或 40%福星乳油 6 000～8 000倍液，或 10%世高水分散粒剂 2 000～2 500 倍液，或 10%宝丽安可湿性粉剂1 000～1 500 倍液，倍量式波尔多液 200～240 倍液(套袋苹果摘袋后和不套袋苹果果实着色期均不能喷波尔多液，以免污染果面)，或 70%甲基托布津可湿性粉剂 800～1 000 倍液，或50%多菌灵可湿性粉剂600～800倍液。为避免病菌产生抗药性，以上药剂应交替使用。幼果期温度低、湿度大时，不要使用波尔多液，否则会发生果锈，尤其是金冠品种更为明显。另外，品种间抗病性有差异，应加强对感病品种的防治。果品贮藏前，用仲丁胺200倍液浸果1分钟，可杀死轮纹病菌的孢子，防效达80%以上。

（二）苹果早期落叶病

1. 危害特点 苹果早期落叶病是多种叶部病害的总称，主要有斑点落叶病、褐斑病、灰斑病、圆斑病、轮斑病（大星病）5种，其中以斑点落叶病发生最重，其次是褐斑病，是造成苹果早期落叶的主要病害。

2. 发病规律 苹果早期落叶病是由真菌引起的病害，病菌可在病叶、病枝、病果上越冬；圆斑病主要在病枝内越冬。翌年4～5月份降雨有利于病菌繁殖，病菌随风、雨传播。5～6月间开始发病，可多次侵染。雨水和多雾是病害流行的主要条件，7～8月份进入发病盛期。斑点落叶病发生严重时，7月中下旬即开始落叶，8月中下旬至9月上旬进入落叶盛期，对树体有很大影响，果实亦不能正常生长。降雨早而多的年份，发病早而重，病情严重时还会引起第二次开花，严重削弱树势。春旱年份，发病晚而轻。有些地区降雨少，但雾多，发病也重。

树势强弱对病情影响很大，树势强发病轻，树冠内膛比外围发病重，下部比顶部发病重。受病虫危害和土质瘠薄的果园发生也重。苹果品种间抗病性有明显差异。褐斑病以红玉、红星等易感病，伏花皮、祝光等较抗病；轮斑病以倭锦、红玉等易感病，祝光、鸡冠等较抗病；圆斑病以红玉、倭锦、国光等易感病，祝光、红香蕉等发病较轻；斑点落叶病以红星、红富士、印度、青香蕉等为高感品种，金冠、国光等较抗病。

3. 防治技术

（1）农业防治 加强栽培管理，合理修剪，增施有机肥料，雨后及时排水,尽量降低湿度,促使果树生长健壮,提高树体抗病力。结合冬剪,剪除病枝、残叶,清扫地面枯枝、落叶、僵果,集中烧毁或深埋,以消灭越冬菌源。

(2)药剂防治　第一次喷药应掌握在谢花后10天左右,若春季干旱,可适当推迟喷药时间,如降雨较多,则应提早在花前喷药。以后隔15天左右喷1次。春梢和秋梢叶片生长期应各喷药2～3次,可控制病害发生。除此以外,可结合防治苹果轮纹病等进行兼治。药剂可选用:10%多氧霉素或50%扑海因可湿性粉剂1 000～1 500倍液,或80%喷克、大生M-45可湿性粉剂800倍液,或70%代森锰锌可湿性粉剂600倍液,或40%福星乳油8 000倍液,或68.75%易保水分散粒剂1 500倍液。以上药剂应交替使用,以免病菌产生抗药性。

(三)苹果树腐烂病

1. 危害特点　苹果树腐烂病主要危害结果树的主枝、主干皮层,也危害幼树、苗木和果实。感病后树势衰弱,产量明显减低,严重时全树干枯死亡。寄主除苹果外,还危害沙果和海棠等苹果属果树。

2. 发病规律　苹果树腐烂病是由真菌引起的病害,以菌丝体分生孢子器、孢子角及子囊壳在病树皮和病残体中越冬。生长健壮、抗病能力强的树,病菌可潜伏相当长的时间不发病;而树势弱、抗病力差的树,发病迅速,很快引起树皮腐烂。该病菌属于弱寄生菌,主要通过伤口侵入,也可从枝干的皮孔和芽眼等处侵入。田间主要靠风、雨传播,有些昆虫,特别是蛀干害虫和桑天牛的为害也能传播病菌。

华北地区果园,苹果树腐烂病有两个发病高峰:一是早春2月下旬至3月份苹果树发芽前后出现第一个高峰期,称为"春季高峰",也是全年危害最严重的时期。5月份以后苹果树进入生长期,病菌活动减弱,逐渐转入低潮。秋季10～11月份出现第二个高峰期，称为“秋季高峰”。11月份后，天气渐冷，病菌虽在树皮下扩散，但速度较慢。

苹果树腐烂病发生轻重与果园管理和树势强弱密切相关。凡是树体健壮、营养好、负载合理、伤口少、无冻害的树，发病较轻；反之，果园管理粗放，水肥不足或施肥不合理，病虫危害和冻害严重，修剪过重，伤口多，负载量大，造成树势衰弱，则会诱发腐烂病流行。

3. 防治技术 防治苹果树腐烂病最主要的是加强栽培管理，增强树势，提高树体抗病能力，并及时清除菌源，搞好果园卫生，刮治病斑，加强病树的桥接和脚接等综合防治措施，才能有效地控制危害。

(1)农业防治　加强栽培管理，改善立地条件，深翻改土，促进根系发育。增施有机肥和磷、钾肥，避免偏施氮肥。合理修剪和疏花疏果，控制结果，避免大小年。搞好果园排灌设施，防止土壤干旱和雨后积水。秋季在树干上刷白涂剂。防止冻害。通过上述措施以增强树势，提高树体抗病能力。结合修剪，及时清除枯枝、病枝，携出园外烧毁，以减少越冬菌源。对主干、主枝上较大的病斑经刮治后，要及时进行脚接和桥接，辅助恢复树势。

(2)重刮皮　在果树主要发病部位(主干、主枝和中心干基部等)，进行全面刮皮，将树皮表面刮0.5～1毫米的外层，直至露出新鲜组织为止，刮后树皮呈黄绿镶嵌状。重刮皮可将树皮内各种病变组织侵染点在其扩展之前彻底铲除，并能刺激树体愈合，提高抗病能力，起到更新树皮外层的作用。重刮皮如在5～8月份进行，这时愈伤组织形成最快。

(3)刮治病疤　早春和晚秋、初冬季节，要及时彻底刮除树上已发生的腐烂病疤，并将刮下来的病组织带到园外集中烧掉。对表面有溃疡斑但树皮尚未烂透的病疤，只刮净病组织即可；而树皮已烂透的病疤，需将病皮及木质部表皮层的坏死组织一起刮净，刮的刀口要光滑、平整，以齐茬为好，有利于伤口愈合。刮后涂药治疗以防复发，药剂可选用：腐必清涂剂或 843 康复剂原液，4％农抗 120 水剂 20～40 倍液，或 5％菌毒清水剂 30～50 倍液，涂抹病疤伤口，半个月以后再涂 1 次。农抗 120、843 康复剂、菌毒清等均有较强的促进伤口愈合的效果。

（4）药剂防治　采果后、晚秋、初冬或早春发芽前，进行全树喷药，药剂可选用：3～5 波美度石硫合剂，或 5％菌毒清水剂 100 倍液，或 4％农抗 120 水剂 150～200 倍液，或腐必清乳剂 80～100 倍液，可有效清除树体上的潜伏病菌，收到良好的防病效果。

（四）苹果干腐病

1. 危害特点　苹果干腐病又名胴腐病，俗称黑膏药病，主要危害大树和幼树枝干。也能危害果实，造成树皮和果实腐烂。除危害苹果外，还能侵害梨、柑橘和核果类果树以及杨、柳、刺槐等多种树木。

2. 发病规律　苹果干腐病是由真菌引起的病害，病菌以菌丝、分生孢子器和子囊壳在病枝上越冬。翌年春季产生孢子，随风、雨传播，从伤口、枯芽和皮孔侵入。病菌属弱寄生菌，具有潜伏性，树体普遍带菌，当树势和枝条生长衰弱时，病菌才会扩展发病。病菌侵入后先在伤口死组织上生长，再向活组织蔓延。发病盛期在6～8 月份和 10 月份。

苹果干腐病发生轻重与气候、果园土质和管理水平以及品种有密切关系，一般干旱年份或果树缺水时发病重。冬、春干旱，失水较多的幼树在早春可暴发成灾。地势低洼、土质瘠薄及管理粗放的小树、幼树及衰老树易发病。苹果品种以金冠、国光、富士等易感病，金冠、乔纳金、新红星等发病较轻。

3. 防治技术

（1）农业防治　增强树势，提高树体抗病能力是防病的根本措施，具体做法同苹果树腐烂病。为防止幼树发病，需加强对苗圃的管理，以培育壮苗。芽接苗要在发芽前15～20天剪砧，用1%硫酸铜溶液消毒伤口，再涂波尔多液保护。苗木定植时，以嫁接口与地面相平为宜，应避免深栽，并浇足水，以缩短缓苗时间。及时剪除树上病枯枝，集中烧毁。冬季修剪下来的枝条，需运出园外，在5月底前烧完。

(2)刮除病斑　干腐病危害初期一般仅限于表层，应及时刮治病斑。刮后病部涂5%菌毒清水剂30～50倍液，或843康复剂原液等药剂消毒。方法同苹果树腐烂病。也可采用重刮皮，铲除树体所带的病菌。

(3)药剂防治　果树发芽前要结合其他病虫害防治，进行喷药，保护树干。药剂可选用：5%菌毒清水剂100倍液，或4%农抗120水剂150～200倍液，或3～5波美度石硫合剂。5～6月间再连续喷2次倍量式波尔多液200～240倍液。

(五)苹果枝溃疡病

1. 危害特点　苹果枝溃疡病又叫苹果梭疤病、芽腐病。主要危害枝干，以1～3年生枝条发病最多。被害枝条易折断枯死，对树势影响很大，除危害苹果外，还危害梨树。

2. 发病规律　苹果枝溃疡病是由真菌引起的病害，以菌丝体在病组织内越冬。翌年春季及整个生长季节均可产生分生孢子，借昆虫、雨水及气流传播，通过伤口侵入，并往往随苹果锈病大流行后发生。冬季温暖、雨雪少，春季降雨多、湿度大、气温回升较慢时，有利于苹果锈病的发展，可促进枝条溃疡病的发生。果园低洼，土壤黏重，排水不良发病重；施肥较多，尤其是氮肥过多，生长较旺的树也容易发病。苹果品种间感病程度有明显差异，以大国光、国光、金冠等最易感病，其次为祝光、倭锦、印度、红星等品种；而青香蕉、元帅、鸡冠品种发病较轻。

3. 防治技术

(1)剪除病枝和刮治病斑　对已发病的果园，应结合修剪彻底剪除患病细小枝条。较粗枝干不易或暂不适合剪除时，应进行刮除病斑，涂药治疗，具体措施同苹果树腐烂病。

(2)农业防治　防止树体受冻，减少枝条伤口。及时刮除枝干上的粗皮、翘皮。同时，要合理施肥，防止偏施氮肥，及时排灌，使树体生长健壮，提高抗病能力。

(六)苹果炭疽病

1. 危害特点　苹果炭疽病又称苦腐病。主要危害果实，接近成熟的果实受害最重，也可侵害果台和枝干。其寄主除苹果外，还有梨、葡萄、李、樱桃、山楂、柿、核桃和刺槐等多种果树和林木。

2. 发病规律　苹果炭疽病是由真菌引起的病害，病菌以菌丝体在树上病僵果、果台和病、虫伤枝条以及刺槐树上越冬。翌年春季产生大量分生孢子，经风雨和昆虫传播侵染造成危害。该病首先在越冬菌源附近形成发病中心，然后向四周扩散蔓延。苹果坐果后就可被侵染，北方 5 月底至 6 月初进入侵染盛期。一般潜育期 3～13 天，有的长达 40～50 天。该病具有潜伏侵染的特点，侵入后病菌处于潜伏状态，在果实生长后期才开始发病。

苹果炭疽病的发生与气候条件关系密切，温度高、湿度大有利于病菌生长、繁殖和侵入。病害发生的时间与降雨早晚、数量、次数有直接关系，降雨时间越长、越频繁，发病越重，每次降雨后，田间就会出现一次发病高峰。每年 7～8 月份，高温多雨季节为发病盛期。果实在贮藏期遇到适宜的条件，仍可发病。炭疽病的发生与栽培管理有一定的关系，果树株距小，树冠大而密，通风透光差，偏施氮肥，枝叶过于茂盛，杂草丛生，除草不及时或行间种高秆作物，都有利于病害的发生。果园地势低洼，雨后积水，通风不良，也易发病。苹果炭疽病的发生与品种间关系密切，富士、乔纳金、新红星、金冠、元帅等品种较抗病，国光、红玉等老品种发生重。

3. 防治技术

(1)农业防治　加强栽培管理，改善通风透光条件，降低果园湿度；及时中耕除草，合理施肥；改善排灌设施，避免雨后积水；行间不种高秆作物；果园附近不栽种刺槐，以减少传染源。结合修剪剪除树上的僵果、干枯枝及病虫枝、死果台，连同落地的僵果一起清理出园烧掉或深埋。生长期要及时摘除初期病果，防止扩展蔓延。

(2)药剂防治　同苹果轮纹病。

(七)苹果霉心病

1. 危害特点　苹果霉心病又名心腐病、果腐病、霉腐病。主要危害果实。病菌首先侵染果实的心室，由内向外逐渐扩展，最后使全果腐烂。

2. 发病规律　苹果霉心病是由多种弱寄生真菌引起的一种病害。病害在病僵果或坏死组织上越冬。翌年春季开始侵染，病菌通过花和果实的萼筒进入心室，在心室中扩展蔓延，并有很大一部分病菌在心室里潜伏下来，待果实快成熟或成熟时病菌才向果肉中逐渐扩展，到贮藏期发病症状更加明显。病菌的侵染率与萼筒开放率呈正相关。凡果实萼口开放、萼筒长的品种均易感病，如新红星、北斗、元帅等发病重。金冠、国光、富士等品种的萼口间均为封闭型，病菌难以进入，心室带菌少，因而比较抗病。果园地势低洼、树冠郁闭、树势弱的发病重。贮藏期温度与发病关系密切，在0℃条件下贮藏很少发病，温度升到10℃以上时发病严重。

3. 防治技术

(1)农业防治　加强果园管理，及时摘除病果，清除落果，秋季深翻，冬季剪去树上僵果、枯枝等，均可减少菌源。

(2)药剂防治　苹果花期是病菌侵入的重要时期，也是药剂防治的关键期。据笔者等试验，在苹果开花初盛期和盛末期各喷1次3%克菌康可湿性粉剂800～1 000倍液，有较好的防治效果，该药剂对花无不良影响。其他药剂可在苹果露蕾期、花序分离期和落花期各喷1次杀菌剂。药剂可选用：40%福星乳油8 000～

10 000倍液，或50%扑海因可湿性粉剂1 000～1 500倍液，或10%多氧霉素可湿性粉剂1 000倍液，或80%喷克、大生M-45可湿性粉剂800倍液。以后喷药可结合防治苹果轮纹病、斑点落叶病时兼治。

（3）加强贮藏期管理　贮藏温度控制在5℃左右，可有效降低发病率。

（八）苹果褐腐病

1. 危害特点　苹果褐腐病只危害果实，是苹果成熟期和贮藏期常见病害，寄主除苹果外，还能危害梨和核果类果树。

2. 发病规律　苹果褐腐病是由真菌引起的病害，病菌在病僵果上越冬。翌年春天形成分生孢子，借风雨传播造成危害。孢子主要通过各种伤口侵入果实，也可经皮孔侵入。一般潜育期5～10天。病菌的发育适温为25℃，果实近成熟期（9月下旬至10月上旬）温、湿度适宜，为发病盛期。在虫伤多、裂果严重、秋雨多的情况下，常引起褐腐病的流行。大国光、小国光、倭锦等晚熟品种染病较重。

3. 防治技术

（1）农业防治　加强果园管理，清除树上和树下的病果、落果和僵果，秋末或早春深翻土地，以减少菌源。

（2）药剂防治　在病害发生初期，特别是果实近成熟期要喷药保护果实。药剂可选用：50%多菌灵可湿性粉剂600～800倍液，或70%甲基托布津可湿性粉剂800～1 000倍液，或50%苯莱特可湿性粉剂1 000倍液。

（3）加强采收和贮藏期管理　果实采收、包装、运输等过程中应尽量避免挤压碰伤，并严格剔除病虫果。

（九）苹果疫腐病

1. 危害特点　苹果疫腐病又称颈腐病、实腐病。主要危害果实、根颈及叶片，多雨年份常造成大量烂果和根颈部腐烂，导致树体死亡。寄主除苹果以外，还有梨、桃等果树。

2. 发病规律 苹果疫腐病是由真菌引起的病害，病菌以卵孢子、厚垣孢子或菌丝体随病组织在土壤中越冬。地面病菌借雨水飞溅传播，侵染果实和叶片，以距地面60厘米以内的果实发病较多。树冠下垂枝多，杂草丛生，果园或局部小气候湿度大则发病重。疫腐病在果实整个生长期均可被侵染，其发生程度与温、湿度关系密切，每次降雨后，都会出现1次发病高峰。雨水多的年份发病重，高温、多雨天气则会引起病害流行。在土壤积水的情况下，果树根颈部如有伤口，病菌就会侵入皮层，造成根颈部腐烂。品种间抗病性有差异，红星、金冠、印度、祝光等发病较重，伏花皮、红玉、倭锦等也易染病，国光、富士、乔纳金等品种发病较轻。

3. 防治技术

(1)农业防治 及时摘除树上的病果和病叶集中深埋，并清除地面落果，以减少菌源。及时排水防涝，中耕除草，以降低果园湿度，可减少发病。适当提高结果部位或地面盖草、覆薄膜，可起到防止土壤中病菌向上侵染的作用。

(2)刮除病斑 根颈部发病的植株，于春季扒土晾晒，刮除腐烂变色的树皮，用3～5波美度石硫合剂、90%三乙磷酸铝、25%甲霜灵可湿性粉剂80～100倍液消毒伤口。换无病新土培于根部，培土要高于地平面，以利于排水。必要时，可采用桥接恢复树势。

(3)药剂防治 发病初期喷药，重点喷药保护树冠下部的果实和叶片。药剂可选用：90%三乙磷酸铝可湿性粉剂700倍液，或58%甲霜灵锰锌可湿性粉剂400～600倍液，或70%代森锰锌可湿性粉剂400～500倍液，或倍量式波尔多液240倍液等。

(十)苹果锈果病

1. 危害特点 苹果锈果病又名花脸病、裂果病，是国内检疫对象。主要危害果实，被害果实畸形，失去商品价值。有些品种幼苗也表现症状。

2. 发病规律　锈果病的病原为苹果锈果类病毒。病毒通过嫁接传染，也可通过病健树接触传染，果树上常用修剪工具，亦可带毒传染。病毒潜育期为 3～27 个月。梨树是苹果锈果病的带毒寄主，其外表不现症状，但可以传病，因此，靠近梨园或与梨树混栽的苹果园发病重。苹果品种间抗病性有差异，耐病品种有黄魁、金冠、祝光等，中感品种有红玉、印度、大国光等，高感品种有国光、元帅、红星、青香蕉等。

3. 防治技术

(1)选用无病接穗及砧木　用种子繁殖无病砧木，选用无病接穗，避免病害扩大传染。

(2)严格检疫　检疫发现的病苗，要拔除烧毁。新区发现病树，应立即将病树连根刨掉。对病树较多的苹果园，要划为疫区，进行封锁。疫区不准繁殖苗木，也不准运出任何繁殖材料，病树要逐年淘汰更换健树。

(3)新建苹果园要远离梨园　避免与梨树混栽，以免病毒从梨树传到苹果树。

(十一)套袋苹果黑点病、红点病

1. 危害特点　苹果黑点病、红点病是果实套袋后出现的新病害，只危害果实，在果面上出现黑点、红点，降低果品等级或失去商品价值。寄主除苹果以外还危害海棠、花红等果树。

2. 发病规律　黑点病属真菌病害，病菌属弱寄生菌，多在病果、落叶、杂草、枯枝、树皮等处越冬。春季开花前后病菌产生分生孢子，借气流和雨水传播，在苹果花器上暂时腐生。苹果套袋后形成特殊的小气候环境，在高温、高湿下，病菌大量繁殖，侵染花器附近和果面中下部皮孔组织，并产生毒素杀死皮孔周围果皮和浅层果肉，形成了黑点病。黑点病一般从套袋后 20 天左右开始出现，7～8 月份为发生盛期。果袋透气性差，袋内湿度大，发病重。

红点病的病因和发生规律目前尚不清楚。

3. 防治技术 套袋苹果红点病目前尚无有效防治方法。防治黑点病可采用以下措施。

(1)药剂防治 苹果开花前后喷10%宝丽安可湿性粉剂1 500倍液，或80%大生M-45(或喷克)可湿性粉剂800～1 000倍液，杀灭树体上的病菌。套袋前结合防治苹果轮纹病、苹果斑点落叶病，喷洒50%多菌灵可湿性粉剂600倍液，或70%甲基托布津、80%大生M-45(或喷克)可湿性粉剂800倍液。药液一定要喷到病菌着生部位果实萼洼处，效果才好。

(2)选用透气性好的优质果袋 以减少袋内湿度，可减轻黑点病的发生。

(十二)苹果煤污病及蝇粪病

1. 危害特点 煤污病主要危害果皮，着生煤烟状污斑，边缘不清晰，手可擦掉。发生严重时，果面布满污斑，影响外观和着色。枝条发病，表面散生墨绿色菌丛。蝇粪病主要在果皮上出现由许多蝇粪状小黑粒点组成的黑色斑块，形状不规则，易擦去。两种病害均影响果品商品价值。

2. 发病规律 两种病害的病原均为真菌。病菌在苹果树的果芽、果台和枝条上越冬。翌年病菌菌丝和分生孢子借雨水或昆虫传播，都在果实生长后期糖分较多时发病，夏、秋季降雨多及地势低洼积水、杂草丛生、树冠郁闭、通风不良的果园发病较重。

3. 防治技术

(1)农业防治 合理修剪，促进树体通风透光，及时排水和中耕除草，降低湿度，可减轻病害。

(2)药剂防治 结合苹果轮纹病等病害防治一并兼治。发病重的果园，可在果实生长的中、后期，喷洒倍量式波尔多液240倍液，有良好的防治效果。

(十三)苹果白粉病

1. 危害特点 白粉病主要危害新梢、嫩叶及幼苗，也可危害休眠芽、花器和幼果等。寄主除苹果外,还危害梨、榅桲等果树。

2. 发病规律 苹果白粉病是由真菌引起的病害,病菌以菌丝体潜伏在冬芽鳞片间或鳞片上越冬。春季冬芽开放时,越冬菌丝开始活动,产生分生孢子进行侵染。白粉病是一种外寄生的专性寄生菌,菌丝在嫩叶、新梢、花器及幼果的外表蔓延,以吸器深入寄主吸收营养,病害严重时也能蔓延深入到叶肉组织。分生孢子主要借气流传播,当气温在21℃~25℃,相对湿度达70%以上时,有利于孢子的繁殖与传播,潜育期3~6天。4~6月份发病较重。春梢和秋梢旺盛生长期是白粉病的两个高峰期,凡春季温暖干旱的年份,有利于病害的前期流行,夏季多雨凉爽,秋季晴朗,则有利于后期发病。植株过密,土壤黏重,施肥不足,尤其是缺乏钾肥和果园管理粗放等均有利于发病。苹果品种间抗病性有差异,以倭锦、红玉、红星、国光、大国光、印度等品种易感病,新红星、秦冠、金冠、元帅等发病较轻。

3. 防治技术

(1)农业防治 增施肥料,尤其是磷、钾肥,促进果树生长健壮,提高抗病能力。合理修剪,改善通风透光条件,以利于控制病害的发生。结合冬季修剪,除去病枝、病芽,重病树可连续几年采取重剪。早春开始发病时,及时摘除病芽和病梢,控制菌源,减少危害。

(2)药剂防治 春季发芽前(芽萌动时),喷1次5波美度石硫合剂。花前、花后再各喷1次0.3~0.5波美度石硫合剂。如发病较重,隔10日后可再喷1~2次杀菌剂。药剂可选用:4%农抗120水剂、45%硫胶悬剂300~400倍液,或15%粉锈宁可湿性粉剂1 000~1 500倍液,或50%甲基托布津可湿性粉剂800倍液,或6%乐必耕可湿性粉剂1 000~1 500倍液。

(十四)苹果锈病

1. 危害特点 苹果锈病又叫赤星病。主要危害苹果叶片,也能危害嫩枝、幼果和果柄。能引起落叶、落果和嫩枝折断。寄主除苹果以外，还危害沙果、海棠等苹果属果树。中间寄主主要是桧柏、龙柏等。

2. 发病规律 苹果锈病是一种转主寄生菌，寄主主要是桧柏。病菌在桧柏小枝上，以菌丝体在菌瘿中越冬。翌年春天形成褐色孢子角，雨后或空气潮湿时，冬孢子角吸水膨胀，萌发产生大量担孢子，随风雨传播到苹果树上，侵染苹果叶片、叶柄及幼果。在病斑上形成性孢子和锈孢子，待锈孢子成熟后，再随风传到桧柏上，侵害桧柏枝条。桧柏的有无、多少和分布，春季 3～4 月份降雨量和气温，是决定苹果锈病发生和流行的主要因素。若果园周围 5 千米以内无桧柏，就无病源，也不会发病。苹果锈病因缺少夏孢子，所以当年在苹果树上不能进行再侵染，每年只能完成 1 个世代。病害的发生受气候影响较大，苹果萌芽到幼果期，温暖多雨且有风，病害易发生和流行。春旱或虽有雨但气温偏低，病害发生轻。富士、新红星、金冠、国光、倭锦等品种发病较重。

3. 防治技术

(1)铲除菌源 彻底铲除果园附近的桧柏等转主寄主。如不能铲除，冬季应剪除其上的病枝，集中烧毁，并于果树芽萌动前在桧柏上喷 3～5 波美度石硫合剂 1～2 次，以铲除越冬菌源。在新建果园外围 5 千米以内，不要种植桧柏树等转主寄主。

(2)药剂防治 于苹果树发芽后至幼果时，喷洒杀菌剂 1～2 次，防止病菌侵入。药剂可选用：倍量式波尔多液 200 倍液，或 15%粉锈宁可湿性粉剂 1 000～1 500 倍液，或 70%甲基托布津可湿性粉剂 800 倍液，或 40%福星乳油 8 000 倍液，或 0.3～0.5 波美度石硫合剂。

(十五)苹果银叶病

1. 危害特点 主要危害叶片和枝干，先是部分大枝发病，逐渐扩展到全树，被害叶呈银灰色，带有光泽，是本病的特点，染病后易造成树势衰弱和死树。其他寄主还有梨、桃、李、樱桃、枣等。

2. 发病规律　苹果银叶病是由真菌引起的病害，病菌以菌丝体在发病枝干木质部或死树枝干上越冬。病菌随气流、雨水传播，绝大多数从剪锯口和其他机械伤口侵入到木质部的输导系统，然后向上、向下蔓延发展，并可达根部。病菌也能从叶痕和皮孔侵入，但不直接侵害根部。春、秋两季是病菌侵害的有利时期。果园土壤黏重，排水不良，树势衰弱发病重。修剪不当，伤口大且多，或结果过多、负载量大，造成枝干断裂的树容易发病。大树易感病，小树发病较少。苹果不同品种间抗病程度有差异，富士、元帅、金冠发病较轻，国光等品种发病重。

3. 防治技术

(1)农业防治　提倡轻修剪，锯除大枝要在抗病力最强的夏季(7～8 月份)进行，并及时用菌毒清等药剂消毒伤口，然后再涂倍量式波尔多液 100 倍液等保护剂。加强排灌设施，防止果园积水，增施有机肥，改良土壤，及时防治病虫害，以增强树势，提高树体抗病能力。

(2)消灭菌源　应及时铲除重病树和病死树，刨净病树根，剪除根蘖苗，锯去初发病的枝干，刮除病菌的子实体。伤口涂抹石硫合剂或硫酸-八羟基喹啉溶液消毒。清除果园周围柏、柳等寄主树木的病残株，集中烧毁，以减少病菌来源。

(3)药剂防治　用硫酸-八羟基喹啉(丸剂)对病树进行埋藏治疗。具体方法是，用直径 1.5 厘米钻孔器在树干上钻成深 3 厘米左右的孔，将药丸埋在孔内，再用软木塞或接蜡封好孔口。埋藏药量按枝条直径的粗度而定，以直径 10 厘米左右埋藏 1 丸为适宜。亦可在苹果树发芽前，用 12.5%速保利可湿性粉剂 5 000 倍液浇灌根部。

(十六)苹果花叶病

1. 危害特点　苹果花叶病主要危害叶片，病斑鲜黄色，因病情轻重不同，症状变化较大，主要有斑驳、花叶、条斑、环斑、镶边等5种类型，各类型的症状常会在同一株树上混合发生。其他寄主有梨、山楂、海棠、花红、木瓜、榅桲等果树。

2. 发病规律 苹果花叶病的病原是一种球状植物病毒。苹果树感染病毒后，整个树体都带有病毒，并在体内不断增殖，终生危害。早春萌芽不久即出现病叶，4～5月份发病最重。夏季高温病害基本停止发展。病毒主要通过嫁接传染，接穗或砧木带毒是病害的主要传染源，种子一般不带毒。在气温10℃～20℃、光照强、土壤干旱、树势衰弱的情况下，发病重。不同品种感病性差异很大，富士、金冠、秦冠、青香蕉等高度感病，红星、元帅等品种轻度感病。

3. 防治技术

(1)培育无病苗木 严格选用无病接穗和砧木进行苗木繁殖。在苗圃或果园内发现病苗或病幼树要及时铲除，改种健株。

(2)加强肥水管理 对感染花叶病毒的结果树，要加强肥水管理，以促进果树生长，减少损失。

(3)生物干扰 利用苹果花叶病毒的弱毒株系进行干扰，可起到减轻病害的作用。

(十七)苹果衰退病

1. 危害特点 苹果衰退病又名高接病。主要危害树根，从须根、侧根直至全部根系相继死亡，病程3～4年，最终导致全树死亡。

2. 发病规律 苹果衰退病是由苹果潜隐病毒侵染所致，其毒原为苹果茎痘病毒、苹果褪绿叶斑病毒和苹果茎沟病毒，多为3种病毒复合侵染。潜伏病毒在抗病的寄主品种上以潜伏状态存在，不表现明显症状。遇到感病品种时，症状明显，并可造成严重损失。病毒主要通过嫁接传染，特别是高接换种，会很快引起发病。通过苗木、接穗、砧木等传播蔓延，病树种子不带毒，无昆虫媒介传毒。现有主栽品种普遍潜带这3种病毒，而且复合侵染率较高。从国外引进的M型矮化砧也潜带这3种病毒。

3. 防治技术

(1)加强检疫　把好检疫关，防止新病毒侵入。培育无病毒苗木，建立无病毒母本树制度，采用无病毒的接穗和砧木繁殖苗木，可避免衰退病的发生。同时采用抗病砧木，避免用感病的海棠类作砧木，严禁在大树上高接繁殖或保存新品种。

(2)农业防治　加强栽培管理，对轻病树可施行根部培土，促进接穗部位生根，或在病根周围栽植抗病砧木进行根接，以复壮树势。

(十八)苹果根腐病

1. 危害特点　苹果根腐病主要包括圆斑根腐病、根朽病、白绢病、白纹羽病和紫纹羽病等，共同症状是引发根部腐烂，造成树势衰弱，严重时整株死亡。寄主除苹果外，还危害梨、桃、葡萄、枣、李、杏、柿等果树以及桑、杨、柳、榆等树木。

2. 发病规律

(1)圆斑根腐病　是由3种真菌复合危害引起的根腐病。病原均为土壤习居菌或半习居菌，可长期在土中营腐生生活。只有当根系生长衰弱时，才被侵染致病。春季地温回升，树液流动时病菌开始危害，发芽后表现症状，春梢生长期病情加重，夏季降雨后病情缓慢，症状减轻，秋季干旱，病情逐渐加重。凡干旱、缺肥、土壤盐碱化、水土流失严重、土壤板结、通风不良、结果过多、果园杂草丛生及病虫害严重的果园，都会诱发圆斑根腐病。

(2)根朽病　属真菌病害，以菌丝和菌索在土壤中长期营腐生生活。病菌随病残体在土壤中越冬，只要病残体不腐烂分解，病菌可长期存活。病害在果园内蔓延，主要依靠菌索和病组织的转移，当菌索与健根接触后产生小分枝，直接侵入根内。菌索在根内迅速生长，分泌毒素杀死寄主细胞，穿透皮层组织，使大块皮层死亡或环割。也可侵入木质部,在木质部内常形成许多黑线。老林迹地或病树更新的果园发病重,沙土地及肥水不足、树势衰弱的果园发病也较重。

(3)白绢病　属真菌病害,病菌以菌丝体在病根颈部或以菌核在土壤中越冬。翌年从4月上中旬至10月底都能发病,7～8月份高温多雨,发病重。果树根颈部被强日光暴晒灼伤造成组织死亡,会加重病害发生。病菌借雨水和灌溉作近距离传播,苗木带菌是远距离传播的主要途径。

(4)紫纹羽病　是由真菌危害引起的根病,病菌以菌丝层或菌丝块在病根上或随病残体在土壤中越冬。其寄主很多,能危害多种果树和林木,还能危害大豆、花生、甘薯、萝卜等栽培作物和多种杂草。病菌在土壤中能存活多年,当环境适宜时,病菌可直接侵入须根,逐渐向侧根、主根蔓延危害。病健根系接触、灌溉水及农具等也能传病。感病苗木是远距离传病的重要途径,林迹地果园或树势衰弱等易发病。土壤干旱或排水不良的果园发病重。

(5)白纹羽病　是由真菌引起的根腐病,病菌以菌丝层和菌核在病根上或在土中越冬。环境条件适宜时,病菌首先侵害果树新根柔嫩组织,被害细根软化腐朽以至消失,后逐渐延及粗根。病健根相互接触也可传病。由于病菌能侵染多种苗木,所以旧林地改建的果园发病重。管理粗放,杂草丛生的果园以及夏季高温多雨年份和长势衰弱的树发病均重。

3. 防治技术

(1)加强栽培管理　果园要及时排灌,防止旱涝。增施有机肥料和种植毛叶苕子等绿肥,改良土壤,提高肥力并适当增施钾肥。及时防治病虫害和控制结果量,克服大小年,以增强树势,提高树体抗病能力。苗木定植时,接口要露出土面,以防土中的白绢病菌从接口处侵入。

(2)挖沟隔离防病　对紫纹羽病、白纹羽病及根朽病,在果园内初见病株时，应在病株周围挖1米以上的深沟进行封锁，以防病害蔓延。紫纹羽病常通过刺槐病根传入到果园内，故用刺槐作防护林的果园，要在周围挖沟封锁，并彻底挖净已进入果园的刺槐树根。新建果园不要用刺槐等寄主树木作防护林。

(3)病株治疗及土壤消毒　发现病株后，应根据不同病害进行处理。对白绢病，应先将根颈部病斑彻底刮除，然后用5%菌毒清水剂50倍液或1%硫酸铜液消毒伤口，再外涂倍量式波尔多液100倍液进行保护，并对病根周围的土壤进行药剂消毒。

防治紫纹羽病、白纹羽病和根朽病，需先切除已霉烂的根，再用药剂消毒根部周围的土壤。切割或刮除的病组织要带出果园烧掉，并换用无病新土。对多种根腐病防效较好的药剂有：50%代森铵(500克/株)、70%五氯硝基苯(250克/株)、五氯酚钠(150～200克/株)、70%甲基托布津(100～150克/株)、石硫合剂(1波美度液50～75升/株)、0.2%～0.5%硫酸铜液(50～75升/株)、5%菌毒清(500克/株)、50%多菌灵(100～150克/株)等。以上药剂施用时需加水稀释100～150倍。施药时要挖放射状沟3～5条(以树干为中心，沟宽30～45厘米，沟深50～70厘米)，沟长以树冠外围为准。施药时间以早春和夏末各施1次为好。用药后立即施肥，以促进新根的形成，加快树势恢复。

(4)及早挖除已枯死或将要病死的果树　残根要全部刨起来烧毁，病穴用40%甲醛或5%菌毒清水剂100倍液进行土壤消毒。

(5)桥接及苗木消毒　可于早春在被害根颈的上部桥接新根，或于病树旁边定植抗病性强的砧木，进行靠接，以帮助恢复树势。对出圃苗木要淘汰病苗，并用70%甲基托布津可湿性粉剂500倍液浸苗木10～30分钟，或放在45℃温水中浸20～30分钟后再栽植。

(十九)苹果根癌病

1. 危害特点　苹果根癌病又名根瘤病、根肿病，属根部细菌性病害，以苗木上较常见。寄主很广，还能危害梨、桃、葡萄、李、杏等多种果树、林木和草本植物。

2. 发病规律 苹果根癌病是由细菌引起的一种根部病害，在自然环境下长期存在于土壤中。病原细菌主要在根癌组织皮层和土壤中越冬，借雨水、灌溉水、地下害虫等媒介传播，由伤口侵入。从侵入到表现症状需2～3个月时间。细菌侵入后不断刺激根部细胞，促进细胞分裂膨大从而形成癌瘤。土质偏碱、疏松的果园易发病。

3. 防治技术 ①苹果嫁接育苗时，要采用芽接法，不用劈接；及时防治地下害虫，以减少伤口发生，从而避免病菌侵入机会。②苗木出圃要严格检查，发现病苗立即销毁。砧木苗用K-84菌液浸根后再定植，预防细菌侵入。③发现病树立即刨根，切掉癌瘤，并用波尔多浆液、5%菌毒清水剂30～50倍液，或45%代森铵可溶性粉剂50～80倍液杀菌消毒，保护伤口。

（二十）苹果缺素症

1. 危害特点 苹果园土壤或树体生理性缺少某种所需元素时，常会引起生长发育受阻，枝、叶、果表现异常症状，影响产量、外观和品质。常见的缺素症有苹果树小叶病、苹果树黄叶病、苹果缩果病和苹果苦痘病等。

2. 发病规律

（1）苹果树小叶病 该病是因土壤或树体中缺少锌元素引起的生理病害。据测定，秋季枝条中锌含量低于28毫克/千克（干重），叶片锌含量低于54毫克/千克（干重）则为缺锌。锌会影响植物氮素代谢，缺锌的树色氨酸减少，从而使果树生长和叶绿素合成受到抑制，表现出小叶或簇叶和黄化病状。在沙质薄地、碱性土壤的果园中发生重。偏施磷肥会加重缺锌症状。重病树叶片含锌量仅有10～16毫克/千克（干重），比健康树锌含量减少70%以上。

（2）苹果树黄叶病 该病是因土壤中缺少铁元素引起的生理

病害。铁素具有维持叶绿素的功能，当土壤缺铁时叶片就会表现明显黄化症状，尤其是嫩叶。多发生在盐碱地或钙质土壤的果园，尤其是苗期和幼树受害严重，其土壤中铁素变为不溶性状态，果树无法吸收利用，因而造成缺铁。

(3)苹果缩果病　该病是土壤中缺少硼元素引起的生理病害。山地及沙质土壤的果园发生较重，干旱年份偏重。土壤板结，根系发育不良，土壤含水量低，pH 值高都会限制硼的吸收利用，偏施氮肥亦会加重病害发生。

(4)苹果苦痘病　该病是因树体生理性缺钙造成的。修剪过重、偏施氮肥、树体过旺及土壤干旱或过湿的果园发病重。国光、青香蕉、金冠、红星等品种更易发病。在果实近成熟时开始出现症状，贮藏期继续发展。

3. 防治技术

(1)加强果园管理　因地制宜地改良土壤结构和理化性质。合理施用氮、磷、钾肥，增施有机肥料，种植绿肥，以增加土壤中有机质的含量。搞好果园排灌设施，及时浇水和排水，防止干旱和水涝。

(2)对症治疗

①防治苹果树小叶病　在苹果树发芽前半月左右，全树喷3%～5%硫酸锌溶液，当年效果明显。或在苹果花后 20 天左右，喷 0.2%硫酸锌和 0.3%～0.5%尿素混合液，对减轻病害有显著效果。还可结合春、秋季施肥，在土壤中施锌，每株结果大树施0.5～1 千克硫酸锌，施后翌年见效。

②防治苹果树黄叶病　在苹果树发芽前喷 0.3%～0.5%硫酸亚铁溶液，半月喷 1 次，连喷 3～4 次。也可将硫酸亚铁和有机肥按 1∶5 的比例混合施入土中，每株树施 2.5～5 千克，药效可维持 2 年。还可在叶面喷施 0.1%～0.2%螯合铁溶液，有显著疗效。

③防治苹果缩果病　在花前、花期和花后各喷1次0.2%～0.4%硼砂水溶液。结合施基肥，将硼砂或硼酸混入有机肥料中，开挖环状或放射状沟施入。每株大树施硼砂150～200克，如施硼酸，用量应减少1/3。施硼后立即覆土。土壤施硼有效期可维持2～3年以上。

④防治苹果苦痘病　在苹果谢花后30天左右，每隔15～20天喷1次70%氯化钙或硝酸钙150倍液，直至采果前20天左右，效果较好。该药在气温高时叶片上易发生药害，应注意。

(二十一) 苹果苗期立枯病

1. 危害特点　立枯病是苹果育苗期常发生的一种病害，主要危害幼苗茎基部，造成病株死亡，特别是连年育苗的地块发病更重。

2. 发病规律　立枯病属真菌病害，以菌核或菌丝体在病部或根际周围土壤中越冬。菌核可在土壤中存活2～3年，菌核细胞萌发长出的菌丝可直接侵入寄主。病菌主要随水流、农具等介体传播。凡土壤黏重，地势低洼，排水不良，植株密度过大的苗圃发病较重，潮湿多雨季节发病更重。

3. 防治技术

(1)药剂拌种　播前用40%拌种双可湿性粉剂按苹果种子量0.1%～0.2%进行拌种，随后再播种。

(2)苗床消毒　苗床上施药量为每平方米用40%拌种双可湿性粉剂8克，方法是：先将药和4～4.5千克细土混匀，然后用1/3药土撒在苗床上，其余2/3药土撒在种子上面，药效可达30余天。

(3)喷洒药剂　在苹果幼苗发病初期，喷洒5%井冈霉素水剂1 000～1 500倍液，或70%甲基托布津可湿性粉剂700～800倍液，或30%恶霉灵水剂800～1 000倍液。

(4)加强栽培管理　合理密植，及时中耕除草，低洼地要及时排水，降低土壤湿度。

(二十二)苹果树寒害

寒害是指苹果树遇到≤0℃的低温对其的伤害，它包括苹果树在整个越冬季节各种与0℃有关的伤害，如冻害、越冬抽条、枝干日灼等，其中最为重要的是冻害。

1. 冻害　越冬期间气温或地温低于苹果某器官或某部位所能忍受的温度下限值，引起冷冻伤害或死亡的现象，称为冻害。主要分为两大类，一类发生在深冬时期，由于强烈降温或持续低温所造成的冻害，冻害部位发生在枝干和根系。另一类发生在秋冬或冬春交替时期，由于剧烈降温引起的霜冻，前者称为秋霜冻，后者称为春霜冻。秋霜冻只对采摘的或未成熟的果实发生伤害。春霜冻是冬末至春初气温下降到0℃以下，使苹果的花器官（花芽、混合芽或性器官）或营养器官（叶芽）受伤或死亡。苹果树冻害按其发生部位可分为以下几种。

(1)枝干冻害　树体的枝干是果树重要的营养器官，它担负着养分制造、运输和贮藏的重任，其生命活动相当活跃，但遇到低温冻害对其影响很大。枝干不同部位发生冻伤的表现有所不同，树干（距地表15厘米以上，1.5米以下）冻害，主要表现是皮层的形成层变褐，严重时木质部和髓部变褐。枝杈（分枝交叉处）冻害，表现受冻部位皮层下陷或开裂，内部变为黑色，组织死亡，严重时大枝死亡。枝条冻害，1年生枝条，特别是一些嫩枝最易受冻，受冻后先是枝条变褐，随后逐渐干枯死亡。芽冻害，花芽比叶芽更易受冻害，轻者髓部和鳞片基部变褐，重者干枯死亡，根颈（树干的地上部分与根系部分连接处）冻害，受冻部位皮层变黑死亡。干基（距地面15厘米左右）冻害，受冻部位皮层变褐，多呈环状。枝干冻害多在秋末冬初或冬末春初两个气温变化较大的时期发生，再就是深冬季节低温时间过长，亦会发生冻害。

(2)花、幼果冻害　花器官和幼果最不耐寒，春季气温变化大，骤然降温的春霜冻就会引发花器官和幼果受冻。花期受冻通常表现为授粉不良，柱头干枯死亡，花丝或子房变褐，花朵、花瓣早落，花期缩短2～3天，花柄变短。幼果期受冻，一般在落花后7～10天，遇到3℃以下的低温或晚霜就会发生冻害。主要表现胚珠、幼胚部分变褐，发育不良或中途停止、最终大量幼果脱落。未脱落的果实至成熟期，萼部周围仍留有环状或不连续环状黑褐色凹陷伤疤。

(3)果实冻害　秋季采收过晚，因强寒潮来临剧烈降温(<－5℃)而引起，受冻果实呈冻结状态，失去商品价值。

2. 越冬抽条　冬末春初天气变暖，树体上部解除休眠，而根系仍未解冻，空气干燥，枝条水分蒸发量大，根系不能充分吸收水分供给树体枝条蒸腾的需要，因而造成枝干皱皮、干缩，变成紫褐色或暗紫色，韧皮部和木质部发白，直至干枯死亡。

3. 枝干日灼　冬末春初白天气温在0℃以上，树皮向阳而受日光直射，温度可达10℃以上，而夜间气温又降至0℃以下，昼夜温差大，冷热交替的温度变化，会使枝干组织损伤，出现皮层局部死亡，亦会造成形成层和木质部外层死亡，即为“日灼”。日灼主要发生在主干、骨干枝的南侧或西南侧，常会诱导病害发生，如苹果树腐烂病。日灼还会引发树干干裂，沿主干纵向开裂，主要是因树干南、北温度差受热不均造成的，皮层与木质部胀缩时间不一致，内胀外缩，致使皮层开裂。

4. 寒害防御技术

(1)加强肥水管理　增施磷、钾肥，提高树体营养水平，增强树体抗寒能力，是预防寒害的重要措施。因此，苹果园应在7月份以后，要严格控制氮肥的施用量，增加磷、钾肥，可采用树上喷施、地面追施的方法，施肥量应占全年施肥量的1/3左右。以667平方米产苹果2 000千克产量计算，全年应施纯磷(按五氧化二磷折算)、纯钾(按氯化钾折算)各30千克，其中夏季追肥应各为10千克。增施磷、钾肥可控制旺长，促进枝条成熟和营养回流。

及时浇水亦是防止果树冻害的一种有效措施，冬前要灌足封冻水，果树发芽前浇1次水，发芽后至开花前还要再浇2～3次水。浇封冻水主要是贮备较多的水分，以满足冬末春初根系生长和树液流动以及进入生长期水分的需要。春季浇水可延迟果树物候期2～3天，以减轻受冻程度。另外，在霜冻前2～3天浇水或喷水，亦有较好的防霜冻效果。

(2)树干涂白，根颈培土　晚秋时要对主干和大枝中下部涂白，幼树入冬前要进行地表培土，根颈部易受冻的果园，可在深秋时扒开根颈部土，晾晒半月后再填平土。

(3)烟熏　根据天气预报，在果园每隔20～30米放一堆草，当气温降至0℃以下时，开始点火，压土熏烟。亦可采用烟雾剂，熏烟后可使果园低空(20米以下)笼罩着烟雾层，既可减少地面散热，亦可提高近地面的气温，可明显减轻霜冻对果树的伤害。

(二十三)蚜虫类

1. 为害特点　为害苹果树的蚜虫主要有绣线菊蚜(苹果黄蚜)、苹果瘤蚜和苹果绵蚜3种，为害症状各不相同，其区别如下。

(1)绣线菊蚜　属同翅目蚜科。主要为害新梢、嫩芽和叶片，虫口密度大时，还可为害果实。被害梢端部叶片开始下卷，以后则向背面横卷，叶片全部卷缩，影响光合作用，抑制新梢生长，严重时会引起早期落叶，影响树势。

(2)苹果瘤蚜　属同翅目蚜科。主要为害新芽、嫩叶及幼果。叶片被害后，由边缘向叶背纵卷，叶片常出现红斑，随后变为黑褐色，枝梢细弱，逐渐干枯死亡。幼果被害后出现许多略有凹陷、不规则的红斑，影响果实生长和着色。被害严重的树，新梢、嫩叶全部扭卷皱缩，发黄干枯。

(3)苹果绵蚜　属同翅目绵蚜科。群集在寄主的枝条、枝干伤口、主干、主枝裂缝处、腐烂病病疤边缘以及根部等处，吸食汁液。被害部膨大成瘤，肿瘤破裂后，造成水分、养分输导受阻，从而削弱树势，影响结果。还能为害果实的萼洼及梗洼部分，影响果实质量。根部受害后形成肿瘤，使根部坏死。

2. 发生规律

(1)绣线菊蚜 一年发生10余代。为害寄主有苹果、梨、桃、李、杏、樱桃、山楂等。以卵在小枝条的芽腋、枝杈或树皮裂缝内越冬。早春苹果树萌动时，越冬卵孵化为干母，经10余天干母即可胎生无翅雌蚜，称为干雌。以后则可产生有翅和无翅的后代，有翅型则转移扩散。自春季至秋季均以孤雌生殖方式繁殖，前期繁殖较慢，5～6月间繁殖加快，也是为害盛期，6月份开始产生大量有翅胎生雌蚜迁移到杂草等处为害。至7月中下旬雨季来临时，树上蚜虫种群数量显著减少，很少见其为害，有时仅在徒长枝上的嫩梢上有少量蚜虫。至10月份在杂草上发生的蚜虫产生有翅蚜，迁飞到苹果树上，以后产生有性蚜，进行雌、雄交尾，产卵越冬。未交尾的雌蚜也能产卵，该虫仅在秋季产越冬卵时进行两性生殖，其他各代均行孤雌生殖。

(2)苹果瘤蚜 一年发生10余代。为害寄主有苹果、沙果、海棠等。以卵在1年生枝条、芽腋或剪锯口等部位越冬。翌年4月份苹果发芽至展叶期为越冬卵的孵化期，历时半个月左右。孵化出的若蚜都集中在叶芽露绿部分和开绽的嫩叶上为害。5～6月份随着新梢抽出新嫩叶，蚜虫即转移到新梢上为害，此时雌蚜孤雌胎生，繁殖速度加快，种群数量剧增，为害严重。受害重的叶片向下弯曲、纵卷，严重的皱缩、枯死。除为害叶片外，还能为害幼果，果面出现稍凹陷的红斑。7月份虫口密度仍很高，至7月下旬以后蚜量减少，10～11月份出现有性蚜，交尾后产卵越冬。

(3)苹果绵蚜 在辽宁省大连地区一年发生13代，山东省青岛地区发生17～18代，云南省昆明地区发生21代。为害寄主除苹果外，还能为害山荆子、海棠、花红等。以1～2龄若蚜在苹果树枝干裂缝、伤疤、剪锯口、1年生枝芽侧以及根颈基部和树根处越冬。翌年4月份气温达9℃左右时，越冬若虫开始活动，5月上旬气温达11℃以上时开始扩散，迁移至嫩枝上的叶腋、嫩芽基部为害，以孤雌胎生的方式大量繁殖无翅雌蚜；同时出现少数有翅雌蚜，向周围树上迁移。5月下旬至7月上旬为全年繁殖高峰期，8天左右即可完成1代，大量幼蚜向树冠外围新梢扩散蔓延，为害严重。此时枝干的伤疤边缘和新梢叶腋等处都有蚜群，被害部肿胀成瘤。7～8月份气温较高，不利于绵蚜繁殖，同时寄生性天敌(日光蜂等)数量剧增，使虫口减少，种群数量下降。9月下旬以后气温开始降低，日光蜂等天敌数量减少，苹果绵蚜数量又回升，出现第二次为害高峰。进入11月份气温降至7℃以下，若蚜陆续越冬。苹果绵蚜还为害根部，浅层根上蚜量大，深层根部数量较少。根部受害形成根瘤，使根坏死，影响根的吸收功能。一般沙土地果园，根部苹果绵蚜为害严重。

3. 防治技术

(1)保护天敌　苹果蚜虫的天敌有瓢虫、草蛉、食蚜蝇、蚜茧蜂等数十种，要加以保护利用。必须用药防治时，应选用对天敌影响较小的农药品种。

(2)早春防治　在苹果萌芽前后，彻底刮除老树皮，剪除蚜害枝条，集中烧毁。在果树发芽前，结合防治叶螨、介壳虫，喷95%机油乳剂或99.1%敌死虫乳油150～200倍液，杀死越冬蚜虫。

(3)生长期防治　5～6月份是绣线菊蚜、苹果瘤蚜和苹果绵蚜的猖獗为害期，亦是防治的关键期，因此在麦收前后要进行防治。药剂可选用：10%吡虫啉可湿性粉剂4 000倍液，或2.5%扑虱蚜可湿性粉剂、3%啶虫脒乳油2 000倍液，或48%乐斯本乳油1 000倍液，或99.1%敌死虫乳油150～200倍液，或50%抗蚜威可湿性粉剂1 500～2 000倍液。单治苹果绵蚜可选用：48%乐斯本乳油、25%扑虱蚜可湿性粉剂1 000倍液，或40%蚜灭多乳油1 000～1 500倍液，或5%啶虫脒乳油2 000倍液，或10%吡虫啉可湿性粉剂3 000倍液。

(4)剪除被害枝条　结合夏剪,及时剪除被害枝条,集中销毁。

(二十四)叶 螨 类

1. 为害特点　为害落叶果树的叶螨主要有山楂叶螨、苹果全爪螨、二斑叶螨、果台螨、李始叶螨 5 种,均属蛛形纲蜱螨目叶螨科。果台螨过去曾是主要害螨之一,但现在绝大部分果区很少发生,仅在局部果园造成危害;李始叶螨,主要发生在西北地区,特别是新疆、甘肃一带发生较重;二斑叶螨是近几年来新发生的一种害螨。目前苹果主产区发生的主要是山楂叶螨、苹果全爪螨和二斑叶螨。

被害状主要区别是:山楂叶螨常集中在叶背为害,吐丝结网,严重时叶背变为褐色,造成被害叶枯焦脱落。苹果全爪螨成螨主要在叶片正面活动,幼螨多在叶背面,一般不吐丝结网,虫口密度大时,常会吐丝下垂转移为害,一般不提早落叶。二斑叶螨多聚集在叶背主脉两侧取食,被害叶片开始在叶脉两侧失绿,虫口密度较大时叶面上结一层白色丝网,严重时造成叶片枯焦、脱落。果台螨多在叶正面为害,不结网,花芽受害后变为枯黄色,严重时枯死,叶片受害出现失绿斑点,严重时变苍白但不脱落,幼果受害后干硬。李始叶螨主要在叶背面为害,吐丝结网,叶片受害后出现失绿斑点,严重时变黄、枯焦脱落。

2. 发生规律

(1)山楂叶螨　山楂叶螨发生代数与温度密切相关,我国北方果区一年发生 3～10 代,山东省发生 7～9 代,河南、陕西省发生 7～10 代,而辽宁省仅发生 3～6 代。寄主植物多达 30 余种,主要为害苹果、梨、桃、樱桃、山楂、杏、李以及蔷薇科观赏植物等。以受精冬型雌成螨在枝干树皮裂缝内、粗皮下及靠近树干基部的土块缝里越冬。越冬雌成螨于翌年春天果树花芽膨大(气温 10℃左右)时,开始出蛰上树,待芽开绽露出绿顶时即转到芽上为害,展叶后即转到叶片上为害。整个出蛰期长达 40 天左右，但大多数集中在 20 天内出蛰，因此花前是防治出蛰雌成螨的关键期。出蛰雌成螨为害 7～8 天后就开始产卵，在盛花期前后为产卵盛期。卵期 8～10 天，落花后 10～15 天正值第一代卵孵化盛期，此时是药剂防治的有利时机。

第二代以后，世代重叠，随气温升高，发育加快，虫口密度逐渐上升。从 5 月下旬起种群数量剧增，逐渐向树冠外围扩散为害。6 月中旬至 7 月中旬高温、干旱季节是发生为害高峰期，因此麦收前后是全年防治重点时期。7 月下旬以后降雨多、湿度大、天敌增多，虫口明显下降，越冬雌成螨也随之出现，9～10 月份大量出现越冬雌成螨，并开始进入越冬场所越冬。

山楂叶螨不活泼，常以小群体在叶背面为害，吐丝结网，卵多产在叶背主脉两侧及丝网上。雌成虫可行孤雌生殖。每雌产卵 60～90 粒。早春成虫多集中在内膛枝为害，第一代成虫以后渐向树冠外围扩散为害。一般高温干旱年份易大发生，降雨多的年份发生轻。

(2)苹果全爪螨　苹果全爪螨在东北、华北果区一年发生 6～7 代，西北果区发生 7～9 代。以卵在短果枝、果台和 2 年生以上枝条的背阴面越冬，发生严重时主侧枝、主干上都有越冬卵。翌年春当日平均温度达 10℃左右，苹果花芽膨大期，越冬卵开始孵化。早熟品种初花期是越冬卵孵化盛期，孵化期比较集中，一般 2～3 天内大多数卵可孵化，孵化历期为 15 天左右，幼螨孵化后为害花蕾或幼叶，此时是药剂防治的有利时机。

越冬代成螨的发生期比较整齐，与元帅品种花期基本一致。苹果盛花至落花期为成螨发生盛期，落花后 7 天为第一代成螨产卵高峰期。6 月上旬发生第二代成螨，以后各世代重叠。夏季卵期 6～7 天，春、秋季 9～10 天。在 7 月上旬以前大约发生 3 代，7 月中旬以后发生 3～4 代。6～7 月份正值华北地区高温，是全年发生为害的高峰期。7月下旬以后，由于温度高、降雨多、湿度大，虫口密度显著下降。晚秋季节虫口密度常有所回升。8月份以后开始产卵越冬，至10月份为止。

苹果全爪螨为害寄主亦很广，除为害苹果外，还为害梨、桃、樱桃、李、沙果、葡萄等。成螨较活泼，爬行迅速，很少吐丝结网，卵都产在叶片正面主脉凹陷处和叶背主脉附近，多在叶片正面取食为害，有时亦爬到叶背面。每头雌成螨平均产卵45粒，最多150余粒，完成1代需10～14天。

(3)二斑叶螨　二斑叶螨在北方果区一年发生7～9代，以受精雌成螨在枝干裂缝、老翘皮下、果树根颈部、杂草、土缝以及覆草下越冬。春季果树发芽(气温10℃以上)越冬雌成螨开始出蛰，在树下地面越冬的雌成螨出蛰先在杂草上取食，然后才上树为害。树上越冬的雌成螨先在树冠内膛为害，以后再扩展到全树。二斑叶螨以7～8月份发生为害最重，虫口密度大时，成螨大量吐丝，并通过丝网扩散。9月下旬以后陆续出现橙黄色越冬型雌成螨，寻找越冬场所越冬。

二斑叶螨的寄主很广，除为害果树外，还为害多种农作物、林木及杂草，寄主植物多达200余种。发育历期短，20℃～25℃下，完成1代仅需8～10天。雌螨繁殖力强，每雌产卵量达100余粒。该螨的抗药性很强，一般杀螨剂难以控制其为害。

(4)果台螨　果台螨在北方果区一年发生3～7代，江苏省发生8～10代。为害寄主有苹果、梨、桃、李、杏、樱桃等。以卵在枝条阴面裂缝处、枝杈和果台等处越冬。苹果树发芽(气温达7℃以上)时，越冬卵开始孵化，花芽萌动时是卵孵化初期，国光苹果初花期是孵化盛期。山东、河北一带5月中下旬出现越冬代成螨，6～7月份为发生为害盛期。越冬卵出现与寄主营养有关，寄主营养差，越冬卵出现早，反之则晚，最早5～7月份即可出现少量越冬卵，一般在8月份以后大量出现。

成螨较为活泼，多在叶片正面活动，喜在叶片和果枝上爬行，不吐丝结网。雌成螨多在叶柄、果枝、果台和果实萼洼等处产卵，幼、若螨多在叶面基部为害，并在叶柄和主脉凹陷处静止蜕皮。发育历期：在 23℃～25℃时，卵期 9～14 天，幼螨期 4～6 天，若螨期 6～9 天，成螨期 25 天左右。

(5)李始叶螨　李始叶螨在新疆阿克苏地区一年发生 11～12 代，在新疆其他地区和甘肃省发生 9 代。为害寄主有苹果、梨、杏、山楂、核桃等。以越冬雌成螨在苹果主干、主侧枝的翘皮裂缝，根际周围土缝、石块、枯枝落叶等处群集越冬。当春季气温达 10.4℃时，越冬雌成螨开始出蛰，先在花芽上吸食汁液，展叶后在叶背面为害并产卵。5 月中旬为第一代幼螨孵化盛期，发生比较整齐，以后各世代重叠。5～6 月份发生不重，7 月上旬至 8 月中旬是全年为害最重的时期，8 月下旬开始种群数量减少，9 月上中旬出现越冬雌成螨。完成 1 个世代最长 30 天，最短 9.5 天。该螨可吐丝下垂，随风传播。

3. 防治技术

(1)人工防治　秋季叶螨越冬前在树干中下部束草把，诱集越冬雌成螨（山楂叶螨、二斑叶螨、李始叶螨）或在其产卵越冬（苹果全爪螨、果台螨），春季出蛰前，将草把解开，集中烧毁。同时刮除枝干上的翘皮，消灭在其中越冬的成螨。

(2)保护利用天敌　捕食叶螨的天敌主要有食螨瓢虫、花蝽、蓟马、隐翅甲和捕食螨等几十种，这对控制叶螨种群数量消长起着重要作用。因此果园用药要尽量选用对天敌影响较小的农药品种，如石硫合剂，花前用 0.5 波美度，花后用 0.2 波美度或用 50% 硫悬浮剂稀释 200～300 倍液。这些农药对苹果白粉病也有兼治作用。

(3)药剂防治　防治山楂叶螨、苹果全爪螨、果台螨要根据物候期抓住苹果花前、花后和麦收前后 3 个关键期进行防治，二斑叶螨、李始叶螨防治适期可适当推迟，根据虫情在7～8月份叶螨发生初期喷药防治。防治指标(平均单叶活动螨数)：6月份以前3～4头，7月份以后7～8头。药剂可选用：1.8%阿维菌素乳油4 000倍液，或15%扫螨净乳油1 500～2 000倍液，或5%卡死克乳油1 000倍液，或5%尼索朗乳油、25%倍乐霸可湿性粉剂、73%克螨特乳油2 000倍液，或10%浏阳霉素乳油1 000～1 500倍液，或99.1%加德士敌死虫乳油150～200倍液，或20%螨死净悬浮剂2 000～3 000倍液。7～8月份可用20%灭扫利或2.5%功夫乳油3 000倍液防治桃蛀果蛾时一并兼治叶螨。

(二十五)潜叶蛾类

1. 为害特点 为害苹果树的潜叶蛾主要有金纹细蛾、旋纹潜叶蛾和银纹潜叶蛾3种，其中以金纹细蛾发生最为普遍，为害较重。3种潜叶蛾被害状有明显区别。

(1)金纹细蛾 属鳞翅目细蛾科。幼虫在叶背面潜食叶肉，被害叶仅剩下表皮，外观呈泡囊状，透过下表皮可见幼虫及黑色虫粪。虫疤常发生在叶片边缘，叶片正面拱起，虫疤呈网眼状，1个虫疤内只有1头幼虫，发生严重时，1张叶片上有多个虫疤，使叶片扭曲皱缩，影响光合作用，并会促使果树早期落叶。

(2)旋纹潜叶蛾 属鳞翅目潜蛾科。幼虫在叶片上表皮内呈螺旋状潜食叶肉，排出的虫粪也呈螺旋状，形成同心轮纹状或椭圆形黑褐色虫疤，被害处干枯。严重时，1张叶片有10余个虫疤，造成果树早期落叶。

(3)银纹潜叶蛾 属鳞翅目潜蛾科。幼虫在新梢叶片上表皮下潜食成线形虫道，由细变粗，最后在叶缘部分形成大块枯黄色虫疤，虫疤背面有黑褐色细粒状虫粪，被害叶仅剩上下表皮。

2. 发生规律

(1)金纹细蛾 金纹细蛾一年发生5～6代，寄主以苹果、海棠为主，还能为害梨、桃、李、樱桃等。以蛹在落叶中越冬，翌年春苹果树发芽时出现越冬代成虫，各代成虫发生盛期为：越冬代4月下旬，第一代5月下旬至6月上旬，第二代7月上旬，第三代8月上旬，第四代9月中下旬，末代幼虫于10月中下旬，在被害叶的虫疤内化蛹越冬。

成虫多在早晨和傍晚前后活动，雌蛾喜在嫩叶上产卵，散产。产卵对苹果品种有一定的选择性，富士、新红星、国光上的落卵量多于金冠、青香蕉。卵期在25℃下为6～7天，15℃时长达11.4天。幼虫孵化后自卵壳下直接潜入叶背表皮，啃食叶肉，幼虫在19℃、24℃、30℃条件下的发育历期分别为20天、18天和16天。幼虫一生均在被害叶内生活，老熟后在虫疤内化蛹，蛹期6～10天，越冬代蛹期为90～100余天。成虫羽化时将蛹壳一半露在虫疤外面。

(2)旋纹潜叶蛾　旋纹潜叶蛾一年发生3～5代，山东、陕西省发生4代，辽宁、河北、山西等地发生3～4代，河南省发生4～5代。寄主植物有苹果、梨、山楂、海棠、沙果、山定子等，以苹果被害最重。以蛹于白色"工"字形茧内，在主枝、主干缝隙处越冬，也有少数在落叶、土块、果萼处越冬。陕西关中地区，各代成虫发生盛期为：越冬代4月中旬，第一代6月下旬，第二代7月下旬，第三代8月中旬。成虫寿命2～5天。发育历期：幼虫期17～24天。蛹期17～22天，越冬蛹210天。

成虫喜在晴朗的白天活动，有趋光性，羽化后即交尾产卵。卵多产在叶片背面，多选择光滑少毛的叶片上产卵，每雌产卵15～34粒。幼虫孵化后从卵壳下蛀入叶内，啃食叶肉使上表皮分离。幼虫旋转取食，将虫粪排成环状，使叶面出现近圆形轮状枯斑。幼虫老熟后从虫疤内爬出，吐丝下垂，随风飘移至另一张叶片或枝条上结白色梭形薄茧化蛹，10月上旬老熟幼虫开始结茧化蛹越冬。

(3)银纹潜叶蛾　银纹潜叶蛾一年发生4～5代。寄主植物有苹果、海棠、沙果、山定子等。以冬型成虫在杂草、落叶以及土、石缝处越冬。陕西关中地区越冬代成虫于5月中下旬在新梢嫩叶背面产卵,幼虫潜叶为害至6月上中旬老熟结茧化蛹。第一代成虫发生在6月中下旬,以后世代重叠,9月下旬开始出现冬型成虫,陆续越冬。成虫活动能力不强,多白天活动,无趋光性。幼虫老熟后脱叶爬出,吐丝下垂,到受害叶片下方附近叶片背面结白茧化蛹。

3. 防治技术

(1)人工防治　秋季落叶后,要彻底清扫果园落叶,刮除枝干上的越冬蛹和冬型成虫。

(2)药剂防治　幼虫一旦潜入叶片,药剂防治效果很差,因此必须掌握在成虫发生盛期进行喷药防治。药剂可选用:25%灭幼脲3号悬浮剂1 000～1 500倍液,或1.8%阿维菌素乳油3 000～4 000倍液,或2.5%功夫、20%杀灭菊酯乳油2 000倍液。

(3)保护利用天敌　金纹细蛾等潜叶蛾的寄生性天敌种类很多,如金纹细蛾跳小蜂、金纹细蛾姬小蜂、苹果潜叶蛾姬小蜂、梨潜叶蛾姬小蜂等,这些天敌对潜叶蛾自然控制力很强,在不喷农药的果园寄生率常达30%～50%,甚至更高。因此,果园喷药时,应选用对天敌杀伤力小的品种,如灭幼脲等昆虫生长调节剂,以保护利用天敌。

(二十六)食心虫类

1. 为害特点　为害苹果的食心虫主要有桃蛀果蛾、苹小食心虫、梨小食心虫等,其中发生普遍、为害严重的主要是桃蛀果蛾。

(1)桃蛀果蛾　桃蛀果蛾又名桃小食心虫,简称"桃小"。属鳞翅目蛀果蛾科。寄主有苹果、梨、山楂、枣、李、杏和海棠等。以幼虫蛀果为害,初孵幼虫入果后1～2天,果面上出现小水珠,俗称"流眼泪",干后成一小片状蜡质膜。幼虫先在果皮下潜食,使果面凹陷变成为"猴头果"。以后随着虫龄增大,在果内纵横串食并排粪于果内,变成"豆沙馅",使果实无法食用,失去经济价值。

(2)苹小食心虫　苹小食心虫，简称“苹小”。属鳞翅目卷蛾科。食性较杂，寄主有苹果、梨、桃、山楂、花红、海棠、榅桲和山荆子等。以幼虫为害果实，初孵幼虫蛀果后在果皮下浅层蛀食果肉，一般不深入果心，形成直径1厘米左右黑褐色干虫疤，稍凹陷，其上有2～3个虫孔，并有少量虫粪堆积。

(3)梨小食心虫　梨小食心虫简称“梨小”。属鳞翅目小卷蛾科。寄主有苹果、梨、桃、李、杏、樱桃等。幼虫除蛀食果实外，还为害苹果嫩梢。幼虫蛀入果内取食果肉，并深入果心，食害种子。幼虫从蛀入孔排出大量虫粪，造成虫孔周围变褐腐烂，早期被害果易脱落。

2. 发生规律

(1)桃蛀果蛾　桃蛀果蛾在北方果区一年发生1～2代，多数为2代。以老熟幼虫在土内4～10厘米处结冬茧越冬。苹果落花后半月越冬幼虫开始出土，山东胶东果区，出土始期在5月上旬，盛期在5月下旬，末期在6月下旬。幼虫出土与土温、降水次数、土壤含水量等因素密切相关。土温达19℃，土壤含水量10%以上时，降雨后2～3天，幼虫可连续出土。如遇干旱天气，土壤含水量在3%以下时，幼虫几乎不能出土。出土幼虫在树干基部附近或土、石块下结夏茧化蛹，蛹期10～15天。越冬代成虫羽化期为6月上旬至7月下旬，盛期为6月下旬至7月上旬。第一代成虫于7月中旬至9月上旬羽化，盛期在8月上中旬。

成虫白天潜伏在树上或杂草中，夜晚活动。雌虫产卵前期1～3天，每雌产卵10～100余粒，卵绝大多数产在萼洼内。成虫产卵对苹果品种有一定选择性，第一代卵大多产在金冠等中熟品种上，第二代卵多产在富士、小国光等晚熟品种上。单果落卵量1～5粒，多者达20～30粒。卵期8～10天。孵化后幼虫先在果面爬行，待找到适当位置后即咬破果皮，但并不吞食，多数从果实破皮处蛀入果内。幼虫在果内串食为害20余天，老龄后从里往外咬一大脱果孔，脱出落地入土，幼虫一部分结夏茧化蛹，继续发育，另一部分结冬茧准备越冬。一般7月下旬前脱果幼虫不滞育。8月中旬脱果的幼虫，一半结夏茧化蛹，继续发育为第二代。另一半结冬茧准备越冬。

(2)苹小食心虫　苹小食心虫一年发生2代。以老熟幼虫在树皮裂缝处，剪锯口干皮缝内，树下杂草和吊树的绳、支杆、果筐(箱)的缝隙等处结茧越冬。越冬幼虫于翌年5月份化蛹，蛹期10余天。各代成虫发生期：越冬代为5月下旬至7月中旬，盛期在6月中旬；第一代为7月中旬至8月中旬，盛期在8月中旬。

成虫夜晚活动，交尾、产卵，卵散产，喜产在光滑的果面上。每雌产卵50余粒，卵期7天左右。初孵幼虫从果面蛀入果内为害。幼虫在果内为害20～30天后，从虫疤边缘处脱出果外，随枝干爬至隐蔽处结茧化蛹。化蛹期间若遇干旱天气，幼虫不能正常化蛹；反之，降雨多化蛹率就高。成虫对糖醋液或烂苹果发酵水有一定的趋性。

(3)梨小食心虫　见梨树主要病虫害及其防治。

3. 防治技术

(1)越冬防治　防治苹小食心虫应在果树发芽前，刮除老树皮集中烧毁；处理吊树用的绳和支杆；在树干上束草或草绳，诱集越冬幼虫集中消灭。

(2)地面防治　防治桃蛀果蛾应在越冬代幼虫出土始期、盛期和第一代幼虫脱果盛期进行地面防治。主要药剂有50%辛硫磷乳油、48%乐斯本乳油，每667平方米用0.5千克药，对水75升，喷树盘及周围地面。也可用白僵菌(粗菌剂)2千克，加48%乐斯本乳剂0.15千克，对水75升喷树盘。喷后覆草，效果更好。

(3)树上防治　在食心虫各代卵高峰期和幼虫孵化期进行药剂防治，每10～15天喷1次，连喷3次。药剂可选用：20%灭扫利、2.5%功夫、20%杀灭菊酯乳油2000～3000倍液，或25%灭幼脲3号悬浮剂、48%乐斯本乳油1 000～1 500倍液，或20%杀铃脲悬浮剂8 000～10 000倍液，或4.5%高效氯氰菊酯、10%氯氰菊酯乳油2 000～3 000倍液。

(4)诱杀成虫　利用梨小食心虫成虫对糖醋液的趋性，在果园内悬挂糖醋液盆(距地面1.5米左右)诱杀成虫并及时捞出虫尸，补充糖醋液。另外，还可悬挂梨小食心虫性诱剂诱捕器诱杀雄成虫，每667平方米挂20个以上，可诱杀大量雄成虫。

(二十七)卷叶蛾类

1. 为害特点　为害苹果的卷叶蛾主要有棉褐带卷蛾和芽白小卷蛾两种，均属鳞翅目卷蛾科。

(1)棉褐带卷蛾　又名苹果小卷叶蛾。以幼虫为害苹果等果树的幼芽、叶片、花和果实，并吐丝缀连，致使幼芽、嫩叶不能伸展，叶片常缀连成团或两叶叠置，幼虫潜伏其中蚕食。坐果后常将叶片用丝网粘贴在果面上，啃食果皮、果肉，形成不规则的小坑洼，被害严重时坑洼连片，降雨后会长出黑霉。

(2)芽白小卷蛾　又名顶梢卷叶蛾。幼虫主要为害新梢的顶芽，下部的芽很少受害。幼虫吐丝将几片嫩叶缠缀在一起呈拳头状虫苞，并吐丝将叶背绒毛结成小茧，潜伏其中。1个茧苞内有虫3～5头，每头幼虫都有各自的虫室。虫苞冬季不脱落。

2. 发生规律

(1)棉褐带卷蛾　一年发生2～5代。辽宁省和华北果区发生3～4代，长江流域发生5代，宁夏、甘肃省发生2代。寄主很广，除为害苹果外，还为害梨、桃、李、山楂等30余种植物。以2龄幼虫在果树的剪锯口、翘皮下、粗皮裂缝等处结小白茧越冬。翌年春苹果花芽萌动后开始出蛰，金冠苹果盛花期为出蛰盛期，国光苹果初花期幼虫出蛰基本结束，出蛰期长达25天左右。山东省胶东一带果区各代成虫羽化盛期为:越冬代6月上中旬，第一代7月下旬至8月上旬，第二代9月上中旬。幼虫期(1～2代)为18～26天，蛹期 8～11 天，完成 1 代约需 45 天。10 月份以第三代低龄幼虫越冬。

成虫一般在上午 9～11 时羽化，白天潜藏在树冠内膛隐蔽的叶片上，夜晚活动，趋化性强，尤其对糖醋液趋性更强，对黑光灯亦有很强的趋性。成虫产卵前期 1～3 天，喜在叶片正面产卵，少数在叶背面和果实光滑处产卵。1 头雌蛾产卵 1～3 块，卵期 4～8 天。幼虫孵化后，多在卵块附近重叠叶片间和果实贴接处为害。幼虫很活泼，稍受振动虫体就会剧烈扭动从叶中脱出，吐丝下垂。幼虫老熟后常另卷叶片在其中化蛹，成虫羽化时将蛹壳一半带出丝网外。第二至第三代幼虫多在叶片与果实连接处或两果紧贴处啃食果皮或蛀食浅层果肉。

（2）芽白小卷蛾　一年发生 2～3 代。寄主植物有苹果、海棠、梨、桃等。以 2～3 龄幼虫在枝梢顶端的卷叶虫苞内结灰白色丝茧越冬。虫苞坚硬，苞内有 3～5 头幼虫。翌年春苹果发芽后，幼虫开始出蛰，从虫苞内爬出，吐丝将几片叶缠缀在一起，在其中取食。晚出蛰的向下为害侧芽。幼虫老熟后在卷叶苞中结茧化蛹。2 代区各代成虫发生期：越冬代为 6 月上旬至 7 月下旬，第一代在 7 月中下旬至 8 月中下旬。成虫对糖、蜜有趋性，略有趋光性，夜间活动，交尾产卵。卵散产，每雌产卵 100 余粒，卵多产在当年生枝条中部叶背面多绒毛处。幼虫孵化后爬行到梢端，吐丝卷叶为害，并将叶背的绒毛啃下与丝结成茧，潜藏其中，取食时爬出，食后缩回。第一代幼虫主要为害春梢，第二至第三代幼虫主要为害秋梢，10 月上旬以后幼虫越冬。管理粗放和幼龄果园虫害发生重。

3. 防治技术

（1）人工防治　早春刮除树干主侧枝的老翘皮和剪锯口周缘的裂皮，摘除枝干上的干叶集中处理，可消灭棉褐带卷蛾越冬幼虫。芽白小卷蛾的越冬虫苞冬季不落，应结合果树冬剪将虫苞剪掉，集中烧毁或深埋。果树生长期发现上述两种害虫的虫苞，及时用手将潜藏其中的幼虫捏死。

(2)药剂防治　在越冬代幼虫出蛰期和第一代幼虫孵化盛期是药剂防治重点，以后各代可结合防治其他害虫时一并兼治。药剂可选用：25%灭幼脲3号悬浮剂、50%敌百虫乳油1 000倍液，或48%乐斯本乳油2 000倍液，或1.8%阿维菌素乳油4 000倍液，或2.5%功夫、20%灭扫利、4.5%高效氯氰菊酯乳油2 500～3 000倍液喷雾。

(3)生物防治　用松毛虫赤眼蜂防治棉褐带卷蛾具有较高的寄生效果，掌握在越冬代成虫产卵初期开始放蜂，5天1次，连放3～4次，每667平方米释放8万～10万头，卵寄生率可达90%以上。

(二十八) 金龟甲类

1. 为害特点　为害果树的金龟甲常见的有苹毛丽金龟、铜绿丽金龟、黑绒鳃金龟、白星花金龟和小青花金龟5种，分属鞘翅目的丽金龟科、鳃金龟科和花金龟科。苹毛丽金龟、小青花金龟和黑绒鳃金龟均以成虫咬食苹果、梨、桃、杏、葡萄等果树的芽、花蕾、花瓣及嫩叶。发生严重时常将花器或嫩叶吃光，影响果树的产量和树势。铜绿丽金龟以成虫咬食果树叶片，严重时可将叶片吃光，仅剩叶脉和叶柄。尤其对苗圃和幼龄果树造成的危害更大。白星花金龟以成虫啃食果肉，形成虫疤，以后即腐烂、脱落。

2. 发生规律

(1)苹毛丽金龟　一年发生1代。以成虫在土壤中做蛹室越冬。越冬成虫于翌年4月上中旬果树萌芽时开始出蛰，先在果园周围的榆、柳等树木上为害，待果树开花时，按开花先后顺序，陆续迁移至果树上为害。啃食花蕾和花，将花瓣咬成缺刻，取食花丝和柱头，严重时将花和嫩叶全部吃光。成虫白天活动，早晚气温低时很少活动，成虫中午前后气温升高时活动取食最盛。有假死性，无趋光性。成虫为害从果树花蕾开始，桃花开放是第一个为害期，梨花开放和苹果花期是第二个为害期。苹果落花后，雌成虫开始入土产卵，每雌产卵20～30粒，卵经20天左右孵化为幼虫（蛴螬），幼虫就近取食植物根茎，秋季化蛹。成虫羽化后，当年不出土，在蛹室内越冬。

(2)黑绒鳃金龟　一年发生1代，以成虫在土壤中越冬。成虫于3月下旬至4月上旬开始出土，4月中下旬为成虫出土高峰，6月结束。成虫先在发芽较早的杂草上或杨、柳、榆树上取食幼芽、嫩叶，待果树发芽后，即大量转移到果树上咬食幼芽、嫩叶和花蕾，为害盛期在5月初至6月中旬。幼树被害较重。成虫于傍晚上树取食3～4小时，夜间气温下降，成虫又会潜入土中不动。成虫有趋光性和假死性。梨、苹果等落花后成虫开始入土产卵。喜在地面有绿色植物（绿肥、花生、草荒地等）覆盖的地方产卵。卵期8～10天。幼虫（蛴螬）孵化后，在地下取食植物，老熟后在土中做土室化蛹。蛹期10天左右，羽化后的成虫，潜伏土中越冬。

(3)小青花金龟　一年发生1代。多以成虫在土内越冬，亦有以蛹或幼虫越冬的。桃、杏果树开花时，开始出现成虫；梨、苹果先后开花时，大量成虫集中为害花瓣、花蕊和柱头。苹果谢花后转移至葱花上继续为害。成虫喜白天活动，对葱花和糖、蜜等有趋性。中午前后气温较高时取食，为害最烈，夜间停留在树上不动。成虫喜在有绿色植物覆盖或杂草丛生的土中产卵，幼虫（蛴螬）取食植物根部。6月上旬以后果园内成虫数量逐渐减少。

(4)铜绿丽金龟　一年发生1代。以3龄幼虫在土中越冬。翌年春季土壤解冻后，越冬幼虫开始上升移动，为害农作物及杂草的根。6月初始见成虫，白天潜伏树下草丛或土中，夜间活动。成虫于傍晚出土，上树活动取食，以夜晚12时以前活动最盛，取食最凶，以后逐渐减少，至夜间2～3时即停止活动，陆续下树潜伏。6月上旬至7月中旬是成虫为害盛期。成虫食量很大，几天时间就可将叶片吃光。成虫有假死性和较强的趋光性。6月中旬成虫开始产卵，多产在豆类、花生、甘薯、草荒地和幼龄果树根部土壤中。卵期10天左右。幼虫孵化后取食根部，3龄以后在土中下移越冬。

(5)白星花金龟　一年发生1代。以幼虫在土内越冬。5月上旬以后果园内出现成虫，6～7月为发生盛期，一般于6月中旬后苹果膨大期受害最重。成虫多在白天活动，中午前后活动最盛，稍受惊扰即迅速飞走。成虫喜食成熟的果实，常数头或10余头群集在果实上取食，将果面咬成深洞。对糖、醋或果醋有趋性。卵多产在土中或粪土堆里。幼虫(即蛴螬)专食腐殖质，秋后陆续越冬。翌年春季，幼虫老熟后在土中做土室化蛹，蛹期7天左右。

3. 防治技术

(1)人工捕杀　金龟甲有假死性，可利用早晚气温低，成虫不爱活动的习性，敲击果树枝干振落后捕杀。

(2)诱杀　铜绿丽金龟、黑绒鳃金龟有趋光性，可用电子杀虫灯诱杀。白星花金龟和小青花金龟有趋化性，可用糖、醋液诱杀。

(3)药剂防治　在成虫发生期可喷80%敌敌畏、50%马拉硫磷、50%辛硫磷、48%乐斯本乳油1 000～1 500倍液，亦可喷20%杀灭菊酯乳油3 000倍液进行药杀。防治苹毛丽金龟一定要在花前2～3天喷药，以免花期喷药伤害蜜蜂等授粉昆虫和花。可用2.5%功夫乳油50毫升加50%敌敌畏乳油250毫升，对水250升，全树喷洒，效果较佳。

(二十九)刺蛾类

1. 为害特点　为害果树的刺蛾主要有黄刺蛾、青刺蛾(褐边绿刺蛾)、扁刺蛾(黑点刺蛾)3种，均属鳞翅目刺蛾科。以幼虫为害叶片，将叶片吃成残缺不全状，虫口密度大时可将叶片吃光，只留叶柄，影响树体生长和开花结果。寄主很广，主要为害苹果、梨、桃、李、杏、樱桃、山楂、核桃、板栗、柿以及多种树木等。

2. 发生规律

(1)黄刺蛾　一年发生1～2代,东北、华北发生1代,河南、江苏、四川等省发生2代,山东省发生1～2代。以老熟幼虫在小枝杈处、主侧枝以及树干的粗皮上结茧越冬。翌年5月在茧内化蛹,越冬代成虫于5月下旬开始羽化,成虫昼伏夜出,每雌产卵50～70粒,卵呈块状产在叶背,卵期7～8天。第一代成虫于6月中旬羽化,7月上旬是幼虫为害盛期。第二代成虫于7月底发生,幼虫为害盛期在8月上中旬;9月份幼虫老熟后结茧越冬。低龄幼虫喜群集,在叶背面为害,长大后逐渐分散,食量大增,常将叶片吃光。

(2)青刺蛾　北方果区一年发生1代,以老熟幼虫结茧在浅土层或树干上越冬。翌年5月中旬开始化蛹,成虫于6月上中旬开始羽化,末期在7月中旬。幼虫于6月上旬至9月份发生,8月份是为害盛期。8月下旬至9月下旬幼虫陆续老熟,下树结茧越冬。成虫趋光性较强,夜间活动,产卵于叶背,由数十粒卵组成块状,每雌产卵150余粒。初孵幼虫有群集性,常7～8头密集在1张叶片上取食,2～3龄后逐渐分散为害。

(3)扁刺蛾　北方一年发生1代,以老熟幼虫在寄主树干四周土中结茧越冬。越冬幼虫于5月中旬化蛹,6月上旬开始羽化为成虫,成虫发生盛期在6月中下旬至7月上旬。成虫有趋光性。卵散产在叶片正面,每雌产卵50余粒,卵期7天左右。幼虫发生期很不整齐,6月中旬出现幼虫,直至8月上旬仍有初孵幼虫出现,幼虫为害盛期在8月中下旬,8月下旬开始下树入土结茧越冬。

3. 防治技术

(1)人工防治　结合树盘翻土,挖除在树干基部周围表土内结茧越冬的青刺蛾、扁刺蛾。剪除果树上的黄刺蛾越冬茧。

(2)药剂防治　在幼虫发生期,喷洒90%晶体敌百虫、25%灭幼脲3号悬浮剂1 500倍液，或48%乐斯本乳油2 000倍液，或2.5%功夫、20%灭扫利乳油3 000倍液。

(三十)天牛类

1. 为害特点　为害果树的天牛主要有桑天牛(粒肩天牛)、苹果枝天牛和星天牛，均属鞘翅目天牛科。以幼虫蛀食枝干、树干为害。为害症状有所不同，桑天牛主要为害枝干，蛀食孔洞；枝天牛在枝条内蛀食；星天牛主要蛀食树干，尤以树干基部受害较重。寄主很多，主要有苹果、梨、桃、杏、梅、樱桃、山楂等。

2. 发生规律

(1)桑天牛　每二至三年发生1代，广东省一年发生1代。以幼虫在树干内越冬。老熟幼虫先在隧道最下部1～3个排粪孔的上方外侧咬1个羽化孔，在羽化孔下做蛹室化蛹。7月上中旬成虫羽化后，先在蛹室内静伏5～7天，然后才从羽化孔内钻出。成虫咬食枝条表皮、叶片和嫩芽，不轻易飞动，受惊动后会跌落地面，极易捕捉。10～15天后成虫开始产卵，产卵时先将枝条表面咬成“U”字形伤口，然后在伤口内产卵，每处产卵1～5粒，每雌虫产卵100余粒。成虫寿命40余天。卵期10～14天。幼虫孵化后，先向枝条上方蛀食1厘米，然后调头向下蛀食，并逐渐深入心材，每蛀食5～6厘米时，向外蛀1个排粪孔，排粪孔均在同一方位顺序向下排列。随着幼虫长大，排粪孔的距离亦越来越远。幼虫一生所蛀孔道可达1.7～2米长，有的直达根的基部。幼虫一般位于最下一个排粪孔的下方。

(2)星天牛　一年发生1代或二年发生1代，以幼虫在树干基部蛀道内越冬。春季4月份做蛹室化蛹，蛹期18～20天。6～8月份为成虫发生盛期。成虫需啃食叶片和嫩枝补充营养后才能产卵。白天活动，触动后有坠落地面习性，寿命40～50天。每头雌成虫产卵70余粒，卵多产在离地面1～2厘米范围的树皮内，少数产在30～50厘米的高处，产卵前成虫先将树皮咬成“L”字形或

"T"字形伤口，然后将卵产在伤口内。初孵幼虫先在皮层下盘旋串蛀为害，1～2 个月后，开始蛀入木质部，以后渐向根部蛀食，蛀道内充满蛀屑，并向树皮外开一孔口，排泄虫粪和通气，深秋停止取食转入越冬。

(3)苹果枝天牛　一年发生 1 代。以老熟幼虫在被害枝条内越冬。翌年 4～5 月间化蛹，蛹期 15～20 天。5～6 月间为成虫发生期，取食嫩梢、嫩叶；多在 1～2 年生的枝条上产卵，凡短于 50 毫米、粗于 8 毫米的枝梢产卵较少。产卵前将嫩梢咬一环状伤口，并咬一纵沟，产卵其中。卵期 9～13 天。幼虫孵化后即蛀入髓部，由上往下蛀食，受害的枝条呈空筒状，被害部位上方有一排粪孔，上部叶片枯黄。幼虫老熟后在枝条内越冬。

3. 防治技术

(1)人工防治　利用天牛成虫的假死性，可在早晨或雨后摇动枝干，将成虫振落地面捕杀。或在成虫产卵期用小尖刀将产卵槽内的卵杀死。在幼虫期经常检查枝干，发现虫粪时，用小刀挖开皮层将幼虫杀死。发现被害枯梢及时剪除，集中处理。

(2)药剂防治　在新排粪孔内放入蘸有 50%敌敌畏乳油 30～50 倍液的棉花团，或放入 1/4 片磷化铝，然后用泥封住虫孔，进行药杀。

(3)树干涂白　星天牛卵多产在树干下部，可在树干上刷白涂剂(生石灰 1 份∶硫磺粉 1 份∶水 40 份)对成虫有驱避作用。

(三十一)椿象类

1. 为害特点　为害苹果树的椿象主要有麻皮蝽(黄斑椿象)、茶翅蝽(臭木椿象)和绿盲蝽(详见枣树主要病虫及其防治)等，前两种属半翅目蝽科，后一种属盲蝽科。食性很杂，为害寄主有苹果、梨、桃、葡萄、李、杏、樱桃、山楂等果树以及多种林木和农作物。3 种椿象均以若虫和成虫刺吸为害。其为害特点有所不同。

(1)麻皮蝽　主要刺吸果实，亦为害枝条。果实被害处停止生长，木栓化，果面凹凸不平，变硬、畸形、失去商品价值。

（2）茶翅蝽　主要刺吸果实，致使果实畸形，果面凹凸不平，不能食用，无商品价值。

2. 发生规律

（1）麻皮蝽　麻皮蝽一年发生 1～2 代，华北、东北地区发生 1 代，江西省发生 2 代。以成虫在屋檐、墙（石）缝、草丛、落叶等处越冬。华北一带于 4 月中旬开始出蛰。盛期在 5 月上中旬，成虫于 5 月下旬开始产卵，卵呈块状，多产在叶背处，每块卵由 10 余粒卵组成，卵期 6～8 天。初孵若虫群集卵壳周围，稍后分散为害。7 月上中旬发生第一代成虫，全年为害盛期在 6 月下旬至 8 月上旬，9 月中下旬成虫开始飞至越冬场所准备越冬。成虫有假死性，靠近村庄的果园发生重。

（2）茶翅蝽　一年发生 1 代。以成虫在空房、墙缝、树洞、石缝和草堆等处越冬。北方梨区一般 5 月上旬越冬成虫开始出蛰活动，飞到果树、林木及作物上为害。成虫多在午后活动交尾。6 月上中旬开始产卵，卵大多产在叶背面，卵期 4～5 天。6 月中下旬为孵化盛期。若虫孵化后，喜群集卵块附近叶上为害，2 龄以后分散取食。若虫蜕皮 5 次后变为成虫。7 月上中旬出现第一代成虫，继续为害至 9 月中下旬至 10 月上旬，开始寻找场所越冬。

3. 防治技术

（1）人工防治　冬季清除果园落叶及其周边杂草，以消灭在此越冬的绿盲蝽卵和麻皮蝽成虫。及时捕杀成虫及尚未分散的初孵若虫，采摘卵块集中烧毁。

（2）药剂防治　在成、若虫期喷药防治，药剂可选用：48%乐斯本乳油 1 000～1 500 倍液，或 20%氰戊菊酯、2.5%功夫菊酯乳油 2 000～3 000 倍液，或 50%辛硫磷乳油 1 000 倍液。

（三十二）美国白蛾

1. 为害特点　美国白蛾又名秋幕毛虫，属鳞翅目灯蛾科。是国内外重要检疫害虫。原产于美国、加拿大和墨西哥，1979 年传入我国。寄主很广，可为害多种果树和林木，寄主植物多达 300 余种。主要以幼虫为害叶片，低龄幼虫吐丝结网，常数百头幼虫群集网内，取食叶肉，仅留表皮，有时亦可将叶片吃光。5 龄以后幼虫分散为害，严重时可将全树叶片吃光。

2. 发生规律　一年发生 2～3 代。以蛹在枯枝落叶、表土层、墙缝等处越冬。在华北地区越冬代成虫于 5 月上旬始见，盛期在 6 月上中旬，末期在 6 月中下旬。第一代成虫产卵盛期在 6 月上中旬，孵化盛期在 6 月中下旬，幼虫期在 6 月中旬至 8 月上旬。第二代成虫产卵期在 7 月上旬至 8 月上旬，幼虫发生期在 7 月下旬至 9 月下旬。8 月下旬第二代幼虫开始老熟，化蛹越冬。每雌产卵数百粒，最高可达 2 000 余粒。卵呈块状，多产在树冠外围叶片背面，卵期 7 天左右。幼虫孵化后，吐丝拉网形成网幕，1～4 龄群居为害，随着幼虫的生长发育，网幕不断扩大，或者分散成数个小群体为害。5 龄后幼虫分散到整个树干为害。幼虫食量很大，数量大时可将树木叶片吃光，并会转移至其他树木或大田继续取食为害。幼虫期 35～42 天，有转移为害习性，幼虫具有很强的耐饥能力，龄期越大，耐饥时间越长，3 龄幼虫可耐饥 8 天，6～7 龄幼虫达 11～15 天。幼虫老熟后沿树干下爬，在树干的老皮下、枯枝落叶及土壤中化蛹越冬。

3. 防治技术

(1)植物检疫　严格植物检疫制度，不从疫区调运苗木、水果等。

(2)人工防治　清除果园杂草、落叶、砖石，破坏其越冬场所。及时清除卵块及幼虫网幕，集中杀死。幼虫近老熟时，在树干近地面 1 米处束草把，诱集幼虫化蛹，集中消灭。

(3)生物防治　美国白蛾的天敌多达 180 余种，其中仅天敌昆虫就有 130 余种。我国目前已发现 10 余种寄生性天敌，另外，还有很多捕食性天敌和病原微生物，例如，卵期天敌有松毛虫赤眼蜂、草蛉和瓢虫幼虫、泛希姬蝽的若虫等；幼虫天敌有多种绒茧蜂、姬小蜂、蜘蛛、步甲、核多角体病毒等。幼虫和蛹期天敌有白蛾周氏啮小蜂等。对以上天敌应加以保护利用，特别应采用人工繁殖白蛾周氏啮小蜂的方法进行林间释放，具有很好的效果。

(4)药剂防治　为保护天敌，应选用对天敌杀伤小的农药品种，如20%灭幼脲1号或25%灭幼脲3号悬浮剂或50%辛硫磷乳油1000～1500倍液，亦可采用多种拟除虫菊酯类杀虫剂2000倍液。

(三十三)大青叶蝉

1. 为害特点　大青叶蝉又名大绿浮尘子，属同翅目叶蝉科。以成虫在果树上产卵造成危害，幼树被害较重。雌成虫产卵前先用产卵管割开枝干皮层，在其中产卵，伤口外观呈月牙形。春季若虫孵化后，由于虫口密度大，常造成被害枝条遍体鳞伤，刮大风或遇干旱天气，幼树就会大量失水，导致枝干枯死。大青叶蝉是果树苗木上的重要害虫。寄主有苹果、梨、桃、李、杏等多种果树和林木。

2. 发生规律　一年发生3代。以卵在果树枝条或苗木的表皮下越冬。翌年春苹果树萌动时越冬卵开始孵化为若虫，若虫先在杂草及蔬菜等植物上为害。第一、第二代成虫、若虫主要为害小麦、玉米、高粱、豆类、花生及杂草等，第三代主要在白菜、萝卜等秋菜上为害。夏季一般不为害果树，10月中旬成虫飞回果树上产卵在枝内越冬。成、若虫有较强的趋光性和趋化性，并喜栖息阴凉背风处。每头雌虫产卵30～70粒，夏季卵期9～15天，冬季卵期5个月以上。果园间作白菜、萝卜、胡萝卜、甘薯以及杂草丛生的果园被害较重。

3. 防治技术

(1)涂白涂剂　10月上中旬成虫产卵前，在幼树枝干上涂刷白涂剂，重点涂刷当年生及2年生枝条基部，以阻止成虫产卵。

(2)人工防治　对越冬卵量较大的果园，可用小木棍挤压卵块，消灭越冬卵。在幼树主干和主枝上缠纸条，可防止成虫产卵，及时清除果园杂草，可减轻为害。

(3)农业防治　幼龄果园避免间作白菜、萝卜、胡萝卜、甘薯等作物，如已经间作应在9月底前收获，以减少虫源，减轻为害。

(4)药剂防治　在果园虫量较大时，可喷50%敌敌畏、50%辛硫磷乳油1 000倍液，或20%灭扫利、2.5%功夫乳油3 000倍液，或48%乐斯本乳油1 000～1 500倍液。

(三十四)蚱　蝉

1. 为害特点　蚱蝉又名知了。属同翅目蝉科，以成虫在果树枝条上产卵造成危害。寄主植物主要有苹果、梨、桃、李、杏、樱桃等果树以及杨、柳、槐、榆等树木。枝条受害后常会干枯死亡，尤以幼树受害最重，影响树冠形成。成虫刺吸嫩枝汁液，若虫在土中刺吸根部汁液。

2. 发生规律　生活史不详。数年发生1代，以卵在枝条上或若虫在土中越冬。越冬卵于翌年6月份孵化为若虫，随之落地钻入土中，刺吸树根汁液，秋后钻入深土层越冬，第三年春季又爬至根部附近继续为害。华北一带老熟若虫于6月下旬开始陆续出土，土壤湿度大和雨后出土更多，出土时间以傍晚居多。出土若虫爬至主干或枝条上静止数小时后即蜕壳羽化为成虫，静止2～3小时后即可展翅飞翔。7月份为成虫发生盛期，寿命60～70天。8月份为雌成虫产卵盛期。卵多产在4～5毫米粗当年生枝条内，雌成虫产卵时用锋利的产卵器将枝条的表皮和木质部刻成锯齿状小槽，产卵其中，每刻槽内产卵6～8粒，卵粒排列整齐，每一产卵枝条产卵百余粒，卵期长达10个月左右。

3. 防治技术

(1)人工防治　结合冬、春修剪剪除产卵为害的枝条，集中烧毁。傍晚特别是雨后组织人力在树干周围地面捕捉出土若虫。亦可用虫胶粘捕成虫。

(2)灯光诱杀　在成虫盛发期,晚间在树下点火并摇树,成虫受惊后会向火光处飞去被火烧死。

(三十五)康氏粉蚧

1. 为害特点　康氏粉蚧属同翅目粉蚧科。是一种以成、若虫刺吸果树嫩枝、嫩芽和果实汁液的害虫,尤以套袋苹果受害最重。寄主植物有苹果、梨、桃、李、杏、葡萄、柑橘等果树。嫩枝受害后枝皮肿胀、开裂,严重时枯死。果实受害,成、若虫多群集于果实萼洼处为害,被害处出现许多褐色斑点,其上附着一层白色蜡粉,影响果品商品价值。

2. 发生规律　山东省烟台一年发生3代,多数以卵,少数以成、若虫在寄主树干、枝条树皮裂缝处以及伤口、剪锯口等处越冬。翌年春果树发芽后越冬卵开始孵化,刺吸嫩芽和嫩枝,第一代若虫于5月上中旬开始出现,6月中旬至7月上旬陆续发育至成虫并产卵。第二代若虫于7月上中旬出现,8月上中旬陆续发育至成虫并产卵。第三代若虫于8月中旬出现,9月下旬发育至成虫并产越冬卵。早产下的卵可孵化为若虫越冬;发育晚的成虫在产卵前即进入越冬状态。雌成虫成熟后即会分泌白色绵状卵囊并产卵其中。若虫孵化后爬出卵囊分散到嫩枝和果实上为害,成、若虫活动性很强,第一代主要为害嫩芽、嫩枝;第二、第三代主要为害枝条、叶片和果实,尤以套袋苹果受害最重。由于该虫种群分泌的白色蜡粉以及排出大量黏液和虫粪,会导致果面上煤污病的发生。

3. 防治技术

(1)人工防治　冬、春季刮除树皮,杀灭越冬虫卵;秋季在成虫产卵期,往树干上束草把,诱集成虫产卵,冬季解下烧毁,杀灭虫卵。

(2)药剂防治　春季果树发芽和苹果套袋前各喷1次药,药剂可选用：10%吡虫啉可湿性粉剂3 000～4 000倍液，或48%乐斯本乳油1 500倍液，全树喷洒。若套袋后果实上虫量较大，需解袋后喷药，药剂晾干后再套袋。

(三十六)棉铃虫

1. 为害特点 棉铃虫又名棉铃实夜蛾，属鳞翅目夜蛾科。原是农田害虫，主要为害棉花、蔬菜、玉米等作物，但近年来在华北和中原地区苹果园时有发生。大龄幼虫主要为害果实，咬成空洞，钻入取食果肉，但不在果内生活。低龄幼虫取食嫩叶，咬成缺刻或空洞。除为害苹果外，还为害梨、李、桃、葡萄等果树。

2. 发生规律 棉铃虫在北方地区一年发生3～5代，以蛹在土中越冬。在果园仅是个别世代为害，主要是第二至第三代幼虫为害，全年有2个为害高峰期，分别在7月上中旬和8月上中旬，8月下旬以后，幼虫逐渐减少。雌成虫产卵在新梢和果面上，以树冠外围和顶部新梢及果实上落卵最多，内膛的枝和果落卵少，初孵幼虫主要取食嫩叶，2龄以后幼虫才蛀果为害，幼虫有转果为害习性。

3. 防治技术

(1)诱杀成虫 在果园内安装电子杀虫灯进行诱杀成虫，每2～2.5公顷安装1盏灯。另外，亦可在果园内插杨树枝把，每667平方米插8～10把，每10～15支杨树枝条(长60～70厘米)束成1把，每天清晨用细网袋套住枝把捕杀成虫，每6～7天更换1次。均有较好的效果。

(2)药剂防治 可与桃蛀果蛾一并喷药防治。若虫量较大，应单独进行喷药防治。药剂可选用：5%抑太保、50%辛硫磷乳油1 000倍液，或4.5%高效氯氰菊酯、2.5%功夫乳油2 000～3 000倍液。

(三十七)芳香木蠹蛾

1. 为害特点 芳香木蠹蛾又名柳蠹蛾，属鳞翅目木蠹蛾科。

是一种蛀食树木皮层和木质部的害虫。寄主有苹果、桃、李、杏、核桃等果树以及杨、柳、榆等树木。幼龄幼虫在根颈部蛀食皮层，大龄幼虫可蛀入树干木质部和根部，并形成自上而下的为害隧道，被害处有虫粪和木屑。受害轻者树势衰弱，叶片发黄；重者可使整树死亡。

2. 发生规律　二至三年发生 1 代，以低龄幼虫在树干内，老龄幼虫在土内越冬。翌年春果树发芽时，低龄幼虫继续取食为害，直至老熟结茧化蛹，化蛹前先做一圆形羽化孔。在土内越冬的老龄幼虫于 4 月上旬开始结茧化蛹，茧外粘有土粒，蛹期 17～52 天，预蛹期 20 天左右。5～7 月份为成虫发生期，成虫羽化后当夜交尾产卵，昼伏夜出，趋光性不强。卵多产在距地面 1～1.5 米树干树皮缝内，卵呈块状或成堆，每块卵由 50～60 粒组成，每雌可产卵 200～300 粒，多者可达千余粒，卵期 8～21 天。初孵幼虫喜群居，先取食卵壳，后钻入皮层（韧皮部）为害，大龄幼虫钻蛀边材至心材，常造成枯枝、断枝，甚至死树，为害到秋后开始越冬。

3. 防治技术

（1）人工防治　成虫产卵期在树干上涂白涂剂，防止成虫产卵。发现幼虫为害，挖出在树皮下群集的幼虫，将其杀死。

（2）药剂防治　对钻入木质部的幼虫，找到虫孔后，用注射器注入 80%敌敌畏乳油 10～20 倍液，并用泥土封口，杀灭幼虫。在成虫产卵期，在树干上喷洒 50%辛硫磷或 80%敌敌畏或 48%乐斯本乳油 500～800 倍液，杀死初孵幼虫。

（三十八）苹果透翅蛾

1. 为害特点　苹果透翅蛾俗称串皮干，属鳞翅目透翅蛾科。主要为害苹果、梨、桃、杏和樱桃等。幼虫在树干枝杈或伤口处蛀入皮层下，食害韧皮部，有的可深达木质部，呈现不规则的虫道。被害处常有似烟油状的红色粪屑及树枝黏液流出，伤口处容易感染苹果树腐烂病菌，引起溃烂。

2. 发生规律 一年发生1代，以3～4龄幼虫在树干皮层下的虫道内结茧越冬。翌年4月上旬越冬幼虫开始活动，继续蛀食为害，并从虫孔内排出红褐色木屑，堆积在虫孔周围。4月下旬至7月下旬幼虫陆续老熟化蛹，化蛹前幼虫先在被害部位咬一圆形羽化孔，但不咬破表皮，然后吐丝缀连虫粪和木屑，结长椭圆形茧化蛹，蛹期10～15天。成虫羽化盛期为6月中旬至7月中旬。成虫白天活动，取食花蜜，交尾后2～3天产卵，每头雌虫产卵300～400粒。成虫多在树干或大枝的粗皮裂缝、伤疤等处产卵。产卵前先排出黏液，以便幼虫孵化后蛀入皮层为害。幼虫孵化后即蛀入皮层为害，至11月份幼虫结茧越冬。

3. 防治技术

(1)人工防治 在被害处用快刀刮除树皮，杀死幼虫。或在成虫发生期，在主干、主枝上涂白涂剂，可防止成虫产卵。

(2)药剂防治 果树生长季节在主干、主枝上发现有红褐色虫粪和黏液时，在树皮上涂抹80%敌敌畏乳油50～100倍液，或用煤油加少许农药涂抹，可杀死幼虫，并可阻止成虫羽化。在成虫发生期，在树干上喷48%乐斯本乳油或20%氰戊菊酯乳油2 000倍液。

(三十九)苹果小吉丁虫

1. 为害特点 苹果小吉丁虫又叫金蛀甲、串皮干，属鞘翅目吉丁虫科。是国内检疫对象。主要为害苹果、沙果、海棠、梨、桃等果树。幼虫主要在侧枝以及主枝皮层内串食为害，皮下被蛀呈不规则的隧道，受害处表皮变黑，有红棕色黏液渗出，干后成黄白色胶滴，随后皮层干裂枯死、凹陷，形成黑褐色坏死疤痕。受害树轻则树势衰弱，重则枝条枯死，甚至全园毁灭。

2. 发生规律 北方果区一年发生1代。以幼虫在寄主枝干、枝条皮层内越冬。翌年3月下旬开始活动，继续在皮层内串食为害，虫道内有褐色粪便阻塞。被害部位皮层枯死，凹陷干裂，表面呈褐色。幼虫喜在向阳面枝干上为害，4～5月份是为害盛期。5月下旬至6月上旬幼虫逐渐老熟，蛀入木质部，并做一船形蛹室化蛹。前蛹期10天，蛹期10～12天。此时被害的2～3年生枝条大量枯死。成虫羽化后一般在虫道内停留8～10天，随后将皮层咬成半椭圆形的羽化孔，从中爬出。6月下旬出现成虫，发生盛期在7月中旬至8月上旬。成虫有假死性，喜光，多在晴天中午活动，取食叶片呈不规则缺刻状。雌虫大都在枝干向阳面的粗皮缝隙和芽的两侧、小枝基部等不光滑的部位产卵。每雌产卵50～60粒，一次产卵1～3粒，成虫寿命20～30天。卵期14天左右，8月份是幼虫孵化盛期，初孵幼虫蛀入皮层下为害，至11月上中旬在被害处越冬。

3. 防治技术

(1)加强植物检疫　严格禁止带虫苗木、接穗向保护区调运。对带虫苗木、接穗要进行熏蒸处理，在气温25℃左右时，每立方米用氰化钠16克，密闭熏蒸1小时。

(2)药剂防治　春季越冬幼虫开始活动时，在枝干被害处用80%敌敌畏乳油5倍液进行涂抹，杀灭幼虫。在成虫发生期，可用80%敌敌畏或50%辛硫磷或48%乐斯本乳油1 000～2 000倍液喷洒，对杀火成虫、卵和初孵幼虫都有良好效果。

(3)人工防治　成虫发生前，及时剪除虫枝并烧毁。

二、梨树主要病虫害及其防治

(一)梨黑星病

1. 危害特点　梨黑星病又叫疮痂病、雾病。主要危害梨的叶片、果实和新梢，亦可危害果梗、叶柄、芽及花序等部位。其共同特征是病斑表面产生黑色或墨绿色霉层。该病常会造成叶片提早脱落，果面布满黑斑，严重削弱树势，降低果品产量和品质。

2. 发病规律 梨黑星病是由真菌引起的病害，病菌以菌丝体、分生孢子在芽鳞片、病叶及病枝梢上越冬。翌年春在病芽长出的花器及新梢基部先发病，成为侵染中心，病菌主要通过风雨传播，气流亦能传播。当病菌传到叶片、果实等幼嫩组织上，温、湿度条件适宜时，病菌分生孢子即可从气孔或表皮侵入，潜育期14～25天。温度高，叶龄短，潜育期亦短；反之，温度低，叶龄长，潜伏期也长。但展叶后1个月左右的老叶不发病，病害1年中有多次再侵染，再侵染的次数取决于初次发病的时间及气候条件。病害流行的温度为8℃～25℃，适温为20℃，如阴雨连绵，病害扩展迅速。在果树生长季节，一般温度能满足病菌侵染和病害发生的要求。因此，降雨早晚、雨量大小和持续天数是影响病害发展的重要条件。雨季早而持续期长，尤其是5～7月间雨量特多，日照不足，空气湿度大，容易引起病害流行。另外，树势衰弱，地势低洼，栽植密度过大，留枝过多，通风透光差，发病亦重。梨树生长前期叶片被害重，生长后期果实被害重。采果前降雨多，发病重，降雨少发病轻。华北地区一般4月下旬开始发病，7～8月份雨季时进入发病盛期。梨品种间抗病性有差异，以中国梨最易感病，日本梨次之，西洋梨较抗病。抗病的品种有巴梨、雪花梨、香水梨等，其次有砀山酥梨、莱阳茌梨、晚三吉梨、红梨、长十郎等品种；易感病品种有鸭梨、京白梨、黄梨、秋白梨等。

3. 防治技术

(1)农业防治 合理密植和修剪，适当留果，改善通风透光条件。增施有机肥，科学使用化肥，及时灌溉和排水，以增强树势，提高树体抗病能力。晚秋彻底清扫果园落叶，结合修剪清除树上的病梢、病叶及病果，集中烧毁或深埋，以减少越冬菌源。发病初期及时摘除病芽、病花簇、病枝梢、病叶、病果，消灭发病中心。梨芽萌动期喷10～20倍硫酸铵液，可明显减少新梢基部发病。

(2)药剂防治 根据梨黑星病发生规律，重点抓住前、后两期进行防治,前期防治主要是保护叶片,应在芽萌动期至开花前、后喷药,每10～15天喷1次药,连喷3～4次。后期防治主要是保护果实,应在采果前45天前喷药,连喷3～4次。如果幼果发病早,还应提前喷药保护。夏季气温较高,病势暂时受到控制,可不喷药。药剂可选用:40%福星乳油8000倍液,或10%世高水分散粒剂5000倍液,或80%喷克、大生M-45可湿性粉剂800倍液,或70%代森锰锌可湿性粉剂600倍液,或68.75%易保水分散粒剂、6%乐必耕可湿性粉剂1500倍液,或50%甲基托布津可湿性粉剂600～800倍液。

(二)梨黑斑病

1. 危害特点　梨黑斑病主要危害果实、叶片和新梢。

2. 发病规律　梨黑斑病是由真菌引起的病害,病菌以分生孢子及菌丝体在病叶、病梢及病果上越冬。翌年春天病部产生分生孢子,借风、雨传播,进行初次侵染,由表皮、气孔或伤口侵入寄主组织内,新老病斑陆续产生分生孢子进行再次侵染,整个生长季节均可发病。病菌的繁殖、侵染与降雨关系密切,降雨早、次数多、雨量大,有利于发病。北方梨区春季干旱,5月份以前病菌侵染较少,发病轻,6月份开始发病逐步加重。在7～8月份雨季时发病迅速,有时在1～2周内,使60%～80%的叶片和果实发病,并引起脱落。发病程度与树势、树龄、叶龄关系密切。树势衰弱,树龄大,叶龄小则发病重;叶龄超过1个月以上,基本不发病。此外,梨园地势低洼,通风不良,缺乏有机肥或偏施氮肥的发病重。梨木虱虫口数量多时,病情也会加重。西洋梨、日本梨感病,而中国梨较抗病,晚三吉和赤穗等品种抗病性强。

3. 防治技术

(1)农业防治　梨园种植绿肥或增施有机肥料,促进梨树健壮生长,可增强植株抗病能力。及时排灌,避免受涝,病园实行重修剪,改善通风透光条件,降低梨园湿度,及时摘除病叶、病果和病梢，都可以减轻病害发生。梨树萌芽之前，彻底清除果园内落叶、落果，消灭越冬病菌。

(2)实行套袋　果实生长期套袋，可保护果实免受病菌侵染。

(3)药剂防治　梨树发芽前喷1次5波美度石硫合剂，以消灭枝干上的越冬菌源。生长期喷药保护，发芽后至开花前及谢花后各喷1次药，以后从5月下旬开始，每隔10～15天喷1次药，连续喷6～8次，可有效地控制其危害。药剂可选用：等量式波尔多液200倍液，或80%喷克、大生M-45可湿性粉剂800倍液，或70%代森锰锌可湿性粉剂600倍液，或50%扑海因、速克灵可湿性粉剂1 000～1 500倍液，或10%多氧霉素可湿性粉剂1 000～1 200倍液，或68.75%易保水分散粒剂1 500倍液。以上药剂应交替使用，避免病菌产生抗药性。

(三)梨轮纹病

1. 危害特点　梨轮纹病主要危害枝干和果实，有时也危害叶片。危害枝干的叫梨树粗皮病，危害果实的叫梨轮纹烂果病或果实轮纹病。

2. 发病规律　梨轮纹病是由真菌引起的病害，病菌以菌丝体和分生孢子器在被害枝干、僵果及落叶上越冬，成为翌年初侵染源。病菌主要借风雨传播，从皮孔侵入枝干和果实。病菌侵入后有潜伏期，条件适宜时才发病。枝干上的病斑，每年春、秋两季是发病高峰期，夏季处于停滞状态，症状不明显。病菌侵入未成熟的果实并不立即发病，呈潜伏状态，外表症状不明显，至果实成熟期或采果后，菌丝在病果组织内不断扩大蔓延，果实陆续出现症状，受害严重。梨树品种间抗病性有差异，日本梨系统和西洋梨最感病，沙梨系统品种居中，中国梨较抗病。但中国梨系统以京白梨、白梨、鸭梨、酥梨等发病较重，严州雪梨、莱阳梨、苹果梨、三花梨等发病较轻。

3. 防治技术

(1)清除病源 结合冬季修剪,剪除病枝、僵果,清扫落叶、落果,并集中深埋或烧毁。梨树休眠期树体喷5%菌毒清水剂100倍液,铲除树干病菌。或在刮除枝干粗皮后涂5%菌毒清水剂30~50倍液。也可在刮除枝干粗皮后涂70%甲基托布津可湿性粉剂50倍液,或4%农抗120水剂10~30倍液,或涂抹托布津油膏(70%甲基托布津可湿性粉剂2份,加植物油5~7份混匀)。隔10~15天,再涂1~2次。

(2)药剂防治 在5~8月份,结合防治其他病害一并喷药。药剂可选用:10%世高水分散粒剂3 000~4 000倍液,或50%多菌灵可湿性粉剂600~800倍液,或70%甲基托布津可湿性粉剂600倍液,或80%喷克、大生M-45可湿性粉剂800倍液,或70%代森锰锌可湿性粉剂600倍液,或倍量式波尔多液200倍液。每隔半月喷1次,连喷4~5次,可有效地控制其危害。

(3)果实套袋 套袋前先喷1次药,晾干药液后再套上纸袋,可长时间保护果实不受侵染。

(四)梨炭疽病

1. 危害特点 梨炭疽病主要危害果实,果实上的病斑呈同心轮纹状是该病的主要特征。有时亦能危害叶片。其他寄主还有苹果、葡萄等果树。

2. 发病规律 梨炭疽病属真菌病害,病菌以菌丝体和分生孢子器在病僵果、病叶或枯枝上越冬。翌年借风雨或昆虫传播,从叶、果表皮侵入,成为初次侵染,再以病果为中心向周围扩展,陆续进行再次侵染,直至采收。病害的发生和流行与降雨等因素密切相关,春季降雨频繁,发病早,夏季降雨早、次数多,湿度大,则发病重。另外,地势低洼、园内积水、树冠郁闭、通风透光不良以及树势衰弱的果园发病更重。

3. 防治技术

(1)农业防治　采用合理修剪，改善通风透光条件；雨季及时排除果园积水，减低土壤湿度；增施有机肥，科学使用化肥等措施，以增强树势，提高树体抗病能力。结合冬季修剪，剪除干枯病枝，摘除树上僵果和清扫地面落果、树叶，集中烧毁。

(2)果实套袋　套袋前喷 1～2 次内吸性杀菌剂，待药液晾干后套袋。

(3)药剂防治　结合防治梨黑星病、轮纹病一并进行，防治药剂同梨轮纹病。

(五)梨褐腐病

1. 危害特点　梨褐腐病又名梨菌核病，只危害果实，是引起梨果近成熟期和贮藏期腐烂的一种果实病害。

2. 发病规律　梨褐腐病属真菌病害，病菌主要在病僵果上越冬。翌年产生分生孢子，借风雨传播，贮藏期通过病健果接触传播。病菌经果实伤口或皮孔侵入，潜伏期 5～10 天。高温、高湿有利于病菌的繁殖，因此，果实近成熟期，高温、多雨、湿度大容易造成病害流行。另外，风雨和采摘时果面碰压造成的伤口也有利于发病。品种间抗病性亦有所不同，黄金梨、秋子梨、麻梨等较抗病，白梨、金川雪梨、锦丰等品种较感病。

3. 防治技术

(1)人工防治　及时清除地面和树上病果，集中深埋。秋后或早春进行土壤翻耕，将未摘净的病残果埋入地下，减少病源。收获时轻拿轻放，减少果实碰撞和挤压。

(2)药剂防治　果实近成熟期开始喷药，10 天左右喷 1 次，连喷 2 次。药剂可选用：80％喷克、大生 M-45 可湿性粉剂 800 倍液，或 70％甲基托布津可湿性粉剂 800～1 000 倍液，或 50％多菌灵、77％可杀得可湿性粉剂 500～600 倍液。

(六)梨锈病

1. 危害特点　梨锈病又名赤星病，是梨树和桧柏互传的转主型寄生病害。寄主有梨、山楂、棠梨、贴梗海棠、木瓜等，但不危害苹果，危害苹果的是另一种锈菌。它的转主寄主除桧柏外，还有欧洲刺柏、龙柏等，但主要是桧柏。若果园周围没有桧柏树，就不会发生该病。主要危害梨树细嫩绿色组织，尤其是幼叶、新梢、幼果受害较重，叶柄、果梗有时也可受害。

2. 发病规律　梨锈病属真菌病害，病菌以多年生菌丝体在桧柏病组织内越冬。翌年3～4月份形成冬孢子角，雨后冬孢子角萌发生成担孢子，担孢子随风雨传播到附近梨树上。从梨树展叶至幼果期间，担孢子可侵染嫩叶、新梢和幼果，由表皮直接侵入。经6～10天，叶面出现黄色病斑，随后在病斑上产生性孢子器，溢出大量黏液，内含大量性孢了。由昆虫或风雨传到其他性孢了器上，结合形成锈孢子器，产生锈孢子。在梨树上危害至9月底，锈孢子成熟后借风力再传回到桧柏上危害和越冬。在梨树上1年只有1次侵染循环。春季雨水多和离桧柏近的梨树发病重。一般中国梨易感病，日本梨次之，西洋梨最抗病。

3. 防治技术

(1)消灭越冬菌源　及时砍除梨园附近桧柏树，3月上旬用3波美度石硫合剂、倍量式波尔多液100倍液，或20%粉锈宁乳油1 500倍液喷桧柏树，抑制冬孢子萌发产生担孢子，可起到消灭初次侵染菌源的作用。

(2)药剂防治　梨树自展叶开始至花后20天，喷1～2次药，但花期不要喷，以免发生药害。也可结合梨黑星病进行防治。药剂可选用：20%粉锈宁乳油2 000倍液，或80%喷克、大生M-45可湿性粉剂800倍液，或6%乐必耕可湿性粉剂1 000～1 200倍液，或40%福星乳油8 000倍液。

(七)梨白粉病

1. 危害特点　梨白粉病多在秋季危害老叶,严重时叶片萎缩、变褐枯死,造成早期落叶。

2. 发病规律　梨白粉病属真菌病害,病菌以卵孢子、厚垣孢子和菌丝体在落叶或土壤中越冬。翌年夏季病菌随风雨传播,侵入梨叶,进行初次侵染。病叶上产生的分生孢子可进行再次侵染,秋季进入发病盛期。密植园和树冠通风透光不良、偏施氮肥的梨园发病重。茌梨、秋白梨等为感病品种,其他品种受害较轻。

3. 防治技术

(1)农业防治　增施有机肥,适量施用氮肥,适当修剪,促进树冠通风透光。冬季清扫地面落叶,集中烧毁或深埋。

(2)药剂防治　发芽前喷1次5波美度石硫合剂。重病园在发芽后至8月间,每月喷1次药,药剂可选用:0.3波美度石硫合剂,70%甲基托布津可湿性粉剂1000倍液,20%粉锈宁乳油1500倍液,15%硫磺悬浮剂200～400倍液。

(八)梨褐斑病

1. 危害特点　梨褐斑病又叫斑枯病、白星病,只危害叶片。

2. 发病规律　梨褐斑病是由真菌引起的病害,病菌以分生孢子器及子囊壳在落叶上越冬。翌年春天借风雨传播,侵入叶片,引起初次侵染。在梨树生长期,病叶上的病菌可随风、雨传播,反复进行再次侵染。5～7月间,天气多雨、潮湿则发病重。树势衰弱、排水不良的果园发病更重,发病重的梨园7月中下旬会发生大量落叶。

3. 防治技术

(1)农业防治　秋季清扫落叶,集中烧毁或深埋,以减少越冬菌源。增施有机肥,促进树势生长健壮,提高树体抗病能力。雨季果园要及时排水降低湿度,控制病害发展。

(2)药剂防治　早春梨树萌芽期,喷倍量式波尔多液160～

200倍液。谢花后，于4月下旬喷第二次波尔多液。多雨年份，于5月上中旬再喷1次，一般喷2～3次，重点要喷好谢花后的1次药。其他药剂还可用：70%甲基托布津可湿性粉剂1000倍液，或80%喷克、大生M-45可湿性粉剂800倍液，或70%代森锰锌可湿性粉剂600倍液，或50%多菌灵可湿性粉剂600～800倍液。

（九）梨树腐烂病

1. 危害特点 梨树腐烂病又叫臭皮病。主要危害主干、主枝和侧枝的落皮层，造成树皮腐烂，影响树势。有溃疡型和枝枯型2种类型，其发病症状和苹果树腐烂病基本相似。

2. 发病规律 梨树腐烂病是由真菌引起的病害，病菌以菌丝体或分生孢子器在树皮内越冬。随风、雨传播，经伤口侵入。病菌有潜伏期，当侵染部位的树皮长势衰弱或接近死亡时才易感病。每年有春、秋两个发病高峰，春季重于秋季，夏季停止发展。树势强弱与病害发生有密切关系，栽培管理好，树势强，发病轻；管理差，树势弱，结果多的树发病重。幼树发病轻。降雨少、干旱、树皮含水量少以及土壤保水性差的果园发病重。在品种方面以西洋梨系统发病重，中国梨系统发病轻。秋子梨系统基本不发病，白梨、中国沙梨系统发病很轻，日本沙梨系统发病较重。

3. 防治技术

（1）农业防治 增施有机肥和磷、钾肥，避免偏施氮肥；合理修剪，适当疏花疏果，及时灌溉和防治病虫害；涂药保护剪锯口，树干涂白，防止日灼和冻害，以增强树势，提高树体抗病能力。

（2）人工防治 冬季刮除老翘树皮，剪除病枯枝，锯掉病死大枝和死树。刮除病斑，梨树腐烂病一般仅危害树皮的浅层，所以刮治病斑时不要太深，尽量不要伤及好皮。而对已烂至木质部的病疤，则仍需要刮皮。

（3）药剂防治 在刮治后的病斑上涂腐必清乳剂2～3倍液，或5%菌毒清水剂30～50倍液，或843康复剂5～10倍液，每

20～30 天涂 1 次，连涂 2～3 次，春季发芽前全树喷 1 次 5%菌毒清或 4%农抗 120 水剂 100 倍液。

(十)梨和洋梨干枯病

1. 危害特点 梨干枯病主要危害中国梨和日本梨，苗木受害多在基干部形成红褐色病斑，成年树受害则在主干及主侧枝产生褐色病斑。洋梨干枯病主要危害洋梨，幼树发病部位多在根颈部，成年树多发生在果枝基部，造成病斑以上部分枯死。

2. 发病规律 梨干枯病和洋梨干枯病都是由真菌引起的病害。梨干枯病以菌丝体和分生孢子器在被害树皮内越冬，洋梨干枯病以菌丝在枝条溃疡部及芽内越冬。病害流行有春、秋两次发病高峰期，夏季高温时病害停止发展。病菌经风、雨传播，由伤口侵入。两种病害的发生与树势强弱均有密切关系，树势强发病轻，树势弱发病重。土质瘠薄、肥水不足或地势低洼、排水不良、修剪过重、伤口多或冻害较重的果园，发病都较重。

3. 防治技术

(1)农业防治 严格苗木检疫，防止病菌传出和传入。结合修剪剪除病枝、枯枝，以清除病源。加强肥、水管理，促进树势健壮，提高树体抗病能力。

(2)药剂防治 休眠期喷 5 波美度石硫合剂或 5%菌毒清水剂 50～100 倍液。生长期喷倍量式波尔多液 200 倍液，或 5%菌毒清水剂 100 倍液，保护树干。已染病的树，于发病初期刮除病斑，然后涂腐必清、843 康复剂原液，或 4%农抗 120 水剂 10～20 倍液，或 5%菌毒清水剂 30～50 倍液。

(十一)梨树干腐病

1. 危害特点 梨树干腐病主要危害侧枝和小枝，主枝很少发病。有时亦能危害果实，造成烂果。

2. 发病规律 梨树干腐病属真菌病害，病菌以菌丝体、子囊壳、分生孢子器在枝干病斑上越冬。借风雨传播，由伤口和树皮皮孔等部位侵入。病菌具有明显的潜伏期，壮树上很少发病，当遇到天气干旱或土壤缺水、根系发育不良、树体衰弱时，就会诱发潜伏病菌活动繁殖。因此，春、秋季天气干旱，无水浇条件的果园发病较重，雨季来临，降水较多，病害就会自然停止。另外，土壤黏重和瘠薄的果园发病也重。

3. 防治技术

(1)农业防治　加强栽培管理，适时灌溉，增施有机肥和绿肥，合理使用化肥，特别是磷、钾肥。深翻树盘，改善土壤结构，提高保水、保肥能力，促进根系发育，增强树势，提高树体抗病能力。

(2)药剂防治　干腐病一般仅在树皮表层受害，可以不刮皮，采用直接在病皮部位涂抹药剂的方法进行治疗。药剂可选用：腐必清乳剂2～3倍液，5%菌毒清水剂30～50倍液，843康复剂5～10倍液，4%农抗120水剂50倍液。

(十二)梨树缺素症

1. 危害特点　梨树缺素症是因树体内缺少微量元素而发生的生理病害，如缺铁造成叶片黄化，缺锌造成叶片狭小，缺硼造成缩果。

2. 发病规律

(1)梨树黄叶病　该病是因树体缺铁所致。主要发生在盐碱地果园，因铁元素被土壤固定，果树根系不能吸收造成缺铁症。春、秋季降雨少，土壤干旱时发病重，夏季降雨多病情减轻，甚至消失。地势低洼、排水不良、土壤过于潮湿、黏重、地下水位高的果园，土壤通气性差，降低了根系吸收能力，发生也重。

(2)梨树小叶病　病因是树体缺锌所致。土壤中锌含量较少，当土壤呈碱性或含磷量较高，并大量施用氮肥，或土壤中有机质和水分过少，其他微量元素不平衡，均易引发缺锌症。

(3)梨缩果病　本病是树体缺硼所致。土壤瘠薄的山地、沙滩地及沙砾地果园，土壤中的硼及硼盐易流失，春季干旱时，均易发生缺硼症。另外,土壤中石灰质过多,硼易被固定,常会发生缺硼症,或氮、钾肥施用过多,亦会诱发缺硼症。苹果梨、新世纪、秋白梨、金花梨等品种也易发生缺硼症。

3. 防治技术

(1)农业防治　深翻改土,增施有机肥和绿肥,提高土壤中有机质含量。盐碱地果园要在春季灌水洗盐。

(2)药剂防治　根据病因,及时补充所缺微量元素。防治梨树黄叶病,应在发芽前,每株大树用硫酸亚铁或螯合铁 0.5～1 千克掺 5 倍有机肥混入土壤中,施后灌水。梨树发芽后,全树喷施硫酸亚铁水溶液 200 倍液。防治梨树小叶病,可在果树开花前全树喷布 0.3%硫酸锌加 0.3%尿素混合液,半月左右再喷 1 次。防治梨缩果病,可在梨树花前、花期和花后以及果实膨大期,各喷 1 次 0.3%～0.5%硼砂溶液。

(十三)梨小食心虫

1. 为害特点　梨小食心虫又叫东方果蛀虫、桃析心虫,简称"梨小",属鳞翅目小卷蛾科。寄主很多,主要为害梨、桃、苹果、李、杏、山楂、樱桃等多种果树,以幼虫蛀食新梢和果实。在梨和苹果树上主要为害果实,在桃、李、杏、樱桃上主要为害新梢。幼虫为害新梢多从上部叶腋蛀入,向下蛀食髓部,1 头幼虫可转移危害 2～4 个新梢。幼虫蛀果多从果面或萼洼处蛀入,直达果心为害,在果核周围蛀食,并排粪其中,形成"豆沙馅"。有时蛀入孔有虫粪排出,被害果后期有脱果孔,孔口周围变黑腐烂,易落果。桃、梨、苹果混栽的果园发生较重。

2. 发生规律　梨小食心虫在华北地区一年发生 3～4 代。以老熟幼虫结茧在树干翘皮下、枝杈缝隙、根颈部以及落叶或土中越冬,也有的在石块下、果品仓库、墙缝外越冬。各代成虫发生期:越冬代 4 月中旬至 6 月中旬,第一代 6 月中旬至 7 月中旬,第二代 7 月上中旬至 8 月上旬,第三代 8 月中旬至 9 月上旬。各代发生期很不整齐，世代重叠严重。各虫态历期：卵期，春季8～10天，夏季4～5天；幼虫期10～15天；蛹期7～15天；成虫寿命11～17天，完成1代需30～40天。

第一代卵主要产在桃树嫩梢3～7片叶的背面，幼虫大都在5月份为害，初孵幼虫从嫩梢顶部2～3片叶子的基部蛀入嫩梢中。第二代卵主要在6月至7月上旬，大部分还是产在桃树上，少数产在梨或苹果树上。幼虫继续为害新梢，并开始为害桃果和早熟品种的梨、苹果。第三代卵盛期在7月中旬至8月上旬，第四代卵盛期在8月中下旬。第三代和第四代幼虫主要为害梨、桃、苹果的果实。成虫白天多静伏在叶、枝和杂草丛中，黄昏后开始活动，对糖醋液和果汁以及黑光灯有较强的趋性。成虫产卵前期1～3天，夜间产卵，单粒散产。每雌可产卵50～100粒。成虫产卵对梨的品种有一定的选择性，喜在白梨系统的品种如茌梨、鸭梨、酥梨、白梨上产卵为害。

3. 防治技术

(1)合理规划梨园　在建立果园时，要尽量避免梨、苹果与桃树混栽，或近距离栽植，以减少梨小食心虫转移为害。

(2)人工防治　冬季和早春在果园刮除老树皮并集中烧掉，消灭越冬幼虫。在越冬幼虫脱果前(8月中旬前)，在主枝、主干上束草诱集越冬幼虫，1个月以后摘下草束烧掉。4～6月份及时剪除刚萎蔫的桃梢，立即杀死幼虫。及时摘除虫果和落地果，集中深埋。

(3)生物防治　在第一、第二代梨小食心虫卵期，释放松毛虫赤眼蜂，每4～5天放1次，连放4次，每667平方米总蜂量8万～10万头，寄生率可达90%左右，效果很好。

(4)药剂防治　当田间梨果上卵果率达0.5%～1%时，进行防治。喷药可选用：20%灭扫利、2.5%功夫、10%歼灭乳油3000倍液，或25%灭幼脲3号悬浮剂1000倍液。

(5)性诱剂诱杀雄蛾　在虫口密度较低的梨园，可在发蛾初期每667平方米挂5～10个梨小食心虫性诱剂诱芯水碗(盆)诱捕器，诱杀雄蛾。或采用迷向法防治，每株树挂1个或每667平方米挂20个以上诱芯诱捕器，使雄蛾找不到雌蛾交尾，雌蛾产下未受精卵，不能孵化，从而达到治虫的目的。

(十四)梨云翅斑螟

1. 为害特点　梨云翅斑螟又名梨大食心虫，俗名"吊死鬼""黑钻眼"，简称"梨大"，属鳞翅目螟蛾科。主要为害梨，幼虫为害花芽、花簇和幼果，往往造成花芽干瘪，花丛凋萎，幼果干枯变黑皱缩，悬挂树上至冬不落。

2. 发生规律　一年发生1～3代，吉林省发生1代，辽宁省西部和河北省北部发生1～2代，山东省和河北省中南部发生2代，河南省郑州发生2～3代。以1～2龄幼虫在花芽(少数在叶芽)内结白色小茧越冬。翌年春季花芽膨大时，越冬幼虫开始出蛰，转害新花芽。幼虫出蛰期长达1个多月，但盛期一般仅有6～8天。1头越冬幼虫能转移为害1～3个花芽，幼虫在芽的鳞片内咬食，蛀孔外常堆积少量缠有虫丝的碎屑，以堵塞蛀孔，若幼虫蛀入芽心，食害生长点，芽即枯死。花芽开花后，幼虫又在花丛基部为害，致使花丛凋萎，并吐丝缠连鳞片，不使脱落。幼虫在花芽内及转芽为害时间一般为30天。多数越冬幼虫出蛰后，先为害1～2个花芽再转害幼果，也有少数直接蛀果的。梨果脱萼期为幼虫蛀果初期，1头幼虫大多只为害1个果。幼虫蛀果大都从果顶蛀入，蛀果孔较大，孔口堆积虫粪。若幼虫转移为害时，原被害果即会干枯脱落。待幼虫老熟时，在果柄上吐丝，将果柄缠绕在果台枝上，随后又回到果中化蛹，该虫果就会干缩变黑，悬挂树上不落。蛹期8～11天。

在2代区，越冬代成虫于4月上旬开始羽化，盛期在6月中旬。成虫夜间活动，产卵，每雌产卵200余粒。卵多产于果实的萼注、果台、梗洼、叶柄、果面粗糙处以及顶芽上，每处产卵1～2粒，卵期5～7天。在芽、枝上产的卵，孵化后先为害芽，后为害果，如卵产在果面上就会直接蛀果为害。第一代成虫于8月上中旬羽化，卵多产在芽旁，第一代幼虫孵化后即蛀入芽内，短期为害后即在芽内越冬。

梨云翅斑螟的天敌很多，幼虫天敌有喜马拉雅聚瘤姬蜂、黑青小蜂、黄眶离缘姬蜂、稻苞虫赛寄蝇等，其中以前两种寄生率最高。

3. 防治技术

(1)人工防治　结合冬季修剪，剪除越冬虫芽。梨树开花期，发现有鳞片不脱落的花芽和凋萎的花序，即会有幼虫潜伏，要立即将幼虫杀死。在幼虫害果期，随时摘除虫果，集中处理。

(2)药剂防治　在虫口密度大的梨园，首先抓住越冬幼虫大量出蛰转芽（即梨树花芽开绽期）和转果为害2个时期，其次是第一至二代卵孵化期，进行防治。药剂可选用：20%杀灭菊酯或2.5%功夫乳油2 500～3 000倍液，5%高效氯氰菊酯乳油1 500～2 000倍液。

(十五)梨叶斑蛾

1. 为害特点　梨叶斑蛾又叫梨星毛虫，幼虫俗称梨狗子。属鳞翅目斑蛾科。主要为害梨、苹果、山楂、海棠、花红、沙果等。幼虫先食害花芽、花蕾，可钻蛀其中，将其食害，变黑枯死。梨树展叶后，幼虫转移为害嫩叶，先吐丝将叶片缀成卷筒，似饺子状，然后潜入其中啃食叶肉。被害叶仅残留一层表皮和叶脉，并逐渐变黑干枯，造成早期落叶。

2. 发生规律　东北、华北梨区一年发生1代，陕西关中地区和河南灵宝一带一年发生1～2代。多以2龄幼虫在树干及主枝的粗皮裂缝下结茧越冬。早春梨芽萌动后开始出蛰，先为害花芽、花蕾和叶芽，以花芽被害最重。花芽开绽期为出蛰盛期，幼虫多在芽缝内取食，被害部位常流出黄褐色黏液。显蕾时又为害花蕾。

谢花后，梨树展叶时，幼虫转移到叶片上为害，常将叶片纵卷成饺子状虫苞，潜伏其中潜食叶肉，1 头幼虫可转移为害 7～8 张叶片。蛹期 10 天左右。华北梨区 4 月上中旬开始出现成虫，成虫不善飞翔，易被振落，白天静伏叶背处，傍晚和夜间交尾、产卵。卵多产在叶背面，卵粒呈块状排列，尤以老虫苞附近的叶上居多。每雌产卵 200～300 粒，卵期 7～10 天。6 月下旬出现第一代幼虫，先群集，后分散在叶背为害，将叶片咬成筛网状。幼虫为害 10 余天后，约于 7 月下旬以后转到粗皮下结茧越冬。发生 2 代的梨区，第一代幼虫于 7 月下旬开始化蛹，8 月上中旬陆续羽化，幼虫一直为害到 10 月份结茧越冬。

3. 防治技术

(1)人工防治　早春刮除粗翘皮，消灭越冬幼虫。成虫发生期，于清晨摇树振落后捕杀。

(2)药剂防治　4 月上中旬梨树花芽膨大期，即越冬幼虫出蛰期是药剂防治的关键期，药剂可选用：25%灭幼脲 3 号悬浮剂 1 000～1 500 倍液，4.5%高效氯氰菊酯乳油 2 000 倍液，50%辛硫磷或 50%敌敌畏乳油 1000 倍液，20%杀灭菊酯或 2.5%功夫乳油 3 000倍液。如虫口密度大时，可在卵孵化盛期再喷上述药剂。

(十六)梨二叉蚜和黄粉蚜

1. 为害特点　为害梨树的蚜虫主要有梨二叉蚜、梨黄粉蚜(梨黄粉虫)，前者属同翅目蚜科，后者属根瘤蚜科。这两种蚜虫仅为害梨树。梨二叉蚜主要为害叶片，新梢顶端叶片受害较重，被害叶向正面纵卷成筒状，皱缩，蚜虫潜伏其中为害。梨黄粉蚜主要为害果实，梨果受害处出现稍凹陷的黄斑，其边缘产生黄色晕圈，后变为褐色斑块，易造成果实腐烂。

2. 发生规律

(1)梨二叉蚜　一年发生 20 余代。以受精卵在树皮缝隙和梨树芽腋处越冬。早春梨树花芽膨大期，越冬卵开始孵化。初孵若虫先群集芽上、花蕾和嫩叶上为害，以枝梢顶端的嫩叶被害最重。展叶后爬到叶正面刺吸为害，引起叶片向上纵卷。一般落花后大量出现卷叶，5 月份发生为害最重。5 月下旬以后开始产生有翅蚜，陆续迁飞到狗尾草上繁殖为害，6 月中旬以后梨树上基本绝迹。秋季 9～10 月间又产生有翅蚜，回迁到梨树上继续为害。11 月上旬产生有翅蚜产卵越冬。

(2)梨黄粉蚜　一年发生 8～10 代，以卵在果台、树皮裂缝或干枝上的残附物内越冬。翌年梨树开花时，越冬卵孵化为干母若虫，在翘皮、嫩皮处为害，羽化为成虫后产卵繁殖。6 月上中旬开始陆续向果实转移，自 6 月下旬至 7 月上旬多群集于梨果萼洼处为害、繁殖。随着虫量的增加，逐渐蔓延至果面上为害、繁殖。此时果面上有一堆堆黄粉。8 月中旬果实近成熟时为害更重，被害处变黑，严重时腐烂脱落。8～9 月份出现有性型成虫，交尾后转移至树皮缝等处产卵、越冬。卵期 5～6 天(越冬卵除外)，若虫期 7～8 天，成虫寿命 30 余天(有翅型较短)，干母可达 100 天以上。梨黄粉蚜为孤雌生殖，生长期干母和普通型成虫产孤雌卵，过冬性母型成虫产雌、雄两性卵，雌、雄蚜交尾后以卵越冬。普通型成虫一生平均产卵 150 余粒；性母型成虫产卵 90 粒左右，雌性蚜一生只产卵 1 粒。梨树不同品种间受害情况有显著差异，无萼片的品种受害较轻或不受害，有萼片的品种受害严重。老树受害重于幼树，地势高的梨园重于地势低洼的。梨果套袋后，袋内避光、潮湿更适合黄粉蚜的发生和为害。

3. 防治技术

(1)刮皮杀卵　冬、春季梨树休眠期刮除粗翘皮并清除树体上残附物，消灭黄粉蚜越冬卵。梨树萌动前，在树上喷 99.1%敌死虫乳油或 95%机油乳剂 100 倍液杀卵。

(2)药剂防治　防治梨二叉蚜应抓住梨芽萌动期和花后展叶期进行防治。防治梨黄粉蚜应重点在开花和麦收前后喷药防治。

药剂可选用:10%吡虫啉可湿性粉剂4 000～5 000倍液,25%辟蚜雾水分散粒剂1 000倍液,2.5%功夫或20%灭扫利乳油3 000倍液,3%啶虫脒乳油2 000倍液。梨树套袋,要用防虫药袋,并在套袋前喷1次药。

(3)苗木消毒　需要运输的苗木,如有黄粉蚜,可将苗木在水中浸泡1天,再在阳光下暴晒,杀死虫和卵。

(十七)中国梨木虱

1. 为害特点　中国梨木虱又名梨木虱,属同翅目木虱科。只为害梨属植物。春季主要为害新梢和叶柄,夏、秋季多在叶背取食。成、若虫吸食芽、叶及嫩梢汁液。叶片被害后出现褐色枯斑,严重时全叶变色,引起早期落叶。新梢被害后发育不良,有萎缩现象。若虫在叶片上分泌大量蜜汁黏液,并将相邻两张叶片粘合在一起,雨季湿度大时,易发生煤污病。为害果实的若虫,在果面上分泌黏液,产生霉污,影响品质和商品价值。

2. 发生规律　一年发生3～7代,华北地区一年发生5～6代,辽宁省发生3代,浙江省发生6～7代。以冬型成虫在树皮缝、落叶、杂草及土缝中越冬。翌年春季梨树花芽萌动时越冬成虫开始出蛰,鸭梨花芽鳞片节间露白期为出蛰盛期,出蛰期长达1个月。出蛰成虫在小枝上活动,刺吸汁液并交尾产卵,产卵盛期与鸭梨花序伸出期相吻合,鸭梨终花期为第一代若虫孵化盛期,盛花期后30余天是第一代成虫羽化盛期。越冬代成虫喜在短果枝叶痕处及芽腋间产卵。第一代若虫孵化后多集中在果台、嫩梢、新叶和花蕾等幼嫩组织处产卵,以后各代卵大多产在叶面主脉沟、叶柄沟或叶缘锯齿内。第二代以后,各代若虫孵化后多在叶面吸食为害,并分泌大量黏液,形成两张叶片相连或叶果相连,随后发霉变黑,叶片脱落。在一年发生4～5代的梨区,各代成虫发生期为:第一代5月上旬至6月上旬,第二代6月上旬至7月中旬,第三代7月上旬至8月上中旬,第四代8月上旬至9月上中旬,第五代9月下旬，世代重叠。10月份陆续越冬。每头雌虫产卵300余粒，单产或2～3粒在一起，产卵前期4～6天，产卵期7～10天，越冬代产卵期长达15～20天，若虫期25天左右。梨木虱发生轻重与气候、品种有密切关系，一般干旱年份发生严重，雨水多的年份发生较轻，叶片蜡质层厚的品种受害要轻于蜡质层薄的品种。梨木虱的天敌很多，如瓢虫、草蛉、花蝽、蓟马和寄生蜂等，应加以保护利用。

3. 防治技术

(1)人工防治　冬季和早春刮除老树皮，清除梨园内及其周围的残枝、落叶及杂草，消灭越冬成虫。

(2)药剂防治　越冬代成虫出蛰期是防治的重点。因此，应抓住梨树花芽开放前越冬代成虫出蛰期进行防治，集中消灭越冬成虫及已产下的一部分卵。此时梨树尚未展叶，成虫及卵均暴露在枝条上，喷药效果较好，对控制全年为害作用很大。如前期未及时防治，可在落花后第一代若虫孵化盛期及盛花后30天第一代成虫羽化盛期进行防治。夏季防治应在若虫发生期防治。药剂可选用：10%吡虫啉可湿性粉剂4 000倍液，4.5%高效氯氰菊酯乳油2 000倍液，20%灭扫利或2.5%功夫乳油3 000倍液，25%噻嗪酮可湿性粉剂1 500～2 000倍液。

(十八)椿象类

1. 为害特点　为害梨树的椿象主要有梨冠网蝽(梨军配虫)、梨蝽(臭板虫)、茶翅蝽(臭木椿象)和麻皮蝽。均以成、若虫为害叶片、嫩叶和果实。茶翅蝽和麻皮蝽见苹果主要病虫害及其防治，以下主要介绍梨冠网蝽和梨蝽。

(1)梨冠网蝽　属半翅目网蝽科。主要在叶片背面刺吸为害，被害叶正面出现苍白斑点，叶背面布满褐色虫粪，并形成黄褐色锈斑，失去光合作用，干枯脱落。

(2)梨蝽　属鳞翅目异蝽科。喜群集枝干上吸食汁液，也为害叶片和果实。常会造成新梢和叶片枯萎，严重时枝条枯死。梨果被害部位停止发育，形成硬疔，呈凹凸不平的畸形果，俗称疙瘩梨，不能食用。

2. 发生规律

(1)梨冠网蝽　华北地区一年发生3～4代。以成虫在落叶、树干翘皮裂缝、杂草及土块缝隙处越冬。春季果树发芽后，成虫出蛰飞到寄主上为害，4月下旬至5月上旬为成虫出蛰盛期，6月上旬出蛰基本结束，历期45～50天。越冬代成虫于4月下旬开始产卵，若虫从5月中旬开始孵化，盛期在5月下旬。由于越冬代成虫出蛰期较长，造成以后各世代重叠。以7～8月份为害最重。10月上中旬成虫开始越冬。成虫寿命长达1个月以上，成虫喜在叶片背面叶肉中产卵，常数粒至数十粒相邻产在叶脉两侧的叶肉内，每雌产卵几十粒至数百粒。卵历期，第一代卵为30天左右，其余各代为5～15天。若虫期10～15天，初孵若虫不大活动，喜群聚为害，2龄后活动范围扩大。成、若虫均喜群集叶背主脉附近吸食汁液，并排出黑褐色带黏性的分泌物和粪便。

(2)梨蝽　一年发生1代。以2龄若虫在树皮裂缝中越冬。3月下旬梨树发芽时若虫逐渐分散到树枝上吸食汁液。成、若虫在高温下有群集习性，夏季天热时，常群集在树干阴面和树杈处静伏，傍晚后又分散到树梢上为害。6月上旬成虫开始羽化，7月中旬为羽化盛期，成虫羽化期很不整齐。成虫寿命长达4～5个月。成虫羽化后需经长时间取食才开始交尾产卵，产卵盛期在8月下旬至9月上旬。卵多产在树干粗皮裂缝或树枝分杈处，也能产在叶片或果实萼洼处。卵期10天左右，9月中下旬开始孵化，孵出的若虫蜕1次皮，寻找适当场所潜伏越冬。成若虫有群集性，中午群集在大枝背阴面，傍晚陆续上树分散为害。

3. 防治技术

(1)人工防治　梨冠网蝽可在冬、春季采用清除落叶、杂草，刮除翘皮，深翻等措施，以消灭越冬成虫。茶翅蝽可于秋季或成虫越冬时和春季越冬成虫出蛰时在越冬场所进行人工捕杀成虫，在产卵期间，人工消灭卵块和初孵若虫。梨蝽可于冬、春季刮树皮，消灭越冬若虫；夏季中午前后，检查枝干阴面，可消灭其群集的成、若虫。

(2)药剂防治　掌握防治关键期，梨冠网蝽于越冬代成虫出蛰上树和第一代若虫孵化后；梨蝽于早春越冬若虫开始活动尚未分散前，或夏季高温、若虫群集时喷药防治；茶翅蝽于6～7月份若虫发生期进行药剂防治。药剂可选用：90%晶体敌百虫1 000倍液，48%乐斯本乳油1 500倍液，20%杀灭菊酯或2.5%功夫乳油3 000倍液。

(十九)黄褐天幕毛虫

1. 为害特点　黄褐天幕毛虫又名天幕毛虫，属鳞翅目枯叶蛾科。只为害叶片，低龄幼虫吐丝结网，群集网幕中取食叶片，大龄幼虫分散为害，严重时可将全树叶片吃光。寄主有梨、苹果、桃、李、杏、樱桃等果树及杨、柳等林木。

2. 发生规律　一年发生1代。以完成胚胎发育的幼虫在卵壳内越冬。翌年4月中下旬梨树开花时幼虫从卵壳内钻出，先在卵环附近为害嫩叶、花蕾和花；5月上中旬转移到小枝分杈处吐丝张网结成天幕，白天群集在天幕上，夜间取食周围叶片。天幕附近叶片食尽后，再转移它处另结天幕。4龄后逐渐分散到全树为害，受到惊扰后会落地假死。幼虫期40～49天。幼虫雄性5龄，雌性6龄。幼虫老熟后，在梨叶背面或两叶之间以及附近杂草缝隙处结茧化蛹，蛹期11～12天。6月上旬羽化为成虫，盛期在6月中旬。成虫晚间活动，有趋光性。卵多产在当年生枝条上，呈1个卵环，约200余粒卵。每雌产卵480粒左右。

3. 防治技术

(1)人工防治　冬、春季结合修剪，剪除枝梢上的卵环，集中烧毁。在幼虫期利用群集天幕丝网的习性，将其除去杀死。后期幼虫分散为害，可振落后杀虫。

(2)药剂防治　在幼虫出壳后和幼虫分散前喷药防治。药剂可选用：50%辛硫磷或80%敌敌畏乳油或90%晶体敌百虫或50%马拉硫磷乳油1 000倍液，2.5%功夫或20%杀灭菊酯乳油3 000倍液，25%灭幼脲3号悬浮剂1 500倍液。

(二十)舞毒蛾

1. 为害特点　舞毒蛾又名柿毛虫、秋千毛虫，属鳞翅目毒蛾科。以幼虫取食叶片，被害叶呈孔洞或缺刻，严重时可将叶片吃光，仅剩叶脉。为害寄主有梨、苹果、桃、李、杏、樱桃、山楂、板栗等。

2. 发生规律　舞毒蛾一年发生1代，以卵块在枝干、石缝等处越冬。翌年4月下旬开始孵化，5月下旬至6月中旬是幼虫为害盛期，6月上中旬化蛹，6月下旬至7月上旬为羽化盛期。初孵幼虫喜群集为害，遇惊会吐丝下垂，借风传播，白天潜伏叶背不活动，夜晚取食。2龄后分散活动取食，4龄后进入暴食阶段，食量很大。幼虫期长达2个月左右，老熟后多爬至树下隐蔽场所化蛹，或吐丝卷叶化蛹，蛹期10～15天。成虫有趋光性，雄蛾活泼，喜在白天飞舞、交尾、产卵。雌蛾腹部粗大，不喜活动。每雌产卵1～2块，每块卵有400～500粒。

3. 防治技术

(1)人工防治　冬春季结合修剪，寻找并杀死卵块。成虫发生期，利用雌蛾不喜飞行的习惯，进行人工捕杀。

(2)药剂防治　在幼虫低龄期进行防治。药剂可选用：25%灭幼脲3号悬浮剂1 500倍液，50%辛硫磷或48%乐斯本乳油1 000～1 500倍液，20%灭扫利或2.5%功夫乳油2 000～3 000倍液。

(二十一)大袋蛾

1. 为害特点　大袋蛾又名大蓑蛾，属鳞翅目蓑蛾科。以幼虫为害叶片，并用碎叶和幼虫吐出的细丝做一袋囊藏于其中，悬挂于枝叶上，伸出头部取食。其寄主很广，既为害梨、苹果、桃等果树，还为害梧桐、刺槐、柳树等多种树木。

2. 发生规律　大袋蛾一年发生1～2代，北方梨区发生1代，江苏、安徽、江西等地发生1～2代，广东省发生2代，以老熟幼虫在袋囊内越冬。在陕西关中一带，5月上旬化蛹，蛹期，雄虫23～31天，雌虫14～22天。5月下旬成虫开始羽化，雌虫羽化后仍在袋囊中，头向下、尾向上引诱雄虫交尾，雄虫羽化后飞到雌虫囊上交尾，雌虫交尾后即产卵于袋囊内，堆积一起，卵期7天左右。幼虫孵化盛期在6月中旬，9月下旬以后陆续老熟封闭袋口越冬。雄虫羽化早于雌虫，雄虫羽化后即可交尾，有趋光性。寿命雄虫5天，雌虫14天。每雌产卵3 000～4 000粒，多者可达6 000余粒。初孵幼虫仍在袋囊中滞留2～7天时间，以后便在上午10时至下午4时陆续爬出，吐丝下垂，随风扩散至寄主上。低龄幼虫取食叶片，吐丝将碎叶连缀成一袋囊，头伸出袋外取食，食后缩入袋囊内，袋囊随幼虫生长而增大。大发生时将一处叶片吃光后则吐丝下垂，随风迁移为害。

3. 防治技术

(1)人工防治　果树生长期发现袋囊及时摘除，冬季落叶后，结合修剪彻底清除越冬袋囊，集中杀死和烧毁。

(2)药剂防治　幼虫孵化后脱囊分散期为药剂防治关键期，药剂可选用：50%辛硫磷或48%乐斯本乳油1 000～1 500倍液，90%晶体敌百虫500～800倍液，青虫菌粉剂1 000倍液。

(二十二) 梨潜皮细蛾

1. 为害特点　梨潜皮细蛾，又名梨潜皮蛾，俗称串皮虫。属鳞翅目细蛾科。以幼虫在枝干及梨果表皮下潜食，开始出现弯曲状隧道，后期隧道汇合连片，使枝条皮层剥离翘起，从而导致水分散失，削弱树势，冬季易受冻害，翘起的树皮下常有多种害虫潜伏越冬。果实受害会引起果肉变黑。寄主有梨、苹果、杏、海棠、板栗等果树。

2. 发生规律　一年发生1～2代，辽宁、河北果区发生1代，山东、陕西果区发生2代。以低龄幼虫在枝条表皮下蛀道内越冬。山东果区，越冬幼虫于翌年3月开始活动，6月上、中旬越冬幼虫老熟化蛹，6月下旬至7月上旬为越冬代成虫羽化盛期，8月下旬出现第一代成虫，9月上旬第二代幼虫开始孵化，10月中下旬幼虫开始越冬。翌年寄主发芽时，越冬幼虫开始活动，在越冬部位继续取食为害。幼虫老熟后，多在为害处结薄茧化蛹，蛹期18～28天。成虫羽化后多在夜间活动，交尾产卵。成虫喜在1～3年生5～30毫米粗、表皮光滑柔嫩的枝上产卵，因此在徒长枝、发育旺盛枝和小龄枝上产卵多。在梨果上多选择淡褐色或淡黄白色皮薄的梨果上产卵。每头雌虫产卵10余粒，散产。卵期7～8天。幼虫孵化后直接从卵壳下蛀入皮层串食为害，形成极细的隧道。随着虫龄的增长，隧道逐渐变宽，5龄以后，隧道合并连片。后期幼虫向下啃食，受害处表面呈碎纸片状，枯死表皮向一侧爆裂。老熟幼虫在翘皮下吐丝化蛹，成虫羽化时，将蛹壳一半拖出茧外。

3. 防治技术

(1)人工防治　结合修剪剪除虫害枝条，或刮树皮消灭在枝干内越冬的幼虫。

(2)药剂防治　在成虫羽化和产卵盛期喷药防治。药剂可选用：20%灭扫利或2.5%功夫乳油2 500倍液，48%乐斯本或80%敌敌畏乳油1 000倍液。

(3)苗木接穗熏蒸　将带虫苗木或接穗用溴甲烷熏蒸，当冬季室温8℃～9℃时，每立方米用溴甲烷45克，密闭6小时，可将幼虫全部杀死，对苗木、接穗无不良影响。

(二十三) 梨茎蜂

1. 为害特点　梨茎蜂又名梨梢茎蜂，俗称折梢虫、切芽虫，属膜翅目茎蜂科。在梨梢长至6～7厘米时，成虫产卵时用锯状产卵器将嫩梢4～5片叶锯伤，再将伤口下方3～4片叶切去仅留叶柄。新梢被锯后萎缩下垂，干枯脱落。幼虫在残留小枝橛内蛀食。受害严重时，大多新梢被折断，影响生长。幼树受害还会影响树冠早期形成。主要为害梨，也为害苹果、海棠、杜梨等，但为害不重。

2. 发生规律　一年发生1代。以老熟幼虫或前蛹在被害枝橛内越冬。梨树开花期成虫羽化，先在枝内停留3～6天后咬一圆形孔钻出。白天中午前后活动频繁，吸食花蜜，交尾产卵。梨树盛花期后10天为成虫产卵盛期，产卵时先在新梢上端4～5片叶下用产卵器将嫩梢锯断大部分，其一边的皮层不断，随即将产卵器插入断口处下面约5毫米处组织内产卵，然后再将断口下面3～4片叶切断，仅存叶柄，产卵痕为一黑点，不久断梢脱落。成虫发生期10～15天，比较整齐。雌虫产卵期比较集中，4～5天产卵即可结束。一般在1个新梢上只产1粒卵，卵期7～10天。幼虫孵化后，即在梢中向下蛀食，被害部分逐渐干枯、缩短，呈黑褐色干橛。至6～7月份幼虫蛀入2年生枝内开始陆续老熟。幼虫在越冬前将身体倒转，头部向上结薄茧越冬。幼龄梨园重于老龄梨园。

3. 防治技术

(1)人工防治　冬季结合修剪，剪除被害枝条，集中烧毁。生长期及时剪除枯萎嫩梢，集中深埋或烧毁。

(2)药剂防治　成虫期喷药是防治的关键，药剂可选用：48%乐斯本或50%辛硫磷乳油1 000～1 500倍液，20%灭扫利或2.5%功夫乳油2 000～3 000倍液，80%敌敌畏乳油或90%晶体敌百虫800倍液。

(二十四)梨实蜂

1. 为害特点　俗称花钻子，属膜翅目叶蜂科。寄主单一只为害梨。成虫在花萼上产卵，被害花萼出现1个稍鼓起的小黑点，很像蝇粪，剖开后可见一长椭圆形的白色卵。幼虫孵化后在原处为害，在花萼基部内环向串食，被害处变黑。萼筒脱落前即钻入幼果内为害，被害果干枯脱落，脱落前又转果为害。

2. 发生规律 一年发生1代。以老熟幼虫在树冠下土中结茧越冬。翌年3月份化蛹，蛹期7天左右。3月底至4月初杏树盛花期成虫羽化，群集于早期开花的杏、李、樱桃等花上取食花蜜，但不产卵，待梨花含苞待放时再转移到梨花上为害。成虫有假死性，白天活动，但早晨和日落后不活泼，易振落。成虫转到梨花后，即开始产卵，2～3天即达产卵盛期，6～7天产卵完毕。成虫将卵产在花萼组织内，每次只产1粒卵。卵经5～6天孵化，幼虫先在花萼基部串食，萼片上出现黑纹，很易发现。萼筒将要脱落时，即转入果内为害。幼虫有转果为害习性，1头幼虫可为害1～4个幼果。幼虫在果内为害20天左右，老熟后脱果落地，入土结一椭圆形丝茧越夏、越冬。

3. 防治技术

(1)人工防治 梨实蜂的成虫有假死性，可于清晨或傍晚摇动枝干进行捕杀。在幼虫为害早期及时摘除虫花和虫果深埋，消灭幼虫。

(2)药剂防治 在梨实蜂发生重的梨园，要加强地面防治。该虫以幼虫在土中越冬，可在成虫羽化前(梨树开花前10～15天)，用50%辛硫磷乳油500倍液或48%乐斯本乳油600倍液进行地面喷雾，重点喷洒树干1米范围的地表层，每667平方米用药液150升，喷后浅耙一下。在成虫发生期，利用发生期短且集中的特点，即在梨树开花前、后喷药防治，药剂可选用：48%毒死蜱或50%辛硫磷乳油1000～1500倍液，20%杀灭菊酯或2.5%功夫乳油2000～3000倍液，80%敌敌畏乳油800～1000倍液。

(二十五)介壳虫类

1. 为害特点 为害梨树的介壳虫主要有梨枝圆盾蚧(梨圆蚧、梨笠圆盾蚧)、日本球坚蚧(日本准球蚧)、东方盔蚧(褐盔蜡蚧、扁圣球坚蚧、远东盔蚧)等，前一种属同翅目盾蚧科，后两种属蜡蚧科。均以若虫和雌成虫吸食枝干、枝条、叶片或果实，致使果树生长不良，树体衰弱，严重时皮层爆裂，枝条干枯、落叶、落果，甚至整树死亡。同时虫体排出的蜜露还会污染叶片和果实，从而诱发煤污病的发生。寄主有梨、苹果、桃、李、杏、山楂等果树和杨、柳等林木。

2. 发生规律

(1)梨枝圆盾蚧　一年发生 2～5 代，北方果区发生 2～3 代，南方果区发生 4～5 代，主要以 2 龄若虫及少数受精雌成虫在枝干上越冬。翌年树汁流动时继续为害。4 月中旬雄虫化蛹，5 月上中旬羽化，交尾后即死亡。雌虫再继续取食，6 月上中旬至 7 月上旬越冬代雌成虫陆续产仔。第一代雌成虫产仔期为 7 月下旬至 9 月上旬，第二代在 9 月至 11 月上旬。山东省烟台第一代若虫发生盛期在 6 月下旬，第二代在 8 月上中旬。梨枝圆盾蚧大多数是雌、雄交尾后胎生若虫，也有孤雌胎生的，每头雌虫可产仔 54～108 头，最多 362 头。若虫产于母体介壳下，出壳后爬行迅速。初龄若虫孵出后即爬向嫩枝、果实和叶片，1～2 天找到适当部位后将口器插入寄主组织内固定，不再移动，分泌蜡质，逐步形成白色介壳。枝干向阳面介壳群落较多。若虫固定后 1～2 天开始分泌蜡质形成介壳。

(2)日本球坚蚧　一年发生 1 代，以 2 龄若虫聚集在枝条、芽腋及其附近等处越冬，直径 13 毫米以上的枝条，很少寄生。翌年春果树萌芽时，越冬若虫出蛰在原处为害，4 月中旬出现成虫，交尾后雄成虫即死亡，雌成虫体背膨大成球形，并逐渐硬化，5 月上旬开始产卵，卵产在虫体下，每雌可产卵 2 500 粒左右，5 月中旬至下旬为若虫孵化期。初孵若虫沿枝条爬行，最终爬至叶片背面固着为害，体被有极薄的蜡层，秋末蜕皮为 2 龄，转移至枝条上越冬，若虫期 3 龄。

(3)东方盔蚧　一年发生 1～2 代，以 2 龄若虫在枝条裂缝、叶痕处越冬。翌年春果树发芽时转移至枝条上固着取食，虫体不断膨大。大多营孤雌生殖，雄虫极少见，5月份产卵于雌虫介壳下，卵期20～30天，5月中下旬孵化为若虫，分散到枝条、叶片和果实上为害。10月份若虫转移到枝条上，寻找越冬场所。

3. 防治技术

(1)休眠期防治　在果树发芽前，喷洒99.1%敌死虫乳油、95%机油乳剂100倍液，或5波美度石硫合剂。

(2)生长期防治　在各代若虫活动期至固着前，是喷药防治的关键期，药剂可选用：0.3波美度石硫合剂，99.1%敌死虫乳油或95%机油乳剂150～200倍液，80%敌敌畏乳油1 000倍液，20%杀灭菊酯或2.5%功夫乳油2 000倍液，25%扑虱灵可湿性粉剂1 500～2 000倍液，48%毒死蜱或50%辛硫磷乳油1 000～1 500倍液。

(二十六)梨虎象与梨花象

1. 为害特点　为害梨树的象甲主要有梨虎象(梨实象甲)和梨花象两种，前者属鞘翅目卷象科，后者属象甲科。梨虎象发生较为普遍，以成虫为害嫩芽，啃食果皮、果肉，使果面呈不规则的斑点，俗称“麻脸梨”。成虫产卵前先咬伤产卵果的果柄，造成落果，幼虫在落果内蛀食果肉，被害果皱缩干枯。梨花象发生不很普遍，以成虫咬食嫩叶和花蕾，在花蕾上咬一产卵孔。幼虫在花蕾内食害花蕊和子房，使花不能开放，花瓣干枯变褐，还能在幼果内为害，被害花、果极易脱落。以上两种象甲主要为害梨，亦能为害苹果等其他果树。

2. 发生规律

(1)梨虎象　一年发生1代，以成虫潜伏在土室内越冬，翌年出土为害。部分地区二年发生1代，以幼虫在土室内越冬，翌年夏、秋季羽化，不出土即以成虫再越冬，到第三年春季出土。1代区越冬成虫于梨树开花时开始出土，4月下旬至7月上中旬均有成虫出土，盛期在5月下旬至6月中旬。成虫出土多少与降雨有关，每当雨后便有大量成虫出土，如遇春旱则很少出土并推迟出土期。成虫出土后即飞往梨树上为害，先食害嫩芽、叶或花丝，坐果后啃食幼果。成虫白天活动，具假死性。取食10天后开始产卵，产卵盛期在6月中下旬至7月上中旬。产卵期达2个月左右，每雌产卵20～150余粒。卵期6～8天。成虫产卵时先咬伤果柄基部，而后在果面上咬一小孔，将卵产入，每果产卵1～2粒，然后以粪便封口。被产卵的幼果逐渐萎缩，极易脱落。幼虫孵化后即在果内蛀食，经20余天幼虫老熟，脱果入土，在30～60厘米处做土室化蛹。幼虫脱果入土经30余天化蛹，蛹期1～2个月，9月下旬陆续羽化为成虫，当年不出土，在蛹室内越冬；幼虫脱果晚的，当年即以幼虫越冬，翌年化蛹，羽化为成虫；当年不出土的，在蛹室内越冬。

(2)梨花象　一年发生1代，以成虫群集潜伏在树皮裂缝或落叶层内越冬。梨花显蕾时越冬成虫开始出蛰活动，雌虫先在蕾上咬一孔，产1粒卵，卵期5～8天。幼虫孵化后即在原花蕾内咬食花蕾和子房直至化蛹，被害花不能开放而脱落，幼虫随花蕾落地后，转移它处继续为害。6月份出现成虫，食害嫩叶，有假死性。8月中旬以后进入越冬场所。

3. 防治技术

(1)人工防治　利用梨虎象和梨花象成虫的假死性，在成虫盛发期于清晨或傍晚摇树振落捕杀。在树上摘除被害花和虫果，在地下捡拾落地花、果，集中烧毁或深埋。

(2)药剂防治　在成虫发生初期，特别是雨后在树冠下喷洒50%辛硫磷或48%乐斯本乳油300～400倍液处理地面，每667平方米喷150升药液。树上防治药剂可选用：80%敌敌畏乳油1000倍液，90%晶体敌百虫800倍液，20%灭扫利或25%功夫乳油2000倍液。

(二十七)梨金缘吉丁虫

1. 为害特点 梨金缘吉丁虫属鞘翅目吉丁虫科。以幼虫在梨树枝干皮层纵横串食,被害处外皮变褐,蛀道内充满褐色虫粪和木屑,输导组织被破坏,造成树势衰弱,枝干逐渐枯死,甚至全树死亡。

2. 发生规律 梨金缘吉丁虫一年发生1代,或二年发生1代。以不同龄期的幼虫在被害枝干皮层下或木质部蛀道内越冬。翌年早春树液流动时,越冬幼虫继续蛀食为害,老熟幼虫于4月中旬在蛀道内化蛹,蛹期15~30天。成虫羽化期在5月上旬至7月上旬。成虫白天活动,取食梨树叶片呈不规则状缺刻,早晚和阴雨天温度低时静伏叶片上,遇振动时有下坠假死习性。成虫产卵期10余天,要求高温,因此成虫前期产卵少,5月下旬以后产卵量增多。卵多产在枝干皮缝和伤口处,每头雌虫可产卵20~100余粒。卵期10~15天,6月上旬为幼虫孵化盛期。幼虫孵化后蛀入树皮,初龄幼虫仅在蛀入处皮层下为害,3龄后串食,多在形成层钻蛀横向弯曲隧道,待围绕枝干1周后,整个侧枝或全树就会枯死。秋后幼虫蛀入木质部越冬,当年或1年以上的幼虫多在皮层或形成层越冬。

3. 防治技术

(1)人工防治　冬季刮除树皮,消灭越冬幼虫;及时清除死树、死枝,以减少虫源。成虫期可利用其假死习性,于清晨摇树振落捕杀。发现幼虫为害时,可用刀将其挖出,或用刀切划树皮将其杀死。

(2)药剂防治　成虫羽化出洞前用80%敌敌畏乳油1份,加煤油20份的比例配成混合液,涂抹被害枝,可杀死幼虫。在成虫发生期全树喷药,药剂可选用:80%敌敌畏乳油800倍液,48%毒死蜱乳油1 000~1 500倍液,2.5%功夫或20%灭扫利乳油2 000~3 000倍液。

(二十八)梨眼天牛

1. 为害特点　梨眼天牛又名梨绿天牛、玻璃天牛，属鞘翅目天牛科。成虫、幼虫均能为害，幼虫主要蛀食枝条的木质部，从洞口排出细木纤维和粪便，枝条易折断。成虫主要为害叶片、叶柄和嫩枝表皮，被害叶易折断。寄主有梨、苹果、桃、杏、梅、李、海棠、山楂、石榴等。

2. 发生规律　每二年发生 1 代，以 3 龄幼虫在蛀道内越冬。翌年 3 月下旬越冬幼虫开始活动，4 月中旬幼虫陆续老熟开始化蛹，4 月下旬为化蛹盛期，蛹期 15～20 天，5 月上旬开始羽化，羽化盛期在 5 月中下旬，直至 6 月中旬羽化才结束。成虫羽化后经3～8 天才钻出蛀道活动，多栖息于树叶下面，取食叶片主脉、叶柄、叶缘或嫩树皮以补充营养。成虫活动力不强。晴天飞行，中午前后不活动，多在上午 8 时至 11 时和下午 5 时至日落前交尾。成虫寿命 10～30 天。雌虫喜在 10～25 毫米粗的枝条上产卵，先用上颚将枝条皮层咬成"U"字形伤痕，在其伤痕内产下 1 粒卵，每头雌虫可产卵 10～30 粒。卵期 10 天左右。幼虫共 5 龄，初孵幼虫先取食韧皮部，2 龄以上幼虫蛀食木质部，并向枝梢顶端方向蛀食。蛀孔周围有烟丝状木纤维和粪便排出。10 月下旬幼虫停止取食，并用木屑和粪便堵塞洞口，准备越冬。

3. 防治技术

(1)人工防治　在成虫发生期，利用晴天中午不活动的习性，捕捉成虫，将其杀死。

(2)药剂防治　在幼虫发生期，寻找新鲜排粪孔，用细铁丝插入，将粪便和木屑钩出，然后塞入 80%敌敌畏乳油 5～10 倍液棉球，或在虫孔内注射 80%敌敌畏乳油 300～500 倍液，再用湿泥封口，另外，在成虫羽化盛期和幼虫孵化盛期喷洒 80%敌敌畏乳油 800 倍液，或 48%毒死蜱乳油 1 000 倍液。

三、桃树主要病虫害及其防治

(一)桃褐腐病

1. 危害特点 桃褐腐病又名菌核病、花腐病，是桃树的主要病害。危害桃树的花、叶、枝梢及果实，以果实受害最重。寄主除桃树以外，还能危害樱桃、李、杏和梅等果树。

2. 发生规律 桃褐腐病属真菌病害，病菌主要以菌丝体在僵果和病枝上越冬，在僵果上可存活数年。翌年春产生分生孢子，借风、雨、昆虫传播，引起初次侵染。分生孢子可直接从柱头、蜜腺侵入花器，造成花腐，再蔓延到新梢。也可经伤口、皮孔侵入果实引起烂果。在适宜条件下，病果表面产生大量分生孢子，引起再次侵染，不断扩大危害。运输贮藏期病、健果接触传染，可引起健桃发病腐烂，造成很大损失。花期低温高湿会引起花腐，后期温暖多雨或多雾易引起果腐。桃椿象和食心虫为害形成的伤口会给病菌造成侵入的机会。管理粗放、地势低洼、通风透光差的果园发病重。果实成熟后果肉较硬的品种抗病力强，柔嫩、多汁、味甜、皮薄的品种易感病。

3. 防治技术

(1)人工防治 结合修剪彻底清除病枝、僵果，集中烧毁，同时进行耕翻，深埋地面上的病残体，以消灭越冬菌源。此外，采收和运输时应尽量避免造成伤口，减少病菌在贮存期间的侵染。

(2)治虫防病 及时喷药防治食心虫、椿象等害虫，减少虫伤，以减少病菌侵入的机会。

(3)药剂防治 桃树发芽前喷5波美度石硫合剂，落花前后各喷1次50%速克灵或70%甲基托布津或50%扑海因可湿性粉剂1 000倍液，可有效地防治花朵和幼果染病。采果前30天仍需喷药防治，药剂可选用：75%百菌清可湿性粉剂800～1 000倍液，

80%大生 M-45 或喷克可湿性粉剂 800～1 000 倍液，70%代森锰锌可湿性粉剂或 50%多菌灵胶悬剂 600～800 倍液，每隔 10～15 天喷 1 次，连喷 2～3 次，可防治果腐。

(二)桃炭疽病

1. 危害特点　桃炭疽病主要危害果实，也可危害新梢和叶片。寄主单一，仅危害桃树。

2. 发生规律　桃炭疽病是由真菌引起的病害，病菌主要以菌丝体在病梢和僵果内越冬。翌年春产生分生孢子，借风、雨、昆虫传播到新梢和幼果上，引起初次侵染。随后产生分生孢子，多次再侵染。在桃树花期至幼果期，遇低温高湿天气发病重，北方 5～6 月份开始发病。4～6 月间降水量与病害发生程度密切相关，降雨次数多、雨量大，有利于发病，幼果受害重。果实成熟期如温暖、多雾发病也重。果园管理粗放，留枝过密，通风透光差，土壤黏重，排水不良，树势衰弱的桃园发病更重。从品种来看，晚熟品种较抗病，早、中熟品种较感病。

3. 防治技术

(1)人工防治　结合冬季修剪，清除病枯枝及僵果，清扫地面落果，萌芽至开花期间剪除病枯枝，并摘除病果，带出果园深埋或烧毁，以减少菌源。

(2)药剂防治　重点是保护幼果和消灭越冬菌源。于芽萌动期喷等量式波尔多液 100 倍液，或 3～5 波美度石硫合剂。落花后开始，每隔 10～15 天喷 1 次药，连喷 3～4 次，以 4 月下旬和 5 月上旬的两次喷药最为重要。药剂可选用：70%甲基托布津可湿性粉剂 1 000 倍液，50%多菌灵可湿性粉剂 500～600 倍液，50%克菌丹可湿性粉剂 400～500 倍液，75%百菌清可湿性粉剂 800 倍液。病害较重的桃园，可在果实成熟前再喷 1～2 次。

(三)桃疮痂病

1. 危害特点　桃疮痂病又名黑星病。主要危害桃的果实，也危害新梢和叶片。果实被害轻者果面上有黑点，影响商品价值，严重者病果木栓化并龟裂，不能食用。寄主除桃以外，还有李、杏、扁桃、梅等多种核果类果树。

2. 发病规律 桃疮痂病属真菌病害，以菌丝体在病枝梢上越冬。翌年4～5月间产生分生孢子，随风、雨传播，可直接侵入果实的表皮，潜伏期在果实上长达40～70天，而在新梢和叶片上仅为25～45天。北方果区7～8月份发病最重，5～7月间多雨潮湿有利于病害的发生。果园低洼郁闭发病重。果实上当年产生的分生孢子，虽可进行再次侵染，但病菌潜伏期较长，早熟品种未显症状即已采收，因此发生病轻。中、晚熟品种因病斑上的分生孢子再次侵染，故发病重。当年生枝条被害后，夏末方显症状，秋季才产生孢子并以菌丝体越冬，成为翌年春季初侵染病源。

3. 防治技术

(1)农业防治 适时疏枝修剪，促使通风透光，及时排水，降低果园湿度。结合修剪清除病枝梢，搞好果园卫生。

(2)药剂防治 发芽前喷3～5波美度石硫合剂，以减少越冬菌源。落花后半个月开始至6月间，每10～15天喷1次药，药剂可选用：80%大生M-45或喷克可湿性粉剂800倍液，3%克菌康可湿性粉剂600～800倍液，40%福星乳油8 000倍液，70%甲基托布津可湿性粉剂800倍液，40%多菌灵胶悬剂500～600倍液，半量式波尔多液100倍液。生长期可结合桃褐斑病进行防治。

(四)桃穿孔病

1. 危害特点 桃穿孔病常见的有细菌性穿孔病、真菌性霉斑穿孔病和褐斑穿孔病3种。叶片受害后都会造成叶片穿孔、脱落或枝梢枯死，削弱树势，降低产量并影响翌年结果。寄主有桃、李、杏、樱桃等核果类果树。

2. 发病规律

(1)细菌性穿孔病 是由细菌引起的病害，病菌在枝条病组织

(主要是春季溃疡病斑)内越冬。翌年桃树开花前后病斑表皮破裂,病菌从病组织溢出,随风、雨或昆虫传播,经叶片、果实和枝条的皮孔入侵。叶片于5月份发病,秋季多雨可发生再次侵染。温暖、雨水频繁或多雾季节适于病害发生。树势衰弱,通风透光不良,排水不畅及偏施氮肥的果园发病重。晚熟品种如玉露、太仓等发病重,早熟品种如小林等发病轻。

(2)霉斑穿孔病　是由真菌引起的病害,病菌以菌丝体和分生孢子在病枝梢或芽内越冬。翌年春天病菌借风、雨传播,先侵染幼叶,产生新孢子再侵染枝梢和果实。低温多雨有利于发病。

(3)褐斑穿孔病　是由真菌引起的病害,病菌主要以菌丝体在病叶和枝梢中越冬。翌年春形成分生孢子,借风、雨传播,侵染叶片、新梢和果实。地势低洼,通风透光不良,阴暗潮湿的果园以及多雨午份发病均重。

3. 防治技术

(1)农业防治　结合冬剪,彻底清除落叶和落果,以消灭越冬菌源。加强肥、水管理,增施肥料,注意通风透光,增强树势,提高树体抗病能力。

(2)药剂防治　于发芽前喷3～5波美度石硫合剂,或等量式波尔多液100倍液。在5--6月份发病初期仍需喷药防治,药剂可选用:70%代森锰锌可湿性粉剂600倍液,80%喷克或大生M-45可湿性粉剂800倍液,50%多菌灵可湿性粉剂500～600倍液,连喷2次,对3种穿孔病均有防效。单治细菌性穿孔病可用72%农用链霉素可湿性粉剂5 000～6 000倍液或硫酸锌石灰液,其配方为硫酸锌0.5千克,消石灰2千克,水120升。

(五)桃缩叶病

1. 危害特点　桃缩叶病主要危害叶片,也可危害花、嫩梢和幼果。寄主除桃以外,还有和桃近缘的油桃、巴丹杏。

2. 发病规律　桃缩叶病是由真菌引起的病害,病菌以厚壁芽孢子在桃芽鳞片、枝干树皮上越冬。翌年春桃芽萌发时，病菌由气孔和皮孔侵入嫩叶，展叶之前多从叶背侵入，展叶后也可从正面侵入。病菌侵入叶片后，菌丝在表皮细胞下及栅栏组织间蔓延，刺激中间细胞大量分裂，细胞加厚，致使叶片肥大皱缩，叶色变红。该病在早春桃树展叶时开始发生，4～5 月间继续发展，6 月份以后，气温升高则不利于病菌发展，生长期不发生再次侵染。因此，在桃芽膨大至展叶期，如遇连续阴雨天气，气温在 10℃～16℃时，发病就会加重。温度升到 21℃以上时，则发病减缓。发病严重时，病树就会提前落叶，造成树势衰弱，妨碍花芽形成，并易遭冻害。

3. 防治技术

(1)药剂防治　花芽膨大期喷 3～5 波美度石硫合剂，铲除越冬菌源。在花瓣露红时(未展开)，应喷药防治，药剂可选用：2～3 波美度石硫合剂，等量式波尔多液 100 倍液，50%多菌灵胶悬剂 600 倍液，80%大生 M-45 或喷克可湿性粉剂 800 倍液，70%甲基托布津可湿性粉剂 1 000 倍液。在发芽展叶期可喷 50%硫悬浮剂 300～400 倍液。

(2)人工防治　在病叶未长白粉状物之前及时摘除，集中烧毁，以减少当年越冬菌源。

(3)农业防治　加强栽培管理，及时补施肥料和浇水，增强树势，提高树体抗病能力。

(六)桃果疫腐病

1. 危害特点　桃果疫腐病是一种危害果实的新病害，尤以中、晚熟品种发生较重，会使成熟期桃果腐烂，丧失经济价值。

2. 发病规律　该病属真菌病害。病菌以卵孢子、厚垣孢子或菌丝体随病组织在土壤中越冬。翌年病菌产生游动孢子，随风雨、气流和昆虫传播，并不断再次侵染，造成病害流行。凡遇降雨多、潮湿天气，或地势低洼，栽植过密，树冠枝条过密的桃园病害就会大量流行。

3. 防治技术

(1)农业防治　合理修剪，保持树冠通风透光，及时清除地面杂草，雨后及时排水，降低果园湿度。清除树上和地面的病果、落果，集中深埋。

(2)药剂防治　桃果生长季节，特别是潮湿多雨天气，应每10～15天喷1次药，连喷2～3次。药剂可选用：80%大生M-45或喷克可湿性粉剂800倍液，72%克露或25%瑞毒霉或80%乙磷铝可湿性粉剂600～800倍液。另外，还应及时防治蛀果害虫，以减少伤口造成的侵染。

(七)桃实腐病

1. 危害特点　桃实腐病又名桃腐败病。主要危害近成熟期桃果，造成烂果，也能危害叶片和新梢。寄主有桃、李、杏、梅、樱桃等果树。

2. 发病规律　本病为真菌病害，属弱寄生菌，主要侵染衰弱树的枝干。病菌以菌丝体、子座、分生孢子器和分生孢子在枯枝或落地僵果中越冬。翌年病菌产生分生孢子，随雨水、气流传播，桃果从幼果期到采收前均可感染此病，症状要到成熟期或采收后才表现出来。枝条自春到秋均可染病，尤以6～9月份为多，当年不显症状，翌年发病枯死。果园郁闭、低洼、湿度大的发病重，桃果近成熟期降雨天多的年份常会造成大量烂果。

3. 防治技术

(1)农业防治　加强肥水管理，增施磷、钾肥，合理修剪，疏除过密枝，改善通风透光条件，以增强树势，提高树体抗病能力。结合修剪，清除树上枯枝和地面落果，集中处理，减少菌源。

(2)药剂防治　桃芽萌动期喷3～5波美度石硫合剂，铲除枝干上的越冬菌源。桃果膨大期全树喷药防治，药剂可选用：70%甲基托布津可湿性粉剂1 000倍液，50%多菌灵可湿性粉剂600～800倍液，50%速克灵可湿性粉剂1 000～1 500倍液。

(八)桃软腐病

1. 危害特点 桃软腐病是桃果成熟期的重要病害,在贮运期会造成大量烂果。

2. 发病规律 本病属真菌病害,病菌分解果胶能力很强,广泛存在于土壤、大气以及病残体或农具上,以接合孢子及厚壁孢子越冬。翌年孢子萌发后并不直接侵染,需生长一定量后才能侵害寄主。病菌孢子自伤口侵入成熟桃果,在天气潮湿时果面上长出的孢子囊生出孢子,经风雨、气流和昆虫爬动进行再次侵染。桃果成熟期遇雨,或成熟后未及时采摘,常会造成大量烂果。采摘后装箱和运输中碰、撞、挤、压造成的伤口,更易造成病菌侵染,引起桃果腐烂。

3. 防治技术 及时采摘,减少伤口是防治本病的关键。桃果膨大期要及时防治果实害虫,减少虫伤果。桃果成熟期要及时采摘,轻拿轻放。装箱和运输中要避免碰撞挤压,减少机械伤口,长途运输最好采用低温贮运。另外,还要注意合理修剪、改善桃园通风透光条件,减轻环境湿度,可减少发病。

(九)桃树腐烂病

1. 危害特点 桃树腐烂病又叫干枯病。主要危害主干及主枝,发生严重时,会使整株死亡。其寄主除桃树外,还危害李、杏、樱桃等核果类果树。

2. 发病规律 桃树腐烂病属真菌病害。病菌以菌丝体、子囊壳及分生孢子器在树干病组织中越冬。翌年3～4月间,分生孢子借风、雨、昆虫传播,通过伤口、皮孔以及冻害造成的伤口侵入。菌丝在树皮与木质部之间发展,消解细胞中的胶层,并分泌毒素杀死附近细胞,被害部位发生流胶现象。从早春到晚秋均可发生,以春、秋两季病斑扩展快,5～6月份为病害发生高峰期,被害最重,11月份以后病害逐步停止扩展。凡树势衰弱,有冻伤和其他伤口,或施氮肥过多,排水不良的桃园发病均较重。

3. 防治技术

(1)农业防治　增施有机肥和磷、钾肥,促进植株健壮生长,增强树势,提高树体抗病能力。秋末对树干和大枝刷白涂剂,预防冻害和日灼。及时防治树干和树枝害虫,减少伤口。

(2)药剂防治　彻底刮除树皮,集中烧毁或深埋。刮治后用5波美度石硫合剂,或半量式波尔多液100倍液进行消毒和保护,并要加3000倍皮胶或其他黏着剂,以增强黏着性能,也可用石硫合剂渣滓进行覆盖保护。另外,在桃树萌芽期全树喷5%菌毒清或4%农抗120水剂100～200倍液。

(十)桃树流胶病

1. 危害特点　桃树流胶病又名树脂病、疣(瘤)皮病。危害特点是植株流胶多,削弱树势,重者会引起死枝、死树。除桃树外,李、杏、樱桃树亦会发生流胶病。

2. 发病规律　桃树流胶病的病因分为侵染性和非侵染性2种类型。

(1)侵染性流胶病　本病是由病原真菌侵染所致。病菌以菌丝体、子座和分生孢子器在被害枝条内越冬。翌年春病菌分生孢子经风雨传播,分生孢子萌发后,从枝、干皮孔或伤口侵入,成为初次侵染的主要菌源。枝干内部的病菌活动与温度密切相关,当气温在15℃左右时,患处即会流出胶液,随着气温回升,树体流胶点增多,病情逐渐严重。

(2)非侵染性流胶病　引起桃树发生流胶病的原因较为复杂,应具体分析判断。一般认为,凡影响桃树正常生长发育的因素,都会引发流胶病。如虫害和机械伤口,霜害或冻害,结果过多,土壤黏重,修剪过重,定植过深,施肥不当等,均能诱发流胶病的发生。

3. 防治技术

(1)农业防治　合理修剪,适当疏果;改良土壤,增施有机肥和磷、钾肥,在酸性土壤中施过磷酸钙;防治害虫,防止冻害和日灼等，增强树势，均可减少流胶病的发生。

(2)药剂防治　桃树发芽前喷3～5波美度石硫合剂，展叶后每半月喷1次70%甲基托布津可湿性粉剂1 000倍液，或50%多菌灵可湿性粉剂600～800倍液。

(十一)桃木腐病

1. 危害特点　桃木腐病又名心腐病。主要危害老龄桃树的主干和主枝心材，以基部受害最重，愈往上愈轻，新梢一般不受害。寄主除桃树以外，还有杏、李等果树。

2. 发病规律　该病为真菌病害，病菌以菌丝体在枝干病部越冬。翌年在受害枝干上形成子实体产生担孢子，孢子成熟后即飞散，借风、雨传播，经锯口、虫伤或其他伤口侵入。凡树势衰弱、郁闭、湿度大的果园发病均重。

3. 防治技术

(1)农业防治　加强栽培管理，增施有机肥料，促进树体健壮生长，提高抗病能力。及时防治害虫，尽量减少各种伤口，及早铲除病死或将要死亡的老树，是预防木腐病发生的重要措施。

(2)铲除病原　如发现病树子实体应立即清除，并涂1%硫酸铜水溶液消毒伤口，外涂波尔多液或煤焦油等保护。

(十二)桃树根癌病

1. 危害特点　桃树根癌病又名根瘤病。主要危害桃树的根部，有时也可危害根颈部，在根系上长有大小不同的瘤状物，削弱树势，影响产量和树体寿命。寄主除桃树外，还有葡萄、樱桃、李、杏、山楂、梨、苹果以及毛白杨等果树和林木。

2. 发病规律　桃树根癌病属细菌病害。病菌在癌瘤组织的皮层内及土壤中越冬，可在土壤中存活1年以上。通过雨水、灌溉水和昆虫进行传播，带菌苗木能远距离传播。病菌由伤口侵入，刺激寄主细胞过度分裂和生长，形成癌瘤，病菌潜伏期由几周到1年以上。土壤湿度大、微碱性或中性，地温在22℃左右时有利于发病。切接伤口大,愈合慢,病菌侵染机会多,易发病。芽接发病轻。土壤黏重,排水不良,耕作粗放的桃园发病重。另外,地下害虫的为害使根部受伤,也有利于病菌侵入,发病也重。

3. 防治技术

(1)苗木消毒　苗木出圃前必须严格检查,剔除病苗。在苗木未抽芽前将嫁接口以下部位用1%硫酸铜溶液浸泡5分钟,再放入2%石灰水中浸1分钟。

(2)农业防治　选用无病土作苗圃用土,培育无病壮苗。采用芽接法,并用75%酒精消毒嫁接工具,以减少染病机会。种植绿肥和增施有机肥料,改良土壤,使之不利于病菌生长。及时防治地下害虫,减少根部伤口,可减轻病害发生。

(3)药剂防治　K84是一种根际细菌,它能产生核苷酸细菌素抑制根癌细胞的生长。采用K84菌悬液浸种育苗,浸幼树根定植,浸插条和嫁接口保护以及切瘤洗根均有显著效果。防治桃树根癌病菌液浓度为100万个/毫升。桃树发芽期用5%菌毒清水剂200倍液灌根,6月底至7月初再灌1次,每株树灌药液30～50千克。

(4)病瘤处理　对定植后根部长出的病瘤,可用快刀将其切除,切除后涂100倍硫酸铜液,或5波美度石硫合剂或3%克菌康可湿性粉剂或5%菌毒清水剂50倍液消毒,外涂波尔多浆,再抹凡士林保护。切下的病瘤碎片,要集中烧毁,以免重新传染。

(十三)蚜虫类

1. 为害特点　为害桃树的蚜虫主要有桃蚜(烟蚜)、桃粉蚜(桃大尾蚜)和桃瘤蚜3种,均属同翅目蚜虫科。成、若虫都在叶背为害,但被害叶卷曲方式不同。桃蚜为害,被害叶向背面横卷;桃粉蚜为害,被害叶向背面对合纵卷,叶上有白色蜡粉;桃瘤蚜为害,被害叶边缘向背面纵卷,卷曲部分组织肥厚,凹凸不平,初呈淡绿色,后变红色。

2. 发生规律

(1)桃蚜　每年发生代数因地而异,北方一年发生10～20代,南方发生30余代。寄主很多,有桃、李、杏、樱桃、梨、柿等果树和烟草、白菜、大豆、瓜类、番茄等农作物。以卵在桃树枝梢、芽腋、小枝杈及枝条缝隙处越冬。翌年春桃树萌芽至开花期,越冬卵开始孵化,群集于嫩芽上吸食叶液,被害叶向背面横卷。3月下旬开始孤雌胎生繁殖。新梢展叶后,蚜虫在叶背面群集为害,并分泌蜜露,污染枝梢和叶片,诱发煤污病。至5月份种群增多,为害加重,开始产生有翅蚜,陆续迁飞至烟草、蔬菜上继续繁殖为害,桃树上的蚜虫大量减少。8月下旬至9月上旬又产生有翅蚜向大白菜等秋菜上迁飞,10月中旬以后产生有翅蚜迁向桃树,产生有性蚜,交尾后产卵越冬。另一部分蚜虫仍在秋菜上繁殖,并以成蚜或若蚜越冬。在桃树上为害的桃蚜以春末、夏初和秋季为害最重。

(2)桃粉蚜　一年发生20余代。寄主有桃、李、杏、樱桃、梨、柿等及一些禾本科植物。以卵在桃树枝条、芽缝等处越冬。翌年春桃树萌芽后,越冬卵开始孵化,若蚜群集在嫩芽、嫩叶上为害。叶片被害后向背面对合纵卷,致使叶片增厚,色泽变黄,密布白粉,引起落叶。5～6月份种群繁殖加快,为害最烈。随后产生有翅蚜,向芦苇等禾本科植物上迁移繁殖为害,晚秋又产生有翅蚜迁回到桃、李、杏等果树上,产生有性蚜,经交尾后产卵越冬。

(3)桃瘤蚜　一年发生10余代。寄主有桃、梨、樱桃、梅等果树及一些禾本科植物等。以卵在桃树枝梢和芽腋等处越冬。翌年春桃树萌芽后,越冬卵开始孵化,若蚜集中叶背面为害,5～6月份繁殖加快,为害最重,至7月初开始产生有翅蚜,迁飞到艾蒿及禾本科植物上繁殖为害。秋末产生有翅蚜迁回桃树,产生有性蚜,交尾后产卵越冬。

3. 防治技术

(1)早春防治　早春桃芽萌动前,喷洒99.1%敌死虫乳油或

95%机油乳剂100～150倍液，杀灭越冬卵。

(2)药剂防治 花前、花后和秋季喷药防治。药剂可选用：10%吡虫啉可湿性粉剂4 000倍液，1.8%阿维菌素乳油4 000～5 000倍液，50%抗蚜威可湿性粉剂1 500～2 000倍液，20%杀灭菊酯乳油3 000倍液，3%啶虫脒乳油2 000～2 500倍液。

(十四)桃潜叶蛾

1. 为害特点 桃潜叶蛾又名桃潜蛾，属鳞翅目潜叶蛾科。以幼虫潜入叶肉组织进行串食，形成弯曲迂回的虫道，虫粪排泄其中，叶片表皮不破裂，清晰可见。后期虫道干枯，有时会穿孔，虫口密度大时叶片枯焦，提前落叶，影响树势和产量。寄主有桃、杏、李和樱桃等。

2. 发生规律 桃潜叶蛾在北方一年发生5～7代。以成虫在落叶、杂草、土块、地堰、树皮等处越冬。翌年春桃树萌芽后开始出蛰，展叶后开始产卵，卵产于叶背处，散产。幼虫孵化后就近蛀入叶肉潜食，老熟后爬出虫道，在叶背面吐丝结茧化蛹。5月上中旬出现第一代成虫，以后每月份发生1代，世代重叠，6～8月份发生最重。秋季9～10月份出现越冬代成虫。

3. 防治技术

(1)人工防治 冬季清扫落叶、杂草，集中烧毁，消灭越冬成虫。

(2)药剂防治 在成虫羽化盛期，田间发现个别被害叶时进行喷药防治，药剂可选用：25%灭幼脲3号悬浮剂1 500倍液，20%杀铃脲悬浮剂8 000倍液，20%灭扫利或2.5%功夫乳油2 000～3 000倍液，4.5%高效氯氰菊酯乳油1 500～2 000倍液，48%毒死蜱乳油1 000～1 500倍液。

(十五)桃小绿叶蝉

1. 为害特点 桃小绿叶蝉又名桃一点叶蝉，俗名浮尘子。属同翅目蝉科。以成虫和若虫刺吸花芽和叶片叶液，叶片正面出现灰白色斑点。为害严重时，桃树叶片一片苍白，失去光合作用，影响产量。寄主有桃、杏、李、梅、樱桃、海棠、苹果、梨等果树。

2. 发生规律 北方一年发生4～6代，以成虫在落叶、杂草、树皮缝以及桃园附近常绿植物上越冬。翌年春桃树萌芽期，越冬成虫迁移至桃树上，落花后为成虫发生高峰期。成虫产卵在叶背主脉两侧，以基部居多。山东省5月下旬为第一代若虫孵化盛期。若虫孵化后，群集叶背面为害，受惊时会横向爬动。发生4代区成虫发生期：第一代6月初，第二代7月上旬，第三代8月中旬，第四代9月上旬，10月份成虫陆续越冬。成、若虫均于白天活动，成虫善跳。每雌产卵46～465粒。

3. 防治技术

(1)人工防治　秋、冬季节，彻底清扫果园落叶，铲除杂草，集中烧毁，以消灭越冬虫源。

(2)药剂防治　在桃树萌芽期和各代若虫孵化期进行防治，药剂可选用：20%叶蝉散乳油800倍液，10%吡虫啉可湿性粉剂3 000～4 000倍液，25%扑虱灵可湿性粉剂1 000～1 500倍液，20%灭扫利或2.5%功夫乳油2 500～3 000倍液。

(十六)黑星麦蛾

1. 为害特点 黑星麦蛾又名黑星卷叶麦蛾，属鳞翅目麦蛾科。是为害桃树主要卷叶害虫。幼虫在嫩叶、枝梢上缀叶做巢，群集取食，严重时常将枝梢叶片吃光，仅剩叶脉和表皮。寄主除桃树外，还有苹果、梨、李、杏、樱桃等果树。

2. 发生规律 黑星麦蛾在北方大多一年发生4代，以蛹在枝端、落叶、杂草等处越冬。翌年4～5月份越冬成虫羽化，各代幼虫发生期为：第一代5～6月间，第二代6～7月间，第三代7～8月间，第四代8～9月间，以后化蛹越冬。成虫在新梢顶端嫩叶丛的叶柄基部产卵，单粒或数粒成堆分布。幼虫潜伏于尚未展开的叶丛中，啃食叶肉，常数十头幼虫群集一起，吐丝将小枝上叶片缀连成团，潜伏其中取食叶肉，仅留表皮，排出的虫粪亦黏附在卷叶团上。幼虫活泼，受惊时即会吐丝下垂。老熟幼虫在卷叶团中化蛹，蛹期 10 天左右。该虫在桃树上为害缀叶现象最重，但在叶片较厚的苹果上为害很少发生缀叶成团现象。

3. 防治技术

(1)人工防治　秋末至冬初搞好果园卫生，彻底清扫落叶，铲除杂草，集中烧毁，消灭越冬虫蛹，生长期剪除受害虫梢。

(2)药剂防治　在幼虫为害初期喷药防治，药剂可选用：20%灭扫利或 2.5%功夫乳油 2 000～3 000 倍液，50%辛硫磷或 48%毒死蜱乳油 1 000～1 500 倍液。

(十七)桃蛀螟

1. 为害特点　桃蛀螟又名桃蠹螟、桃斑螟，属鳞翅目螟蛾科。以幼虫蛀食桃果，由蛀孔分泌黄褐色透明胶液，周围堆积大量红褐色虫粪，桃果不能食用，失去商品价值。其寄主很广，可为害多种果树、林木以及玉米、向日葵、麻等农作物，是一种杂食性害虫。

2. 发生规律　华北地区一年发生 2～3 代，以老熟幼虫在果树翘皮裂缝、树洞、玉米秸、向日葵等处越冬。翌年 5 月上中旬越冬幼虫化蛹，5 月下旬至 6 月中旬出现越冬代成虫。5 月下旬开始产卵，产卵盛期在 6 月下旬。卵期 6～8 天，幼虫期 15～20 天，蛹期 7～9 天，完成 1 代约需 1 个多月时间。第一代成虫发生在 7 月下旬至 8 月上旬，第一代幼虫主要为害桃。第二代幼虫盛期在 8 月上中旬，主要为害晚熟桃以及玉米、向日葵、板栗、柿、苹果等。9 月下旬以后幼虫陆续老熟，寻找适合场所越冬。部分发育早的个体，可发生第三代。成虫夜间活动，趋光性较强，对糖酒醋液趋性较强，喜食花蜜及桃、葡萄等成熟果的汁液。成虫喜在树叶茂盛的桃果上或两果相接处产卵，在果实上以胴部产卵最多，卵散产，一般每果产 1～3 粒卵。初孵幼虫先在果梗、果蒂基部吐丝蛀食果皮，后从果梗基部沿果核蛀入果心，啃食嫩核和果肉。果面有蛀孔，常由孔中流出胶质，并排出红褐色粪便。1个果内有2～3头幼虫，多者达8～9头。幼虫有转果为害习性。幼虫5龄，老熟后多在果内化蛹。

3. 防治技术

(1)人工防治　冬、春季刮除桃树老翘皮，及时处理玉米、高粱及向日葵秸秆，消灭越冬幼虫。及时摘除虫果，集中处理。

(2)诱杀成虫　用电子杀虫灯或糖醋液诱杀成虫。

(3)药剂防治　在第一、第二代成虫产卵高峰期进行防治，药剂可选用：2.5％功夫、20％杀灭菊酯乳油3 000倍液，50％辛硫磷或48％毒死蜱乳油1 000～1 500倍液。

(十八)桃象鼻虫

1. 为害特点　桃象鼻虫又名桃虎、杏虎、桃象虫，俗称桃狗子。属鞘翅目象甲科。以成虫蛀食幼果，果面上可有多个蛀孔，并流出黏胶，引起腐烂。幼虫在果肉内蛀食，使果实干腐脱落，并会引发褐腐病。寄主除桃以外，还有枣、杏、梅等果树。

2. 发生规律　北方一年发生1代，多以成虫静伏土下蛹室中越冬，亦有以幼虫越冬的。翌年春桃、杏树花芽萌动时，成虫开始出土上树为害花朵，桃花盛开时为出土盛期，谢花后蛀食果实。4月中下旬为成虫盛期，3月下旬田间始见卵，4月下旬为产卵盛期，产卵期很长，可延续到6月下旬。幼虫于4月下旬开始孵化，直至6月下旬至7月中旬幼虫先后老熟脱果，钻入2～6厘米深的土室潜伏，至9～10月份化蛹，蛹期40天左右，羽化后的成虫即进入越冬状态。

成虫出土后先聚集在距地面1米左右寄主树干上停息，经日晒取暖后才行分散，在桃树上常栖息在花、叶、果茂密处。成虫白天活动，有假死性，受惊后会落地或飞走。成虫主要取食幼果，用头管插入果肉取食，蛀孔圆形，孔外有黏胶流出，果面上可有许多蛀孔，常会落果。成虫取食花萼、嫩芽和叶片。成虫出土后不久，即行雌、雄交尾，隔半月左右产卵。每头雌虫可产卵20～85粒，产卵期30余天。产卵时成虫静伏果面咬一小孔，将产卵器插入孔内产下1粒卵，然后咬取果面的绒毛或用粪便盖住产卵孔，随后再将果梗咬一伤口，以利于落果。一个果上常有卵数粒至数十粒，卵期7～8天。幼虫孵化后，蛀入果肉和果核，单果内常有数十头幼虫为害。幼果受害不久蛀孔即变黑，整果逐渐萎缩变褐而脱落。幼虫老熟后，钻出孔外，入土化蛹，秋末羽化为成虫越冬。

3. 防治技术

(1)人工防治　利用成虫有假死性，在树下铺塑料布，清晨摇动树枝，集中后杀死，特别在雨后成虫数量骤增时，捕杀效果最好。及时捡拾虫果，于5～6月间，果园落果较多时，要经常捡拾落地果，或摘除树上虫果，集中处理，杀死幼虫。

(2)药剂防治　在成虫盛发期进行防治，每10天左右喷1次药，连喷2次。药剂可选用：50%辛硫磷或48%毒死蜱乳油1 000～1 500倍液，5%高效氯氰菊酯乳油2 000倍液，2.5%功夫或20%灭扫利乳油3 000倍液，90%晶体敌百虫1 000倍液。

(十九)介壳虫类

1. 为害特点　为害桃树的介壳虫主要有桃白蚧(又名桑白蚧、桑盾蚧、桃介壳虫)、桃球坚蚧(又名朝鲜球坚蚧)和草履蚧(又名草鞋介壳虫)等，分属同翅目盾蚧科、蜡蚧科和硕蚧科。以成虫、若虫群集在枝条上吸食汁液，枝条被虫体覆盖重叠成层，呈灰白色。被害枝条凹凸不平，发育不良，重者整枝或整株枯死。有的介壳虫还为害果实，致使果面凹陷、变色，丧失商品价值。其寄主很广，除为害桃树外，还为害苹果、梨、杏、李、柿、茶、桑、泡桐等多种果树和树木。

2. 发生规律

(1)桃白蚧　一年发生2～5代，北方地区发生2代，山东省发生3代，广东省发生5代。以受精雌成虫在枝条上越冬。翌年桃树萌动后，越冬雌成虫开始吸食枝条上的汁液。山东省果区 4 月下旬至 5 月下旬为产卵期，5 月上旬为产卵盛期，卵产于雌成虫介壳下。每雌产卵 40～60 粒，最多达 400 余粒。5 月初卵开始孵化，5 月上中旬出现第一代若虫。6 月中下旬出现第一代成虫，7 月初产第二代卵，7 月上中旬出现第二代若虫，分散为害。9 月中下旬出现第三代若虫，10 月上旬开始成熟，雄虫陆续化蛹羽化。雌、雄交尾后，雄虫死亡，雌虫继续发育孕卵越冬。若虫孵化后从母体介壳下爬出，很活跃，爬行 1～2 天后，多在 2～5 年生枝条上适合部位固定取食，并分泌白色蜡粉。第一次蜕皮后开始形成介壳，覆盖虫体。雌若虫蜕 2 次皮后变为成虫，雄若虫蜕 2 次皮后变为前蛹，蛹羽化为有翅成虫。该虫有雌、雄分群生活的习性，雄虫多群集于主干根颈处或枝条基部，以背阴面居多，雌虫一般较为分散。

(2)桃球坚蚧　一年发生 1 代，以 2 龄若虫在小枝条上越冬。翌年 3 月中下旬若虫从介壳中爬出活动，另选枝条群集吸食，固着为害，并分化为雌、雄两性。4 月中旬出现雌成虫，其体背膨大呈球形，并逐渐硬化。雄虫则分泌白色蜡质，形成介壳，羽化盛期为 4 月下旬至 5 月上旬，交尾后雌虫身体迅速膨大，逐渐硬化。5 月下旬为产卵盛期，雌虫平均产卵 1 000 余粒，卵产在介壳下。未交尾的雌虫亦能产卵。卵期 7 天左右，6 月上旬为卵孵化盛期。初孵若虫从母体爬出后，爬行 1～2 天，在枝条裂缝、当年新梢和旧枝条交界的叶痕处群集固着为害，并分泌白色蜡质，覆盖体背。至 10 月中旬以 2 龄若虫越冬。雌虫有孤雌生殖现象。

(3)草履蚧　华北地区一年发生 1 代。以卵在土中越冬。翌年 2 月份越冬卵开始孵化，若虫孵化后，暂时寄居在卵囊内，卵囊有 5～6 层，每层有卵 20～30 粒。待温度升高时出土，沿树干成群爬到嫩枝、幼芽上，吸食汁液。4 月中旬，若虫潜伏于树皮、土缝等处化蛹。雄虫羽化后与雌虫交尾，随后死亡。5 月下旬，雌虫开始下树，钻入土内，分泌白色絮状物质构成卵囊，将卵产于其中，越夏过冬。每雌虫可产卵40～60粒，多者120粒。

3. 防治技术

(1)人工防治　冬季刮除枝条上桃白蚧和桃球坚蚧的越冬虫体，刨树盘消灭草履蚧的卵囊。

(2)药剂防治　早春桃树发芽前，喷洒3～5波美度石硫合剂或99.1%敌死虫乳油100～150倍液，杀死在枝干上越冬的桃白蚧雌虫和桃球坚蚧若虫。防治活动期若虫，药剂可选用：99.1%敌死虫乳油或95%机油乳剂150～200倍液，0.3波美度石硫合剂，50%辛硫磷乳油1 000倍液，20%杀灭菊酯或2.5%功夫乳油3 000倍液，40%速扑杀乳油1 500倍液，90%晶体敌百虫800倍液。

(3)保护天敌　在果树生长期，如果虫情不重，一般不要喷药，可利用天敌发挥其自然控制作用。发生较重的果园，要避免使用广谱性杀虫剂，以保护天敌。

(二十)桃红颈天牛

1. 为害特点　桃红颈天牛以幼虫蛀食树干、皮层和木质部，虫蛀隧道呈不规则形，并向蛀孔外排出大量红褐色虫粪及碎屑，堆于树干基部地面。树体被害后造成皮层脱离，树干中空，树势衰退，过早死亡。

2. 发生规律　华北地区二至三年发生1代，以不同年龄幼虫在枝干皮层或木质部蛀道内越冬。翌年春幼虫恢复活动，在皮层下和木质部钻蛀成不规则状隧道，蛀孔外有虫粪及碎屑，5～6月份为害最重，严重时树干被蛀空而死亡。幼虫老熟后粘结粪便和木屑在枝干蛀道内结茧化蛹。雌成虫遇惊迅速飞翔，雄成虫多爬行逃避或脱落，成虫寿命10天左右。卵多产在皮缝内及枝杈处，卵期10～15天。初孵幼虫先在皮下蛀食。蛀道随幼虫生长逐渐扩大和加深，当年幼虫在韧皮部和木质部之间虫道内越冬。翌年

4月份又开始活动为害，继续蛀食皮层，至7～8月份向木质部蛀食，形成弯曲的隧道，并在其中越冬。到第三年5～6月间，幼虫陆续老熟后化蛹，经20～25天羽化为成虫。

3. 防治技术

（1）人工防治　经常检查树干，发现有新鲜虫粪时，用铁丝挖掏蛀孔内的幼虫。夏季中午利用成虫栖息枝条的习性，捕杀成虫。成虫产卵前，在主干基部涂白涂剂（生石灰10份、硫磺1份、食盐0.2份、水40份配制），防止成虫产卵。

（2）药剂防治　在6月下旬成虫羽化高峰期，在树干上喷洒2.5%功夫、20%灭扫利乳油2000倍液，或80%敌敌畏乳油1000倍液药杀成虫。也可将磷化铝药片（每片0.6克）分成4～8小块，在每一个排粪孔内塞1小块，再用黄泥封口，或在蛀孔内注射80%敌敌畏乳油300～500倍液，或用5～10倍液浸湿棉球，塞入虫孔，用黄泥封口，毒杀幼虫。

四、葡萄主要病虫害及其防治

（一）葡萄白腐病

1. 危害特点　葡萄白腐病又叫腐烂病，俗称水烂。主要危害葡萄的果穗，也危害枝蔓和叶片，感病后穗轴腐烂，果粒脱落，降低产量。

2. 发病规律　葡萄白腐病是由真菌引起的病害，病菌以菌丝体、分生孢子器随病残体在地表和土壤中或枝蔓病组织中越冬。翌年春病菌产生分生孢子，借雨水传播，由伤口或皮孔侵入，引起初次侵染。病菌潜育期5～10天，湿度大时，病害扩展很快，病斑上的病菌产生分生孢子，形成再次连续侵染。白腐病主要在果实着色期至成熟期侵染造成危害。华北地区在6月中下旬开始发病，雨季7～8月份进入发病盛期。高温、高湿是病害发生和流行的主要因素。多雨年份，果园湿度大、通风透光不良发病重，遭受暴雨、雹灾和接近地面的果穗发病也重。土壤黏重，排水不良，肥料不足的园区更有利于发病。

3. 防治技术

(1)农业防治　加强栽培管理，增施有机肥，果实生长后期要增施磷、钾肥或复合肥以提高树势，增强树体抗病能力。生长季节及时摘心，修剪副梢使其通风透光，搞好果园排水，降低湿度。适当提高果穗离地面的距离，以减少病菌侵染的机会。秋、冬季要剪除病枝，刮除病皮，摘除僵果，清扫地面落叶；生长季节要及时剪除病枝、病果、病叶，捡拾地面落果，集中深埋，消灭菌源。

(2)药剂防治　葡萄发芽前喷 3～5 波美度石硫合剂或 50%硫悬浮剂 200 倍液，以铲除越冬菌源。病害始发期开始喷药，每隔 10～15 天喷 1 次，连喷 3～5 次。药剂可选用：5%菌毒清水剂、75%百菌清可湿性粉剂 500～800 倍液，50%多菌灵可湿性粉剂 800 倍液，70%甲基托布津或 50%速克灵可湿性粉剂1 000倍液，40%福星乳油 8 000 倍液，10%世高水分散粒剂 2 000～2 500 倍液。雨季在上述药剂中加入 0.05%皮胶或其他展着剂，可提高药液黏着性。以上药剂应交替使用，避免病菌产生抗药性。

(二)葡萄黑痘病

1. 危害特点　葡萄黑痘病又叫疮痂病。主要危害葡萄的绿色幼嫩部分，如果实、果梗、叶片、叶柄、新梢和卷须等。

2. 发病规律　葡萄黑痘病是由真菌引起的病害。病菌以菌丝体在病蔓、病梢、病果、病叶等部位越冬。病菌生活力强，在病组织内可存活 3～5 年。翌年 4～5 月间产生分生孢子，借风、雨传播，侵入寄主，引起初次侵染。后再产生分生孢子，进行再次侵染，潜育期 6～12 天，4～6 月份多雨、高湿有利于分生孢子的形成、传播和侵入，7 月份进入发病盛期，直至 10 月份病害停止发展。干旱年份或少雨地区发病显著减轻。凡地势低洼、排水不良、管理粗放、树势衰弱的果园有利于病害的发生。葡萄不同品种，抗病性有很大的差别，当地品种易感病，西欧品种和欧美杂交种比较抗病。

3. 防治技术

(1)农业防治　增施磷、钾肥料，防止植株徒长，及时绑架，使架面分布均匀，改善通风透光条件，可减轻病害的发生。结合秋季清园及冬季修剪，彻底清除病梢、病穗、僵果，刮除主蔓上的枯皮，清扫落叶并集中烧毁，以减少越冬菌源。

(2)药剂防治　葡萄发芽前进行喷药防治，以铲除枝蔓上的越冬菌源。药剂可选用：3～5 波美度石硫合剂，50%硫悬浮剂 200 倍液，10%～15%硫酸铵溶液，10%硫酸亚铁加 1%粗硫酸液。葡萄展叶开始直到果粒着色前，每隔 10～15 天喷 1 次药；其中以开花前及谢花 70%～80%时喷药最为重要，需连喷 2～3 次药，这是全年防治的关键期，以后则可结合防治白腐病、炭疽病等进行。药剂可选用：半量式波尔多液 200 倍液，80%喷克或大生 M-45 可湿性粉剂 800 倍液，50%多菌灵可湿性粉剂 600～800 倍液，10%世高水分散粒剂 2 000～2 500 倍液，70%甲基托布津可湿性粉剂 1 000 倍液，75%百菌清可湿性粉剂 600 倍液，5%菌毒清水剂 1 000倍液，68.75%易保水分散粒剂 1 200 倍液。上述药剂应交替使用，以防病菌产生抗性。

(三)葡萄炭疽病

1. 危害特点　葡萄炭疽病又叫晚腐病。主要危害着色或接近成熟的果实，但也能危害穗轴、果梗和叶片。

2. 发病规律　葡萄炭疽病属真菌病害。病菌以菌丝体在 1 年生枝蔓表层、病果、叶痕、穗梗及节部越冬。翌年 5 月份产生大量分生孢子，通过风、雨、昆虫传到果穗上，引起初次侵染。病菌孢子的扩散和传播主要靠雨水，孢子萌发及侵入也需要较高的湿度。每次降雨后，田间即出现一批病果，一般从 6 月中旬开始发病，7～8 月份进入盛期。病菌潜育期 6～8 天，果粒成熟期，含糖量达 8%

以上,pH 值在 2.8 以上,有利于发病。夏季多雨病害发生重,如在葡萄成熟期遇高温、多雨天气,常会导致病害流行。管理粗放病害发生重。葡萄品种间抗病性有差异,早熟品种发病轻,中晚熟品种发病重。玫瑰香、牛奶、龙眼、巨峰、黑奥林等果皮薄的品种易感病,塞必尔 2007 和刺葡萄等较抗病。

3. 防治技术

(1)农业防治　首先要改善果园环境,使之不利于发病,避免栽植过密,枝梢过多,及时打副梢,绑蔓,使架面通风透光,雨后及时排水,降低果园湿度,以减少病菌侵染。结合修剪清除病枝梢、病穗梗、僵果、卷须,清扫落地的病残体及落叶,集中烧毁。

(2)药剂防治　春季葡萄发芽前喷 1 次 5%菌毒清水剂 200～300 倍液,铲除枝条上越冬的病菌。于葡萄开花前后结合防治葡萄白腐病、黑痘病、房枯病等病害,一并喷药,直至收获前 15 天停喷,每 10～15 天喷 1 次,重点保护果穗。药剂可选用:半量式波尔多液 200 倍液,50%多菌灵可湿性粉剂 600～800 倍液,70%代森锰锌或 75%百菌清可湿性粉剂 600～800 倍液,80%喷克或大生 M-45 可湿性粉剂 800 倍液,10%世高水分散粒剂 2 000～2 500 倍液。除波尔多液外,其他药剂在雨季均需加入 0.03%皮胶或其他展着剂,可提高药效。以上药剂应交替使用,避免药剂产生抗药性。

(四)葡萄霜霉病

1. 危害特点　主要危害葡萄叶片,也能侵染嫩梢、花、幼果等幼嫩组织。

2. 发病规律　葡萄霜霉病是由真菌引起的病害。病菌以卵孢子在病组织、幼芽或随病叶在土壤中越冬。翌年条件适宜时,借风、雨传播到寄主叶片上,由气孔、皮孔侵入,潜育期 7～12 天,并可反复进行再侵染。一般 6 月份开始发病,7 月份增多,8～9 月份进入发病盛期,10 月份老叶一般不发病,但幼叶仍会发病。雨露是病菌侵入的首要条件，因此在低温多雨或雾露重的环境下易造成病害的发生和流行。施肥不当，偏施氮肥，枝、叶徒长，均会加重病害的发生。植株衰弱等也有利于发病。品种抗病性差异较大，一般美洲系统葡萄较抗病，欧亚系统葡萄则易感病。

3. 防治技术

(1)农业防治　晚秋清除病叶、病果，剪除病梢，烧毁或深埋，以减少菌源。生长期要及时排灌，合理修剪，增施磷、钾肥料，提高植株抗病能力，减少病菌侵染机会。

(2)药剂防治　发病初期开始喷药，每10～15天喷1次，连喷3～4次。药剂可选用：半量式波尔多液200倍液，40%乙磷铝可湿性粉剂300倍液，64%杀毒矾或58%瑞毒霉锰锌可湿性粉剂500倍液，68.75%易保水分散粒剂1200倍液，72%克露可湿性粉剂600～800倍液。霜霉病菌极易产生抗药性，因此要注意药剂的交替使用。

(五)葡萄房枯病

1. 危害特点　房枯病又叫粒枯病。主要危害葡萄的果粒和穗轴，严重发生时也可危害叶片。会使果粒腐烂，造成减产。

2. 发病规律　葡萄房枯病属真菌病害。病菌以分生孢子器和子囊壳在病果和病残体上越冬。翌年5～7月份病菌释放孢子，借风、雨传播，从叶背面气孔侵入进行初次侵染。5月中下旬即可发病，并不断进行再侵染，7～9月份为发病盛期。一般以欧亚系统的葡萄较感病，如龙眼等；美洲系统的葡萄发病轻，如黑虎香等。管理粗放，施肥少，树势衰弱的果园发病重，降雨多的年份发病更重。

3. 防治技术

(1)农业防治　冬季彻底清除植株病残体，以减少越冬菌源。生长季节发现病穗，及时摘除，集中深埋，减少再次侵染菌源。增施有机肥料，增强树势，提高葡萄抗病能力。

(2)药剂防治　落花后喷洒半量式波尔多液200倍液，生长期结合防治葡萄白腐病、炭疽病一并进行防治，药剂种类同白腐病。喷药时要重点喷洒基部叶片。由于该病菌主要从叶背面气孔侵入，因此喷药重点在叶背面。

(六)葡萄白粉病

1. 危害特点　主要危害葡萄的叶片、果实和新生枝蔓等绿色组织，受害部位产生灰白色粉状物，严重时会脱落。

2. 发病规律　葡萄白粉病属真菌病害。病菌以菌丝体在被害组织或芽鳞内越冬。翌年4～5月份病菌产生分生孢子，借风雨传播，侵害花穗、叶片等绿色组织。孢子萌芽对湿度要求不高。一般6月上旬开始发病，7月上旬进入发病盛期，因此，夏季高温干旱或闷热多云天气，有利于病害发生和流行。凡栽培过密、氮肥施用过多、蔓叶徒长和通风不良的果园有利于病害的发生。叶片老化，穗粒接近成熟时不易发病。品种以黑汉堡、洋白蜜等发病较重，金后、白玫瑰香等发病较轻，黑赛必尔、水晶等不感病。

3. 防治技术

(1)农业防治　冬季剪除病梢，清扫病叶、病果，集中烧毁。生长期及时摘心、绑蔓、剪副梢，保持架面通风透光，可减少病害的发生。

(2)药剂防治　葡萄发芽前喷1次3～5波美度石硫合剂或50％硫悬浮剂100～200倍液，以铲除越冬菌源。发芽后发病前可喷等量式波尔多液100倍液进行保护。发病初期还需喷药防治，药剂可选用：20％粉锈宁可湿性粉剂1 500～2 000倍液，50％硫悬浮剂400～600倍液，70％甲基托布津可湿性粉剂800～1 000倍液。亦可喷棕色合剂(0.2～0.3波美度石硫合剂＋200倍硫酸铜溶液配制而成)，不仅对白粉病有效，还可兼治其他病害和葡萄短须螨。

(七)葡萄灰霉病

1. 危害特点 葡萄灰霉病主要危害葡萄的花穗和果实,也能危害叶片和新梢,受害处产生绒毛状灰色霉层,病部呈软腐状。

2. 发病规律 葡萄灰霉病属真菌病害。病菌以菌丝体、菌核和分生孢子在病穗等处越冬。翌年春条件适宜时,越冬的菌丝体或菌核产生分生孢子,借风、雨传播,经伤口侵入葡萄的花穗、果梗和叶片,进行初次侵染。随后病害不断扩展,又产生大量分生孢子,不断进行再侵染。低温(15℃~20℃)、高湿(相对湿度90%以上)环境有利于病害流行。葡萄园栽植过密,枝梢徒长,通风透光不良以及地势低洼、土壤偏碱、偏施氮肥发病均较重。虫伤和机械伤较多的葡萄更易染病。葡萄品种对灰霉病的抗性有较大差异,巨峰、白玫瑰、洋红蜜等为高感品种,黑大粒、红加利亚、黑罕等为高抗品种。

3. 防治技术

(1)农业防治 多施有机肥,增施磷、钾肥,增强树势、提高树体抗病能力。减少氮肥用量,防止枝梢徒长。及时摘除副梢和卷须,改善通风透光条件,降低湿度。及时防治虫害,减少虫伤以及机械伤口,减少病菌侵入机会。冬季结合修剪,剪除病枝,清除落叶、病果,集中烧毁或深埋。生长季节及时摘除病叶、病花穗及果穗,带出园外烧毁。

(2)药剂防治 重点抓好花前、花后的药剂防治,药剂可选用:50%多菌灵可湿性粉剂600倍液,70%甲基托布津或65%甲霜灵可湿性粉剂800倍液,50%速克灵可湿性粉剂800~1 000倍液,80%喷克或大生M-45可湿性粉剂1 000倍液。灰霉病菌极易产生抗药性,因此,应避免单一药剂连续喷施,要用多种药剂交替使用。

(八)葡萄黑腐病

1. 危害特点 黑腐病主要危害葡萄果实,也可侵害叶片、叶柄和新梢。

2. 发病规律 葡萄黑腐病属真菌病害。以病菌分生孢子器和子囊壳在僵果等病组织上越冬。翌年初夏在病组织上产生分生孢子或子囊孢子,借风、雨传播,主要侵染果穗的小分穗,在病部产生分生孢子器和分生孢子,成为初次侵染的菌源。在果实上潜育期8～10天。分生孢子可多次进行再侵染,从6月下旬至采收期均可发病,雨季和果实接近成熟期发病重。欧洲系统的葡萄发病重,美洲系统的葡萄较抗病。

3. 防治技术

(1)农业防治 剪除病穗、病梢,清除落果、病果、病叶,集中深埋或烧毁,以减少菌源。

(2)药剂防治 结合葡萄白腐病、炭疽病一并进行喷药防治,但要特别重视葡萄生长后期的防治,药剂种类同葡萄白腐病、炭疽病。

(九)葡萄褐斑病

1. 危害特点 葡萄褐斑病分大褐斑病和小褐斑病2种。病斑定型后,直径3～10毫米的叫大褐斑病,直径2～3毫米的叫小褐斑病。主要危害叶片,易造成落叶,削弱树势,影响产量。

2. 发病规律 葡萄褐斑病(大、小褐斑病)属真菌病害。病菌以分生孢子在病叶或枝蔓上越冬。翌年春越冬后病菌分生孢子通过气流和雨水传播,从叶背气孔或伤口侵入,潜育期一般20天左右。北方多从6月份开始发病,在发病期可反复出现再次侵染,7～9月份进入发病盛期。病害由植株下部叶片逐渐向上蔓延扩展。多雨年份发病重,地势低洼、生长势弱、通风透光不良,生长期会造成早期落叶,影响产量,削弱树势。

3. 防治技术

(1)农业防治 秋后彻底清扫落叶,以减少越冬菌源。葡萄生长期要增施有机肥料,促进树势生长健壮。及时排水,降低湿度。

(2)药剂防治　在发病初期，结合葡萄黑痘病和炭疽病的防治进行喷药，药剂可选用：半量式波尔多液 200 倍液，80%喷克或大生 M-45 可湿性粉剂 800 倍液，50%多菌灵可湿性粉剂 800～1 000 倍液。每隔 10～15 天喷 1 次，连喷 2～3 次，有较好的防效。由于病害由下向上蔓延，所以第一、第二次喷药要重点保护下部叶片，并要注意在叶背面喷药。

(十)葡萄蔓割病

1. 危害特点　葡萄蔓割病又叫蔓枯病。主要危害主蔓茎基部，也可侵害新梢及果实。削弱树势，产量减少，品质降低。

2. 发病规律　葡萄蔓割病属真菌病害。病菌以菌丝体或分生孢子器在病蔓上越冬。翌年 5～6 月间，分生孢子借雨水传播，经伤口、皮孔或气孔侵入，潜育期 1 个月左右。病菌侵入后在韧皮部及木质部蔓延，扩展较缓慢，发病 2～3 年后病蔓枯死。凡多雨潮湿、枝蔓受伤、受冻、肥力不足和遭受其他根病危害的葡萄易发病。

3. 防治技术

(1)农业防治　及时剪除病蔓并烧毁，以减少越冬菌源；增施有机肥料，促进葡萄生长健壮，提高植株抗病能力；保护蔓干免受各种损伤。

(2)药剂防治　老蔓上的病斑，用刀刮除后涂 5%菌毒清 30～50 倍液或腐必清 10 倍液。葡萄发芽前喷 1 次 5 波美度石硫合剂，铲除越冬菌源；5～6 月间喷 1～3 次半量式波尔多液 200 倍液，75%百菌清可湿性粉剂 600 倍液，重点保护 2 年以上的枝蔓。

(十一)葡萄穗轴褐枯病

1. 危害特点　葡萄穗轴褐枯病主要危害花序、穗轴及幼果，会使幼果脱落，影响产量。该病实际上是由葡萄瘿螨(锈壁虱)寄生所致，看似病害，实为虫害，但人们习惯将其列为病害。

2. 发病规律　葡萄穗轴褐枯病属真菌病害。病菌以菌丝体及分生孢子在枝蔓表皮、芽鳞片或地面病残体中越冬。翌年葡萄落花后，病菌开始侵入幼嫩穗轴，潜育期3～5天，不断繁殖进行再次侵染。开花前后，穗轴组织幼嫩，若遇低温、高湿天气，病害就会迅速流行。幼穗轴长出7天左右时为发病盛期，当果粒直径达1厘米左右，穗轴组织老化时，病菌不再侵染发病。花期前后遇降雨天气，病害会加重发生。树势强壮发病轻，树势衰弱发病重。品种抗病性有明显差异，玫瑰露、康百尔、龙眼品种抗病性强，玫瑰香、巨峰最易感病。

3. 防治技术

(1)农业防治　冬季修剪时，要将蔓上的干枝橛和架面铁丝上的卷须清除，并要彻底清扫落叶、枯枝和杂草，集中深埋或烧毁，以减少越冬菌源。增施有机肥和磷、钾肥，提高树体抗病能力。

(2)药剂防治　葡萄发芽前喷3～5波美度石硫合剂，或50%硫悬浮剂100倍液。花前、花后及时喷药，每10～15天喷1次，连喷2～3次。药剂可选用：80%喷克或大生M-45可湿性粉剂800～1 000倍液，70%甲基托布津可湿性粉剂1 000倍液，50%扑海因可湿性粉剂1 000倍液，50%多菌灵可湿性粉剂600倍液。

(十二)葡萄毛毡病

1. 危害特点　葡萄毛毡病主要危害叶片，也危害嫩梢、幼果和花梗，常会造成叶片萎缩，早期落叶，枝蔓肿胀。削弱树势，降低产量。该病实际上是由葡萄瘿螨(锈壁虱)寄生所致，看似病害，实为虫害，但人们习惯将其列为病害。

2. 发生规律　葡萄瘿螨以成虫在芽鳞片、枝蔓粗皮、叶片等处越冬。葡萄瘿螨，体型很小，体长仅有0.1～0.3毫米，肉眼不易识别。体表有70多个环纹，近头部有2对软足，腹部细长，尾部两侧各有1根白色刚毛。翌年春随着葡萄萌芽、展叶，成虫从越冬场所出蛰，爬至幼嫩叶背面绒毛下刺吸汁液，刺激叶片产生毛毡状绒毛，以保护虫体。雌成虫在被害处绒毛里产卵繁殖，喜在新梢先端嫩叶上为害，严重时能扩展到卷须、花序和幼果上。全年以6～7月份为害最烈，秋后成虫陆续潜入越冬场所准备越冬。

3. 防治技术

(1)农业防治　秋末冬初结合修剪，剥除枝蔓上的老粗皮，清扫落叶，集中深埋或烧毁。

(2)药剂防治　葡萄萌芽前喷洒3～5波美度石硫合剂(药剂中可加入0.3%洗衣粉，以利于增效)，杀灭越冬成虫。展叶后发现病叶应立即摘除，并喷洒药剂。可选用：0.3～0.5波美度石硫合剂(加0.1%洗衣粉)，73%克螨特乳油2 000～3 000倍液，5%霸螨灵悬浮剂1 500～2 000倍液。

(3)苗木处理　葡萄瘿螨可随苗木、插条传播，可采用温水杀虫。方法是把苗木放入30℃～40℃温水中浸3～5分钟，再放入50℃温水中浸5分钟，即可杀死潜伏的虫体。

(十三)葡萄短须螨

1. 为害特点　葡萄短须螨又名葡萄红蜘蛛，属蜱螨目细须螨科，只为害葡萄。以成虫、幼若虫为害嫩梢茎部、叶片、果梗、果穗及副梢。叶片受害后呈黑褐色锈斑，严重时叶片焦枯脱落。果穗受害后果梗、果穗呈黑色，组织变脆，容易折断。果粒前期受害，果面呈铁锈色，表皮粗糙甚至龟裂；果粒后期受害影响着色，严重影响葡萄的产量和品质。

2. 发生规律　葡萄短须螨在济南地区一年发生6代以上。以雌成虫在老蔓裂皮下、叶腋及松散的芽鳞绒毛内或土中群集越冬。4月中下旬葡萄萌芽后，越冬雌成虫出蛰为害刚展叶的嫩芽、嫩梢，4月底至5月初开始产卵。以后随着新梢的生长，逐渐向上蔓延，6月份大量为害叶片和叶柄，在叶片上多集中在叶背基部和叶脉两侧。7月份大量为害果穗，8月上中旬果穗受害最重。10月下旬转移到叶柄基部和叶腋间，11月中旬全部进入越冬期。成虫有拉丝习性，但丝量很少，幼虫有群集蜕皮习性。不同品种受害程度有差异，叶片绒毛短的品种受害重，如玫瑰香、金后等。

3. 防治技术

(1)人工防治　冬季清园，剥除枝蔓上的老粗皮烧毁，可消灭一部分越冬雌成螨。

(2)药剂防治　春季葡萄发芽时，喷洒3波美度石硫合剂(加0.3%洗衣粉)。葡萄生长季节可选用以下药剂：0.2～0.3波美度石硫合剂，73%克螨特乳油3000倍液，5%尼索朗乳油2000倍液，1.8%阿维菌素4000～5000倍液，2.5%功夫或20%灭扫利乳油3000倍液。

(十四)斑衣蜡蝉

1. 为害特点　斑衣蜡蝉属同翅目蜡蝉科。该虫以成虫、若虫刺吸嫩叶、枝干汁液，并将排泄物排在枝叶和果实上，引起煤污病。嫩叶受害常造成穿孔，受害严重时叶片破裂。寄主植物除葡萄外，还有桃、梨、枣、臭椿、楝树等20余种。

2. 发生规律　一年发生1代，以卵块在枝蔓、枝杈、树干等隐蔽处越冬。5月中下旬孵化为若虫，常群集在葡萄幼茎嫩叶的背面为害，受惊后即会跳跃离去。若虫期约60余天，蜕皮4次，6月中下旬出现成虫。成虫、若虫都有群集性，弹跳力很强。成虫夜间交尾，8月中下旬为产卵盛期，卵块产在葡萄蔓的腹面或枝杈阴面，1块卵需2～3天才能产完，成虫寿命长达3～4个月，10月下旬逐渐死亡。

3. 防治技术

(1)农业防治　冬春修剪果树时，发现越冬卵块及时消灭。

(2)药剂防治　在成虫、若虫期，喷洒80%敌敌畏乳油或48%乐斯本乳油1000倍液。

(十五)葡萄斑叶蝉和葡萄二黄斑叶蝉

1. 为害特点　为害葡萄的叶蝉有葡萄斑叶蝉(又名葡萄小叶蝉)和葡萄二黄斑叶蝉2种，均属同翅目叶蝉科。以成虫、若虫聚集在葡萄叶片背面吸食汁液，严重时叶片苍白或焦枯，影响枝条成熟和花芽分化。为害寄主除葡萄外，还有苹果、桃、梨、山楂、樱桃等。

2. 发生规律

(1)葡萄斑叶蝉　一年发生2～3代，河北省发生2代，山东省发生3代。以成虫在葡萄园或其他果园附近的土石缝、杂草、落叶下越冬。翌年3月份成虫开始出蛰，先在发芽早的杂草或在苹果、梨、桃等果树上吸食汁液。5月上旬葡萄展叶时，成虫转移到葡萄上为害，卵散产在叶背面叶脉的表皮下，卵期10天左右。5月中下旬出现若虫，初孵若虫集中在叶背为害。成虫发生期：第一代6月上中旬，第二代8月中下旬，第三代9～10月间，10月下旬以后成虫陆续进入越冬场所越冬。葡萄整个生长季节均受害，一般先从蔓枝基部老叶上发生，逐渐向上部叶片蔓延，一般不为害嫩叶。成虫多在叶背为害，数量多时亦会在叶面活动，气温高时常在树冠周围飞跃，但气温低时不太活动。树冠郁闭，通风不良，杂草丛生的果园发生重，反之则轻。

(2)葡萄二黄斑叶蝉　山东省一年发生3～4代，以成虫在葡萄园的落叶、杂草下等隐蔽处越冬。翌年3～4月间成虫出蛰活动，先在果园周边发芽早的植物上为害，葡萄展叶后迁入葡萄园为害，在叶背处产卵。5月中旬出现第一代若虫，5月底至6月初发生第一代成虫，以后世代重叠，末代成虫9～10月份发生，直至秋后葡萄落叶后，寻找隐蔽场所越冬。成虫白天活动、取食，中午温度高时静伏叶背，受惊扰时即飞往它处。成、若虫为害先从新梢基部的老叶开始，逐渐向上蔓延为害，嫩叶上很少为害。

3. 防治技术

(1)农业防治　秋、冬清除落叶、杂草，消灭越冬成虫，合理修剪，改善通风透光条件。

(2)药剂防治　5月下旬至6月中旬第一代若虫发生期是防

治的关键期，以后视虫情轻重决定是否防治。药剂可选用：50%敌敌畏乳油或90%晶体敌百虫1 000倍液，10%吡虫啉可湿性粉剂4 000～5 000倍液，2.5%功夫乳油或20%杀灭菊酯乳油2 000～3 000倍液。

（十六）白粉虱和葡萄粉虱

1. 为害特点　为害葡萄的粉虱有白粉虱和葡萄粉虱2种，均属同翅目粉虱科。以成、若虫刺吸葡萄汁液，使叶片褪绿，萎蔫，造成早期落叶，削弱树势，影响产量。白粉虱除为害葡萄外，还为害多种蔬菜、花卉等，葡萄粉虱主要为害葡萄、木槲等。

2. 发生规律

（1）白粉虱　北方温室每年发生10余代，世代重叠，无明显越冬现象。成虫喜在嫩叶背面活动和产卵，每雌产卵100余粒，以卵柄插入叶片气孔内，不易脱落。若虫孵化后活动数小时，即固着为害，直至成虫羽化。温室和大棚葡萄受害较重，大棚温室周围的露地葡萄最易受害。露地春季虫源来自温室、大棚，秋末冬初又返回温室、大棚。成虫对黄色趋性强，忌避白色和银灰色。适宜温度为20℃～28℃，室温下每月发生1代。

（2）葡萄粉虱　每年发生3代，以卵在木槲上越冬。翌年春越冬卵孵化为若虫、多在植物叶背固着为害。5月下旬第一代成虫羽化，迁飞到葡萄上产卵，若虫孵化后固着叶面为害。7月下旬至8月上中旬第二代成虫羽化，于葡萄上产卵繁殖，继续为害，也可为害接近成熟期的果实。9月份第三代成虫羽化，迁飞到木槲上产卵越冬。欧洲葡萄受害较重，美洲品种次之。

3. 防治技术

（1）物理防治　用硬纸板裁成20厘米宽的长条，涂上黄色油漆，套上透明塑料薄膜，其上涂一层黏油（10号机油加少许黄油），放置行间，与植株等高，可诱杀成虫，定期更换或重涂黏油。

（2）药剂防治　在粉虱发生初期开始喷药。药剂可选用：10%

吡虫啉可湿性粉剂 3 000～4 000 倍液，25％扑虱灵可湿性粉剂 1 500～2 000 倍液，99.1％敌死虫乳油 300～400 倍液。

（十七）葡萄十星叶甲

1. 为害特点　葡萄十星叶甲又名葡萄金花虫，属鞘翅目叶甲科。以成虫和幼虫取食葡萄嫩芽和叶片，造成叶片穿孔、残缺。寄主除葡萄外，还有野葡萄、爬墙虎等。

2. 发生规律　葡萄十星叶甲一年发生 1 代，少数发生 2 代。以卵在枯枝落叶下或根部附近土壤中越冬。南方果区则以成虫在石块、墙壁、篱笆或树皮裂缝处越冬。一年 1 代区，翌年 4～5 月份越冬卵孵化，初孵幼虫先集中在近地面的叶上为害，3 龄以后分散爬至上部叶片为害。6 月下旬幼虫老熟入土化蛹，7 月上中旬陆续羽化为成虫，继续为害叶片。8 月上旬交尾产卵，8 月中旬至 9 月中旬为产卵盛期，并以卵越冬。成虫有假死性，在叶背静止，一经触动即分泌黄色具有恶臭的液体。成虫及幼虫咬食芽和叶片成孔洞，严重时叶肉全被食尽，仅留一层薄薄的绒毛及叶脉。

3. 防治技术

（1）农业防治　冬季翻耕树盘土壤，清扫园内枯枝落叶及根际附近杂草，消灭越冬虫卵。利用成虫假死性，摇动植株，捕杀振落下的虫体。摘除并杀死叶片上群集的初孵幼虫。

（2）药剂防治　4～5 月份在树冠下土壤中撒施 5％辛硫磷颗粒剂，然后浅锄，杀死初孵幼虫。虫量大时，树上喷药。药剂可选用：50％敌敌畏乳油或 90％晶体敌百虫或 48％毒死蜱乳油 1 000 倍液，2.5％功夫或 20％灭扫利乳油 2 500～3 000 倍液。

（十八）葡萄斑蛾

1. 为害特点　葡萄斑蛾又名葡萄星毛虫，属鳞翅目斑蛾科。以幼虫取食葡萄叶片、花序及果实，被害叶穿孔，严重时仅剩叶脉，果穗被害后干枯脱落。寄主单一，只为害葡萄。

2. 发生规律　华北果区一年发生 2 代，以低龄幼虫在枝蔓翘皮下和根部的土块下结茧越冬。翌年4月份葡萄发芽后，越冬幼虫出蛰爬至嫩芽上为害，展叶后为害叶片和花序。5月中旬以后幼虫陆续化蛹，在叶背结白茧化蛹。5月底至6月初出现越冬代成虫，成虫活动力不强，多停留在蛹茧附近交尾产卵，每雌产卵100～200粒。6月中旬第一代幼虫孵化，幼虫多集中在叶背为害，有假死性和吐丝坠落习性，借此可转移为害。7月中下旬化蛹，7月下旬开始陆续羽化为第一代成虫。8月份为第二代幼虫发生期。9月后幼虫发育至2龄，寻找越冬场所越冬。

3. 防治技术

(1)农业防治　结合冬季清园，将葡萄枝蔓上的老翘皮剥掉，集中烧毁，以消灭越冬幼虫。利用幼虫有假死性和吐丝坠落习性可进行人工捕杀。人工摘除虫卵和蛹茧，集中杀死。

(2)药剂防治　在幼虫发生初期喷药。药剂可选用：25%灭幼脲3号悬浮剂或5%氟铃脲乳油1000～1500倍液，50%敌敌畏乳油或90%晶体敌百虫800～1000倍液，48%毒死蜱乳油1000倍液，20%功夫或灭扫利乳油2000～3000倍液。

(十九)葡萄透翅蛾

1. 为害特点　葡萄透翅蛾属鳞翅目透翅蛾科。初龄幼虫蛀食嫩梢髓部，使嫩梢枯萎。大龄幼虫蛀食较粗枝蔓，被害部变粗、肿大，蛀孔周围有堆积的虫粪。叶片变黄，果实脱落，枝蔓易折断。寄主单一，只为害葡萄。

2. 发生规律　葡萄透翅蛾一年发生1代，以老熟幼虫在葡萄枝蔓中越冬。翌年4～5月份越冬幼虫在被害处的内侧咬一圆形羽化孔，然后在蛹室内结茧化蛹，蛹期10天左右。成虫羽化始期与葡萄开花期相一致，成虫多在上午羽化，羽化时蛹壳常露出孔外一部分，羽化后即行交尾，一生只交尾1次。经1～2天后，在葡萄嫩茎、叶柄及叶脉处产卵。成虫寿命6～7天。雌成虫平均产卵百余粒，单粒散产，卵期10天左右。初孵幼虫先取食嫩叶、茎蔓，然后蛀入嫩茎中，一般多在叶柄基部和叶节处蛀入，蛀入孔处常有虫粪排出。叶柄被蛀后叶片萎蔫，节间部被害变为紫色。幼虫蛀入枝蔓后先向嫩蔓先端方向蛀食，蔓端很快枯死，然后又转移为害1～2次。7月中旬后幼虫长到20毫米时，便蛀入2年生以上的老蔓为害。10月份以后幼虫仍继续向葡萄基部老蔓或主干蛀食，被害处枝节肿大，形成瘤状突起，枝上的叶变黄，果实脱落，可使整个枝蔓枯死或折断。随后老熟幼虫在被害1～2年枝蔓内越冬。

3. 防治技术

(1)人工防治　结合冬季修剪，注意剪除节间部变紫的被害枝，集中烧毁，消灭越冬幼虫。葡萄生长期发现有叶片凋萎或先端叶片边缘干枯的枝蔓(即被害枝)，应及时剪除并集中处理，杀死幼虫。对不宜剪除的枝蔓，可用铁丝从排粪孔插入刺死幼虫，亦可用敌敌畏棉球堵孔，熏杀幼虫。

(2)药剂防治　掌握在成虫盛发期或幼虫孵化期喷药防治。药剂可选用：48%乐斯本乳油1 000倍液，2.5%功夫或20%杀灭菊酯乳油2 000～3 000倍液。

(二十)葡萄虎蛾

1. 为害特点　葡萄虎蛾又叫葡萄虎斑夜蛾，属鳞翅目虎蛾科。只为害栽培葡萄和野葡萄。幼虫咬食嫩芽和叶片，芽被咬伤后发育受阻，叶片被咬成缺刻或孔洞。幼虫常群集暴食，严重时叶片被吃光，咬断小穗梗和果梗，影响葡萄的生长发育，产量降低。寄主单一，仅为害葡萄和野葡萄。

2. 发生规律　一年发生2代，以蛹在葡萄根部附近或葡萄架下的土中越冬。翌年5月中下旬越冬蛹开始羽化为第一代成虫，6月上中旬产卵，6月下旬幼虫开始孵化，7月中旬左右幼虫开始化蛹，7月中旬至8月中旬出现第一代成虫。8月下旬至9月中旬为第二代幼虫为害期。幼虫老熟后入土做土室化蛹越冬。成虫白天隐蔽在叶背面或杂草丛内，夜间交尾产卵，有趋光性。卵散产在叶片上。初孵幼虫取食幼芽和嫩叶，2 龄以后白天静伏叶上，夜间取食叶片，幼虫受惊时头部摆动并吐出黄色黏液。

3. 防治技术

(1)人工防治　早春在葡萄根部附近或葡萄架下结合整地，挖除越冬蛹。葡萄整枝打杈时，捕杀幼虫。

(2)药剂防治　在幼虫低龄期进行防治，药剂可选用：50%敌百虫乳油或 90%晶体敌百虫或 48%毒死蜱乳油 1 000 倍液，2.5%功夫或 20%灭扫利乳油 3 000 倍液。

五、枣树主要病虫害及其防治

(一)枣锈病

1. 危害特点　枣锈病俗称枣雾、串叶病和雾烟病。主要侵害叶片，严重时常在果实膨大期大量落叶，削弱树势，致使枣果皱缩，含糖量降低，甚至不堪食用。

2. 发生规律　枣锈病属真菌病害。病菌主要以夏孢子堆在病叶上越冬，也可以菌丝体在病芽中越冬。越冬的锈菌夏孢子成为翌年初侵染源。6～7 月份温度高、雨水多时，夏孢子发芽从气孔侵入，8～16 天后，出现新的病斑，产生夏孢子，借风雨传播，不断进行再侵染。发病先从树冠中部开始，逐渐向树冠顶部扩展。一般 7 月下旬开始出现病叶，并有少量落叶，到 8 月中下旬病害流行，叶片大量脱落。每年发病早晚和轻重与温湿度、降雨情况紧密相关，降雨早、次数多、湿度大发病早且重，反之则轻。树下间种高秆作物、通风不良的枣园发病更重。

3. 防治技术

(1)农业防治　栽植不能太密，对稠密枝条要合理修剪、整形，以利于通风透光，增强树势。雨季及时排水，晚秋清扫园内落叶，集中烧毁，减少越冬菌源。枣园行间不种高秆作物。

(2)药剂防治　在发病前或发病初期，喷药防治。药剂可选用：倍量式波尔多液200倍液，锌铜波尔多液（硫酸铜0.5～0.6份，硫酸锌0.4～0.5份，生石灰2～3份，水200～300份），70%甲基托布津可湿性粉剂1000倍液，50%退菌特可湿性粉剂600倍液，25%粉锈宁可湿性粉剂2000倍液，每10～15天喷1次，连喷2～4次。

(二)枣炭疽病

1. 危害特点　枣炭疽病俗称烧茄子病。主要危害果实，也能侵染枣吊、叶片、枣头、枣股等部位，会造成果实早落，影响品质，重者失去经济价值。寄主除枣以外，还侵染苹果、桃、杏、核桃、刺槐等。

2. 发生规律　枣炭疽病属真菌病害。以菌丝体潜伏在残留的枣吊、枣头、枣枝和僵果内越冬。翌年分生孢子借风雨、露水和昆虫传播，从伤口、气孔侵入。枣树开花期即可侵入，但要到成熟期或采收期才发病。病菌潜伏期长短、发病早晚与气候条件密切相关，降雨早、雨量多，特别是阴雨连绵，田间湿度大，发病早而重。管理粗放，树势衰弱的枣园发病更重。另外，采收后晒枣，经过日晒夜堆，容易形成高温、高湿环境，病情会迅速发展。而采用炕烘法则很少发病。

3. 防治技术

(1)农业防治　秋后做好清园工作，摘除越冬的枣吊。冬季深翻，掩埋落地的叶片、枣吊及杂草，消灭越冬菌源。增施有机肥，增强树势，提高树体抗病能力。结合修剪，剪除病虫枝及枯枝，以减少菌源。改变加工方法，采用炕烘法，可明显减少病枣。

(2)药剂防治　发病前结合防治枣炭疽病，于7月和8月下旬各喷1次倍量式波尔多液200倍液，或50%退菌特可湿性粉剂600倍液。发病初期可喷50%多菌灵或75%百菌清可湿性粉剂600～800倍液，每10天喷1次，连喷3～4次。

(三)枣缩果病

1. 危害特点　枣缩果病又称枣萎蔫病、枣雾蔫病。主要侵害果实,使枣果干缩凹陷,易脱落,品质降低,产量减少。

2. 发病规律　枣缩果病属细菌病害。病菌在树体上越冬,翌年病菌随风雨传播,经伤口侵入。尤其是通过风雨作用使果面相互摩擦造成的伤口是侵染的主要途径。另外,就是害虫为害造成的伤口。枣果红圈期(梗洼变红)至着色期(1/3 变红)是发病盛期,阴雨连绵或夜雨昼晴天气极易暴发成灾。该病往往会点片发生,常与枣炭疽病同时发生,会加重病情的发展。两病的区别在果核,缩果病果核不变色,而炭疽病的果核则会变黑。

3. 防治技术　在病害发生初期(枣果红圈期)喷 10%农用链霉素可湿性粉剂 1 000 倍液,或 3%克菌康(中生菌素)可湿性粉剂 600～800 倍液,每 10～15 天喷 1 次,连喷 3～4 次,另外还应及时喷杀虫剂防治害虫,减少伤口。

(四)枣轮纹病

1. 危害特点　枣轮纹病又称黑腐病、浆果病。主要危害果实,亦危害枣吊、枣头及 1～2 年生枝条,会使果实腐烂,失水皱缩为黑色僵果。

2. 发生规律　枣轮纹病属真菌病害。以菌丝体、分生孢子器和子囊壳在僵果等病组织内越冬。翌年春病菌产生孢子,成为初侵染源,经风雨传播,孢子发芽后经伤口或气孔侵入。病菌潜状期长,侵入幼果后不立即发病,待果实膨大后停止生长,进入转色期开始表现症状,着色期为发病高峰期,果实发育后期可进行再次侵染,晾晒期和贮藏期同样可以发病。树势弱,虫害重。降雨早且多,特别是 7～8 月份出现连阴天气,病害会迅速流行。枣行间种高秆作物,发病也重。

3. 防治技术

(1)农业防治　加强栽培管理,增施有机肥,多施复合肥,避免偏施氮肥，增强树势。合理修剪，改善通风透光条件。剪除病虫枝和枯枝，刮除老翘皮，集中深埋或烧毁。及早防治害虫，减少伤口。枣行间种花生、甘薯等矮秆作物，以利于通风透光，可减少发病。科学晾晒，仔细捡出病虫果，减少再侵染，提倡炕烘法加工。贮藏期保持通风，防止高温、高湿引发病害发生。

(2)药剂防治　抓好早期喷药保护，7月初是防治关键期。药剂可选用:70%甲基托布津可湿性粉剂800～1 000倍液，50%多菌灵可湿性粉剂600～800倍液，倍量式波尔多液200倍液，80%大生M-45或喷克可湿性粉剂800倍液。以上药剂可交替使用。

(五)枣褐斑病

1. 危害特点　枣褐斑病主要侵害果实，引起果实腐烂，提前脱落，重者病果率可达50%～70%，甚至绝产。

2. 发病规律　枣褐斑病属真菌病害。病菌以菌丝、分生孢子器和分生孢子在病僵果和枯死的枝条上越冬。翌年分生孢子随风雨和昆虫传播，经伤口、气孔侵入，也能直接穿透果皮侵入。病菌从幼果期开始侵染，但不表现病状，处于潜伏状态，待果实接近成熟时才发病。发病早的病果落地后，湿度大时，又会产生分生孢子进行再次侵染。发病早晚、轻重与气候条件、树势强弱及虫害轻重密切相关。降雨早、雨天多、树势弱、虫害重的果园均会造成病害流行，枣行间种高秆作物，通风透光差，亦会加重病害发生。

3. 防治技术

(1)农业防治　加强栽培管理，增施有机肥，增强树势，提高抗病能力。合理修剪、疏枝，枣行间不种高秆作物，改善通风透光条件，降低湿度。清除落地僵果，剪除病虫枝和枯枝，减少菌源。

(2)药剂防治　发芽前半月喷1次3～5波美度石硫合剂，消灭越冬病菌。幼果期(6月下旬)开始喷药保护，每10～15天喷1次，直至9月份。药剂可选用:倍量式波尔多液200倍液，50%退菌特可湿性粉剂600～800倍液，4%农抗120水剂600～800倍液。

(六)枣煤污病

1. 危害特点 枣煤污病又称黑点病。主要危害叶片、枝条和果实。树体受害部位被黑色煤粉状物覆盖,影响生长和品质,降低产量。寄主除枣树外,还有杨、柳、槐、桑等树木。

2. 发病规律 枣煤污病属真菌病害。病菌以菌丝、分生孢子、子囊孢子在病叶、病枝、落地病果上越冬。翌年借风雨和昆虫传播,可多次重复侵染。当枝、叶、果上有汁液流出或有蚜虫、介壳虫排泄的蜜露或排泄物时,病菌产生的孢子即以此为培养基,在上面繁殖。7月中旬至8月中旬为发病盛期,降雨多、湿度大以及蚜虫、介壳虫密度高等均会导致病害流行。

3. 防治技术

(1)农业防治 秋季彻底清扫落叶,集中烧毁或沤肥,消灭越冬菌源。

(2)药剂防治 及时防治介壳虫和蚜虫是防治本病的关键。防治蚜虫可用10%吡虫啉可湿性粉剂4 000～5 000倍液,或50%抗蚜威可湿性粉剂2 000倍液。防治介壳虫可用99.1%敌死虫乳油200倍液,或48%毒死蜱乳油1 000～1 500倍液。7月中旬以前病害发生初期防治。药剂可选用:50%多菌灵可湿性粉剂600～800倍液,70%甲基托布津可湿性粉剂800～1 000倍液。

(七)枣烂果病

1. 危害特点 枣在采前、采后和贮藏期发生的烂果现象,枣农统称为烂果病或霉烂病。引起枣果腐烂的除枣轮纹病和枣褐斑病以外,还有枣软腐病、枣红粉病、枣曲霉病、枣青霉病和枣木霉病等。以上病害主要是在采收前后和贮藏期发病,常会造成枣果大量腐烂,不堪食用,损失极大。

2. 发病规律 枣烂果病的病原均为真菌。其病菌孢子广泛分布在空气、土壤及枣树各个部位。当果实有碰、挤、压伤和虫伤等损伤时，病菌孢子发芽后即会从伤口侵入。病菌随风雨、昆虫传播。若幼果期染病，潜伏期很长，往往到成熟期才发病。采收后，由于果实内水分较高，未能及时晾晒或遇降雨天气，不能晾晒。堆积后枣堆高温、高湿极易造成大量烂果。贮藏期若库温高，通风不良，也易烂果。

3. 防治技术 采收时要减少损伤，晾晒和贮藏前要仔细剔除病、虫果和伤果，并要注意通风和翻动，尽量降低湿度。晾晒时采用炕烘法可减少烂果。贮存时要放在通风的低温处或冷库中，防止潮湿。

(八)枣疯病

1. 危害特点 枣疯病又称丛枝病、扫帚病，俗称公枣树。病树枝叶丛生，经久不落，叶片黄化，花器返祖，果实畸形，不堪食用，或不结果。一般病树经 3～5 年死亡，小树仅 1～2 年内就会死亡。

2. 发病规律 枣疯病的病原是类菌原体，是介于病毒和细菌之间的多形态质粒。病菌主要通过嫁接和分根传播。昆虫也是传播病菌的重要媒介，如中华拟菱纹叶蝉、橙带拟菱纹叶蝉、凹缘菱纹叶蝉、红闪小叶蝉等。病菌侵入枣树后，先运转至根部，经增殖后再由根部向上运行，引起地上部发病。枝条上发病一般是 1 个枝或几个枝上先发病，也有根蘖先发病或与枝条同时发病，而后扩展到全树。病菌潜伏期短者 25 天，长者可达 1 年以上。枣园管理粗放、叶蝉多、树势弱发病重，反之则轻。

3. 防治技术

(1)农业防治 培育无菌苗木，选用抗病品种和砧木，严格挑选根蘖苗是预防枣疯病的根本措施。重病树要立即挖除，并要刨净根部，以防萌生病菌。轻病树及早锯除病枝。增施有机肥和磷、钾肥或复合肥，改善树体营养，增强树体抗病能力。

(2)药剂防治 重点是防治媒介昆虫叶蝉，应在虫害发生初期喷药防治。药剂可选用：25％扑虱灵可湿性粉剂 1 500～2 000 倍液，10%吡虫啉可湿性粉剂 3 000～4 000 倍液，2.5%功夫或 20%灭扫利乳油 3 000 倍液。

(九)枣黏虫

1. 为害特点　枣黏虫又名枣镰翅小卷蛾，俗称贴叶虫、卷叶虫和包叶虫。属鳞翅目小卷叶蛾科。以幼虫咬食枣芽、枣花、枣叶并蛀食枣果，严重时会导致枣花枯死，叶片被吃光，枣果脱落，对产量影响较大。

2. 发生规律　一年发生 3～5 代，华北、陕西省发生 3 代，江苏省 4 代，浙江省 5 代。以蛹在枣树主干粗皮裂缝处越冬。翌年春越冬蛹羽化为成虫。山东枣区 3 月中旬至 4 月下旬越冬代成虫羽化，卵产于嫩芽和光滑的枝条上。第一代幼虫主要为害枣芽，影响正常发芽，并会造成当年第二次发芽。4 月下旬至 7 月上旬发生第二代幼虫，先为害枣花，后为害叶片和幼果。7 月下旬至 10 月下旬发生第三代幼虫，除为害枣叶外，还啃食果皮，蛀入果内，造成落果。

成虫白天潜伏叶背面，夜间活动，趋光性强。雌、雄交尾后次日即开始产卵，卵多散产在叶正面中脉两侧，单叶有卵 1～3 粒。幼虫为害特点是吐丝将叶片缀连在一起，在内取食叶片，形成网膜状残叶。为害枣花时，侵入花序，咬断花柄，蛀食花蕾，将花缠绕在枝上，被害花变色但不脱落。为害枣果时，啃食果皮，蛀入果内，粪便排出果外，不久被害果发红脱落，或与叶片粘在一起不脱落。幼虫能吐丝下垂，随风飘移，幼虫老熟后在叶苞、花序、枣果内或树皮裂缝处结白色薄茧化蛹。

3. 防治技术

(1)灭蛹杀虫　冬季或早春刮除树干粗皮，杀蛹，或束草诱集幼虫化蛹，翌年春解下烧毁，消灭虫蛹。在成虫发生期用电子杀虫灯进行诱杀。田间发现虫苞要摘除杀死。

(2)药剂防治　重点抓好第一代幼虫防治，在枣芽萌发初期，喷1次48%毒死蜱乳油1000～1500倍液，或2.5%功夫乳油等菊酯类农药3000倍液，10天后再喷1次，第二代和第三代幼虫期，视虫情喷药1～2次。

(十)枣尺蠖

1. 为害特点 枣尺蠖又名枣步曲，属鳞翅目尺蛾科。以幼虫为害枣芽、枣叶及花蕾，严重时可将其吃光，造成当年绝产，并影响翌年坐果。寄主除枣以外，还有苹果、梨、花椒、刺槐以及杨、柳树等。

2. 发生规律 枣尺蠖一年发生1代，少数个体两年发生1代，以蛹在树盘下土壤中越夏、越冬。翌年3月中旬至5月上中旬为越冬代成虫羽化期，盛期在3月下旬至4月中旬，羽化期长达60余天。雄蛾多在下午羽化，爬至树上静伏。雌蛾羽化后出土先在土表潜伏，傍晚出土上树，夜间交尾，次日开始产卵，第二、第三天为产卵盛期。成虫寿命5～6天。卵多产在主干、主枝和枣股粗皮裂缝处，上面覆盖尾部鳞毛，每雌产卵1000余粒，卵期10～25天。4月中旬枣树发芽时幼虫开始孵化，5月上中旬枣树展叶期为孵化盛期，孵化期长达50余天。初孵幼虫有向上性，喜爬至树冠取食，遇惊动即吐丝下垂，随风飘移。幼虫为害期在4～6月份，以5月份为害最重。幼虫喜分散活动，爬行迅速，并能吐丝，1～2龄幼虫爬过的地方即留下虫丝，故嫩芽常受丝网缠绕，难以生长。幼虫期32～39天，幼虫食量大，1头幼虫一生取食枣叶150余片，食枣花600朵左右，5月下旬至6月中旬幼虫陆续老熟，爬至树下树盘周围土中做土室越夏、越冬。

3. 防治技术

(1)人工防治 根据枣尺蠖雌成虫和幼虫出土上树的习性，可在树干基部绑一圈10厘米宽塑料带，下端用土压实，上端接口处绑牢，上面涂粘虫药剂(黄油10份、机油5份、菊酯类农药1份，充分混匀)，粘杀上树雌成虫和幼虫，效果较好。另外，可在塑料薄膜带下方绑一圈草绳引诱雌蛾在其中产卵，每7～10天换一次草绳，集中烧毁。秋季和早春在成虫羽化前，在树干周围1米范围内，浅挖3～10厘米土壤，将越冬蛹杀死。利用低龄幼虫有假死习性，可采用摇动树体，振落幼虫将其杀死。

(2)药剂防治　在4月底至5月初幼虫低龄期抓紧防治。药剂可选用:2.5%功夫或20%灭扫利乳油3 000倍液，50%辛硫磷或48%毒死蜱乳油1 000～1 500倍液，4.5%高效氯氰菊酯或5%氟铃脲乳油1 500～2 000倍液。

(十一)枣瘿蚊

1. 为害特点　枣瘿蚊俗称卷叶蛆、枣叶蛆、枣蛆。属双翅目瘿蚊科。以幼虫为害叶片、花蕾和幼果，被害叶呈紫红色，筒状，质硬而脆，不久变黑枯萎；花蕾被害后，花萼膨大，不能开放；幼果被害后变黄脱落。

2. 发生规律　枣瘿蚊一年发生5～7代，河北省发生5～6代，以老熟幼虫在树下浅层土壤结茧越冬。翌年4月上中旬化蛹、羽化，成虫活泼，但寿命短，仅有2天左右。雌成虫以产卵器刺入未展开嫩叶的缝隙处和刚萌发的枣芽上产卵。幼虫孵化后刺吸嫩叶汁液，叶片受刺激后卷成筒状，幼虫隐藏其中为害，每叶可有2～3头，多至10余头。5月上旬幼虫进入为害期，5月中下旬叶片开始枯焦，5月下旬第一代幼虫老熟脱叶落地，入土化蛹。为害花蕾和幼果的幼虫，分别在花蕾和幼果内化蛹。各虫态发育极不整齐，形成世代重叠。末代老龄幼虫于8月下旬开始入土结茧越冬。

3. 防治技术

(1)农业防治　秋末冬初，深翻土壤，将越冬幼虫翻入深土层，使其不能出土而死亡。

(2)药剂防治　在枣芽萌动时，成虫羽化前和第一、第二代幼虫入土期，在树盘周围1米处喷洒50%辛硫磷乳油1 000～1 500倍液，喷后浅耙，可杀死入土幼虫。树上喷药，在枣树萌芽而尚未展叶时,喷洒50%辛硫磷、48%毒死蜱乳油1 000～1 500倍液,或90%晶体敌百虫1 000倍液,10～15天再喷1次。

(十二)枣龟蜡蚧

1. 为害特点 枣龟蜡蚧又名日本龟蜡蚧,俗称枣虱子。属同翅目蜡蚧科。以成、若虫固着在叶片和小枝上刺吸为害,并分泌大量排泄物,引发煤污菌寄生,导致枝、叶、果布满黑霉,严重影响叶片光合作用和枝、果生长,引起落叶、落果,树势衰弱,严重时可使整枝、整树枯死。寄主除枣以外,还有苹果、梨、柿等果树。

2. 发生规律 枣龟蜡蚧每年发生1代,以受精雌成虫在1～2年生枝上越冬,尤以当年生枣头上最多。翌年4月底至5月初枣树萌芽时,越冬雌成虫迅速膨大,5月下旬或6月上旬开始产卵,盛期在6月中旬前后。卵产于母体下,每雌可产卵1 000～2 000粒。卵期20天左右。6月中下旬卵开始孵化,7月上中旬为孵化盛期。初孵若虫向枝条、叶片爬行扩散,或随风飘移至植株上固着取食。若虫固着后开始分泌蜜露,引起煤污病。在卵期和若虫孵化期遇高温干旱天气,则会大量死亡。雄若虫直至化蛹始终固着不动,雌若虫有迁移为害能力,特别是雌成虫。雄若虫8月底至9月初为化蛹盛期,蛹期20天左右,9月中下旬为羽化盛期。雄成虫羽化后即行交尾,随后死去。雌成虫8月中旬后开始陆续爬到枝上固着为害,9月上中旬为回枝盛期。回枝后,固着不动,虫体有所增长,蜡壳增厚,11月中旬后进入越冬期。龟蜡蚧有多种天敌,如瓢虫、草蛉、寄生蜂等,应加以保护利用。

3. 防治技术

(1)人工防治 冬季刮除在枝条上越冬的雌成虫,结合修剪,剪去虫枝。也可在冬季枣枝上结冰凌时,敲打树枝,振落虫体。

(2)药剂防治 防治介壳虫的关键期在若虫活动期进行防治,一旦形成介壳,药剂难以奏效。药剂可选用:99.1%敌死虫乳油150～200倍液,25%喹硫磷或48%乐斯本乳油1 000～1 500倍液，2.5%功夫或20%灭扫利乳油3 000倍液，40%速扑杀乳油1 500倍液。虫口密度大的枣园，应在第一次喷药后15天再喷1次，防效更好。

(3)保护利用天敌　枣龟蜡蚧的天敌很多，据调查寄生性天敌有29种，捕食性天敌有5种，应加以保护利用。

(十三)绿盲蝽

1. 为害特点　绿盲蝽又名牧草盲蝽、苜蓿盲蝽。属半翅目盲蝽科。以成、若虫刺吸枣树的幼芽、嫩叶、枣吊、花蕾和果实。枣幼嫩组织受害后，先出现枯死小点，随后变黄枯萎，顶芽皱缩，抑制生长。以后随着叶芽的生长，受害处变成不规则的空洞和裂痕，叶片皱缩发黄，俗称"破叶疯"。枣果受害则呈弯曲状，花蕾受害停止发育而枯死脱落，严重时无花可开；幼果受害处有的出现黑色坏死斑，有的出现隆起的小疱，果肉组织坏死，受害果大多脱落，经济损失严重。其寄主很多，有多种果树、林木、农作物和牧草等。

2. 发生规律　绿盲蝽在北方一年发生3～5代，以卵在果树枝梢、树皮、杂草等处越冬。翌年3～4月份平均气温在10℃以上、相对湿度70%左右时，越冬卵开始孵化。在枣树上主要是第一、第二代为害，第一代发生盛期在5月上旬，为害枣芽；第二代发生盛期在6月中旬，为害枣花及幼果，是为害最重的一代。第三至第五代发生期分别为7月、8月和9月的中旬，世代重叠，主要为害农作物。在苹果等果树上主要是5月上中旬第一代成、若虫为害，5月下旬以后即转移到果树以外的寄主上为害，秋后部分成虫飞回果树上产卵越冬。成虫飞翔力强，活跃，常白天潜伏，清晨、傍晚取食为害，受惊后迅速爬行。成虫寿命30～50天，产卵期30～40天，喜在寄主叶片主脉、叶柄或嫩茎内产卵，每处产卵2～3粒。

绿盲蝽的发生和气候条件密切相关，相对湿度达65%以上时，卵才能大量孵化。气温在20℃～30℃、相对湿度在80%～90%时，最适宜其繁殖和为害。而高温、低湿则不利其发生。主要天敌有寄生蜂、草蛉、猎蝽、蜘蛛等，对其种群控制有重要作用，应加以保护利用。

3. 防治技术

(1)人工防治　冬季彻底清园，清除地面枯枝和杂草，剪除树上病虫为害的残枝和枯枝，集中烧毁，以减少越冬卵量。

(2)药剂防治　重点抓好春季用药是全年防治的技术关键，春季3～4月份旬平均气温在10℃以上时，越冬卵开始孵化，为第一代若虫防治适期，每10天喷1次药。6月上中旬第二代若、成虫期，再喷1～2次药，以后各代视虫情决定是否防治。药剂可选用：48%乐斯本或50%辛硫磷乳油1 000～1 500倍液，2.5%功夫或20%灭扫利乳油2 000～3 000倍液，4.5%高效氯氰菊酯乳油2 000倍液。

(十四)枣绮夜蛾

1. 为害特点　枣绮夜蛾又名枣实虫、枣花心虫。属鳞翅目夜蛾科。以幼虫取食枣花及枣果，花期受害，幼虫吐丝缠花，钻在花序丛中取食花蕊和蜜盘，只剩花盘和花萼，不久即枯萎。枣果受害，幼虫吐丝缠绕果柄，蛀食枣果，被害果逐渐干枯，但多不脱落。

2. 发生规律　一年发生1～2代，以蛹在枣树翘皮、粗皮裂缝或树洞内越冬。翌年5月上中旬越冬蛹开始羽化，羽化盛期在5月下旬。成虫有趋光性，每雌产卵100粒左右，散产，多产在花梗或叶柄基部。5月下旬第一代幼虫开始孵化，幼虫先取食枣花，后取食枣果。幼虫不活泼，行动迟缓，有的幼虫受惊后会吐丝下垂。幼虫发生极不整齐，发生早的6月上旬开始化蛹，发生晚的到7月上中旬才化蛹。在这代蛹中有一部分当年不再羽化而越夏、越冬。另外一部分发育早的蛹于6月下旬开始羽化，直至7月中下旬结束。第二代幼虫于7月上旬开始出现，主要为害枣果，并有转果为害习性，1头幼虫可为害4～6个枣果。7月下旬至8月中旬幼虫陆续老熟化蛹。

3. 防治技术 在幼虫发生初期喷药防治，药剂可选用：48%毒死蜱或50%辛硫磷乳油1 000～1 500倍液，2.5%功夫或20%灭扫利乳油2 000～3 000倍液，80%敌敌畏乳油800倍液，5%氟铃脲乳油1 000倍液。

(十五)枣瘿螨

1. 为害特点 枣瘿螨又名枣锈壁虱、枣叶壁虱。属蜱螨目瘿螨科。以成虫和若虫为害叶、花和幼果，影响产量和品质，严重时甚至会造成绝产。

2. 发病规律 枣瘿螨一年发生3代以上，以成虫或老龄若虫在枣股芽鳞内越冬。翌年4月中旬前后枣芽萌发时出蛰活动，为害嫩芽和嫩叶，6月上旬枣开花期进入为害盛期，6月中旬虫口密度最大。全年以6月份发生为害最重，是药剂防治的关键期。据河南省观察，全年为害有3个高峰期，第一次在展叶至新梢速长期(4月下旬至5月上旬)，第二次在盛花中期(6月下旬)，第三次在生理落果至果实膨大初期(7月中旬)，每次为害10～15天。7月中旬至8月下旬气温较高，虫口密度显著减少。9月份虫口密度也很低，至9月底成虫或老龄若虫开始进入越冬场所越冬。

枣瘿螨虫体微小，肉眼不易发现，在为害初期症状不明显，叶片受害开始呈灰白色，后为害加重，整张叶片变为极度灰白，叶面更甚，并加厚变脆，叶缘枯焦，提早落叶。花受害后渐变为褐色，干枯脱落。果实受害，果肩、梗洼出现银灰色锈斑，并逐渐扩大，致使果实凋萎脱落。叶片上一般有螨100余头，多者可达500～600头。

3. 防治技术 枣树发芽前喷洒3～5波美度石硫合剂，或50%硫悬浮剂200倍液。展叶后特别是5～6月份要进行重点防治，连喷2～3次，每次间隔10～15天。药剂可选用：0.3～0.5波美度石硫合剂，20%速螨酮可湿性粉剂3 000～4 000倍液，2.5%功夫或20%灭扫利乳油3 000倍液，1.8%阿维菌素乳油4 000～

5 000倍液。

(十六)枣芽象甲

1. 为害特点 枣芽象甲又名枣飞象、小灰象甲,属鞘翅目象甲科。以成虫取食嫩芽和幼叶,严重时可将嫩芽吃光,造成二次发芽,影响树势和产量。

2. 发生规律 枣芽象甲在黄河流域一年发生1代,以幼虫在土中越冬。翌年3月下旬至4月上旬化蛹,4月下旬枣树萌芽时,成虫出土,群集树梢啃食嫩芽。幼叶展开后,成虫将叶片咬成半圆形或缺刻。5月份以前因气温低,成虫多在中午前后上树为害,早晚则在树干基部土中潜伏。5月份以后,气温较高,成虫则喜早晚活动取食。成虫有假死性,寿命30～40天。4月下旬开始成虫交尾产卵,卵成块状产在嫩芽、叶面、枣股翘皮下或裂缝中,每块卵3～5粒,每雌可产卵100余粒,卵期12天左右。5月上旬幼虫开始孵化,初孵幼虫下树潜入土中,取食根部幼根,9月下旬再下潜至30厘米深处越冬。翌年春,气温回升时再上升至离土表10～20厘米处活动,化蛹时做土室,距地表3～5厘米。

3. 防治技术

(1)人工防治 在成虫发生期,利用其假死性,可在清晨摇树,振落捕杀。5月下旬利用老熟幼虫下树入土的习性,在树干上涂一圈20厘米宽的废机油,可阻杀幼虫入土。

(2)药剂防治 首先搞好地面防治,枣树萌芽前,在树干1米范围内喷洒药剂,药杀出土成虫。药剂可选用:50%辛硫磷乳油或25%对硫磷微胶囊或40%甲基异柳磷乳油200～300倍液喷洒地面,喷后浅耙,将药土混匀。也可在地面撒施3%辛硫磷颗粒剂,每667平方米用7～8千克,施药后浅锄表土。

树上喷药应在成虫发生期,可喷50%辛硫磷或48%毒死蜱乳油1 000～1 500倍液,喷药时间应在上午7～11时为好,下午气温高,喷药时成虫会飞走,影响药效。

(十七)大灰象甲

1. 为害特点　大灰象甲属鞘翅目象甲科。以成虫和幼虫取食枣叶，幼虫还会卷合叶片在其中取食一段时间后入土食害根部。寄主除枣以外，还有苹果、梨、核桃、板栗等果树。

2. 发生规律　大灰象甲一年发生1代，以成虫在土中越冬。翌年4月份开始出土活动，先取食杂草，待枣树发芽后陆续转移到树上取食新芽、嫩叶，尤其对幼龄枣树为害较重。白天潜伏，清晨、傍晚和夜间取食。成虫不能飞翔，靠爬行活动，动作迟缓，有假死性。6月中下旬成虫大量产卵，卵成块状，多产在叶尖处，并将叶片两边折起，将卵包于其中，部分卵产在土中。每个卵块有卵粒10余粒至数十粒，排列整齐。卵期7天左右，幼虫孵化后先取食叶片，后入土取食根部，并在土中化蛹，羽化为成虫后越冬。

3. 防治技术　同枣芽象甲。

(十八)枣豹蠹蛾

1. 为害特点　枣豹蠹蛾俗称截干虫。属鳞翅目豹蠹蛾科。以幼虫蛀食枝条，枣枝受害后枯死，易折断，妨碍树冠扩大，影响树势和产量。主要为害枣和核桃，也能为害苹果、梨、杏、石榴等果树。

2. 发生规律　枣豹蠹蛾一年发生1代，以幼虫在被害枝条内越冬。翌年枣芽萌动时，越冬幼虫沿枝条髓部向上蛀食，并向外咬一排粪孔将粪便排出。6月上旬幼虫老熟后开始化蛹。6月下旬至7月上中旬为成虫发生期，每雌可产卵数百粒至1 000余粒，单粒散产或成块状。成虫有较强的趋光性，夜间活动。雌成虫未交尾前，遇振动时会产下未受精卵。初孵幼虫多钻入枣吊维管束部分为害，虫龄增大后转移到枣头嫩尖的髓心处为害，大龄幼虫则蛀食枣头基部的髓心木质部为害，幼虫蛀食至端部不久即枯萎死亡，致使枣吊萎蔫，枣果脱落。蛀入新梢后梢即枯萎，幼虫又会转梢为害，10月份以后幼虫在被害枝内越冬。

3. 防治技术

(1)人工防治　冬、春结合修剪，剪除虫枝。5～6月份和9月份发现被害枝梢或枣吊，及时剪除，集中烧毁。7月上中旬成虫羽化盛期时振动树体，促使未交尾的雌成虫产卵，使卵不能孵化，降低幼虫基数。

(2)药剂防治　在幼虫孵化盛期喷药防治。药剂可选用：2.5%功夫或20%灭扫利乳油2 500～3 000倍液，48%毒死蜱或50%辛硫磷乳油1 000～1 500倍液，4.5%高效氯氰菊酯乳油2 000～3 000倍液。

六、柑橘主要病虫害及其防治

(一)柑橘溃疡病

1. 危害特点　柑橘溃疡病主要危害叶片、枝梢和果实，严重时会大量落叶和落果，并造成枝枯，树势衰弱，对产量和品质影响很大。

2. 发病规律　柑橘溃疡病是由细菌引起的病害。病原细菌主要潜伏在病组织(叶、枝梢和果实)内越冬。借风雨、昆虫等传播，从寄主气孔、皮孔及伤口侵入幼嫩组织，老组织及已长出的新叶皆不易染病。带病菌木、接穗和果实等可作远距离传播。细菌潜育期较短，一般为3～10天，最长25天左右。高温多雨，特别是暴风雨天气发病更重。枝梢被害以夏梢最重，秋梢次之，春梢较轻。潜叶害虫为害严重亦能加重病害流行。品种间抗病性差异较大，甜橙类最易感病，酸橙、柚子次之，金橘抗病性最强。

3. 防治技术

(1)农业防治　搞好冬季清园，清除橘枝、落叶、落果，剪除带病枝叶，集中烧毁，以减少越冬菌源。加强栽培管理、适度修剪，增施有机肥或复合肥，及时防治潜叶蛾等害虫。

(2)药剂防治　抓住夏、秋梢抽发期和幼果期进行防治，每10天左右喷1次药，连喷3～4次。药剂可选用：72%农用链霉素可溶性粉剂5 000～6 000倍液，3%克菌康可湿性粉剂600～800倍液，77%可杀得可湿性粉剂500倍液。

(二)柑橘疮痂病

1. 危害特点　柑橘疮痂病主要危害柑橘的嫩叶、嫩梢及幼果，严重时会造成落叶、落果，未落的果实小而畸形，表面粗糙，汁少味酸，严重影响产量和品质。受害嫩梢生长不良。

2. 发病规律　柑橘疮痂病是由真菌引起的病害，病菌以菌丝体在患病的枝叶组织内越冬，翌年春当气温达15℃以上，并遇高温或多雨天气时，病部就会产生分生孢子，借风雨或昆虫传播，分生孢子萌发的芽管从春梢上的嫩叶、花和幼果的表皮侵入，潜育期10天左右。若温、湿度适宜，新病斑中又产生分生孢子进行再侵染，如此循环不断的侵染夏梢、秋梢。树种间抗病性差异较大，柑类最感病，柚类等次之，甜橙较为抗病。

3. 防治技术

(1)农业防治　结合冬季修剪、剪除病枝叶，清扫落地叶片和果实，集中烧毁或深埋，减少越冬菌源。加强肥水管理，增强树势。

(2)药剂防治　在春、秋梢萌芽初期和落花盛期后进行喷药，每10天左右喷1次药，连喷2～3次。药剂可选用：3%克菌康可湿性粉剂800倍液，70%甲基托布津或50%多菌灵可湿性粉剂800～1 000倍液，80%大生M-45可湿性粉剂600～800倍液，15%络氨铜水剂600倍液。

(三)柑橘炭疽病

1. 危害特点　柑橘炭疽病主要危害幼苗、叶片、枝梢、果柄和果实，亦危害主干、大枝和花，常会使枝梢、叶片枯死，枝干开裂，落果，果实易腐烂。

2. 发病规律　柑橘炭疽病是由真菌引起的病害。病菌主要以菌丝体或分生孢子等在病组织(枝、叶、果)内越冬,翌年春菌丝体产生分生孢子,借风雨、昆虫传播,从植株上的气孔或伤口侵入寄主,引致发病。由于该病菌属弱寄生菌,因此,果园管理粗放、缺肥、干旱、排水不良以及树体受冻或病虫防治不好,造成树势衰弱最易感病;而树势健壮的植株则很少发病。

3. 防治技术

(1)农业防治　加强栽培管理、深翻改土、增施有机肥,及时灌溉和防治病虫害,增强树势,提高抗病能力。

(2)药剂防治　在发病初期开始喷药,每10～15天喷1次药,连喷2～3次。药剂可选用:3%克菌康可湿性粉剂600～800倍液,80%大生M-45可湿性粉剂600倍液,70%甲基托布津可湿性粉剂800倍液,50%多菌灵可湿性粉剂500～800倍液。

(四)柑橘黄龙病

1. 危害特点　柑橘黄龙病又名黄梢病、黄枯病。全年都可发生,柑橘的枝、叶、花、果及根部均可发病危害,植株被害后树势衰退,产量锐减,品质下降。

2. 发病规律　柑橘黄龙病的病原是类立克次氏体细菌。初侵染源主要是果园病株和带病苗木,远距离传播,主要靠带病苗木和病接穗的调运,老病区主要来自果园中的病树。田间是由柑橘木虱传播,因此,木虱的虫口密度大小与黄龙病发生轻重成正相关。

3. 防治技术　①严格植物检疫,禁止病区的苗木、接穗进入无病区。②无病区自建苗圃,培育无病虫苗木。③及时拔除并烧毁病株。④彻底防治传病昆虫——柑橘木虱。

(五)柑橘黑斑病

1. 危害特点　柑橘黑斑病又名黑星病、炭腐病,主要危害果实和叶片,果实受害严重时易脱落,在果品贮运期则会引起腐烂。叶片受害光合作用受阻,叶色变黄,易脱落。

2. 发病规律 柑橘黑斑病属真菌病害。病菌主要以未成熟的子囊壳在落叶上越冬，翌年春4月份柑橘谢花期间病菌子囊壳陆续成熟，并喷出大量分生孢子，侵染幼果，果实贮藏期可继续发病。病菌借风雨传播。春季温暖多雨或高湿天气发病较重。栽植密度大，通风不良，肥水不足，土壤缺乏有机质，树势衰弱的果园发病更重。不同树种和品种间抗病性差异显著，柑橘类中以柑类和橙类抗病性较强，橘类最易感病。

3. 防治技术

(1)农业防治 冬季结合修剪，剪除染病枝叶、集中烧毁或深埋，以减少越冬菌源。

(2)药剂防治 本病菌主要在幼果期侵染，因此喷药的关键期应在落花后30～45天内进行，每10～15天喷1次药，连喷3次。药剂可选用：倍量式波尔多液150倍液，80%大生M-45可湿性粉剂600倍液，70%甲基托布津可湿性粉剂800倍液，50%多菌灵可湿性粉剂800～1000倍液。

(六)柑橘绿霉病和青霉病

1. 危害特点 柑橘绿霉病和青霉病是柑橘贮藏运输期间经常发生的一种病害。果实上的病斑中央着生白色霉状物(菌丝体)，逐渐在白色霉状物的中部产生青色(青霉病)或绿色(绿霉病)的粉状霉(分生孢子和分生孢子梗)，在高温、高湿条件下，迅速遍及全果，最后全果腐烂。

2. 发病规律 柑橘绿霉病和青霉病均属真菌病害。病菌分布很广，可在多种有机物上营腐生生活，产生的分生孢子经气流传播，从伤口侵入，贮藏期病、健果可通过接触传染，潜伏期短，发病快，可重复侵染。果面上的伤口是造成发病的主要因素。

3. 防治技术

(1)适时采收，提高采果质量 柑橘贮藏用果的采收时间以八成熟为最佳，采收时应轻拿轻放，尽量减少碰撞造成的伤口。贮藏用果应选无伤口、无病斑的果实。

(2)贮藏库和果箱消毒杀菌　药剂可用50%多菌灵可湿性粉剂1 000倍液，或用硫磺(10克/米^3)熏蒸24小时。库房要清洁通风，并根据季节，调节库内温、湿度。

(3)药剂处理　采果后贮藏前要用药剂进行浸果处理，药剂可选用：45%特克多悬浮剂600～800倍液，或25%咪鲜胺乳油1 000倍液浸果3～5分钟。亦可用50%扑海因可湿性粉剂500倍液浸果1分钟。药剂浸果后要充分晾干后才能装箱入库。

(七)柑橘蚜虫

1. 为害特点　我国为害柑橘的蚜虫种类很多，主要有橘蚜、橘二叉蚜，另外还有绣线菊蚜、桃蚜、棉蚜等。均以成、若蚜群集在柑橘嫩芽、嫩梢及嫩叶背面吸食汁液，有的亦为害花，严重时使叶片畸形扭曲，不能伸长，橘萎缩脱落，蚜虫排出的蜜露还会诱发煤污病，影响光合作用，常导致树体衰弱。

2. 发生规律　一年发生10～20代，多以卵在枝干上越冬，在气温较高的广东等地区以成虫或老龄若虫在橘树上越冬，有的甚至无明显的越冬虫态。晚春、早秋是蚜虫繁殖为害盛期，夏季高温多雨不利于蚜虫的繁殖和存活，为害较轻。若虫口密度过大或枝叶老化，即会产生有翅雌蚜迁飞至其他植株的新梢上繁殖为害。

3. 防治技术

(1)保护利用天敌　蚜虫的天敌很多，主要有瓢虫、草蛉、食蚜蝇、蚜茧蜂、蚜霉菌等，4～5月份天敌数量最多，应减少用药，或选用对天敌影响较小的农药品种。有条件的果园可在行间种植牧草，以利于保护天敌。

(2)药剂防治　在蚜虫发生初期喷药，重点喷新梢和嫩枝，药剂可选用：50%抗蚜威可湿性粉剂1 000～2 000倍液，3%啶虫脒乳油2 000～2 500倍液，0.3%印楝素乳油800～1 000倍液，20%灭扫利乳油3 000倍液。

(八)柑橘叶螨

1. 为害特点 我国为害柑橘的螨类主要有柑橘全爪螨、柑橘始叶螨、六点始叶螨、柑橘裂爪螨,另外还有柑橘锈螨(锈壁虱)等。主要为害叶片、嫩枝,亦能为害果实。叶片被害呈灰白色,失去光泽(柑橘全爪螨),或背面呈铜绿色(柑橘锈螨),有的被害处呈黄色斑块(柑橘始叶螨)。柑橘锈螨为害的果实变为黑褐色或黄褐色,果皮布满龟裂网状细纹。受害严重的果园常会大量落叶、落果。

2. 发生规律 柑橘蚜虫发生代数因虫种和地区而异,一般为12～20代,多以成螨或卵越冬,但也有的地区无明显的越冬虫态。春末至夏初是螨类猖獗为害期,夏季高温多雨及天敌的控制发生较轻,但如夏季高温干旱,螨类亦会加重发生,特别是柑橘锈螨,此时会大量转移到果实上为害。秋季如气候适宜,螨类还会有一个小为害期。

3. 防治技术

(1)生物防治 果园行间种植牧草可为多种天敌提供食料和栖息场所,有利于保护天敌。果园释放胡瓜钝绥螨(捕食螨),每株放150～200头,防效达90%以上。

(2)药剂防治 在螨类发生初期开始喷药,药剂可选用:20%速螨酮可湿性粉剂3 000～4 000倍液,73%克螨特乳油2 000～3 000倍液,5%尼索朗乳油1 000～2 000倍液,99.1%敌死虫乳油150～200倍液,50%托尔克可湿性粉剂2 000～2 500倍液。

(九)介壳虫类

1. 为害特点 为害柑橘的介壳虫种类繁多,主要有矢尖蚧、糠片蚧、褐圆蚧、黑点蚧、红圆蚧、吹绵蚧、红蜡蚧、网纹绵蚧、柑橘粉蚧、棘粉蚧等,主要以成、若虫群集叶片、枝条和果实等处固着吸食为害。严重时会使叶片干枯、卷缩脱落,枝条枯死,并会引发煤污病。果实被害后出现斑点,影响外观和品质,受害植株树势衰弱,结果少,严重时会整株枯死。

2. 发生规律 介壳虫发生代数因虫种而异，一般一年发生2～4代，多以雌成虫或卵在雌成虫介壳下或在叶背、枝条等处越冬，亦有以若虫越冬的。若虫孵化后即从介壳下爬出，然后转移到新枝、嫩叶、幼果上固着取食为害。借风力和苗木传播，果品运输亦能传播。果园管理粗放，荫蔽度大，温暖而潮湿的环境有利于蚧虫的发生和为害。

3. 防治技术

(1)加强检疫 严格检查苗木，确保苗木无蚧，对发现的带虫苗木要进行消毒处理，杀死蚧虫。

(2)农业防治 适度修剪，促使通风透光，避免郁闭。结合修剪剪去有虫枝条，必要时进行重剪虫枝，并增施肥水，以恢复树势。彻底清扫果园内的枯枝、落叶、落果，集中烧毁或深埋。

(3)保护天敌 蚧虫的天敌很多，要注意保护利用，施用农药时尽量选用对天敌影响小的农药品种。

(4)药剂防治 抓住若虫孵化初盛期进行喷药防治，每10～15天喷1次药，连喷2～3次。药剂可选用：99.1%敌死虫乳油150～200倍液，40%速扑杀乳油1 500倍液，25%扑虱灵可湿性粉剂2 000倍液，48%乐斯本乳油1 000倍液。

(十)柑橘木虱

1. 为害特点 柑橘木虱以成虫、若虫群集吸食为害柑橘嫩梢、幼芽和新芽，会使嫩梢、幼芽干枯萎缩，新叶畸形扭曲，严重影响新梢生长。同时该虫还是柑橘黄龙病的传病媒介。

2. 发生规律 柑橘木虱一年发生8～14代，以成虫密集在叶背面越冬。在福建一年发生8代，全年有3个为害高峰期，分别在3月中旬至4月份，5月下旬至6月下旬，7月底至8～9月间，亦即春、夏、秋梢的主要抽发期。一般秋梢被害较重，秋芽常会枯死；其次为春梢、夏梢数量少，被害亦轻。该虫喜阳光而忌阴湿，因此阳光充足，绿叶层稀疏，发芽次数多，通透性良好的果园虫量发生大、被害重，反之则轻。

3. 防治技术

(1)农业防治　加强栽培管理，增强树势，促使抽梢整齐，并摘除零星枝梢，以减少柑橘木虱产卵繁殖场所，可减轻为害。及时砍除已失去结果能力的病树和衰弱树，集中烧毁。在橘园周围营造防护林或种植高秆植物，可阻隔木虱的迁移传播。

(2)药剂防治　在每次柑橘嫩梢抽发期木虱发生初盛期，及时喷药保护新梢。药剂可选用：25%扑虱灵可湿性粉剂2 000～2 500倍液，25%灭幼脲3号悬浮剂1 500倍液，20%灭扫利或2.5%功夫菊酯乳油3 000倍液，3%啶虫脒乳油2 000～2 500倍液。

(十一)黑刺粉虱

1. 为害特点　黑刺粉虱以幼虫为害叶片，吸食汁液，被害处形成黄斑，其排泄出的蜜露会诱发煤污病，致使枝叶变黑，干枯脱落，从而影响产量和品质。

2. 发生规律　黑刺粉虱一年发生4～5代，多以2～3龄若虫在叶背处越冬，越冬若虫于翌年3～4月份陆续化蛹。成虫羽化后随即产卵。从3月中旬至11月下旬田间各虫态均可出现，各代若虫盛发期在5～6月份、6月下旬至7月中旬、8月上旬至9月上旬、10月下旬至11月下旬，亦是药剂防治的关键期。成虫喜阴暗环境，尤喜在幼嫩的枝叶上生活，每雌产卵数十粒至数百粒，卵多产在叶背上，散生或密集成块。

3. 防治技术

(1)生物防治　若粉虱细蜂、蚜小蜂等天敌数量较多时，可于5～6月份采摘被寄生的粉虱活蛹，释放到粉虱严重为害的橘园，效果很好。

(2)药剂防治　应抓住1～2龄若虫期喷药防治，但此时如粉虱细蜂等天敌数量很多，寄生率达50%左右时，可将喷药时间推迟至粉虱蛹期进行喷药，可保护大量天敌。药剂可选用：25%扑虱灵可湿性粉剂2 000～2 500倍液，99.1%敌死虫乳油150～200倍液，25%灭幼脲3号悬浮剂1 500倍液，3%莫比朗乳油2 000～2 500倍液。

(十二)麻皮蝽和长吻蝽

1. 为害特点 麻皮蝽和长吻蝽均以成、若虫为害，吸食嫩梢、叶片和果实汁液，造成嫩梢干枯，叶片枯黄，幼果被害处紧缩变硬，易脱落，成熟果虫孔处易腐烂、脱落。

2. 发生规律 麻皮蝽一年发生2～3代，以成虫在落叶、杂草等处越冬。翌年3月越冬成虫开始活动和产卵，若虫孵化后常群集取食，2龄后即开始分散，是为害的主要虫态。成虫不善活动，遇惊扰即飞至它处。长吻蝽一年发生1代，以成虫越冬。翌年5月开始活动、产卵，卵产于叶背处，呈块状。成、若虫习性同麻皮蝽。

3. 防治技术

(1)人工防治 清晨露水未干时人工捕杀在枝叶上的成、若虫。5～9月份在果园内采摘卵块，集中深埋或烧毁。

(2)药剂防治 在若虫期喷药防治。药剂可选用：20%灭扫利或2.5%功夫乳油2 000～3 000倍液，90%晶体敌百虫或80%敌敌畏乳油800倍液，48%乐斯本乳油1 000～1 500倍液。

第八章　无公害果品病虫防治实例

1993年笔者等开始研究无公害果品生产技术，1995年起主持承担原国家科委下达的“无公害苹果植保技术的研究与开发”项目，主要研究绿色食品苹果病虫害防治技术，2002年笔者又开始探索有机食品苹果病虫害综合治理技术。通过多年的研究认为，无公害果品的研制与开发是一项系统工程，它涉及环境科学、营养学、卫生学、生态学、农学等多学科的综合运用。在农学中又包括栽培、土壤、肥料、植保、农药等诸多分支学科，这些学科均要相互配合运用，形成一个系统的综合配套技术。

实践证明，无公害果品生产，要选用最优的品种和最先进的栽培技术，以保证果品品质和营养。在植保方面要适时地进行病虫害防治，采取的任何防治措施都不能对果品造成污染，以保证果品的安全。要创造有利于天敌繁衍、增殖而不利于病虫害孳生的环境条件，保持生态平衡和生物多样性；优先选用农业措施（如深翻晒土、清洁田园等）；采用电子杀虫灯、糖醋液和性诱剂诱杀成虫以及果实套袋等非药剂防治手段。当病虫达到防治指标必须进行防治时，要以微生物源、植物源和矿物源农药为主，并配合低毒化学农药，将病虫控制在经济阈值以下。在肥料方面要以有机肥为主，配合使用复合肥和化肥，特别要控制氮素化肥的使用，并要注意氮、磷、钾及微量元素的配合使用，以培育地力和减少污染。灌溉水要经检测，符合标准才可灌溉。只有以上措施的有机配合，才能生产出符合绿色食品或无公害农产品标准的果品。由此看出，无公害果品生产的技术含量是很高的。

1996～2000年我们按照绿色食品标准和要求，在山东省沂源县、蒙阴县、威海市的经济技术开发区和环翠区建立4处无公害苹果生产示范基地，面积6 700公顷。在基地采取边研究、边示范推广的方法，不断完善技术措施，组装配套技术，从而取得较好的成效，经检测4处基地的环境质量和果品各项指标全部符合国家标准，获得绿色食品（苹果）证书和标志使用权，并有部分苹果出口外销，其经济、社会效益十分显著。

一、无公害果品生产技术路线

无公害果品生产的技术性很强，需要不同专业的有机配合，并要得到政府支持，出台相关政策，还要对农民进行培训，提高其素质。为此需要制定出切实可行的技术路线，组织实施。笔者认为技术路线应包括以下几个方面。

1. 果园环境质量检测 首先要对果园的大气、土壤和灌溉水进行全面检测，符合国家标准的才能确定为基地。

2. 研究确定技术措施 无公害果品生产主要包括栽培技术、植保技术、施肥技术等方面。在栽培方面要采用先进的栽培技术，如深翻改土、整形修剪、灌溉与排涝、人工或昆虫授粉、疏花疏果等，对果树进行严格管理。施肥方面要掌握以有机肥为主、化肥为辅的原则，适当控制氮肥，注意氮、磷、钾肥的配合。植保技术主要是采用综合措施，如清洁果园、天敌利用、果园生草、果实套袋、安装电子杀虫灯、挂性诱剂、科学用药等措施，将病虫为害控制在经济阈值以下。

3. 制定技术规程 根据绿色食品和无公害农产品规定的有关技术标准和规程，按照基地果园确定的技术措施，制定出适合本地果园应用的无公害果品生产技术规程和病虫防治操作规程，并要在生产上推广应用，技术部门要加强对果农的技术培训和指导。

4. 政府支持，执法部门检查 政府要出台相关政策，禁止在果区销售和使用高毒农药、劣质化肥。执法部门要经常检查，对使用高毒农药和劣质化肥的农户和园艺场要及时进行告诫和处罚。

5. 果品检测和销售　果品要经上级有关部门检测，符合标准的才能贴上绿色食品或无公害农产品标志进行销售。

经笔者多年研究，设计了以下无公害果品生产技术路线，可供各地参考。

无公害果品生产与开发技术路线

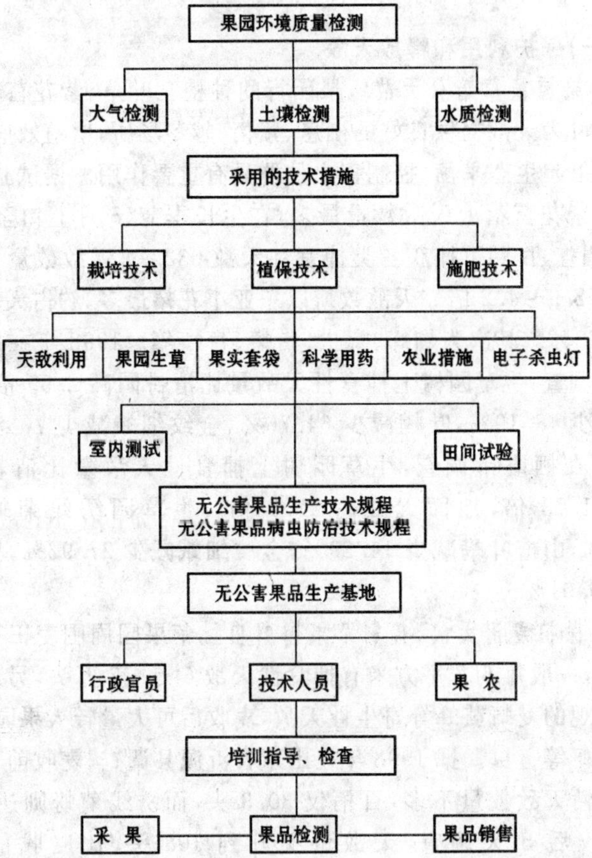

二、采用的病虫防治技术和效果

经多年研究，我们组装了以保护利用天敌、果实套袋、选用高效生物制剂及低毒化学农药为主要内容的无公害苹果病虫害综合防治技术，经试验和生产上大面积应用，效果十分显著，可供各地参考。

(一)保护利用和释放天敌

1. 果园植草培育天敌　果园行间种植三叶草、紫花苜蓿等豆科牧草可为天敌提供良好的栖息、繁衍、越冬场所，增殖效应明显，对维持果园生态平衡、控制害虫种群具有重要作用。据试验，在牧草中以紫花苜蓿上天敌数量最多，在生长季节(5 月上旬至 10 月下旬)调查，百网可捕获各类捕食性天敌 632 头，天敌数量比其他牧草多 2.9～4.2 倍。天敌数量以东亚小花蝽最多，约占天敌总量的 73.73%。其次为蜘蛛、瓢虫、猎蝽、盲蝽等。1998 年在山东省沂源县调查，生草园树上捕食性天敌量比清耕园高 2.59 倍，绣线菊蚜减少 48.19%，叶螨减少 64.76%，金纹细蛾减少 70%左右。2002 年在栖霞市调查，生草园树上捕食性天敌量比清耕园高 1.61～1.73 倍，地面天敌高 18.1 倍。生草园绣线菊蚜减少 51.86%，山楂叶螨减少 14.29%，金纹细蛾减少 27.92%，黑点病减少 29.01%。

2. 保护麦田天敌，控制苹果园蚜虫　苹果园周围麦田存有大量天敌，一般每 667 平方米有捕食性天敌 6 万～7 万头，另外还有数量可观的麦蚜茧蜂等寄生性天敌，麦收后可大量转入果园，控制绣线菊蚜等害虫。据 1998 年在山东省沂源县调查，麦收前苹果树上捕食性天敌数量不多，百梢仅 30.3 头，而绣线菊蚜则达 7 934 头，麦收后 5 天调查，天敌量上升到 108 头，比麦收前增加 256.44%，而蚜量减少 78.43%(1 711 头)，麦收后 7 天调查，蚜量仅有163头，比麦收前减少97.75%，因蚜量减少，部分天敌向外转移，百梢天敌减少为68.7头，但仍比麦收前增加126.73%。

3. 释放天敌昆虫和病原微生物

(1)松毛虫赤眼蜂防治棉褐带卷蛾、梨小食心虫　棉褐带卷蛾和梨小食心虫发生较重的果园，在卵初期至卵盛期，每667平方米释放松毛虫赤眼蜂8万～10万头，寄生和防治效果相当显著。据调查，放蜂园棉褐带卷蛾平均卵块寄生率95.57%，卵粒寄生率91.16%，被害明显减轻，虫梢率和虫果率分别比施药园减少87.25%和53.59%。另外，放蜂园还保护了大量天敌，瓢虫等捕食性天敌增加94.92%，棉褐带卷蛾等幼虫寄生蜂增加92.48%。另据调查，释放松毛虫赤眼蜂防治梨小食心虫的效果亦很显著，放蜂园卵粒寄生率达86.27%，虫梢率仅为0.91%，性诱蛾量(累计)每碗为512头。而对照园卵的寄生率仅为8.03%，虫梢率则达6.64%，性诱蛾量(累计)每碗达3013头，差异十分显著。

(2)白僵菌防治桃蛀果蛾　在桃蛀果蛾越冬代幼虫出土始期和盛期，用我们自行筛选出的B-66号菌株生产出的菌粉，每667平方米用白僵菌粉(100亿活孢子/克)2千克＋48%乐斯本乳油0.15千克，对水75升喷洒树盘，喷后覆草。据调查，施菌园更正后的幼虫僵死率达93.38%，性诱蛾减少83.16%，卵量减少90.24%，虫果减少88.43%。同时看出，利用白僵菌处理地面3～4年，可明显压低虫源基数，卵量比施药园减少90.24%，虫果减少88.43%。

(二)安装电子杀虫灯诱杀害虫

利用害虫有较强的趋光、波、色、味的习性，将光波设在特定的范围内，近距离用光，远距离用波、色、味引诱成虫扑灯，灯外配以高压电网触杀，可杀灭多种鳞翅目、鞘翅目等害虫，并能显著减少田间落卵量，压低虫口密度。该灯大面积安装使用，效果特别显著。2002年在栖霞市调查，2.5公顷果园安2盏灯，灯区内害虫为害明显减轻，金龟甲为害率仅为3.5%～10%；金纹细蛾虫叶率7.7%；棉铃虫百枝虫量0～1头；棉褐带卷蛾百梢虫量1～2头。而非灯区金龟甲为害率则达20%～35%，金纹细蛾虫叶率达21.4%；棉铃虫百枝虫量达2～6头，棉褐带卷蛾百梢虫量达3～6头，效果十分显著。据调查电子杀虫灯对天敌诱杀率仅占1.79%～2.12%。

(三)果实套袋减少农药残留和果实病虫危害

果实套袋可避免农药、病菌、害虫与果实的直接接触，可显著减轻苹果轮纹病、炭疽病、桃蛀果蛾、棉铃虫等病虫的为害。据调查，在相同防治措施下，与不套袋相比，病果减少78.69%，虫果减少90.87%。同时看出，苹果套袋亦会加重某些潜在病虫(康氏粉蚧、玉米象、苦痘病、痘斑病、黑点病)的为害，可通过农业措施和喷施农药、微肥予以解决。据测试，套袋苹果中的农药残留与不套袋相比，分别降低65%～68.75%和45%～84.85%。

(四)选用生物制剂和低毒化学农药

1. 防治苹果害虫　目前发生普遍，为害严重的主要是蚜虫(绣线菊蚜、苹果瘤蚜)、叶螨(山楂叶螨、二斑叶螨)和金纹细蛾，少数果园桃蛀果蛾、棉褐带卷蛾、苹果绵蚜、棉铃虫发生亦较重。针对以上害虫，我们采用了生物制剂和低毒化学农药进行防治，效果相当明显。例如防治绣线菊蚜，用0.3%苦参碱水剂800～1 000倍液，药后7～10天的防效达86.28%～95.48%；用10%吡虫啉可湿性粉剂和25%阿克泰水分散粒剂5 000倍液、3%啶虫脒乳油2 000倍液，药后7～10天的防效达92%～98%。防治山楂叶螨、二斑叶螨，用10%浏阳霉素乳油1 000倍液，0.3%印楝素乳油和0.3%苦参碱水剂800～1 000倍液，药后7～10天的防效达86.64%～94.32%。防治金纹细蛾，用25%灭幼脲3号悬浮剂1 500倍液，虫斑减退率达83.59%，幼虫更正死亡率达96.86%。防治桃蛀果蛾，用20%氟铃脲悬浮剂8 000倍液，杀卵效果达

87.64%，虫果减少83.99%。防治棉褐带卷蛾，用20%虫酰肼胶悬剂1 000倍液，药后7～10天的防效达91.42%～94.94%。

2. 防治苹果病害　发生比较普遍的病害主要是苹果斑点落叶病和苹果轮纹病，少数果园苹果霉心病、苹果炭疽病和苹果树腐烂病比较严重。经室内外试验表明，3%克菌康（中生菌素，下同）水剂是防治苹果果实和叶部病害的一种较好的生物杀菌剂，防治苹果轮纹病，用600～800倍液的防效达85.89%～88.71%，其效果好于常规防治，并可兼治苹果斑点落叶病和炭疽病。该药剂对苹果霉心病亦有较好的防效，室内测试50～100毫克/升抑菌效果达88.28%～100%；田间试验，在苹果花期喷洒600～800倍液，果实防效达85%左右，且对花安全。低毒化学农药68.75%易保水分散粒剂1 200～1 500倍液，20%世高水分散粒剂2 000倍液，40%福星乳油6 000～8 000倍液，80%大生M-45可湿性粉剂600～800倍液，倍量式波尔多液200倍液等药剂和生物制剂3%克菌康水剂600～800倍液，10%多氧霉素可湿性粉剂1 000～1 500倍液，交替使用，可在苹果生长季节有效防治苹果斑点落叶病、苹果轮纹病、苹果炭疽病和苹果霉心病。防治苹果树腐烂病，用4%农抗120水剂、5%菌毒清水剂和20%银果乳油30～50倍液，在防治后的病斑上涂抹2次，防效可达85%左右。

三、无公害果品基地的综合效应

1996年开始，我们在沂源县、蒙阴县、威海市经济技术开发区和环翠区建立4处无公害苹果示范基地，全面推行无公害苹果病虫防治技术规范和生产技术规范，随后又对4处基地果园环境质量和果品中的农药等有害物质残留以及病虫防治效果进行了全面测试。经测试各项指标合格，不仅病虫防治效果显著，而且环境质量达到国家一级标准，果品中农药、重金属残留符合国家标准，4

处基地全部获得绿色食品证书及标志使用权。

(一)病虫害防治效果显著

在无公害苹果示范基地推广了病虫害防治技术规范,采用以生物防治(制剂)为主的苹果病虫害综合治理措施,防治效果显著。据1999年在沂源、蒙阴基地果园调查结果看出,无公害苹果园病虫为害很轻,保叶、保果效果显著,果实上病虫为害率仅为0.74%~1.41%,平均1.08%,叶片上病虫为害率仅为5.47%~17.17%,平均11.32%。而常规防治的苹果园,果实上病虫为害率则达2.13%~3.22%,平均2.68%,叶片上病虫为害率达13.94%~28.84%,平均21.39%,其被害率明显高于无公害苹果园。

(二)果品中农药、重金属和氟化物残留符合国家绿色食品标准

经农业部食品监督检验测试中心(济南)对沂源、蒙阴、威海经济技术开发区和环翠区4处示范基地测试,结果表明,测试的11种农药(六六六、DDT、溴氰菊酯、杀螟硫磷、敌敌畏、乐果、辛硫磷、马拉硫磷、对硫磷、倍硫磷和甲基托布津)和6种重金属(铅、镉、汞、砷、六价铬、锌)以及氟化物在果品中的残留,有的未检出,有的虽有微量检出,但均低于国家绿色食品标准。

(三)示范基地果园环境质量达到国家一级标准

经农业部环境质量监督检验测试中心(济南)对沂源、蒙阴、威海经济技术开发区和环翠区4处基地测试结果表明,大气污染物(二氧化硫、氮氧化物、总悬浮颗粒物和氟化物),土壤污染物(汞、镉、铅、砷、铬和六六六、DDT),灌溉水污染物(汞、镉、铅、砷、铬和氟化物、氯化物、氰化物)的残留,均低于国家绿色食品规定的标准。4处示范基地的大气、土壤、灌溉水的综合污染指数均很低,大气综合污染指数为0.39~0.56,土壤综合污染指数为0.17~0.59,灌溉水综合污染指数为0.15~0.49,均达国家一级(清洁)

标准（大气＜0.6，土壤＜0.7，灌溉水＜0.5）。

（四）经济、社会效益显著

测试表明，4 处示范基地所产果品农药、重金属等有害物质残留均符合绿色食品标准，而且品质和外观达到优质果品标准。在山东省苹果评优中共获 7 个金牌、3 个银牌、5 个铜牌，其中沂源县基地的沂蒙山牌红富士苹果还被评为国家农业名牌，并连续 3 年获得全国金牌产品。基地产的苹果在市场疲软的情况下仍十分畅销，价格也高于周边地区，而且还出口 2 000 多万千克。这一技术除在山东省推广外，还在山西、北京、天津、安徽等省、直辖市推广，几年来共计示范、推广 584 万公顷，经济、社会效益十分显著。

参考文献

[1] 全国农业技术推广服务中心．无公害果品生产技术手册．北京:中国农业出版社,2003.

[2] 严英怀,林杰．果树无公害生产技术指南．北京:中国农业出版社,2003.

[3] 刘静玲主编．食品安全与生态风险．北京:化学工业出版社,2003.

[4] 林玉锁,龚瑞忠,朱忠林．农药与生态环境保护．北京:化学工业出版社,2000.

[5] 崔玉亭主编．化肥与生态环境保护．北京:化学工业出版社,2003.

[6] 冯建国等．苹果园农药和重金属污染及其治理对策．中国农学通报．1998(3).

[7] 冯建国等．苹果园的污染和病虫无公害防治技术研究．中国果树．2002(2).

[8] 吕英华主编．无公害果树施肥技术．北京:中国农业出版社,2003.

[9] 孟林主编．果园生草技术．北京:化学工业出版社,2004.

[10] 唐梁楠,杨秀瑗．果园除草技术．北京:金盾出版社,1995.

[11] 周伟儒．果园壁蜂授粉新技术．北京:金盾出版社,1999.

[12] 张格成主编．果园农药使用指南．北京:金盾出版社,1993.

[13] 沈寅初,张一宾. 生物农药. 北京:化学工业出版社,2000.

[14] 牟吉元,周凯南. 植物保护学基础. 山东科学技术出版社,1984.

[15] 章宗江. 果树害虫天敌. 山东科学技术出版社,1981.

[16] 包建中,古德祥主编. 中国生物防治. 山西科学技术出版社,1998.

[17] 孙益知主编. 果树病虫害生物防治. 北京:金盾出版社,2004.

[18] 王江柱,董金臬主编. 果树病虫害防治. 北京:中国农业出版社,1995.

[19] 冯建国,陶训. 果树病虫害防治问答. 河北科学技术出版社,1995.

[20] 王金友,冯明祥主编. 新编苹果病虫害防治技术. 北京:金盾出版社,2004.

[21] 冯建国等. 生态苹果园害虫可持续治理技术. 中国果树. 2005(1).

[22] 王金友,冯明祥主编. 新编梨树病虫害防治技术. 北京:金盾出版社,2005.

[23] 李知行,杨有乾. 桃树病虫害防治(修订版). 北京:金盾出版社,2004.

[24] 李知行主编. 葡萄病虫害防治(修订版). 北京:金盾出版社,2004.

[25] 任同兰主编. 枣树病虫害防治(修订版). 北京:金盾出版社,2004.

[26] 朱佳满主编. 果树寒害与防御. 北京:金盾出版社,2002.